AF561257

JULES VERNE

La biografía

La biografía

William Butcher

| Traducido por Guillermo Gómez Paz |

Prefacio de
Arthur C. Clarke

Jules Verne - La biografía
William Butcher

Dirección editorial:
Ariel Pérez Rodríguez

Diseño de cubierta:
Marta Tejedor Alonso

Diseño interior y maquetación:
EЯA | ALTA RESOLUCIÓN EDITORIAL

Sobre la cubierta:

El diseño se ha basado en las ilustraciones de los artistas que participaron en las ediciones originales de Hetzel, a saber, Émile-Antoine Bayard, autor de la icónica bala de De la Tierra a la Luna*; Édouard Riou, con su representación del monstruo marino en* Viaje al centro de la Tierra*; y Léon Benett, con su ilustración del elefante de* La casa de vapor*. Además, se han reproducido el globo aerostático ilustrado por Yann Dargent para el ensayo de Jules Verne sobre Edgar Allan Poe, la esfera armilar que adornó la portada de* Héctor Servadac *así como el* Duncan *de la cubierta de* Los hijos del capitán Grant.

LEGENDARIA
EDICIONES
www.legendariaediciones.com

EntreAcacias, S.L.
[Sociedad Editora]
Covadonga, 8
33002 Oviedo
Asturias (España)
info@legendariaediciones.com

1ª edición: diciembre, 2024

ISBN: 978-84-10037-26-7
Depósito Legal: AS 01723-2024

Impreso por Podiprint | Impreso en España y América Latina

«¡Cuántas cosas negadas la víspera han sido una realidad al día siguiente!».

JULES VERNE,
De la Tierra a la Luna,
(cap. XVIII)

Jule

LA B

erne

RAFÍA

APÉNDICES

Abreviaturas

ADF: Marguerite Allotte de la Fuÿe, *Jules Verne*.
BSJV: *Bulletin de la Société Jules Verne*.
CNM: Charles-Noël Martin, *La Vie et l'œuvre de Jules Verne* (*La Vida y Obra de Jules Verne*).
Ent.: *Entretiens avec Jules Verne* (*Entrevistas*).
JD: Joëlle Dusseau, *Jules Verne*.
JJV: Jean Jules-Verne, *Jules Verne*.
JVEST: Jean-Michel Margot (Ed.), *Jules Verne en son temps* (*Jules Verne en su tiempo*).
Lemire: Charles Lemire, *Jules Verne*.
OD: Olivier Dumas, *Voyage à travers Jules Verne* (*Viaje a través de Jules Verne*).
Poemas: *Poésies inédites* (*Poemas inéditos*).
PV: Philippe Valetoux, *Jules Verne: En mer et contre tous* (*Jules Verne: En el mar y contra todos*).
RD: Raymond Ducrest de Villeneuve, *Souvenirs personnels* (siguiendo la numeración de las páginas del texto mecanografiado).
RIJ: «Recuerdos de infancia y juventud».
St. M.: Lista de viajes de Verne en el *St Michel II* y *III*.
TI: *Théâtre inédit* (*Obras de Teatro inéditas*).
VIE: Verne, *Viaje a Inglaterra y Escocia*.

Agradecimientos

A Thomas McCormick, Agnès Marcetteau, Ian Thompson, Volker Dehs y Lou Fangyu, quienes de manera generosa y constructiva hicieron comentarios a los borradores de este libro, que no hubiera sido posible sin el amor y apoyo de Angel Lui; y a Rafael Ontivero González y especialmente a Ariel Pérez Rodríguez por sus diestros y constructivos consejos sobre el texto traducido.

Está dedicado a la memoria de los pioneros Jean Chesneaux, Cécile Compère, Olivier Dumas, Charles-Noël Martin, François Raymond, y Simone Vierne, y a la camaradería extendida por todo el planeta de eruditos dedicados a Verne: Daniel Compère, Arthur Evans, Piero Gondolo della Riva, Jean-Michel Margot, Ariel Pérez Rodríguez, Jean-Pierre Picot, Christian Robin, Jean-Yves Tadié, y Wim Thierens.

1. Arthur C. Clarke durante el rodaje de *2001: Una odisea del espacio* (febrero, 1965)

Prefacio de Arthur C. Clarke

Revelando a Jules Verne, un siglo después de su muerte

Jules Verne ya llevaba muerto una docena de años cuando nací. Aun así, me siento fuertemente conectado con él pues sus obras de ciencia ficción tuvieron una gran influencia en mi propia carrera. Es uno de los cinco individuos que he deseado haber conocido en persona.

De hecho, Verne y H. G. Wells son los dos nombres más importantes de la ciencia ficción: entre ambos la establecieron como un género literario distintivo. Aunque Verne (1828-1905) y Wells (1866-1946) ahora parecen pertenecer a diferentes épocas, sus carreras en realidad se superpusieron. Verne todavía vivía cuando Wells publicó sus mejores cuentos.

Verne vivió un período de frecuentes inventos y descubrimientos. Grandes avances tecnológicos, incluidos el telégrafo, el ferrocarril, la electricidad y el teléfono, ocurrieron durante su vida. Muchas otras posibilidades, como aeronaves más pesadas que el aire y submarinos, se discutían especulativamente. Grandes partes del mundo, hasta entonces inexploradas y desconocidas para Occidente, fueron exploradas y documentadas.

Pero en lugar de simplemente hacer una crónica de dichos desarrollos, lo que lo hubiera convertido de por vida en un escritor corriente, Verne los entretejió en obras de ficción creando escenarios vívidos e historias que han cautivado a generaciones de lectores. Un siglo después de su muerte sigue siendo el autor más traducido del mundo, una distinción que es poco probable que se supere en un futuro cercano.

Al mismo tiempo, como demuestra esta nueva biografía concienzudamente investigada, Verne debe ser clasificado como uno de los autores más distorsionados, censurados y mal traducidos de todos los tiempos. El dominio del francés y la erudición del Dr. William Butcher, le proporcionaron un conocimiento profundo poco común extraído de cientos de manuscritos originales, material de archivo y otras evidencias, para reconstruir una historia auténtica de la vida y obra de Jules Verne que contrasta con la imagen del Verne a la que nos acostumbramos mientras crecimos.

Por ejemplo, Butcher revela cómo el propio editor de Verne, Pierre Jules Hetzel, eliminó grandes pasajes de los escritos originales del autor para adaptarlos a algunos intereses políticos y sociales. Igualmente inquietante es el hecho de que la mayoría de los libros de Jules Verne disponibles en inglés sean traducciones deficientes y, para empeorar las cosas, que generaciones de críticos hayan debatido y juzgado los méritos y deméritos del autor sin acceder a los originales (ya sean las versiones francesas publicadas o los manuscritos originales).

Este libro también nos recuerda lo prolífico y versátil que fue Verne. Escribió unas 200 obras, de las cuales solo unas pocas pueden catalogarse como ciencia ficción. Muchas eran relatos de aventuras, historias de viajeros o comentarios sociales, aunque hay que reconocer que Verne es mejor conocido por lo que ahora consideramos ciencia ficción.

Sin embargo, en la mente de un lector ávido, estos géneros se difuminan fácilmente. La única pregunta real es si es una buena historia. Siempre he creído que la función principal de cualquier relato es entretener, no instruir o predicar (cada escritor debe recordar las palabras de Sam Goldwyn: «Si tienes que enviar un mensaje, utiliza Western Union»).

Promover un concepto científico, o una tecnología en particular o una concepción utópica del mundo debería ser un propósito secundario en una obra de ciencia ficción.

Esto nos ofrece una prueba para distinguir la buena ficción. La prueba de fuego de cualquier historia ocurre cuando se vuelve a leer, preferiblemente después de un lapso de algunos años. Si es buena, la segunda lectura es tan agradable como la primera. Si es genial, la segunda lectura es más placentera aún. Y si es una obra maestra, *mejorará con cada lectura.* Sobra decir que hay muy pocas obras maestras, dentro o fuera de la ciencia ficción.

De la Tierra a la Luna (1865) es una historia de Verne que considero de un valor de entretenimiento duradero, incluso si algunas de sus premisas científicas son algo dudosas, especialmente la idea de disparar gente al espacio mediante un cañón gigantesco. Es difícil decir qué tan seriamente tomó Verne esta idea, pues gran parte de la historia está escrita con humor. Probablemente creía que si un obús tan grande pudiera ser construido sería factible enviar un proyectil a la Luna, pero es poco probable que imaginara seriamente que alguno de los ocupantes hubiera sobrevivido al impacto del disparo.

Sin embargo, en otros aspectos Verne demostró notables habilidades de presciencia. La ubicación elegida para su cañón no estaba lejos de Cabo Cañaveral, Florida. Fue el primero en concebir la trayectoria de escape y la idea de que fuera posible que un proyectil diera vuelta a la Luna y volviera a la Tierra. Concebido tal regreso, Verne fue nuevamente el primero en sugerir el uso de agua (océanos) como medio para el aterrizaje y de la nave espacial: la idea del amarizaje. Mientras yo cubría los alunizajes de las misiones del proyecto lunar Apolo para *CBS Television* a finales de la década de 1960 y principios de la de 1970, no dejaba de pensar una y otra vez en cómo Verne había anticipado buena parte del escenario general un siglo antes que cualquier otra persona[1].

Verne fue un maestro en llevarnos a intrigantes viajes hacia rincones lejanos de nuestro planeta, y mucho más allá. En *Jules Verne: La biografía*, William Butcher nos lleva a un viaje igualmente interesante a lo largo de la vida del autor que ha estado oculta bajo capas de «ficción» y concepciones erróneas. Estoy seguro de que este libro ayudará a dejar las cosas en claro, al tiempo que mejorará nuestra comprensión y valoración de uno de los mejores narradores de todos los tiempos.

---

1 Para debates interesantes sobre muchas otras ideas e invenciones imaginadas por escritores de ciencia ficción, véase el sitio web de Technovelgy, http://www.technovelgy.com.

2. *De la Tierra a la Luna*, 1865 (Henri de Montaut)

JULES VERNE
LA
BIOGRAFÍA
INTRODUCCIÓN

3. Jules Verne en 1892 (Ch. Herbert, Amiens)

«Yulsvern» es un hombre invisible. Probablemente el escritor más traducido del mundo (*JVEST* 43), sigue siendo lo contrario de un clásico: un nombre conocido desde Ciudad de México a Manila, pero descartado en los currículos escolares y en las obras de historia de la Literatura. Aunque su inteligencia y técnica narrativa han hipnotizado a los lectores de sus páginas, algunas librerías parecen no ser conscientes de que Verne realmente escribió novelas[2].

Pero ¿por qué estudiar la vida de Jules Verne (1828-1905)? Muy simple: para entender su influencia en el mundo moderno, tan grande como la de cualquier escritor rival. Verne es uno de los autores más leídos: nueve veces más que el siguiente autor francés en la clasificación[3]; inventó un género nuevo, aunque no el que se asocia a su nombre; y sus libros han influenciado mucho en la industria cinematográfica. A pesar de ello, todavía se ignora a su creador y su vida sigue siendo una caja negra.

El quid del asunto subyace en su reputación. La obra de Verne ha sido mal entendida: no escribió para niños; no puede decirse que haya escrito ciencia ficción; y no estaba a favor de la tecnología.

De sus varias veintenas de obras, tres son mundialmente famosas. En *Viaje al centro de la Tierra* (1864)[4], el Dr. Lidenbrock y Axel penetran por el cráter del volcán Snæfells en Islandia, y descienden a través de los sucesivos estratos geológicos. Descubren un mundo perdido y en este el cuerpo de un hombre blanco, monstruos marinos y un gigante pastoreando un rebaño de mastodontes, antes de regresar a la superficie expulsados por una erupción volcánica.

---

[2] En la presente edición se ha actualizado y revisado la de *Jules Verne: The Definitive Biography* publicada por Thunder´s Mouth, New York en 2006. Incorpora, además, extenso material nuevo sobre los cambios radicales impuestos a las novelas de Verne.

[3] Verne es «el más leído, el más publicado, y el más traducido en el mundo literario» (Martin, PhD, 70).

[4] Las fechas de los trabajos corresponden a las del inicio de su primera publicación, generalmente en forma serializada; cuando las obras no fueron publicadas en vida de Verne, la fecha de su creación se indicará en el texto.

Veinte mil leguas de viaje submarino (1869) presenta al capitán Nemo y a su muy amado *Nautilus* a través de los ojos de su obtuso prisionero, el doctor Aronnax. Los dos comparten emocionalmente las ruinas de la Atlántida, navegan bajo la capa de hielo para conquistar el Polo Sur, luchan contra calamares gigantes y hordas de papúes, y finalmente se sumergen en el vórtice del Maelstrom. Pero gran parte del interés proviene de la angustia que agobia al sombrío capitán; y, al final, un confundido Aronnax concluye que Nemo vaga por los mares hundiendo barcos. (Se han resumido aquí las versiones publicadas; los manuscritos son muy diferentes).

En *La vuelta al mundo en ochenta días* (1872), Fogg –rígido y obsesivo británico– apuesta en el *Reform Club* que puede dar la vuelta al mundo en determinado tiempo. Con un sirviente francés irreprochable y una belleza india atraviesa la densa jungla, explora Hong Kong, le dispara a unos cuantos sioux, y de su barco hace leña para combustible solo para llegar con un retraso de cinco minutos. Pero ha ganado un día viajando hacia el Este, y hace una entrada triunfal en su club.

Otras cinco obras escritas en la misma década son de interés similar. *París en el siglo XX* (1860-1863), se sitúa en 1960 con automóviles, fax, contaminación, y degradación del lenguaje y del estilo de vida. Su protagonista, un poeta fracasado en el amor y en el trabajo, sucumbe al frío, al hambre y al aislamiento. Esta distopía anticiencia fue rechazada rotundamente por Hetzel, el editor de Verne.

Las aventuras del capitán Hatteras (1864), con sus escenarios poéticos y una autenticidad fascinante, relata la búsqueda del polo norte por un británico. Partiendo de la bahía de Baffin, la expedición de Hatteras sufrirá hambre, congelamiento y enfermedad. Tras varias tragedias, los sobrevivientes descubren un mar polar libre de hielos y continúan navegando. A los 90° de latitud Norte encuentran una isla en plena erupción. Mientras el capitán se sumerge en el volcán para llegar al polo absoluto, su rival americano lo jala hacia atrás. El fracaso de Hatteras lo lleva a la locura.

Con muy buen humor, *De la Tierra a la Luna* (1865) describe los preparativos para lanzar un proyectil tripulado desde la Florida, observando su curso desde un telescopio gigante instalado en las Montañas Rocosas. Sin embargo, se falla el blanco y el volumen finaliza con los astronautas perdidos en órbita alrededor de la luna.

En *La isla misteriosa* (1874), cinco aeronautas norteños escapan de Richmond durante la Guerra Civil estadounidense y aterrizan en una isla del Pacífico. Proceden a colonizarla mientras se maravillan ante una serie de eventos providenciales. Al final, antes de que la isla explote, se encuentran con un *Nautilus* varado y un Nemo moribundo que ha renunciado a su activismo anarquista en favor de las buenas obras y la piedad.

El deslumbrante relato *Edom* presenta la Atlántida y a una altiva humanidad sinítica del siglo XXI que poco a poco se da cuenta de que está atrapada en un ciclo recurrente de destrucción y renacimiento; casi la única genuina ciencia ficción bajo el nombre de Verne[5].

Nuestra comprensión de Verne pasa a través de generaciones, de interpretaciones y de subproductos. Desafortunadamente, la mayoría de las obras en inglés son doblemente falsas y tergiversaciones de obras censuradas. Por ejemplo, ni una sola palabra del capítulo 1 de *Viaje al centro de la Tierra*, el más traducido al inglés, se corresponde con el original francés; y la mayoría de las ediciones de *Veinte mil leguas*[6] resume la novela a un cuarto de su contenido. En el Verne traducido al inglés, los héroes visitan los «desagradables territorios de Nebraska» o «saltan» sobre parte de una isla; el acero tiene una densidad de «0,7 o 0,8, como el agua»; se hace referencia a «ciruelas pasas» o «Galilea»; y Napoleón muere con el corazón roto «en Saint Helens» (Lancashire, Inglaterra). ¡Verne escribió «Tierras malas», «hacen explotar», «ciruelas», «7,8», «Galileo» y «en Santa Elena»![7]. Es en versiones como esas, con mutilaciones y errores, en las que se han basado a menudo las películas y los comentarios.

---

[5] Probablemente, los apartes de ciencia ficción en esta narración no sean de Jules Verne sino de su hijo Michel. La definición de ciencia ficción empleada aquí está tomada del *Oxford English Reference Dictionary*: «un género de ficción basado en un futuro tecnológico o en avances científicos imaginarios, en grandes cambios ambientales o sociales, etc., que retratan con frecuencia viajes en el tiempo y la vida en otros planetas» (Oxford University Press, 2003).

[6] De aquí en adelante se utilizarán títulos abreviados para las obras citadas con mayor frecuencia, según se indica en la Bibliografía. Las referencias a las obras de Verne serán indicadas por capítulo en números romanos, con el número del aparte si lo hay (por ejemplo, II xxxix), para hacer viable el uso de cualquier edición.

[7] Casos mencionados por Walter James Miller, «Jules Verne in America» en *Twenty Thousand Leagues under the Sea*, Walter James Miller ed., Nueva York, Crowell, 1976; en una elegante edición

Verne es el autor que genera el mayor número de análisis literarios en Francia, pero su vida sigue siendo en gran parte territorio virgen. Mi reserva, incluso sobre las biografías realizadas por los mejores eruditos, es metodológica. Esos estudios han abordado invariablemente el aspecto intelectual de los escritos de Verne, pero han dejado a un lado su vida cotidiana. Consideremos la siguiente lista, casi verniana en su amplitud.

Ninguna biografía ha indagado el árbol genealógico de Verne hasta el siglo XV. Ninguna ha analizado el entorno de sus primeros años. Ninguna ha identificado a sus mejores amigos o ha rastreado su paso por la escuela de párvulos, por la casa de su abuela, o por la iglesia. Nadie ha mencionado los vínculos de su familia con la trata de esclavos, ni sus visitas a Bretaña, ni los áticos dónde vivió.

Ninguna biografía se ha referido a un extenso tesoro de datos sobre los primeros años del escritor[8]. Ninguna biografía se ha beneficiado de una colección borgesiana única de todos los artículos escritos sobre Verne, cuidadosamente recopilados y catalogados por investigadores suizoestadounidenses y angloholandeses[9]. Ningún biógrafo ha examinado cada obra publicada por Verne[10].

Pero esto es apenas solo una parte de la historia. Aunque esta biografía se concentra en el hombre mismo, lo escrito por Verne no puede ser ignorado. Su cercanía al plagio comenzó como un asunto privado, pero terminó en los tribunales.

Otros descubrimientos incluyen la correspondencia del escritor con su familia, incluyendo imágenes eyaculatorias y escatológicas mundialmente prohibidas; 1.400 cartas a los dos Hetzel, publicadas en 2006; y muchas entrevistas con periodistas británicos.

---

moderna alemana comentada; y casos detectados por mí en pruebas de imprenta de *Journey to England and Scotland* (vii-xxii).

[8] Raymond Ducrest de Villeneuve, *Jules Verne: Souvenirs personnels*. Las obras mencionadas brevemente en esta Introducción están referenciadas en forma completa en la Bibliografía.

[9] Jean-Michel Margot me ha enviado generosamente una copia de su catálogo inédito, un meticuloso trabajo académico que analiza y clasifica temáticamente 10.000 documentos conocidos sobre Verne.

[10] Una razón es que ningún biógrafo sabía sobre el *Salon de 1857* (1857). Lo descubrí en 2005 y publiqué su primera edición moderna en 2008, plenamente ilustrada y con un exhaustivo comentario crítico (ver en la Bibliografía).

Los eruditos han puesto atención minuciosa a los borradores de textos literarios bastante menores, pero no a los del único francés que es universal, porque durante la mayor parte de su existencia los manuscritos de Verne permanecieron tan inaccesibles como las actas del Politburó chino.

Tuve la suerte de obtener extraoficialmente copias (convirtiéndome en la primera persona, desde Verne, en ver el conjunto). Lo mundialmente exclusivo aquí serán, por lo tanto, los comienzos de las obras vernianas mayores, cómo sus tramas y sentido evolucionaron, o más bien retrocedieron, bajo la tutela de Hetzel. La imagen apolítica, no violenta y asexuada de la serie de los *Viajes extraordinarios*, como mostraré, está adulterada en los borradores hasta en sus comas, en cada sucesivo manuscrito y en cada sucesiva alteración.

En resumen, se verá cómo originalmente Estados Unidos intentó hacerse fuerte en el Polo Norte británico y cómo Hatteras se enfrentó en duelo a su rival sobre un témpano flotante y se suicidó; cómo Nemo fue inicialmente un noble polaco que vengaba la violación de sus hijas por los rusos y luego llegó a mostrar rasgos franceses; cómo los primeros pasos vacilantes de Phileas Fogg fueron gobernados por manifestaciones de la parte inferior de su tronco (¡esta es la versión expurgada!); cómo otras obras célebres perdieron capítulos enteros, incluida una utópica y altamente tecnificada región en el subsuelo de Escocia; cómo el propio editor escribió varios capítulos, en un estilo de publicación barata instantáneamente reconocible; cómo el moribundo Nemo permaneció libre y desafiante hasta el final; y cómo los aspectos futuristas de «Edom» no fueron escritos por Jules Verne.

Tanto en este aspecto como en el enfoque centrado en la vida cotidiana de Verne, me guiará la evidencia. A riesgo de descuidar la metafísica, la ontología y la hermenéutica tan preferidas por los críticos europeos, estaré haciendo preguntas tan poco teóricas como ¿cuándo?, ¿con quién?, ¿para qué?, y ¿cuánto?

Por lo tanto, estaré enfocando el meollo de la vida del novelista: su apariencia, sus compañeros de escuela, la forma de su dormitorio, lo que desayunaba, con quién se acostó, con quién se peleó o quién lo demandó por las mentiras que contó, cómo se llevaba con sus jefes, cuáles eran sus fantasías sexuales, dónde pasaba las vacaciones, qué leía y si fue buen esposo y padre.

Un breve ejemplo ilustrará mi enfoque: ¿por qué Verne estaba obsesionado con todo lo escocés? Verne tenía un antepasado noble caledoniano, y nadie ha buscado su dirección. En la relación de su primer viaje al extranjero, cuenta haber despertado ante una vista del Castillo de Edimburgo y de la cima Arthur's Seat, y coqueteando con una chica local. Y, sin haber visto antes una montaña o un lago, una oleada de alusiones a los escenarios de Walter Scott brotará de su pluma deslumbrada durante los siguientes treinta años.

Mi desconfianza hacia la generalización impactará en la estructura y el énfasis de la argumentación. El quid del asunto es que lo que es verdadero en 1840 puede no serlo en 1880. El bullicioso joven provinciano en camino a la capital se parece muy poco al conservador concejal de Amiens en la cima de su fama. El Verne subyacente puede haber permanecido el mismo, pues la bondad y la gentileza emergen en las sucesivas entrevistas incluso durante los años más oscuros. Pero sus puntos de vista muestran poca continuidad. Sus actitudes hacia Gran Bretaña y Estados Unidos, por ejemplo, se desvían de lo adulador a lo difamatorio. Entonces, en algún momento de la década de 1870, la vida de Verne cambia drásticamente, ya sea debido a su esposa y su familia, su mudanza desde París, una crisis en la escritura misma, o a la ocupación alemana. Al mismo tiempo, su producción entró en declive seguramente como una reacción al recorte de muchos de sus mejores episodios.

Esas oscuras décadas contienen suficiente drama para colmar varios volúmenes. Michel fue juzgado loco por su padre y encarcelado. Su sobrino favorito le disparó y lo dejó lisiado de por vida. Los trabajos publicados después de la muerte de Verne en 1905 desconcertaron a muchos lectores, pues contenían ideas políticas, filosóficas y científicas radicales; la razón es que Michel escribió muchos de ellos.

Está claro entonces que la vida de Verne sigue siendo desconocida. Su reputación, incluso en vida, ya estaba afectada porque a sus obras no se les permitía expresar puntos de vista sociales, políticos o religiosos, o tan sólo porque sus personajes no pasaban nunca por Francia. Adivinanza:

¿qué escritor escenifica sus obras en Rusia, China y Estados Unidos solo para que no pudieran ser leídas en sus respectivos países[11]?

Mi propósito central será complementar la investigación sobre la vida de Verne con la evidencia de sus escritos, especialmente de importantísimos manuscritos. Espero mostrar qué clase de hombre era, cómo logró lo que hizo, qué lo motivó.

Este libro representa la suma de décadas de vivir y soñar al novelista, arrastrando a sus familiares y amigos a su *châteaux*, subiendo a sus montañas y descendiendo por sus ríos, debatiendo sobre su sexualidad y su política mientras desayuno *dim sums*.

El resultado sorprenderá a quienes conocen a Verne solo de oídas.

---

[11] *Miguel Strogoff* (1876) se publicó en Rusia apenas en el siglo XX; *Tribulaciones de un chino en China* (1879) apareció sin los pasajes políticos en China en 2003; *Humbug* apareció en inglés en 1992.

Prólogo

«Ya no tolero la diversión. Mi carácter ha cambiado tanto, hasta el punto de ser irreconocible, y nunca superaré lo que he pasado»[12].

El 9 de marzo de 1886, el hombre que escribiría estas amargas palabras lo había tenido todo. Sus libros le habían traído fama y fortuna, tenía dos nuevos nietos, y por primera vez un relato de ciencia ficción había aparecido bajo su nombre[13].

Sin embargo, en minutos su existencia se haría añicos. Su sobrino, tal vez la persona más cercana a él, trató de matarlo, dejándolo lisiado de por vida y haciéndolo retorcerse de dolor durante los años siguientes. Una semana más tarde murió la persona que lo había rescatado de la pobreza. Un año después fallecería su madre, sin duda afectada por el asalto traicionero; pero en ambos casos se sintió demasiado enfermo para asistir a los funerales. Para colmo, toda su inspiración vacilaba y su escritura declinaba.

El intento de asesinato no fue una sorpresa total, ya que todo había estado revuelto recientemente. La locura hereditaria de su familia había resurgido. Se había negado una y otra vez a los locos esquemas de negocios de su hijo y había pagado por él sus deudas de mujeriego. Había vendido su yate de vapor a un príncipe balcánico.

Esta última decisión fue un error. Viajar lo había obsesionado desde su temprana infancia. Los viajes le permitían escapar de una Francia postnapoleónica que con rabia impotente asistía a su des-

---

12 En una carta del 20 de junio de 1894 a Paul.

13 «En el año 2889»; de hecho, el relato fue escrito por su hijo Michel.

membramiento. Los viajes impedían las intromisiones de su esposa que no leía sus libros y tenía escasa idea de por qué los escribía. Viajar creaba una comunidad ideal de varones de mentalidad afín viviendo en cercana intimidad. Viajar había sido, sobre todo, su *raison d'être* desde sus primeros éxitos literarios. Sus escritos penetraban territorio virgen, espiritualmente asociados a los últimos reinos impolutos del planeta, revelando carácter a través de exóticos desafíos compartidos. Renunciar a ello fue equivalente a un suicidio personal y profesional.

Al renunciar a su máquina de sueños, cortó sus vínculos con el maravilloso «exterior». Abandonó a Phileas Fogg mientras quemaba desesperadamente su barco, al capitán Nemo desafiando huracanes, los monstruos polares, los dinosaurios subterráneos, el sueño del Pacífico Sur, los atlantes, los viajes espaciales despreocupados, la fresca chica escocesa, y la deslumbradora hindú. Cambió su yate, carne de su carne, su castillo, su último vínculo con Bretaña, por facturas de servicios públicos, rutinas de club y tumbonas de playa. De ahora en adelante, su perspectiva sería un túnel lleno de humo en una fea ciudad industrial y el rostro de su esposa de mejillas abultadas.

Así, la figura de calva incipiente y ojo izquierdo caído que había leído y repasado las revistas del Club Unión, esa tarde se sintió agotado y varado, y comenzó a verse como la mitad del hombre que fue alguna vez. Quizás, incluso ayudó a provocar los trágicos acontecimientos para proporcionar un pretexto material a la negra desesperación, para cortar de alguna manera, de cualquier manera, el fracaso de su vida.

Su humor no era bueno cuando giró a la derecha en la calle Charles Dubois a las 5:15 de la tarde de ese martes invernal. Su piel todavía estaba saludable y juvenil, aunque arrugada alrededor de los ojos cálidos y afectuosos. Con su abrigo azul marino casi hasta los tobillos, barba circular blanca como la nieve, gorra puntiaguda y las piernas ligeramente arqueadas, podía pasar por un capitán que todavía añoraba la brisa marina. Los árboles desnudos lucían ligeramente amenazantes en la luz que se desvanecía, y las casas macizas traicionaban la armonía de los sueños semiclásicos y semimarinos de su niñez. ¿Cómo pudo haber cambiado sal por hollín, aventura por comodidad? Tras prosperar desde la adversidad, ¿acaso el éxito había disipado la chispa vital? Ahora solo conocía el letargo de su cerebro, su confusión, su pesadez. ¿Dónde estaban las embriagadoras fantasías que solían surgir a baldes? Ahora tenía que planearlo todo, forzarse él mismo un poco, reorganizar y repetir mucho.

Al menos su casa de cuatro pisos, con habitaciones para la servidumbre bien distribuidas y salas de recepción ventiladas, mostraba toques de elegancia. Pero, ¿no era el patio adoquinado demasiado árido y la torre circular demasiado ridícula? ¿Por qué el jardinero no había hecho algo respecto al estrangulamiento de los árboles por la hiedra? Al menos obtendría una cálida recepción de Follet, su spaniel negro azabache, saliendo a brincos de la perrera, con la cola colgando. ¿Acaso era Honorine quien causaba su abatimiento? En verdad, no era la grata compañía y soporte con que había soñado en los primeros tiempos.

Caminaba detrás de su vecino Gustave Fréson, sin siquiera saludarlo, y mientras abría con abatimiento la puerta principal escuchó una explosión a su izquierda[14]. Un carnaval estaba en pleno apogeo y podría ser simplemente un fuego artificial. ¿Había notado subliminalmente como el marco de piedra de la puerta escupía un fragmento? En todo caso, sobrevino otra explosión; y luego un dolor abrasador cuando el metal se estrelló contra su bota, alta hasta el tobillo, destrozándole los huesos al incrustarse profundamente en su tibia izquierda. Lanzó un grito: «¡Tú, bastardo!». Se inclinó para investigar el tobillo. Incluso ahora, a pesar del dolor insoportable, mantuvo el control. Le gritó a Fréson: «¡Detenlo!», y señaló a un

14 Este recuento proviene de numerosas fuentes, entre ellas: los propios recuerdos de Verne, según lo informado por sus entrevistadores (*Ent.* 117, 179); [9 mar. 86] y [10 mar. 86] a Hetzel, hijo; Volker Dehs, «En 1886», *BSJV* 118: 32-37; Norbert Percereau, «Le Destin de Gaston Verne», *BSJV* 155: 4-52; y periódicos contemporáneos, especialmente *L'Univers illustré* de 20 marzo de 1886, *The Times* del 11 de marzo de 1886 y *Journal d'Amiens*. Las fechas abreviadas en las notas se refieren a cartas escritas a Verne o por él en esas fechas. En estas notas, las referencias separadas por punto y comas se refieren a distintas ideas en el texto; las separadas por comas, a la misma idea.

joven que se encontraba a solo cinco metros de distancia. Trotó angustiosamente hacia el agresor, todavía gritando algo.

Conmocionado, ¡reconoció a su sobrino favorito!

Su corazón latía desenfrenadamente cuando observó los zapatos polvorientos de Gaston, su cabello despeinado, una mirada maníaca y el brillo del revólver. Lo amaba. Apreciaba su seriedad, tan distinta a la temeridad de su hijo. Lo había maravillado su influyente trabajo en París conseguido, verdad sea dicha, después de haber tirado él mismo de algunas cuerdas.

Un policía de bajo rango había aparecido de la nada. Gaston se había quedado allí como un autómata con los brazos colgando. Los tres hombres comenzaron a conducirlo al interior, empleando un lenguaje corporal tranquilizador. Sólo entonces preguntaron si no querría entregar el arma para asegurarla.

La mente de Verne buscó motivos. Con «el ratón soñado», como lo llamaba, había compartido momentos tempestuosos y de gran felicidad. Juntos habían visto su admirado Edimburgo y las trascendentales Hébridas; luego, dos años más tarde, Inglaterra, Holanda y Dinamarca.

Repasó febrilmente la reciente crisis nerviosa de Gaston, así como sus desvaríos relativos a desafíos a duelos para vengar afrentas y sobre cómo dar el esquinazo al policía que supuestamente lo seguía a todas partes. Y sobre todo recordaba sus terribles discusiones en los últimos meses. El motivo del sobrino tenía que ser vengar «asuntos familiares de tal sensibilidad que no puedo divulgarlos», como Gaston había declarado al jefe de policía esa noche.

Y entonces todo cesó. Olvidó sus responsabilidades, su entorno, todo, para concentrarse en el dolor volcánico que emergía de su tobillo. Todo su ser se enfrentó a la sensación principal, aguda en el centro y palpitante pierna arriba. Como aceptando la invasión, su cuerpo bombeaba fluido compensador para que sus extremidades actuaran con fortaleza.

Luego olvidó la secuencia de los eventos. ¿Había caído Gaston en brazos de su tía Marie y de su bella prima Suzanne? ¿Cuánto tiempo había transcurrido antes de que Gaston fuera llevado a la comisaría central? ¿Fue antes del diagnóstico asegurando que la herida no era grave? ¿Antes de hundirse con gratitud en la inconsciencia de la primera y fallida operación? ¿Antes de que se diera cuenta de que el proyectil nunca podría ser extraído y de que estaría cojo de por vida?

En sus pocos momentos de lucidez entre los desvaríos y las fiebres, las hemorragias y las supuraciones infectadas, el éter y la morfina, pensó en la prensa mundial aullando como lobos por noticias. Se decidió por el control de los daños al máximo.

La acusación final fue «tentativa de asesinato». Todos sabían que Gaston lo había planeado con cuidado. Había escapado de casa de su tía en París, había comprado un boleto para Dover, pero haciendo escala en Amiens, vagaba en las afueras de la casa con seis balas de siete milímetros palpitando en su arma.

Pero, ¿qué motivo debería proporcionarse? Lo más plausible parecía aducir una negativa a proteger a Gaston de sus enemigos o a darle dinero para viajar a Inglaterra. El episodio se leería como un *crime passionnel*, con su mezcla inestable de resentimiento y rabia, dinero y pasión, deseos ilícitos y actos innombrables. Lo mejor era enturbiar las aguas. Inventaría una conversación entre Gaston y él antes del tiroteo. Encubriría que su sobrino había comprado el arma tres años antes, que había apuntado a la línea del cinturón. Citaría motivos absurdos y contradictorios: llamar la atención sobre la idoneidad del tío para acceder a la Academia Francesa o para enviarlo al Cielo.

Tan decididos estaban el escritor y su familia a callarlo todo, que silenciaron a los periódicos, impidieron acciones legales, e innecesariamente confinaron a Gaston Verne a un sanatorio en el extranjero.

Entonces, ¿quién fue la víctima? ¿Y qué tiene que ver con nosotros, desde un tiempo, idioma y cultura diferentes? Harry Potter, Frodo Bolsón, o Hércules Poirot pueden eclipsar en cualquier momento a Fogg o Nemo. Hamlet o Don Quijote tienen entradas más largas en Wikipedia. Pero con el tiempo Verne ha superado en ventas a Shakespeare y, de hecho, a casi todos. Muy pocos individuos han hablado con su propia voz a tantos seres humanos.

Si se mencionan estos hechos a profesores de literatura o a editores de enciclopedias, responden: «estilo deficiente», «inventor con fecha de caducidad vencida»; o, si se educaron en Oxbridge: «género ficción». Pero no dan información acerca del hombre. El hombre que ayudó a dar forma a nuestro mundo no viene de parte alguna en particular, no suena lo más mínimo en la conciencia pública, sigue sin tener identificación sin su nombre de pila. Tenía un talento sin paralelo entre millones de personas que han vivido para escribir historias universalmente atractivas; y para disimular su propia fama.

Si miramos los montones de fotografías, miles de cartas, docenas de entrevistas, y el puñado de piezas autobiográficas, Verne muestra un carácter fuerte. Como todos los genios, habitó en su tiempo y lo trascendió. A diferencia de muchos de sus compatriotas, su nacionalidad no fue evidente de inmediato. Como muchos escritores, canalizó parte de su personalidad en sus libros. A diferencia de la mayoría de los hombres famosos, se guardó su individualidad para sí mismo.

El encubrimiento del intento de asesinato ejemplifica los esfuerzos de Verne para ocultar su intimidad a la posteridad. Este libro intentará destruir sus esfuerzos.

Para comprender completamente los entresijos del asunto que tan categóricamente arruinó la vida de un escritor único, y que, por un breve momento alumbró al hombre interior, necesitamos regresar al comienzo. Sólo emprendiendo sistemáticamente la «búsqueda de la verdad a partir de los hechos» (como dice el adagio chino), podremos entender al chico despreocupado y al hombre de múltiples facetas en el que se convirtió.

4. El Mercado de pescado en la popa de la Isla Feydeau,
con los piróscafos en primer plano.

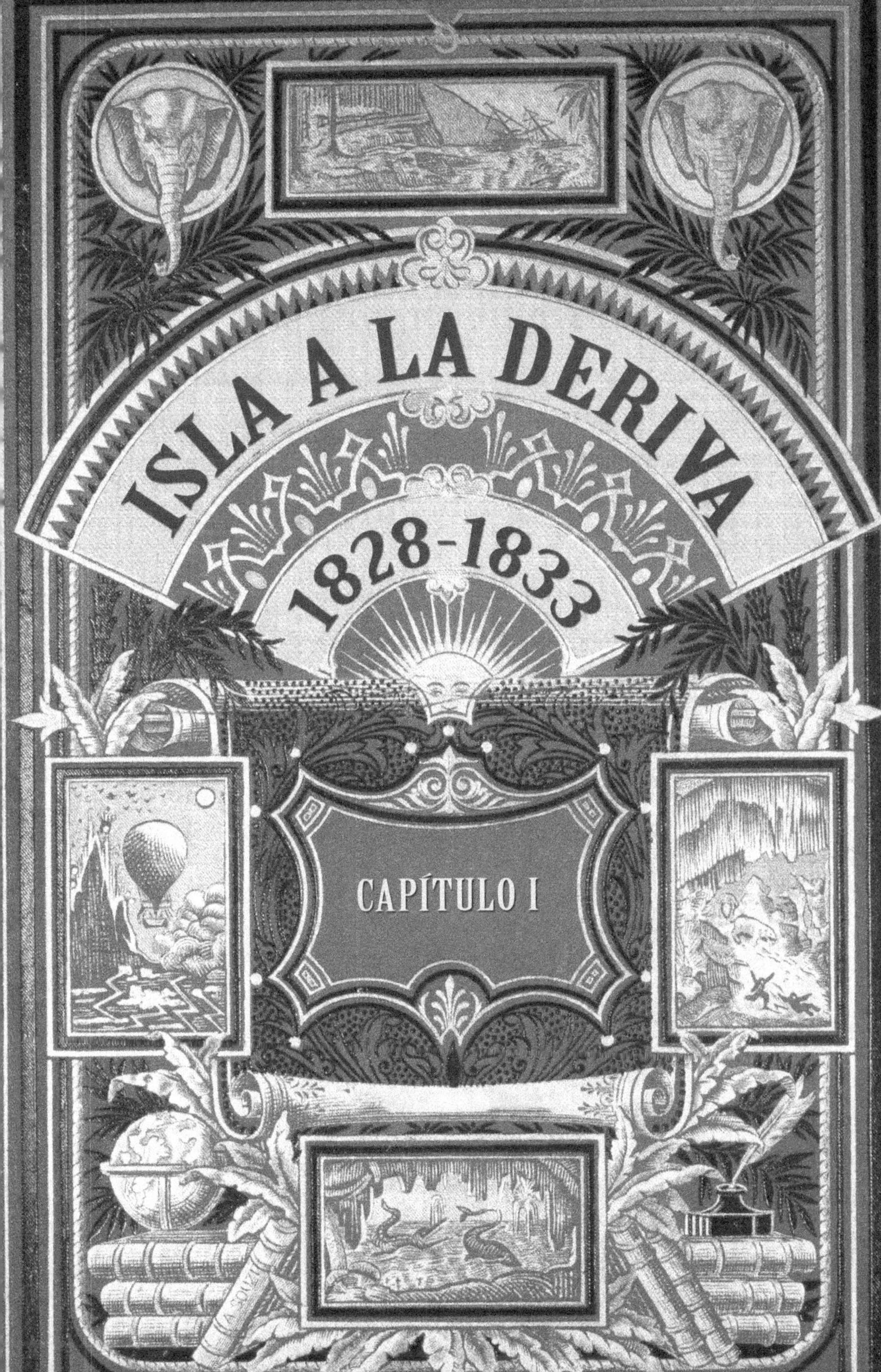

CAPÍTULO I

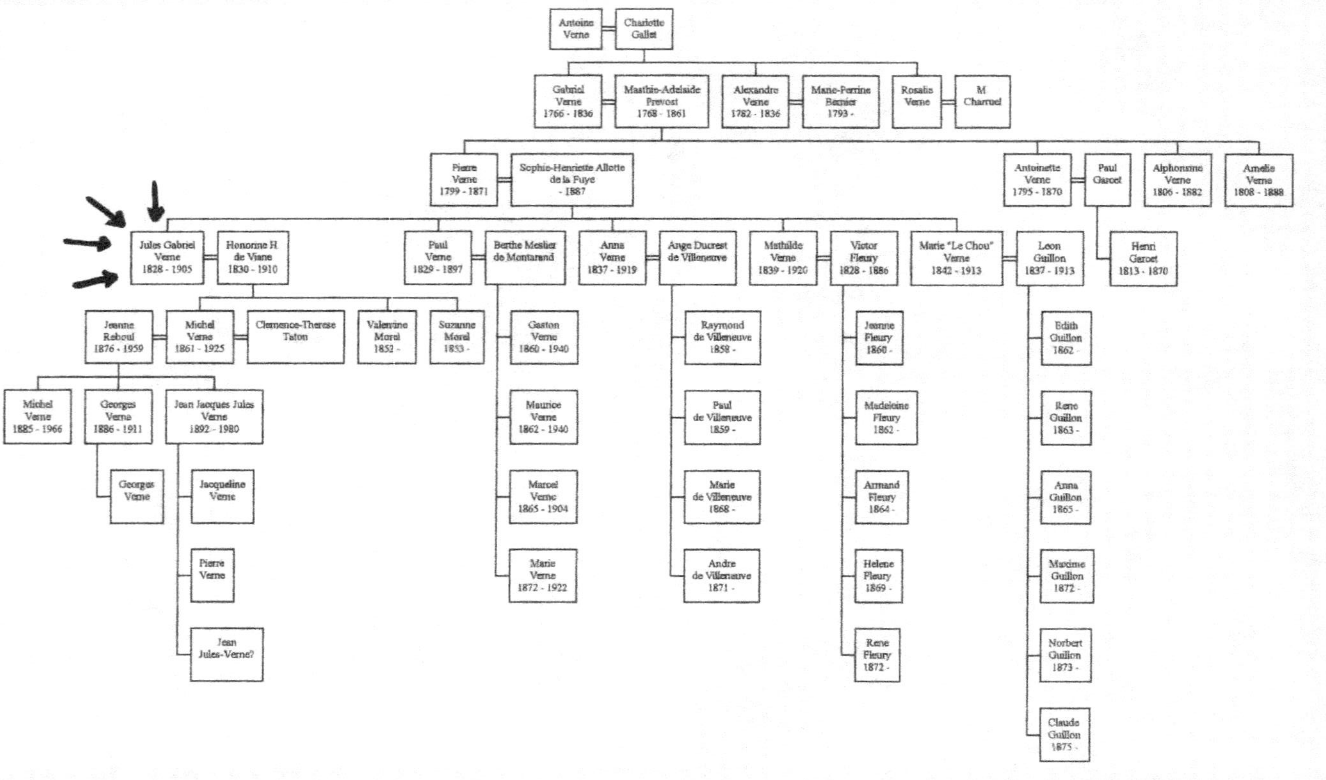

5. Árbol genealógico de Verne

En 1826, Francia es una monarquía constitucional. Después de las aventuras napoleónicas, la estabilidad económica y la creatividad artística contribuyen a que el centro del mundo encuentre sus fundamentos nuevamente.

Nantes puede considerarse el Berwick o el Berlín de Bretaña. La invasión francesa ha dejado a esta capital desconectada de su cultura de puerto interior, de su zona de influencia cultural y de su contexto lingüístico, sólo con aislados remanentes de hablantes bretones. La ciudad tiene una clase media importante: convencional, complaciente y cerrada a los forasteros, que trata de ignorar los flujos del campo y las exhalaciones de los alrededores. Se desvanecen los recuerdos de la *Boudeuse* y la *Méduse*, respectivamente los barcos de la primera circunnavegación francesa y el escenario de horribles actos de canibalismo.

Nantes aún ocupa el ápice del triángulo comercial –importa materias primas tropicales, exporta baratijas y distribuye esclavos a todos lados–, lo cual, desde tan solo esta ciudad, ha arrojado a medio millón de africanos a las Indias Occidentales y al Océano Índico. Pero con la independencia de Haití en 1804 y el limo en el Loira, el triángulo parece estar cada vez menos estable. Muchos de los barcos son ahora barcazas de velas cuadradas que trasladan desde Paimbœuf el tabaco y azúcar sin refinar. Por el momento, sin embargo, la prohibición del «ébano negro», como los despiadados esclavistas llaman a sus existencias comerciales, ha bastado para aumentar el monopolio de Nantes y, por tanto, los precios.

Fue este escenario colorido, construido sobre una actividad ya detestable para unos pocos ilustrados, lo que Jules Verne vio cuando abrió los ojos por primera vez. Al mismo tiempo que respiraba un legado familiar ilustre.

«Verne» significa árbol de aliso, como aparece en el escudo de armas de la familia. El primer antepasado registrado fue Vital Verne, un zapatero del siglo XVI, en el Massif Central. Sus más remotos ancestros pueden haber sido italianos o de Le Vernet, en Auvergne[15]. Empezando por el hijo de Vital, los descendientes se convirtieron invariablemente en abogados, aunque otra rama fundó el famoso Banque Vernes. Después de un Antoine, consejero legal superior en el siglo XVIII, vino un Jean-Gabriel, Señor de Cormantin y Uxelles, y su primo Gabriel, magistrado en Provins, al sur de París.

6. Escudo de los Verne

El cuarto hijo de Gabriel, Pierre Verne, ejerció unos meses como abogado litigante en París, luego se instaló en Nantes a fines de 1825 para unirse a su tío. Al año siguiente, este autoproclamado semi-parisino, compró a crédito parte o todo el bufete de abogado de Jean-François Pâqueteau ubicado en el n.° 2 de Quai Jean Bart[16]. Con vista a la isla Feydeau, la edificación estaba situada en el delta donde el Loira, llamado por Francisco I «el río más bello de Francia»[17], absorbía al Erdre. A pesar

---

[15] Régis de Véron de La Combe, «En Remontant la Loire», *BSJV* 150: 36-37.

[16] JJV 2. Sin embargo, algunas fuentes mencionan que la oficina de Pâqueteau y Pierre Verne estaba en el n.° 5 de Quai Jean Bart.

[17] Reportado en http: //www.nantesmetropole.fr/.

de que el ejercicio de la profesión de abogado estaba virtualmente vetado a forasteros, Pierre se propuso convertir su gestión profesional en la mejor de Nantes. Su experiencia y gusto literario le ayudaron y contaba con la seriedad profesional necesaria. Pronto comenzó a ampliarse su lista de clientes dedicados al lucrativo negocio marítimo.

En una pintura al óleo, el abogado Verne aparece de modo convencional junto a un pequeño escritorio de tapa enrollable perfectamente ordenado, presidido por su cortapapeles y su secante. Fotografías posteriores muestran que es alto y ascético, tendiente a extender los brazos de manera posesiva. Su cabello castaño claro un poco largo y una afición a los folletines de ficción mitigan la seriedad de su calvicie y de sus labios delgados.

7. El piso de la familia Verne en el Quai Jean Bart 2

Un sobrino lo describió como «inteligente, agradable e ingenioso, un amante apasionado de la música, la vida, y el alma de nuestras reuniones familiares»[18]. Su nieto lo recordaba como «una persona buena y encantadora bajo una apariencia levemente severa... Un experto legal respetado, erudito y un buen poeta sensible, a quien le gustaba conversar sobre ciencia y descubrimientos recientes»[19].

Actuaba regularmente en coros y era liberal y de mente abierta en muchos sentidos; Jules lo apodó «un verdadero santo»[20]. Pero es difícil convivir con los santos. Pierre también era un jansenista estricto, riguroso en los detalles y un puritano que despreciaba el estilo de vida de los poetas[21].

Según la tradición familiar, un buen día de 1826 el abogado caminaba bajo los olmos recortados y podados de La Petite Hollande, el jardín triangular en el extremo agudo de Feydeau. Frente a él se extendía una playa de arena para bañistas, barcos de pesca de velas azules y el puerto de embarque hacia el mar. Pero en lugar de ello, atrajo su atención una mujer delgada y vivaz, de ojos verdes, cabello dorado rojizo y el aspecto recatado de las clases altas (ADF 8)[22]. (Aquí nos vemos obligados a seguir a la biógrafa de la familia, a menudo poco confiable; la información referenciada como «ADF» debe tomarse con un buen grano de sal). Cuando la visión se desvaneció, se enteró de que Sophie Allotte de la Fuÿe tenía 25 años pero que aún no se había casado. Fueron presentados y se enamoraron con los debidos protocolos; el único chismecillo conocido es que Sophie bromeó diciendo que era buena en hacer pasteles y mermeladas. Pierre le pidió la mano con su mejor caligrafía[23], y se casaron el 17 de febrero de 1827. (Se adopta aquí un sistema abreviado de referencias que simplemente utiliza la fecha de composición de las cartas; hasta el capítulo 10 todas son de Verne a sus padres a menos que se in-

---

18 JJV 2.
19 JJV 2.
20 En una carta de Verne a su editor fechada 4 de noviembre de 1871.
21 JJV 2-3.
22 Marguerite Pichelin (1874-1959) era nuera de Maurice Allotte, sobrino de Sophie.
23 [Oct. 56].

dique lo contrario; las partes de la fecha en cursiva son intercaladas)[24] ¿Se consideró urgente? En cualquier caso, la boda se llevó a cabo sin la mayor parte de la familia de Pierre, residente en Provins, a cinco días de camino[25].

Sophie, sin profesión, provenía de Morlaix y era amable, alegre y muy imaginativa. Siguiendo una intensa educación bretona, llevaba la devoción católica al extremo (JJV 3). Para ser considerado bretón por los lugareños «auténticos», del mismo modo que se es considerado un «verdadero» escocés o una «verdadera» persona de Hong Kong, los estrictos locales acudían a criterios excluyentes que combinaban linaje, lenguaje y educación. Morlaix misma era sinónimo de la tragedia de los acadianos francófonos brutalmente enviados «a casa» desde la nueva área de Norteamérica británica antes de ser expulsados a Louisiana.

El padre de Sophie dirigía el sistema de impuestos indirectos en Nantes, pero antes había sido gerente de Huelgoat Forge; la familia se remontaba a lo largo de varios comandantes militares y navales a un Daniel Allotte, Sieur de la Fuÿe. De hecho, los nobles abundaban de ambas partes, incluyendo a los Seigneurs de Montbel, Chignet de Champrenard, de la Perrière, de la Dantèque y du Sapt, así como de muchos humildes *de*'s que como mínimo mostraban una aspiración a la nobleza. El propio Pierre era un *écuyer* (miembro de la baja nobleza), sus armas blasonaban un escudo transmitido desde tiempos inmemoriales[26].

Todos los parientes llevaban una existencia próspera: los cuatro progenitores vivirían un promedio de 86 años. En un óleo simétrico al de Pierre, también pintado por su cuñado artista, Sophie aparece pensativa junto a un teclado, con las manos en ángulos incómodos y el vestido rozando el piano mientras se inclina hacia adelante. Una de sus cartas sobrevivientes muestra afecto e ingenuidad, y mucha religiosidad.

---

[24] Más detalladamente: las referencias a cartas en el texto principal citan la fecha exacta (como en 14 de agosto de 1850) o el mes y año (ago. 50), según anote el propio Verne. Cuando la datación es incompleta, la parte faltante de la referencia estará en cursiva; aquí está ausente, se utilizará [14 de agosto de 50].

[25] ADF 9.

[26] RD 2.

8. Casa natal de Verne, en la rue de Clisson

A pesar de las extensas propiedades inmobiliarias de su familia, Pierre afirmaba que no estaba boyante y se mudó a vivir con los prósperos padres de la novia. Augustin (n. 1768) y Dame Sophie Allotte de la Fuÿe (n. 1774) arrendaban por 200 francos al mes el tercer piso del n.° 4 de la Rue de Clisson (aproximadamente € 1.000 en valores actuales). Con cuatro habitaciones, más un estudio y un ático, el piso estaba exquisitamente amoblado, tenía ostentosas puertas en arco y un elaborado parqué[27]. De las paredes colgaban severos retratos del abuelo de Sophie, un armador y marino de Feydeau que había desafiado el Ártico[28]. Pero Augustin nunca estuvo a la altura de las expectativas pues su madre había muerto sosteniéndolo, sus aventuras comerciales siempre fracasaron, y a menudo se ausentaba dedicándose al juego y a devaneos mujeriegos. Pocos meses después, Augustin dejó el piso definitivamente[29].

El n.° 4 hacía esquina con la calle Kervégan, la amplia avenida que bisectaba a Feydeau, construida y todavía enseñoreada por los grandes esclavistas. No era una isla natural, y ahora tampoco lo es rodeada como

[27] ADF 10.
[28] ADF 11.
[29] Dekiss, *Jules Verne l'enchanteur*, 11.

está por autopistas; pero entonces era el lugar ideal para residir, un refugio con forma de barco en el corazón de la ciudad. Un gouache encantador de Turner de la misma época, muestra las clásicas terrazas de Quai Duguay-Trouin, vendedores ambulantes con capotas en forma de calabazas, y botes con aspecto de juncos chinos en medio del exageradamente amplio cauce del Loira. La historia abigarrada de la isla la evidenciaban el visible hundimiento progresivo de los edificios y los nombres de las calles: René Duguay-Trouin y Jean Bart eran corsarios, Clisson compartía una dual lealtad anglo-francesa.

Jules Gabriel nació hacia el mediodía del 8 de febrero de 1828. Parece típico de Pierre que su hijo debía emerger en el mes más temprano permitido convencionalmente. Tres horas después, el certificado de nacimiento fue firmado y sellado. François Tronson (1787-1855), cuñado de Sophie, magistrado, vecino y amigo de la familia, acompañó a Pierre a la oficina de registro[30]. Era en la familia el primer Julius / Jules (los nombres son equivalentes en francés) llamado como el César, mártir bretón del siglo IV, y Papa, padre de tres niños. El niño también fue llamado Gabriel como el abuelo paterno o por el arcángel de ese nombre.

Aunque las nodrizas eran lo habitual, el bebé probablemente fue amamantado por su madre[31]. El bautismo parecía urgente, ya que más de un tercio de los niños morían y se habría arriesgado a Jules a un limbo eterno sin él. De hecho, su probable compañera de cuna, Léontine, nacida de los Tronson dos meses después, moriría el año siguiente; su hermana Céline también había muerto en 1823. Pierre tenía excelentes conexiones con la iglesia, y el bautismo se hizo al día siguiente con un permiso especial del obispo.

Para calmar el llanto del bebé, Pierre sin duda interpretó arias de óperas contemporáneas[32]. Sophie cantaba canciones de cuna, lo alimentaba a demanda, le plantaba besos y a menudo se quedaba despierta toda la noche vigilando[33].

---

30 Como está registrado en el certificado de nacimiento (CNM 265-266).

31 Un poema de 1842 de Verne a su madre (en CNM 24), implica que ambos fueron amamantados.

32 Dado que lo había hecho cuando nació la hermana de Julio ([3 may 37] de Sophie a la madre de Pierre, reproducido en *J.V.* (Amiens), 31 (1994): 20-21.

33 Al menos, según el poema de Verne de 1842.

El bautizo oficial brinda la oportunidad de conocer a la parentela. Para que la familia de Pierre pueda viajar bajo un mejor clima, se lleva a cabo el 1° de mayo, en la cercana Iglesia de la Santa Cruz de ornamentada fachada, pero de ábside rechoncho. Cerca de la puerta, tallada en una columna se abre una concha gigante, lo suficientemente como para bañar a un bebé. Gabriel y Dame Sophie son los padrinos. También están presentes Alphonsine y Amélie, las bellas hermanas de Pierre, apenas salidas de la adolescencia, pero ya consideradas insignificantes e incasables[34].

9. Nantes desde la isla de Feydeau. JWM Turner, ca. 1828

Para el banquete, aunque realmente debía haberlo hecho el libertino Augustin, el segundo hermano de Dame Sophie preside la mesa principal. Soltero y excéntrico, es tío abuelo de Jules, pero todos lo llaman tío Prudent (1766-1860). Ex armador y bucanero, se ha retirado y dedicado a la agricultura por placer en Brains, donde pronto se convertirá en alcalde. A pesar de su edad, a menudo camina hasta Nantes[35].

Durante una pausa, una de las tías de Provins se vuelve hacia su hermano: «Este niño tiene tus ojos, pero la nariz y la boca de tu esposa. Será poeta como tú y manipulador y bondadoso como Sophie...».

«Mi hijo será abogado como yo, y cuento con que en su campo tenga una práctica próspera».

[34] ADF 10.
[35] ADF 10.

Pierre, de hecho, ha interrumpido una importante frase de Prudent sobre los orígenes escoceses de la familia. Por lo tanto, antes de escabullirnos, debemos escuchar al buen tío:

> Antes de convertirse en propietarios de barcos aquí, los Allottes vivieron durante siete generaciones en Loudun, en Poitou, en una casa solariega más pequeña que mi lagar, pero su *tourelle* [torrecilla] del palomar ejercía un derecho de *fuÿe* [privilegio feudal] sobre los campos vecinos. De ahí nuestro nombre… En cuanto al nombre de Allotte, nos viene de un cierto Allotted, un arquero escocés, que...

«Aquí va de nuevo», interrumpe Pierre. «El tío Prudent está yéndose a la leyenda del arquero de Luis XI y su propiedad escocesa»[36].

A primera vista, la historia de la ascendencia británica puede parecer un mero rumor, como alega el astuto abogado. Sin embargo, antes de morir, Marie-Thérèse de Lassée, sobrina nieta de Verne, proporcionó más fragmentos tentadores:

> En 1462, N. Allott, un escocés que había llegado a Francia con la Guardia Escocesa de Louis XI, prestó servicio al rey, quien lo ennobleció y le dio el «droit de fuye», el derecho a tener un palomar, en ese momento un privilegio real. Construyó el castillo de la Fuÿe cerca de Loudun, y se convirtió en Allotte, Seigneur de La Fuÿe[37].

Los arqueros escoceses de Luis XI (r. 1461-1483) están bien documentados. Los cien miembros eran de los mejores linajes. Un *fuie* (*fuÿe* en la región de Poitou) significa un pequeño palomar, generalmente en columna, en otras palabras, un *tourelle*. El nombre Allott es desconocido en Francia, al igual que Allotte en Gran Bretaña. El nieto de Daniel Allotte, Paul, vivió en Martaizé, seis millas al sur de Loudun[38]. El archivo «An-

---

[36] ADF 11.

[37] «L'Origine des Allotte de la Fuÿe», *BSJV* 11: 55-56. El «droit de fuÿe» también implicaba jurisdicción sobre la tierra circundante, vagamente el concepto de dominio, incluyendo tres niveles de administración de justicia, con el poder de encarcelar (Roger de la Fuÿe (1890-1961), «Jules Verne inconnu, mon oncle», *Connaissance du Monde*, núm. 3, febrero de 1959, 51-60). Prouteau (59) precisa el nombre como Barón «Norbert Allott».

[38] Roger de la Fuÿe 51-60; con Vincent Buche (http://www.rogerdelafuye.com/famille-roger-de-lafuye.php3?action=lire&id=23), también afirma que N. Allott era «el jefe de la Guardia Escocesa de Luis XI »; que el Château de la Fuÿe fue comprado por Paul Allotte de La Fuÿe alrededor de

cestros» en el ahora desaparecido Centre de Documentation Jules Verne en Amiens contenía un árbol genealógico anónimo. Sorprendentemente, comenzaba por «Allott, Sieur de la Fuÿe, 1440-1525» y «N. Allotte de la Fuÿe, 1480-1550». Aunque no contenía más información y las fechas están sospechosamente redondeadas, pueden provenir de documentos de familia no divulgados. En resumen, la ascendencia caledónica sí parece plausible[39].

Afortunadamente, sobrevive una piedra angular insospechada. Un edificio que pretende ser el Château de la Fuÿe, el hogar de la familia Allotte de la Fuÿe, todavía está en pie en las afueras del suroeste de Loudun. Curiosamente, ningún biógrafo había pensado en buscarlo en la guía telefónica. La sorpresa al ubicar el edificio no pudo ser mayor que descubrir al capitán Nemo hospedado en una pensión junto al mar.

10. Chateau de la Fuÿe

Con una fachada de 183 metros en piedra amarilla de grano fino, almenas, foso, y puente levadizo, el castillo, construido alrededor de 1465, muestra con ostentación tres torres interiores para palomas, más dos *fuies* en el exterior. El propietario, M. Jacques Lallemand, afirma que la propiedad perteneció a los Allotte de la Fuÿe, como lo indicaban los escudos de armas («Gules con lunas doradas en creciente») originalmente esculpidos en piedra[40].

La evidencia, en suma, de la existencia de uno o dos N. Allott(e)s, nobles escoto-franceses, es fuerte. Incluso si no creemos en el «vínculo de sangre», la ascendencia escocesa aparentemente mezclada con la bretona

1725 a la familia Bussy, pero luego fue vendido por su hijo, Alexandre (n. 1726), alrededor de 1761; y que luego sirvió como caballeriza y establo.

39 Soporte adicional lo da el propio Jules, aunque de manera alusiva: «nosotros debemos tener un antepasado que contrajo esos reumatismos por robar en los bosques y estaciones de carruajes de los caminos principales en el siglo decimotercero cuando los reitres británicos deambulaban por el campo» [¿mar.? 68].

40 Sieur Allott estaba relacionado con el comerciante de pescado Sir John Allot (ca. 1548-1591), famoso alcalde de Londres (1590-1591); la familia del franco-escocés «Sir Allott» se remonta a 1390; la familia adquirió el título de Conde antes de 1696 (Roger de la Fuÿe 51-60).

seguramente condicionó la autoimagen de los Allottes. Dada la relación amor-odio entre las dos naciones, un Allotte nunca podía ser simplemente otro ciudadano francés. Jules cargó el peso de la tradición sobre sus hombros infantiles.

Menos de un año después, la familia Verne se mudó al n.° 2 del Quai Jean Bart. Si Pierre buscaba alejarse de su suegra, cometió un error, pues su hogar y su oficina ahora estaban codo a codo (JJV 2). Más aún, la nueva vivienda se encontraba al otro lado de un estrecho canal que la separaba de la de Dame Sophie, lo que significaba que ella podía mantener los ojos encima. Sin embargo, para llegar debía hacerse un gran rodeo.

Como administrador de la organización benéfica católica propietaria del edificio, François Tronson no dudó en convenir el alquiler; de hecho, Pierre y Sophie tal vez se habían acercado por primera vez gracias a sus buenos oficios. El cuñado de Sophie era hijo de otro estricto capitán, «puntual y metódico»[41], un legitimista convencido (partidario de Carlos X) que había renunciado a su magistratura en protesta cuando la Revolución de 1830. Desde 1819 hasta mediados de la década de 1820, François y Louise Tronson habían vivido en el n.° 14 de la calle Kervégan, a seis metros de la casa donde nació Julio.

Como la planta baja se inundaba cada pocos años, el Quai Jean Bart se había convertido en una zona de tiendas; su estatus, en consecuencia, había bajado de tono considerablemente (ADF 8). Sobre el primer nivel se levantaron un entrepiso, dos pisos de techos altos con seis ventanas en cada piso, y encima una mansarda con habitaciones para la servidumbre femenina. Tapices de colores, muebles de madera tropical y porcelanas chinas adornaban el interior. La edificación hacía parte de un conjunto de estilo Luis XVI. Con contraventanas interiores y un frágil balcón de hierro forjado en cada ventana como en la casa donde nació Jules, el n.° 2 quedaba otra vez ubicado en la esquina, pero ahora con una vista imponente del Erdre, la isla Feydeau y el Loira.

A pesar de la grandiosidad de los cuatro pisos, al parecer la familia Verne solo ocupaba uno de los pisos intermedios de 300 metros cuadrados, apenas dos veces el de una sala de estar de Edimburgo. Como si en

---

[41] RD 9.

algo compensara el pequeño tamaño, el bloque de edificaciones aparece en otro gouache de Turner de 1828, ahora en una versión mejorada: «Nantes desde la isla Feydeau» (1830). El río desteñido de la escena original ahora ha sido *remixé* a la italiana, con toldos azules y rojos en las góndolas, delineaciones ensortijadas en las mansiones y los veleros de pesca del Mediterráneo alineados tentadoramente ante las ventanas de Verne. Las calabazas han sido retocadas y la torre medieval de Bouffay detrás del muelle Jean Bart ha sido redondeada de manera atractiva. El claroscuro irresistiblemente atrae la mirada desde el foco de la izquierda hacia la sombreada residencia de los Verne frente a un puente arqueado en el sombrío bloque de la derecha, lugar de nacimiento del niño en Feydeau. El ojo de Turner para las líneas ley ocultas en rutas milenarias coincide misteriosamente con el gusto de la familia por las vistas dominantes.

11. Paul Verne (1829-1897)
(autor desconocido)

El 25 de junio de 1829, nació Pierre-Paul Verne, llamado así por su padre y el último Allotte que vivió en la propiedad de la Fuÿe. Jules perdió toda la atención de su madre, pero adquirió un gemelo virtual sólo 16 meses menor. Paul y él se volverían muy cercanos, incluso la diferencia de estatura desapareció con el tiempo.

Jules era un niño esbelto y apuesto, con rizos rojizos y dorados, grandes ojos azules y nariz ancha. Su principal debilidad era su afición a aventurarse en las peligrosas *loggias*.

Para los estándares modernos, sus primeros años fueron incómodos. El piso tenía un inodoro con un tubo de evacuación, pero sin mecanismo de descarga ni papel higiénico, y sin baño ni grifo de agua caliente. En la cocina, único ambiente cálido permanente y amplia gama de olores tentadores, las dos jóvenes sirvientas que vivían en casa le dieron a Jules una visión a las tradiciones costumbristas de la campiña bretona. Una de ellas se llamaba Mathurine, quien más tarde se casó con M. Pâris, un carnicero de cerdos de Chantenay[42].

Un retrato preproustiano afectuoso, supersticioso y humorísticamente cauto puede vivirse en los capítulos iniciales de *Viaje al centro de la Tierra*, en cuyo manuscrito se insinúan cosas que sucedieron entre ella y su patrón.

Mientras supervisaba lo que hacía Mathurine, Sophie tenía tiempo para tocar el piano con brío; leía con dedicación, evitando libros escritos por ateos y librepensadores; y pensaba en el futuro de sus hijos: ¿serían mujeriegos empedernidos como su padre y su tío, abogados resecos como el resto de la familia, o unos románticos incurables como ella?

El primer recuerdo de Jules data del 29 al 30 de julio de 1830, cuando escuchó chasquidos extraños que bajaban del Erdre. Sus padres le explicaron con miradas preocupadas que unos hombres rudos estaban combatiendo con pistolas. Las ventanas permanecieron bien cerradas a pesar del calor y tuvo que sentarse en silencio. Cuando más tarde rememoró que «todavía podía escuchar los disparos de rifle… [mientras] la población luchaba contra las tropas realistas» (RIJ), seguramente le resonaban voces lejanas en el tiempo. Sus padres le habían dicho que eran los alborotadores en las barricadas de la Place Graslin donde murieron 16 hombres.

La sala de estar ocupaba gran parte del piso, los dormitorios estaban ocultos en la parte trasera. La habitación de Jules debía dar hacia un lado de la Rue du Vieil Hôpital, pequeña y rústica, con vista a la derecha a un ángulo de la calle y a la izquierda a un poco del Erdre y de las casas de la orilla opuesta. También pudo haber tenido una ventana hacia el patio trasero, en realidad solo un conducto de aire, donde tenías que estirar el cuello para ver apenas un fragmento de cielo.

Su entorno temprano fue increíblemente rico. Incluso antes de que diera un paso en él, sus sentidos fueron asaltados por aromas de café, cacao, azúcar, índigo, y mangos, por las reparaciones de barcos, discusiones de

42 ADF 100.

marineros, gaviotas graznando y el casqueteo de los carruajes. Desde la sala de estar pudo espiar los mascarones sobre cada ventana de Feydeau, rostros pétreos sin pupilas, pero con alas para atrapar la brisa marina, trasfigurados por algún horror invisible y tocados con turbantes, de ángeles sopladores, de bucaneros bigotudos joviales; y de jóvenes africanos, reflejos de su oscuro pasado.

Los barcos anclados en el muelle proyectaban su sombra sobre la puerta de entrada de la casa, mientras las grúas se veían detrás. Jules podía ver la marea trayendo los botes sardineros, bergantines y barcos enormes, inclinados hacia adelante que habían cruzado el Cabo de Hornos, agua salada cuando la luna prestaba su ayuda, una vez una marsopa extraviada bajo una luna azul. Si el viento del oeste amainaba y de vez en cuando el nivel del Loira había subido, se necesitaba destreza para orzar en el Erdre, lo que significa que Jules aprendió maniobras náuticas desde una edad temprana.

La oscura *raison d'être* de la mayoría de las embarcaciones habría sido ocultada al niño. La ciudad continuaba manejando aproximadamente la mitad del comercio francés de seres humanos. Es cierto que el comercio de esclavos, aunque no su posesión, había sido prohibido en 1827. Pero con su tradición de burlar viejas regulaciones, Nantes recurrió a banderas de conveniencia y a la conversión de los bergantines fuera de las aguas francesas. Mientras el control absoluto creció, el puerto armó cientos de barcos de esclavos. En 1830 llegó a su cúspide. En 1835, más de 80 capitanes nanteses continuaban en ese comercio.

La propia familia de Jules estaba involucrada. La biógrafa de la familia Marguerite de la Fuÿe arroja pistas sobre el comportamiento «muscadin» de la familia: afectado, monárquico y tropicalmente decadente. Pierre se había involucrado a través de su tío Alexandre Verne (1782-1836), casado con una Bernier, una familia activa en el comercio de esclavos[43]. Alexandre, alguna vez intendente naval, era funcionario público y también una especie de hombre de negocios; Eugène (n. 1792) y su medio hermano Gustave Allotte (n. 1801/1802), primos de Sophie, residentes a noventa metros del Erdre, eran propietarios de barcos como la mayoría

43 JJV 2.

de los amigos de la familia y el abuelo materno de Dame Sophie[44]. El abuelo paterno era un asociado cercano de François Guillet de la Brosse, jefe de milicia de la colonia de Santo Domingo (Haití). Los Allottes estaban relacionados lejanamente con René-Auguste Chateaubriand, padre del escritor y capitán de carrera de barcos piratas esclavistas, tripulados en Nantes. Los ahorros del tío Prudent, algunos de los cuales serían legados a Jules, seguramente provenían del comercio bucanero y del comercio triangular[45]. Raymond Ducrest de Villeneuve (1859-1930), contemporáneo y biógrafo de Verne, admite abiertamente el comercio de los Allottes en «oro negro», aludiendo al productivo comercio de esclavos[46].

El considerable dinero de la ciudad provenía realmente de esa línea de trabajo, y toda una red de hilos entrecruzados enmarañaba a la extensa familia de Verne en la trama: isla Feydeau, ascendencia noble, política reaccionaria, catolicismo ferviente, propiedad de barcos, legislación marítima, administración de plantaciones y comercio en el trópico[47]. Algunos de los benevolentes parientes que rebotaban al infante en sus rodillas debieron tener en sus conciencias cientos de muertes y miles de vidas arruinadas.

A Sophie le preocupaba la humedad. Al primer sol de primavera, pasearía a su hijo bajo los magnolios en flor de Quai de la Fosse, que se las arreglaba para lucir positivamente napolitano en el gouache de Turner de 1828. El biógrafo pariente lejano de Jules agrega que los árboles fueron «plantados por los armadores de Santo Domingo en recuerdo de sus casas devastadas por los negros»[48].

Los muros del malecón sobrepasaban la cabeza de Jules con tentadores escalones resbaladizos hacia el agua cargada de residuos de basura, pesadilla de su madre. Pero la atención del niño fue captada en especial por un hombre que alquilaba botes a un franco el día. Los botes filtraban agua y notó que uno de ellos tenía tres mástiles, exactamente como los

---

44 Robert Taussat, «Rêverie sur un vieil almanach», *BSJV* 16: 160-163.

45 Dado su trabajo como capitán nantés de barcos en América del Sur en un período en el que casi todo el comercio transatlántico era el tráfico de esclavos.

46 RD 12.

47 En 1821, 53 de las 67 compañías de propiedad de nanteses estaban vinculadas al comercio de esclavos. Hasta los años 1850s la mayoría de los notables de la ciudad eran tratantes de esclavos o tenían lazos estrechos con ese comercio.

48 ADF 14.

verdaderos lugres (RIJ). Jules ya era un entusiasta observador de barcos, capaz de distinguir una borda de una popa, una goleta de una fragata.

Cerca de la Bolsa de Valores, a corta distancia de la proa de La Petite Hollande, Sophie y Jules pasaban frente a las tiendas que vendían cocos pardos, conchas marinas rosadas y piñas verdes. Más cerca de la casa, la tienda de aves en Quai Brancas exhibía monos, periquitos y canarios[49]. En las noches de verano, balbuceos y chillidos resonaban a lo largo del piso de Verne. Unas cuantas casas más adelante había una editorial-librería, especializada en historia local.

12. Pierre Verne (1799-1887)
Musée Jules-Verne, Nantes
(Autor: Françisque de la
Celle de Chateaubourg)

Si alguna vez se cansaban de ver la confluencia de los ríos, Jules y Paul podían jugar al escondite en el ático de Dame Sophie entre telescopios, sextantes y la polvorienta correspondencia de su bisabuelo. La abuela les contaba historias sobre las hazañas navales de su padre contra los británicos en la Guerra de los Siete Años.

Para ir caminando hasta la residencia de Dame Sophie, Jules cruzaba el Pont de la Poissonnerie. Por fortuna, Turner vuelve a actuar como guía. Enfoca de cerca el lado del puente sombreado que tuerce hacia la izquierda y logra una impresionante aguada tipo Goya de un puente de arco colmado de pescaderas revoltosas. Si Jules lo encontraba demasiado ruidoso, podría encami-

49 ADF 14.

narse hacia los puestos de bacalaos y atunes del mercado de pescados en el extremo redondeado de Feydeau, otro tema de Turner.

Entonces podría voltear hacia la calle Kervégan, donde se negociaba al menudeo, utilizando cestas de algas brillantes, entre gritos de «¡Pescado fresco!», «¡Mejillones de primera!», «¡Cangrejo vivo!». Si, en cambio, se devolvía por el muelle Duguay-Trouin, encontraría más pescaderas achispadas merendando reunidas a la orilla del agua, llamando impúdicamente a los transeúntes. Pero al menos, podía fingir que estudiaba el establecimiento de implementos de pesca y artículos náuticos aledaño, también dibujado por el ocupado artista.

A lo largo de la costa atracaban pequeños botes de pesca provenientes del puerto atlántico de Le Croisic que, asediados por gaviotas ruidosas, vendían sus capturas. Según la familia, Jules soñaba con navegar hacia el mar y traer de vuelta pescas milagrosas. Lo que parece cierto es que 60 años después, aún añoraba la escena del río y la sensual escapada prohibida que este ofrecía:

> Los barcos se alineaban en los muelles en hileras de dos o tres... ¡En mi imaginación, yo trepaba por sus obenques, me subía a sus cofas, me aferraba a los pomos de sus mástiles! Incapaz de alejarse del muelle, ¡cuánto anhelaba cruzar las pasarelas temblorosas y pisar sus cubiertas! (RIJ).

Los alrededores del niño mostraban cambios sorprendentes. Los ríos bajo las ventanas fluían regularmente corriente arriba, eligiendo diferentes momentos para hacerlo. En ocasiones los muelles se inundarían y pequeños carruajes tirados por caballos y botes domésticos desafiarían las olas. En marzo el Loira derribaría campos de hielo parduzco y con la marea entrante la isla nativa de Jules se deslizaría silenciosamente hacia el mar, deleitándolo y preocupándolo. En su mente, las categorías normales se volvían borrosas entre los cambios al orden natural de las cosas. Las Indias, no demasiado lejos río abajo, pertenecían tanto a América como a Asia. «Las Islas», estaban tanto al este como al oeste, tanto en el río como en el océano. Si la *Terra firma* podía ceder misteriosamente bajo los pies, si una isla derivaba como un barco, si un barco se parecía a un hombre o a una mujer, el río bien podía ser salado. Feydeau se inclinaba en ángulos ebrios y cuando un día el Erdre se secó debajo de la ventana del niño, muy poco se necesitó para activar su imaginación. Lo natural y lo artificial, árboles y mástiles, agua y tierra, corriente arriba y corriente abajo, lo viviente y lo inanimado se fundieron en su mente. Toda su vida sufriría de desorientación espacial izquierda-derecha y este-oeste, confusión de categorías y pansexualidad.

La familia todavía asistía a la Iglesia de la Santa Cruz, tratando de alejar a Jules de la tienda de dulces y juguetes Au Rat Goutteux (La Rata Gotosa)[50]. Aunque Pierre leería *El último de los mohicanos* de Fenimore Cooper a Jules[51], en general descuidaba a su hijo. Sophie seguía su ejemplo de estricta disciplina, mientras le animaba a inventar nuevos juegos.

Los padres invitarían a sus amigos a beber el vino Gros-Plant de los cultivos del tío Prudent, incluyendo a Monseñor Auguste Alloue, abogado convertido en sacerdote; al aristocrático propietario de barcos, (William-) Henri Arnous-Rivière; al siempre caballeroso armador Gustave-Henri Bourcard; y al pagador general del ejército y pariente de Chateaubriand, Jean-Baptiste Coquebert; todos miembros archiconservadores del establecimiento. La charla de sobremesa incluiría la disolución de la Cámara de Diputados por Carlos X, su abdicación y el advenimiento de Luis Felipe. Podía variar desde la conquista de Argelia hasta el nuevo telégrafo de Morse, al sarampión y a la tosferina que al parecer estaban contrayendo todos los niños. Dados los intereses de Pierre, se habría discutido sobre el primer ferrocarril de pasajeros, así como sobre la muerte de Walter Scott y los planes para el alumbrado público de Nantes.

François Tronson, Charles Musseau, Alfred Guillon y Pierre Verne recitaban sus propias poesías, cantaban sus canciones, interpretaban sus piezas teatrales, y se divertían con juegos literarios de adivinanzas[52]. Las composiciones de Pierre contenían mensajes religiosos vehementes y alusiones ingeniosas a los presentes.

En el n.° 8 de la calle Jean-Jacques Rousseau, a 50 metros del muelle Brancas, Jules visitaba a menudo a François y Caroline de la Celle de

---

[50] Luce Courville, «Jules Verne, La Famille Raton et le "Rat-Goutteux" de Nantes», en *Jules Verne: Histoires inattendues* (Union Générale d'Éditions, 1978), 439-442.

[51] Jean Chesneaux, *Jules Verne: Un Regard sur le monde* (Bayard, 2001), 166.

[52] Yves Guillon, «Jules Verne et sa famille», *Bulletin de la Société archéologique d'Ille-et-Vilaine*, vol. 78 (1974), 121-138.

Châteaubourg, sus tíos sin hijos. Miniaturista consumado, propietario de un almacén de tabaco y ex capitán del ejército, el tío Châteaubourg ostentaba el título de Chevalier. No solo era hijo de Charles-Joseph de la Celle de Châteaubourg, que vivía en la Place Graslin, miniaturista de Napoleón y Joséphine, sino también cuñado de Bénigne de Chateaubriand, hermana del escritor[53].

13. Piso del tío Chateaubourg en la rue Jean-Jacques

14. Françisque de la Celle de Chateaubourg (1789-1879)

El tío Châteaubourg le contaría a Jules historias heroicas del Nuevo Mundo, de los encuentros de su tío abuelo político con tramperos franceses, guerreros iroqueses, y bisontes nadando en el Padre de las Aguas. Según el tío, Chateaubriand había ido a América en busca del paso del Noroeste al Pacífico[54]. (Ahora sabemos que el escritor inventó muchas de sus aventuras mientras navegaba de regreso a casa, sin haber ido más allá del Mississippi).

Un elemento final del entorno temprano de Jules luce menos edificante. El fervor religioso de Pierre lo condujo a la mortificación. Para reforzar su fe vacilante ayunaría o se autocastigaría físicamente. Esta flagela-

[53] De Lassée 56, Dumas 34.
[54] ADF 15.

ción, registrada por el nieto de Jules, se la aplicaba con un látigo[55]. Para asegurarse de que las trallas hicieran daño se requería una gran destreza en la muñeca.

¿Vagaba el niño algún día, escuchando a su paso los gemidos y quejidos ahogados de su padre, encontrándolo *in flagrante delicto*? ¿Se atrevió la sirvienta Mathurine a mostrarle las líneas de sangre y pus en las camisas arrugadas? Jules no podía entender los pecados por los que su padre se autocastigaba, pero aquellas torturas autoinfligidas pueden haberlo marcado profundamente.

Supuestamente Pierre también golpeaba o hacía pasar hambre a su hijo, sin duda algo normal entonces entre esa clase social. Sin embargo, la transición de la automutilación antinatural del padre al dolor infligido al hijo puede haber creado dudas sobre su justificación. Incluso un niño pequeño podía preguntarse si la psique brillante pero retorcida constituía un juez y un jurado justos. La violencia paterna puede haber llevado a la timidez que arruinó gran parte de la vida de Jules.

---

[55] JJV afirma que «según mi padre, él practicaba la autoflagelación»; pruebas adicionales son las notas sobrevivientes de Pierre que alaban el papel de la «penitencia material y corporal» (2; aunque la palabra «corporal» no aparece en la primera edición de la biografía en francés (1973).

15. *Cinco semanas en globo*, 1863 (Édouard Riou)

EL NÁUFRAGO DE CHANTENAY
1834-1839
CAPÍTULO II

16. 1ª escuela de Verne, en la place du Bouffay.

A la tierna edad de seis o siete años, el niño fue enviado a un internado privado[56]. La *pension* de Marie-Élisabeth Sambin para la clase alta estaba en el n.° 5 de la Place du Bouffay, donde cabezas guillotinadas habían rodado hasta los pies del populacho aullante una generación antes[57]. Situada al lado de la ruinosa torre que sirvió de prisión medieval, y también pintó Turner, estaba a menos de cien metros del hogar de Jules y –una compensación– cerca de la isla privilegiada de potentados y de la mansión espléndidamente ornamentada que quedaba como telón de fondo de las toscas pescaderas.

Madame Sambin (1767-1859) era la esposa abandonada de un oficial naval que había sido destinado a las Indias. «Sambin debe haber dejado a su esposa en mitad de la luna de miel», decía uno de la nidada; «30 años después todavía no había enviado noticias»[58]. Es de suponer que la maestra debió haber asegurado a menudo a sus alumnos que su marido habría naufragado en una isla desierta y volvería, como Crusoe, con Viernes y un loro verde en el hombro[59]. ¿Comprendía el niño la tragedia humana, la naturaleza de la pasión masculina por los viajes? Más probablemente creía cada palabra asociando el naufragio tropical a la felicidad. (El mito de los baños en ultramar y la arena blanca trepidante no había sido inventado todavía). Las obras de Verne describirían cómo Lady Franklin, que había perdido a su marido, envía al Ártico expedición tras expedición en su búsqueda; y la heroína de *Mistress Branican* (1891) las dirige personalmente, y encuentra a su marido después de 14 años.

---

56 CNM 20.

57 Taussat 161.

58 Francis Lefeuvre, *L'Éducation des garçons* (Nantes: Forest, 1886), 14.

59 ADF 16-17.

A pesar de la amabilidad de los 67 años de la señora Sambin, tenía que azotar un poco para mantener la disciplina. Otro castigo implicaba arrodillar al culpable, ornado con orejas de burro, en medio de la clase. Las recompensas incluían ser promovidos desde los bancos compartidos de la plebe a asientos individuales o escuchar cuentos de Simbad el marino o de la Revolución. Los alumnos debatían si su nombre significaba «sin baño» o «100 baños»[60]. La enseñanza de la señora Sambin consistía principalmente en valores tradicionales, más algunos juegos.

Incluso en el nivel primario, las escuelas se tomaban su trabajo en serio, con amplia instrucción religiosa. Pero Jules reservó gran parte de su energía para el patio de recreo. Un compañero de clase recordaba al niño de siete años como «rubio y esbelto… interviniendo en cada juego y actividad física... la cabellera al viento, ejercitándose con energía sobre zancos o en las barras»[61].

Sobrevive un valioso registro de la vida familiar de Verne escrito por su sobrino Raymond Ducrest[62]. De acuerdo con este biógrafo, Jules y Paul asistieron juntos a la escuela, aunque Paul llevaba un año de retraso. En la mayoría de las escuelas, los niños aprendían diferentes estilos de escritura, incluyendo cursiva y gótica negrita, mientras el maestro rondaba afilando las puntas de las plumas para adecuarlas al ejercicio. Toda su vida, Jules exhibió una notable facilidad para cambiar de negrita gruesa vertical, a tipográfica unida *copper-plate* de mayúsculas en rizo y descendentes paralelos, a diminutos garabatos en cursiva, para perdición de los ojos de los investigadores.

En los veranos, Nantes se convertía en un lugar polvoriento y opresivo. Incluso el patio de recreo de Jules en Quai Jean Bart parecía menos agradable pues el Erdre se había desviado. En la trinchera seca resonaban los picos y gritos de la construcción del canal Nantes-Brest, probablemente completado en 1836. Una pequeña compensación fue que el n.° 2 obtuvo las únicas lámparas de gas en la zona.

---

60 Lefeuvre 13.

61 Georges Bastard, «Jules Verne, sa vie, son œuvre», *Revue de Bretagne*, April-may 1906, 337-359.

62 Publicado en 2021 por Ediciones Paganel.

17. La Guerche, la casa del tío Prudent

Los Verne escapaban durante veranos enteros a la casa del tío Prudent, n.° 8 en La Guerche, aldea contigua al pueblo de Brains, dieciséis kilómetros al suroeste de Nantes[63]. El viaje partía del Pont de la Poissonnerie en un barco de vapor «no explosivo», llamado así, dice Verne a secas, «porque explotaba un poco menos que los demás» (RIJ).

Brains era un verdadero pueblo campestre, con solo una tienda y una herrería. Desde la iglesia, una avenida privada conducía grandiosamente a través de la finca, rodeaba un lago bastante parecido a un estanque, y llegaba a la casa señorial de Prudent. La propiedad contaba con una biblioteca, un jardín de vegetales y una huerta. A la derecha se extendían las colinas boscosas de Le Plessis-Cellier donde estaba el castillo ancestral del tío Châteaubourg, dotado de puente levadizo. Se dice que un arroyo conocido como Ruisseau de la Sauvagerie conectaba las propiedades de

[63] JJV 9; 15 sep. 45.

los dos tíos[64]. También vivían cerca los Lucas-Championnière, viejos amigos de la familia y parientes lejanos, prominentes en la sociedad de Nantes; un apellido que fue prácticamente sinónimo de la rebelión de la Vendée de 1793.

La elegante mansión de Prudent se parecía sospechosamente a tres cabañas unidas. Una sola criada, reemplazada a menudo, vivía allí, además de una veintena de sirvientes y trabajadores agrícolas en las dependencias. El tío amaba a los perros dándoles nombres inusuales como Nina o Ratón, de los que Verne haría luego buen uso. Jules y Paul adoraban al tío Prudent, cercano a los 70 años pero todavía sano y cordial, porque había viajado a Sudamérica y les contaba historias maravillosas sobre sus exóticas aventuras. Con su libertad de soltero, pasado pirata, autoridad de mayor, congenialidad, vinos propios y ricos dominios, proporcionó a los chicos un importante modelo a seguir.

Además, los primos Tronson, que vivían muy cerca del tío Châteaubourg en Nantes[65], a menudo se alojaban en casa del tío Prudent, cinco niños y dos niñas, Caroline y Marie. Mientras que la mayor era «vivaz y alegre», la más joven tenía una cara bonita, era de «absoluto sentido común,... reflexiva, amable y sensata...»[66]. Los nueve niños jugarían el juego de la oca con Prudent, rodarían aros con palos, o explorarían la campiña paradisíaca con sus tupidas enredaderas, prados frondosos y pantanos traicioneros.

Pero Jules ya soñaba con algo más, con las Islas, las Indias y las Américas a la vuelta de la esquina. En su recuerdo de estos idilios bucólicos, empleó las mismas metáforas que fusionan la tierra y el océano, lo viviente y lo inanimado, como levando anclas en Feydeau:

> Ya que no podíamos navegar por el mar, mi hermano y yo solíamos bogar por el corazón del campo, a través de prados y bosques. Al no tener un mástil que escalar, pasábamos días enteros en las copas de los árboles. Competíamos por el mirador más alto. Charlábamos, leíamos,

[64] Yves Lostanlet, «La Guerche en Brains et Jules Verne», *Bulletin du Pays de Retz*, 13: 9-12.
[65] En el n.° 2 Rue Suffren (Taussat 163).
[66] Guillon 132-133.

tramábamos planes para viajar, mientras las ramas sacudidas por los vientos simulaban cabecear y ondular[67].

Jules escribía sobre sus planes de viaje, lo que constituye sus primeros escritos conocidos aunque ya no existen. También compuso «Invocaciones, algunas incluso en verso, que nunca se publicarán pero ahí quedan expuestas mecidas por la brisa a través de las ramas, como frutas o flores»[68]. La educación religiosa condicionó claramente estas súplicas delicadas que, dada su forma poética, pueden haber sido hechizos mágicos o esfuerzos para deleitar a las primas Caroline y Marie.

18. Confluencia del Erdre y el Loira en los años 1890 con la casa de Verne a la derecha.

Pero los veranos interminables finalmente acababan. Solo que demasiado pronto llegaba el regreso a la ciudad polvorienta y a los tinteros espesos.

Hay un gran problema para comprender los primeros años de Jules: la ausencia de relatos de primera mano. Diversos documentos deben haber informado a los tres biógrafos de la familia, pero nada ha sido divulgado. Ni siquiera los alumnos de Madame Sambin fueron capaces de aportar reminiscencias sobre el escritor más exitoso en el mundo. ¿Tenía amigos?

67 «Recuerdos de infancia y juventud» (RIJ) apareció primero traducido al inglés en *The Youth's Companion*; la primera publicación en francés fue en *L'Herne*, n.° 25, 14 oct. 1974, 57-62.

68 Añadido y luego borrado del primer manuscrito de RIJ, reproducido en *Cahiers du Musée Jules Verne*, n.°. 10 (1990), 7-21.

¿Mascotas? ¿Le gustaba el pescado? ¿Dormía con Paul? Total ausencia de información.

De todos modos, los primeros siete años determinan el carácter, según la famosa opinión de los Jesuitas. La personalidad de Jules de siete años emergió claramente.

Primero, su familia mostraba una estabilidad sorprendente. Sin muertes, ni mudanzas de larga distancia, sin vacaciones exóticas, sin cambios molestos de trabajo, ni más bebés llorando, por alguna razón.

En segundo lugar, torturándose a sí mismo con su culpa, Pierre sale menos bien parado que los seis tíos Allotte que vivían cerca. Aunque el abogado François Tronson carecía de carisma, asistía fielmente a las reuniones familiares y podía obtener estatus reflexionando sobre las bonitas chicas que había engendrado. El tío Prudent y los tíos Châteaubourg, con su devoción a las artes, la independencia de mente y las conversaciones estimulantes sobre otros países, constituían figuras fascinantes.

Muchas otras influencias se destacaron: la criada Mathurine, malcriando a los muchachos mientras revolvía el *bourguignon* y soñaba con un marido; la emoción de maniobrar barcos oceánicos, en medio del clavo y la nuez moscada; la traicionera resaca de la confluencia Erdre-Loire compitiendo con la afluencia del Atlántico; las gárgolas peligrosas, las cariátides torcidas y el aire aristocrático de Feydeau mezclándose con la estridente vida callejera; los recuerdos de piratas, rebeldes, y esclavos en cada esquina; los gustos por la música, la pintura y la literatura que la familia de clase alta tenía tiempo para disfrutar; los apellidos que conmemoraban un palomar aristocrático y un árbol gustoso de las riberas de los ríos; los cuatro abuelos marchitos; y los gloriosos antepasados, ya fueran infinitas ramas de abogados seriamente exitosos o de propietarios ricos que enviaban flotas letales a las costas de África.

Pero la mayor influencia, sin duda, provino de un noble de un tiempo y un espacio increíblemente remotos. El romance escocés había dominado la imaginación contemporánea con su narrativa sobre montañas y lagos salvajes, pero un antepasado había surcado el mar y, allá lejos, había defendido al rey, construido un castillo y legado el color ardiente de su cabello y su temperamento.

19. Puentes sobre el río Támesis del Londres victoriano.

Resultó demasiado para un niño sensible. La presión de antepasados imponentes, empresarios turbios, abuelos separados, tías solteronas y una maestra frustrada combinada con las golpizas de Pierre, hicieron que el chico fuera tímido hasta el punto de la neurosis. Su comunión con la naturaleza, su sed de exotismo, su poesía, su ansia de lugares lejanos, su amor por las alturas, deben haber sido reacciones a las expectativas puestas en él por adultos frustrados. Según los informes, Jules amaba solo tres cosas en la vida: la libertad, la música y el mar[69]. ¡Ninguna persona a la vista! En su infancia con aroma marino, pero alejada del litoral, la escuela y la familia le hicieron ocultar sus afectos profundos y ser evasivo a contar y escribir sus anhelos.

---

[69] Maurice Verne, sobrino de Jules Verne, citado por ADF 122.

«¡El mar! Bueno, ni yo, ni mi hermano, que se hizo marinero unos años después, lo conocíamos aún», confiesa rotundamente 60 años después (RIJ). ¡Cuántos paraísos perdidos se pueden leer en esa fría lamentación!

El documento más antiguo conocido de Jules, una carta a la tía Caroline Châteaubourg, revela un ambiente hogareño amoroso:

> Me gustaría que vinieras a vernos... y luego puedes traer los pequeños telégrafos que prometiste porque paul también tendrá uno paul te quiere con todo su corazón estoy escribiendo esta carta porque paul no sabe escribir él acaba de empezar y yo he estado en el internado hace más de un año y cómo está el tío.
>
> Nuestra tía[-abuela] Verne llegó de La Rochelle no mucho antes de que llegara una carta de su hermano con la terrible noticia de que su esposo [Alexandre] había muerto tía[abuelita] Tronson… mis primos saben nuestros dos primos henri y edmond están en la escuela en canbon [¿Cambon?] no saben pero les escribiremos... Mis queridos tía y tío los beso a los dos con todo mi corazón[70].

Esta encantadora misiva sin puntos, dirigida desde Lorient[71], a 80 millas de Nantes, muestra el impacto de una educación de clase media al emplear los apellidos de las tías y evidenciar una preocupación consciente por los demás, especialmente por Paul. Resalta el orgullo de Jules de poder escribir; pero la carta difícilmente demuestra interés precoz por la tecnología de avanzada, porque los «telégrafos» debieron haber sido semáforos de juguete. Por esos días el tío Châteaubourg pintó dos hermanos posando en un camino de césped verde en su propiedad en Plessis-Cellier. Un guapo chico de cabello rubio rojizo, con chaleco, «redingote» inglés, camisa de cuello alto y corbata, sostiene un aro y un palo; la mano del otro niño descansa protectoramente en su hombro. A pesar de los colores espléndidos, en cierto modo los chicos no se ven criaturas auténticas debido a su representación consciente con valores adultos. La pintura ha sido descrita invariablemente como representando a Jules y Paul, pero probablemente representa en realidad a Henri y Edmond[72].

---

[70] CNM 20; probablemente escrito en el otoño de 1836.

[71] *Jules Verne écrivain* (Nantes: Biblioteca Municipal, 2000), 164.

[72] RD (33) insiste en que fue copiada de miniaturas de Henri y Edmond pintadas por Châteaubourg en jarrones estilo Imperio conservados en el dormitorio de Pierre y Sophie.

20. Henri y Edmond Tronson, primos de Verne.

Los niños Tronson eran los únicos primos de Jules en Bretaña. Hilaire era cuatro años menor, por lo que Henri, Edmond y Caroline, respectivamente cuatro, tres y dos años mayores y Marie dos años menor, eran sus únicos compañeros de juego. Los niños seguramente se bañaban juntos durante la temporada cálida siguiendo la nueva moda británica de comunión con la naturaleza, dando al niño de ocho años la oportunidad de satisfacer su curiosidad por los cuerpos de las niñas, tan diferentes al suyo.

La carta de Jules y el retrato convencional se vuelven conmovedores a raíz de una desgracia que afectó a sus compañeros de juego ese mismo año. El 18 de octubre de 1836 Henri y Edmond fueron a cazar patos en las pantanosas islas de Mauves-sur-Loire, situadas a diez millas al este de Nantes[73]. Uno de ellos entró en dificultades y desapareció bajo el agua. El otro trató de salvarlo y también pereció[74]. Solo podemos imaginar la escena del regreso de los dos hermanos a casa, rígidos en su empapada palidez; así como el impacto de la noticia en Jules.

73 Roger Maudhuy, *Jules Verne*, 66. Cécile Compère sitúa el ahogamiento cerca de Doulon («Jules Verne de Nantes», *Revue Jules Verne*, 4: 11-24).

74 Documentos inéditos en Nantes, RD 9, y Compère 20.

La pérdida de los hijos mayores, siguiente a aquella imagen de los dos niños, debe haber conmocionado y horrorizado a la familia. El niño Tronson concebido un año después fue llamado morbosamente Henri-Edmond. En las obras de Verne, la caza produciría fuertes emociones a menudo negativas. Sus sentimientos sobre los Tronson supervivientes, simultáneamente amigos y primos, seguramente mezclaron una calidez inexplicable y una connotación inefablemente trágica.

En ocasiones, Jules superaba su timidez. Un buen día, se aventuró temeroso en un navío de tres mástiles amarrado en el muelle de la Fosse mientras el vigilante estaba «de guardia en una taberna cercana» (RIJ). Inclinado extasiado ante las escotillas abiertas, el niño respiró sensualmente los aromas marinos del interior y soñó con construir su hogar en la cabina. Finalmente se atrevió a girar la rueda del timón, en su imaginación con destino al océano con buen viento. En su ingenuo éxtasis, no entendió el olor acre que desprendía la carga humana pestilente que provenía del tercio intermedio del triángulo comercial.

21. El exterior de la casa de Verne en Chantenay (a la izquierda).

A la edad de ocho años su familia lo llevó a París y probablemente a Provins, durmiendo durante la noche en la berlina[75]. Con su práctica prosperando, Pierre alquiló una casa en la aldea de Chantenay, vecina de Nantes, hacia 1837[76]. La proximidad de los Châteaubourg puede haber sido el motivo de la encantadora ubicación elegida, orientada al sur sobre el Loira. Durante la siguiente década, la familia pasaría seis meses al año en el campo, colmado de flores y frutos, rodea-

[75] 14 ago. 50.

[76] A pesar de lo que invariablemente se afirma, Pierre no compró la casa hasta más tarde, como lo demuestran los registros de la propiedad. La dirección moderna es 29 Rue des Réformes.

da de frondosos campos y arboledas. Valles tentadores cortaban las laderas; senderos sonrientes corrían bajo altas hayas, severos álamos y robles nudosos; granjas centenarias anidaban en las ondulaciones. El nombre mismo cantaba magia:

> Desde mi pequeña habitación, podía ver el río extenderse por tres o cuatro kilómetros a través de las praderas que inundaba cada invierno. En el verano… emergían franjas de fina arena amarilla, ¡todo un archipiélago de islas siempre cambiantes! Los barcos apenas podían abrirse camino por los pasos estrechos... La necesidad de navegar no me abandonaba (RIJ).

22. Mural del Memorial de los Acadianos realizado por Robert Dafford, que representa la estancia de los Acadianos durante su deportación de 1775 a 1785 en Chantenay, hoy un barrio de Nantes. En el fondo, se distingue el puerto de Nantes y, en particular, el muelle de la Fosse.

Los detalles de la casa quedarían grabados en la mente de Jules, y vale la pena explorarlos a profundidad. Al llegar desde la plaza de la iglesia, una gran puerta doble de color marrón daba acceso a un modesto patio de grava. A lo largo de la fachada centenaria se desplegaban parterres y arbustos de hortensias, laureles y espinos y una gran higuera y dos tilos que daban una sombra agradable durante el calor veraniego[77].

Un vestíbulo de tejado rojo, con cuatro pequeños aparadores en las esquinas, conducía a una gran puerta de vidrio por la que se bajaba al jardín por una escalinata doble. En el extremo izquierdo estaba la habitación de los padres, iluminada por ambos lados, con un baño completo con escalinata propia. Luego venía el espacioso comedor, con un gran hogar, donde la familia pasaba la mayor parte del tiempo, la sala y dos dormitorios. Los áticos estaban asignados a los criados. En el sótano, con acceso directo al jardín, estaban la despensa, la cocina, el cuarto de lencería, el depósito de la leña, un gran salón de billar, un depósito de frutas y bodegas que se extendían por debajo del patio.

La familia ocupaba el piso superior del ala izquierda del patio, y dejó el de abajo a su ex doncella. Ahora llamada Mme. Mathurine Pâris, administraba la carnicería de cerdo que daba convenientemente a la plaza de la iglesia.

Una de las ventanas del dormitorio de Jules daba a la calle lateral y tenía su propio pasillo que conducía al patio. Su otra ventana revelaba por encima de un pequeño árbol de frutas un magnífico panorama: la entrada al puerto, donde «se extendía majestuosamente el amarillento Loira», la Escuela de grumetes de la isla de Mabon, las boscosas laderas de Bouguenais, el monasterio de Les Couëts, y los pastizales sumergidos de «la aldea-isla de Trentemoult, cuyos habitantes solo se casan entre ellos»[78]. El Loira omnipresente proporcionaba un movido tapiz de barcazas, yates y veleros.

Abajo se extendían dos jardines con terrazas. Los racimos de uvas se enrollaban graciosamente en los balaustres del balcón, y las begonias y las glicinias trepaban por el muro con sus zarcillos que caían hasta el sa-

---

[77] La descripción de la casa de Chantenay se deriva de RD (20-26), incluyendo sus croquis y dibujos.
[78] *VIE* iv.

lón de billar y el cuarto de lencería. Frente a la doble escalinata colgaban cestas de zinnias, petunias y geranios.

A través del jardín superior de estilo inglés, se extendía un amplio sendero recto bordeado por magnolias recién plantadas donde le gustaba a la familia sentarse después de las comidas. Una avenida de maduros tilos, podados severamente, se desarrollaba a lo largo de la pared de la terraza dando vista al jardín inferior, y culminaba en una glorieta cerrada que constituía un perfecto lugar de citas.

Jules bajaría corriendo por otra escalinata doble de piedra hasta el jardín inferior trazado al estilo francés geométrico en ocho cuadrículas de frutales y verduras. Al pie de la pared de la terraza crecían arbustos de fresa y melocotón, ciruelos, albaricoques, cerezos, perales y manzanos, que producían casi demasiados frutos. Al fondo del jardín se desplegaba otra avenida de tilos podados. El ambiente era perfecto para dos niños en crecimiento, saludables al sol y al aire libre capaces de hacer tanto ruido como quisieran mientras eran vigilados discretamente.

La actitud de Pierre mezclaba afecto y severidad, epítetos amorosos de «*choux*» (queridos) y «¡Llegas tarde!», fijo su telescopio en el reloj de Les Couëts. Los chicos volvían de la escuela en Nantes y les preguntaba sobre asuntos relacionados con sus calificaciones, con muchas réplicas ingeniosas, a veces un poco mordaces.

La diversión familiar y los juegos se centraban en Jules. Los chicos dedicaban largas sesiones al billar. Por la noche la familia leía en voz alta o jugaba el juego de la oca[79]. Cuando aparecían las estrellas, Jules y Paul pedían a Pierre que les mostrara con los telescopios mundos lejanos que imaginaban que iban a habitar, al menos así cuenta Ducrest[80]. Las explicaciones de Pierre mezclaban juiciosamente referencias al Creador de todas las cosas y a los mitos griegos.

Asistir a la iglesia los domingos era obligatorio, el sacerdote era buen amigo de Pierre. Los vendedores ambulantes instalados frente a la iglesia les vendían a Jules y Paul barras de cereal azucarado y otros dulces locales[81].

---

79 ADF 21.

80 RD 29.

81 RD 73.

Los inseparables hermanos volvían de la escuela a pie de vez en cuando, bajo los tilos y hayas del Quai de la Fosse repleto de burdeles. La descarga de los barcos les fascinaba, y charlaban con los marineros, construyendo una biblioteca de recuerdos[82].

Por lo general, tomaban un ómnibus tirado por caballos, compartiendo las dos filas de asientos con todas las clases sociales. La carrocería de las *damas blancas*, así llamadas por una heroína de Walter Scott, eran tiradas por cuatro caballos y los uniformes de los conductores brillaban por su blancura. Una caja de música oculta, sin interruptor de encendido y apagado, impulsada por las ruedas tocaba sin cesar la música de las operetas de François Boieldieu. Saliendo de la Place de la Bourse, rodeando la esquina de la casa del tío Châteaubourg, Jules y Paul se bajarían en la parada del Almacén, abriéndose paso entre los barriles de ron, fardos de café, sacos para el Molino de arroz, y costales hechos con hojas de caucho destinadas a la refinación de melaza. Su camino les conducía por encima de las canteras de Les Salorges, repletas de descendientes de los revolucionarios de Nantes que habían eliminado a cientos de oponentes en 1793: «Se emparejaban solo entre ellos y no temían ni al hombre ni a Dios, engendrando una raza degenerada de apariencia aterradora»[83]. Circulaban historias de que no eran realmente humanos, por lo que los muchachos pasaban a toda carrera[84].

El camino de sirga llevaba a Jules y Paul a pasar por la propiedad de enormes cedros de los Panneton y por la de los Chéguillaume, que tenían una linda hija llamada Ninette. Otros vecinos que visitarían la familia eran el anciano Armand Desgraviers, que sabía trucos de magia y, en palabras sarcásticas de Jules, era un «genio que no se daba cuenta de ello»[85]; y otra niña, Angèle, dos años mayor que Jules. Los Langlois también tenían hijos de la misma edad, cuyo padre lucía bastante intimidante, concordando con su edificio de forja en Basse-Indre, dos millas río abajo.

En medio de las bucólicas arboledas y huertos resonaba y rugía la fábrica gubernamental de máquinas en Indret. A pesar de la cacofonía, el

---

82 RD 27-28.

83 ADF 27.

84 RD 27.

85 15 jun. 56.

aceite y la suciedad, la maquinaria fascinaba a Jules y, cada vez más a menudo, hacía el viaje especialmente para ver cómo progresaba la construcción de los barcos[86]. La gente hablaba de la construcción de un *Leviatán*, un buque de guerra de 90 cañones. ¿Cómo podía funcionar una máquina por sí sola? Todos aquellos pistones y palancas se movían con una regularidad preocupante pero estimulante. A Jules nunca le gustó lo de la precisión, fría racionalización. Pero amaba el poder y el movimiento, el simulacro de vida, escondiendo secretamente el temor de que máquinas autónomas animadas estuvieran invadiendo peligrosamente lo divino.

El tío y la tía Châteaubourg tenían una enorme propiedad campestre cerca de los Verne, donde jugaban los niños. A menudo las primas Caroline, Marie, e Hilaire vendrían a Chantenay para fiestas y excursiones. El paseo preferido de Jules seguía la orilla del río a través de los prados florecientes hasta los pastos de Roche-Maurice, una milla río abajo, o hacia La Musse y los valles de Saint-Herblain. A veces incluso recorrían los ocho kilómetros hasta el ferry de Couëron, admirando la magnífica vista desde las pendientes opuestas a Indret[87]; y de ahí, hasta la casa del tío Prudent. Los Tronson también solían visitar Chantenay al anochecer para disfrutar «de la música, los juegos de salón, las coplas rimadas, las charadas y los versos improvisados»[88]. De vez en cuando, los Verne viajaban a la casa campestre de los Tronson remontando el río Sèvre[89].

Cada septiembre, Jules lamentaba dejar su hogar edénico para continuar la rutina escolar. Pero incluso en la mugrienta Nantes, la emoción continuaba gracias a los «piróscafos», largos buques de vapor de casco en V, impulsados por ruedas de paletas en el Loira. El centro de la ciudad era un puerto marítimo activo; altos barcos enviaban bocanadas de Cantón, Batavia o los mares del Sur hasta la alcoba de Jules. Para emular a los cabohorneros y a los balleneros, los dos hermanos aprendieron a navegar: «A veces yo era el capitán, a veces era Paul. Pero Paul era el mejor»[90]:

86 *Ent.* 88.
87 JES iv.
88 RD 29.
89 RD 21.
90 *Ent.* 87.

Al final del muelle de la Fosse alquilaban botes a un franco el día. Eso nos parecía mucho dinero, y también arriesgado porque... filtraban agua por todas partes. El primero que contratamos tenía un mástil, el segundo dos, pero el tercero ostentaba tres, al igual que los lugres de la costa y los barcos pesqueros (RIJ).

Cooper les había inculcado la teoría de virar, orzar y navegar aprovechando el viento, pero no la práctica:

¡Los terribles cambios al timón... lo humillante de tener que virar en el viento cuando el oleaje agitaba la ancha cuenca del Loira entre Trentemoult y nuestra Chantenay...! Saldríamos con el reflujo y regresaríamos con la marea alta unas horas más tarde... Nuestro barco tosco y vergonzoso navegaba más allá de Haute-Indre, luego entre las encantadoras costas de Basse-Indre e Indret. Y luchando de una ribera a otra, ¡cuántas miradas lujuriosas lanzaríamos sobre los bonitos yates que saltaban sobre el agua! (RIJ).

Jules y Paul alcanzaban lugares tan lejanos como el Erdre y el Sèvre, al norte y al sur de Nantes. Si uno sabía lo que hacía, podía navegar todo el camino hasta donde los Tronson; aunque había que ser un experto para doblar la esquina de Jean Bart sin desviar el rumbo y pasar por la vergüenza de ser remolcado. Su recta final estaba repleta de imágenes y sonidos. En cada dirección surgían a la vista verdes islas salpicadas de aves acuáticas y rumiantes recostados bajo los sauces[91]:

En los hermosos prados, sumergidos y fertilizados cada año, los caballos pastaban libremente después de la recolección del heno y el ganado errante producía largos sonidos profundos... El eco traía una confusión de sonidos: los pedidos a gritos de los expertos marineros entre los barcos, sus cantos rítmicos mientras levantaban cargas pesadas, los barqueros gritando lascivamente o cantando al unísono las obscenidades de «El marino de Couëron».

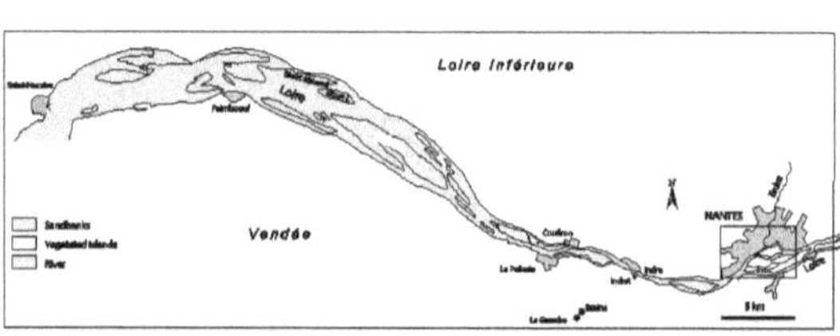

23. El Loira aguas abajo de Nantes

[91] Bastard 351.

Con sus sobrinos muertos mirándola ingenuamente desde un jarrón, Sophie acostada en la cama se preocupaba en extremo por las escapadas de los chicos[92].

El 3 de octubre de 1837, el primer día del período escolar, Jules y Paul se habían convertido en internos en la Escuela de St. Stanislas[93]. Desde tercer año en esta escuela primaria o, más bien, seminario, el futuro de Jules estaba trazado: tras cursar su último año allí, pasaría al Seminario Menor de St. Donatien. Establecido principalmente para formar sacerdotes y con la enseñanza a cargo de sacerdotes, menos de la mitad de los 122 internos de St. Stanislas eran nanteses; algunos provenían de las islas francesas caribeñas o de Nueva Orleans, nacidos franceses pero ahora estadounidenses. Los alumnos en la diáspora seguramente contaban historias exóticas sobre sus patrias.

La vista era fantástica. Sobre una colina en las afueras de Nantes, con jardines hasta Erdre y viñedos a su alrededor, la mansión estilo Luis XV estaba orientada hacia el sur. Tenía dos alas agregadas, un edificio de tres pisos con arcadas que se extendía hacia el oeste, y una torre cuadrada en el extremo sur[94]. El director laico Pierre Litoust había perdido su puesto como juez al negarse a jurar lealtad al gobierno progresista del rey Luis Felipe. Con una atmósfera abierta y alegre y un ambiente casi familiar, los estándares tenían reputación de buenos[95].

Había dos trimestres lectivos, con premiaciones en mayo y finales de agosto. En cada año, especialmente al principio, Jules ganó algunos premios menores en canto, geografía, griego o latín, lo que lo hacía un buen estudiante, mientras que Paul obtuvo premios en ortografía y gramática[96]. En todo caso Jules desaprobaba el trabajo escolar demasiado inten-

---

92 RD 33; Bastard 337.

93 El registro de 1836-1837 no se encuentra en los archivos. OD (23) dice que Jules cursó tercero y cuarto años en St. Stanislas. Paul transfirió al año inferior con él (Compère 14).

94 Alain Chantreau, «Jules Verne à Saint-Stanislas», *Annales de Nantes*, n.° 187 (Enero-Junio 1978), 25-27.

95 Al menos, según un posterior director, Chantreau (26).

96 En el primer período de su último año de Primaria, Jules quedó quinto, de un estimado de 25, en «examinación» y cuarto en canto; en el segundo período, quinto en «examinación» y geografía, cuarto en recitación de memoria, y aparentemente primero en canto. En el primer período de primer año de Secundaria, obtuvo un quinto puesto en canto pero, en el segundo, un sexto en geografía y un cuarto en traducción al griego y viceversa. Al año siguiente, quedó quinto en canto y cuarto en traducción de pasajes latinos.

so: «estudiantes muy laboriosos invariablemente se vuelven estúpidos como adolescentes y necios como adultos»[97].

Un compañero de clases conservaba vívidos recuerdos de «un chispeante colegial, sin aliento mientras corría por la amplia terraza con su aro... un joven disipado que mostraba más entusiasmo por jugar que por trabajar; pero bajo esa exuberancia ya germinaban réplicas ingeniosas. Sabías que esta fruta verde, apenas brotada de su flor, maduraría más tarde»[98].

¿Dejó St. Stanislas alguna huella? La educación tradicional dejaba poco espacio para las ciencias o las matemáticas. El griego hizo una pequeña marca en Jules, aparte de un interés por la mitología. Aunque nunca le fue fácil del todo el latín, conservó para siempre la convicción de su utilidad y una predilección por los juegos de palabras obscenos en francés y latín. Pero su materia favorita era la geografía, y he aquí que un humilde sexto premio evolucionaría en una pasión rectora y fama mundial. Los profesores nunca deberían desesperar, incluso si sus pupilos parecen aprender cosas equivocadas.

Cerca de un año después de sus primeras hazañas náuticas, Jules orzaba solo en un bote de un solo mando, a pesar de no nadar bien[99]. Navegando de bolina se metió en dificultades cerca de la isla Binet o montículo Binet:

> Aguas abajo de Chantenay, se rompió un tablón del casco y el agua entró... El esquife se hundió como una piedra, así que... me arrojé a un islote de tupidos juncos y altos penachos ondulantes.
>
> ... Yo era el héroe de Daniel Defoe. Ya planeaba hacer una choza de estacas, un cordel de juncos con espinas como anzuelos para pescar, un fuego frotando palos, exactamente como un salvaje. No haría señales,... ¡me habrían salvado demasiado pronto! Al fin, conocí la necesidad y el sufrimiento del solitario en una isla desierta. Mi estómago gritó...
>
> Aquello solo duró unas pocas horas y tan pronto como bajó la marea, simplemente tuve que vadear, con el agua a los tobillos, hacia... «el continente»... Y así, fui calmadamente a casa y cené en familia en lugar de la cena al estilo Crusoe que había soñado: ¡mariscos crudos, una rodaja de pecarí y pan de harina de mandioca! (RIJ).

---

[97] 14 mar. 53.

[98] *JVEST* 64.

[99] 23 may. 78 de Hetzel.

24. Saint-Stanislas, la escuela de Verne

Olvidando la muerte de sus primos y poseído por *La familia suiza Robinson* de David Wyss (1812) y el *Robinson Crusoe* de Daniel Defoe (1719), Jules buscaba una vida idealizada como náufrago, irónicamente ya pasada de moda. Precozmente se dio cuenta de que incluso el paraíso estaba contaminado. Aquellos que nacieron demasiado tarde para colonizar islas desiertas sólo podían autorrecrearse conscientemente las aventuras de antepasados formidables. El género ya estaba raído en los bordes.

La biógrafa Marguerite Allotte de la Fuÿe afirmaba que, ya fuese a los 11, 13 o 14 años, Jules se escapó al mar. Según esta pariente por afinidad, a las seis de una mañana de verano:

> Jules se escabulló de la casa... ¡y no había regresado pasadas las doce y media!... El coronel de Goyon, que vivía en el cercano castillo de L'Abbaye, galopó para contarle a Pierre Verne. De repente, un marinero vino desde el cruce de Grenouillère a decir que mientras estaba en la posada *L'homme qui porte trois malices*, administrada por Jean-Marie Cabidoulin, había visto a M. Jules y dos grumetes en un bote pequeño abordando el *Coralie* mar afuera. Este tres mástiles, perteneciente al armador

Le Cour-Grandmaison, esa mañana había levado anclas para las Indias, aunque con escala en Paimbœuf esa noche ¡Afortunadamente estaba el piróscafo! Al llegar a Paimbœuf a las seis, Pierre Verne recogió a su hijo, que de alguna manera se había embarcado comprando el contrato de enrolamiento a un grumete y se había arrepentido desde Indret.

¿Qué histérico deseo de traer un collar de coral para la caprichosa Caroline se había apoderado de él repentinamente?

Tras una severa amonestación, unos azotes, y reducido a pan y agua, Jules tuvo que jurar que renunciaba a sus fantasías sobre las Indias y a limitar sus andanzas. «De ahora en adelante viajaré sólo en sueños», juró a su madre[100].

La historia parece demasiado buena para ser verdad, especialmente porque la posada y el nombre Cabidoulin no han dejado ningún registro. No obstante, muchos de los detalles sí resisten un escrutinio. El navío de tres palos *Coralie*, propiedad de la firma Le Cour Grand-Maison, está atestiguado. El épico jinete era Charles-Marie-Auguste de Goyon (1802-1870), propietario de una propiedad a 200 metros, y más tarde general. El otro de los dos biógrafos de la familia respalda gran parte de la historia porque... sus parientes la contaban[101]. Sin embargo, Ducrest considera que muchos de los detalles son inexactos y dice, en particular, que la aventura le ocurrió a Paul, no a Jules; además, que la intención era descender el Loira sin ir más allá de la aldea interior de Paimbœuf.

La fuente última de la anécdota puede ser hasta ahora simplemente un artículo. Un testigo que aseguró conocer «muy bien» a Jules informó que su objetivo en esta ocasión era «localizar al capitán Sambin y traerlo de regreso a casa con su esposa»[102]. Según otro artículo, Verne le dijo a su autor en 1861 que a la edad de once años tomó un pequeño bote y trató

---

100 ADF 21-22. Marguerite cambió parte de la información en un prefacio de 1928 (citado en OD 25): Jules crece de 11 a 13 años, ya no le compra al grumete sino intercambia ropa con él, es capturado y entregado por el capitán, y así sucesivamente. Sin embargo, el episodio apareció sin cambios en la edición revisada de 1953 de la biografía.

101 Por ejemplo, una carta de Jean Jules-Verne en 1978 (en JD 44).

102 Maurice d'Ocagne, «Jules Verne raconté par le fils d'un de ses amis», *La Revue hebdomadaire*, vol. 37, n.° 9 (sep. 1928), 35-54.

de alcanzar al *Octavie*[103], en ruta hacia las Indias[104]. Otro afirma que los hechos ocurrieron el 15 de julio de 1839[105].

Haya sido Jules o Paul el náufrago, las Indias orientales o Paimbœuf, algo puede haber sucedido. A medida que se profundiza en la siquis de Jules, se descubre un anhelo de escapar y trascender, opacado por la duda persistente de que tal vez la realidad no colmara las expectativas de su imaginación, una percepción de que «ellos» te seguirán hasta los confines de la tierra, que el mundo entero ya había sido diseñado. Su sueño de preadolescente, repetido durante los siguientes 70 años, de crear una ignota isla paradisíaca, de ser un «rey sin súbditos»[106], estaba precozmente preñado con apática sabiduría.

---

103 Por una extraña coincidencia, la primera referencia de la época al *Octavie* encontrada en la web es de Domeny de Rienzi, un autor racista consultado por Verne, quien menciona la adopción en el barco, en 1826, de un orangután llamado George que «parecía un negro de Mozambique». Como el orangután de *La isla misteriosa*, también bebía alcohol, fumaba, caminaba en dos patas, limpiaba, servía la mesa y mostraba arrepentimiento.

104 Volker Dehs, «Fait ou légende?», *Revue Jules Verne*, n.°s. 19-20: 169-174, citando a Paul Eudel, *Figures nantaises* (vol. 1), Rennes: Imprimerie de *L'Ouest-Éclair*, 1909, 197.

105 6 Roger de la Fuÿe 54

106 *Cinco Semanas* i.

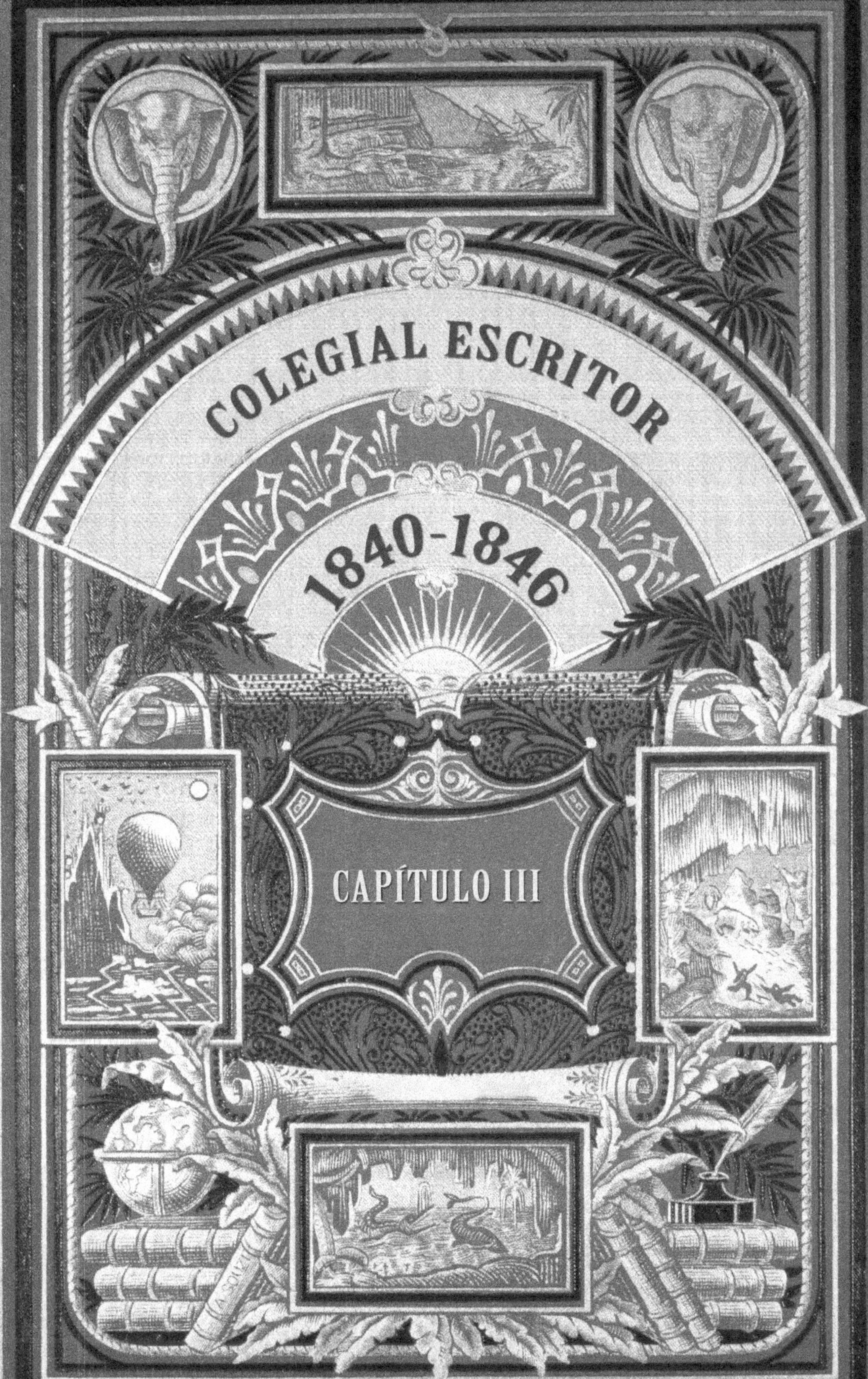
COLEGIAL ESCRITOR
1840-1846
CAPÍTULO III

25. Anna Verne (1837-1919)

En 1837, luego de un lapso de nueve años, Jules adquirió una hermana y al día siguiente actuó como padrino suplente de su bautizo en la Iglesia de la Santa Cruz. Sophie estaba encantada de tener finalmente una hija, aunque su marido (a quien llamaba «Verne») siempre estaba recibiendo caca en las rodillas[107]. Anna pronto fue seguida por Mathilde (1839) y Marie (1842), a quien Jules volvió a cargar en la pila bautismal[108]. Anna, la favorita de Jules, sería morena y brillante en el aprendizaje de las partituras de piano apenas con una lectura. Mathilde, proclive a los juegos de palabras, sería rubia y elegante, con el aspecto de Jules, con su «barbilla griega y boca sonriente e ingeniosa». Marie, con un magnífico cabello rojo, se volvería elegante y graciosa, «un pequeño diablillo encantador con aire rebelde», que reía y bailaba todo el día[109].

En 1840, el bufete de Pierre se había convertido en el más activo de la ciudad[110]. Para ampliarlo, la familia se mudó como arrendataria por el momento pero compró posteriormente; Pierre adquirió también Chantenay, pero solo alrededor de 1846. El nuevo piso, nuevamente ubicado en una esquina, era en realidad dos apartamentos juntos, con entradas tanto por 6 Rue Jean-Jacques Rousseau como por el n.° 2 de la Calle

---

107 [3 may. 37] de Sophie a la madre de Pierre, reproducido por Volker Dehs en *J.V.*, 31 (1994), 20-21.

108 Ducrest sorprendentemente dice que «Pierre se mudó a Quai Jean Bart, cerca de su oficina, y poco después a Rue Kervégan... pero la familia lo hizo algunos años después. De modo que Jules pasó sus primeros años en Feydeau» (14). El biógrafo puede estar pensando que el chico nació en Rue de Clisson, ya que el edificio estaba en la esquina de Kervégan, o simplemente que Pierre pudo haber tenido una oficina allí. En cualquier caso, los Verne debieron pasar mucho tiempo donde Dame Sophie.

109 RD 21; [feb. 55]; «Vers Impromptu», *Annales de Nantes*, n.° 187 (ene-jun. 1978), 16-18.

110 JJV 4.

Santeuil. Jules solía dar Santeuil o Jean-Jacques como dirección; de ese modo el apellido del peligroso librepensador no le quemaría los labios.

Calle abajo había una librería y una editorial famosa por su política reaccionaria y proesclavista, y por los tentadores gráficos y mapas. Directamente al otro lado de la calle vivía el general vizconde Cambronne, conocido por su desafío en Waterloo («*¡Merde!*»), sobre quién Jules escribiría, todo entusiasmo y arrojo, una cancioncilla ingenua. El tío y la tía Châteaubourg eran sus vecinos; de hecho, en la misma intersección **con** el n.° 8 de la Calle Jean-Jacques, a 10 metros de la ventana de Jules. Sus dos fachadas se encontraban en ángulo agudo, redondeado exteriormente por una graciosa ventana curva. Visto desde la sala de los Verne, el piso parecía demasiado estrecho para vivir, aunque era un palacete de 200 metros cuadrados una vez adentro. Por lo tanto, tres familias de Allotte vivían codo con codo[111], viéndose unos a otros al menos una vez al día. Jules pasaba gran parte de su tiempo gritando al otro lado de la calle: «vengan a cenar mañana» o «¿tienen un poco de azúcar morena?».

Apenas visible desde Jean-Jacques, estaba la magnífica Place Graslin, con un teatro recién estrenado. Al final de la Rue du Chêne, continuación de la Santeuil, Jules contemplaba el cambio de estaciones en los jardines. Al comienzo de Jean-Jacques fluía un tramo del río y se veía parte de la amada *La Petite Hollande* y el agitado comercio en el Loira. Río abajo, los mástiles más altos se balanceaban por encima de los techos de las casas[112] al ritmo del martilleo y aserrado de los astilleros cercanos.

La mudanza tuvo una consecuencia para Pierre. La parroquia ahora se convirtió en Saint-Nicolas, a cargo del sacerdote de la familia y amigo, un tal Félix Fournier. Muy popular localmente, conservador recién ascendido y abierto al cambio social, planeaba derribar la deteriorada iglesia, oscura y medieval, y construir una nueva y luminosa creación gótica en su lugar, con una aguja elevándose 80 metros hacia los cielos. Pierre Verne donó generosamente y pronto se convertiría en secretario del comité de reconstrucción[113].

---

111 «Juntos» en la frase de Ducrest (16).

112 JJV 4.

113 JD 37.

26. Saint-Nicolas, iglesia parroquial de Verne, hacia 1840-1887

Al entrar al nuevo piso en la segunda planta, orgullo de los Verne, uno descubría un imponente palacio de ocho habitaciones, con dos sirvientas internas, probablemente la cocinera y la camarera. Desde el pasillo de entrada, a la derecha un corredor embaldosado conducía al gabinete de abogado de Pierre. Otras puertas se abrían a las habitaciones de los padres y de los niños, a una sala de estar circular, al comedor y a las habitaciones de las niñas[114]. El piso abundaba en parqué ornamentado, candelabros y pinturas, especialmente óleos oscuros de antepasados y paisajes.

---

114 Todo el recorrido es nuevamente cortesía de Ducrest (17-19), quien afirma haber vivido allí durante la mayor parte de su infancia.

27. El teatro de la Place Graslin

Después de la cena, todos se reunían alrededor de la chimenea en la habitación de los padres. La conversación giraba en torno a las actividades de la familia, los acontecimientos en Nantes y la lectura y el trabajo escolar de los niños. La gran memoria y erudición de Pierre, sus dos alter egos como hombre de letras y hombre de ciencia, hacían interesante todo lo que decía. Jules empezó a encontrar a un ser humano bajo el riguroso asceta.

Sobre la repisa de la chimenea del estudio de Pierre había un reloj de bronce, dos jarrones y dos candelabros de la época del Imperio. Tres mesas de trabajo ocupaban el centro, para archivos y correspondencia de negocios, tratados de Derecho y revistas y su bandeja de entradas. Jules y Paul no solo estudiaban y leían allí, sino también conversaban durante horas, convirtiéndola en la habitación en la que pasaban más tiempo[115].

Junto a la ventana del patio había una mesa auxiliar con un gran telescopio. A la izquierda de la ventana, adosado a la pared de la chimenea, que se extendía a lo largo del frente del edificio, había un soberbio escritorio Luis XVI [con] reposapiés con patas de vidrio, con una «máquina

115 «Jules y Paul vivían en este estudio; el propio padre los iniciaba, con conversaciones y explicaciones, en todas esas curiosidades» (RD 19).

eléctrica y con tarros de Leyden», así como «microscopios y frascos que contenían animales y productos químicos»[116].

Las estanterías cubrían tres paredes: tomos de leyes, con preciosas ediciones de Derecho Romano; volúmenes totalmente ilustrados de poetas e historiadores clásicos; hileras de libros de historia antigua y moderna; obras de autores franceses, latinos, griegos, italianos e ingleses, a menudo en ediciones en su idioma original, incluido Charles Dickens, bien conocido desde 1837; periódicos y libros de viajes y descubrimientos, incluyendo las Geografías clásicas; y un estante especial que contenía revistas para jóvenes. Jules probablemente se concentró en las dos últimas secciones.

Pero su favorito seguía siendo Wyss: «de todos los libros de mi infancia, el que más me gustaba era *La familia Robinson suiza* ¡Cuántos años pasé en su isla! ¡Qué apasionadamente me uní a sus descubrimientos! ¡Qué envidioso estuve de su suerte!».(RIJ).

Leía muchos relatos sobre islas desiertas: «Los Robinsones fueron los libros de mi infancia, y todavía conservo un recuerdo imborrable del... *Crusoe de doce años* (1818) de Mme. Mallès de Beaulieu y del *Robinson de las arenas del desierto* (1837) de Mme. de Mirval»[117]. También admiraba a Alexander Selkirk, modelo de la vida real del Crusoe de Defoe; *Aventuras de Robert-Robert* de Louis Desnoyers; el *Crusoe de los hielos* (1835) de Ernest Fouinet; y *Las señoritas Robinson* (1835) de Catherine de Woillez[118]. Después vinieron *El naufragio del Pacífico* (1836) y *Masterman Ready* (1840) del capitán Frederick Marryat, y *El cráter* (1847) de Cooper.

La familia de Jules estaba suscrita al *Magasin pittoresque* y al *Musée des familles* (revistas fundadas en 1832 y 1833, respectivamente)[119]. Ambas contenían ilustraciones espléndidas, con énfasis en la educación y la divulgación.

---

116 RD 18. Sin embargo, este testimonio data de principios de la década de 1860, y puede estar afectado por la visión distorsionada que prevalecía sobre Verne en 1930.

117 Prefacio publicado únicamente en la primera edición ilustrada de *Segunda patria* (1900). En vez de «Mallès», Verne escribió «Mollar». En RIJ, Verne igualmente enfatiza su gusto por Wyss más que por Defoe.

118 Prefacio en la primera edición ilustrada de *Segunda patria*. Woillez y Desnoyers son mencionados únicamente en el borrador del prefacio.

119 RD 17.

Aquel año resultó un año emocionante, ya que Jules vio el mar por primera vez. En esta ocasión histórica, Paul y él viajaron majestuosamente en un barco de vapor:

> Un día, mi hermano y yo al fin obtuvimos permiso para viajar en el Pyroscaph n.° 2. ¡Qué alegría, estábamos extasiados!... Dejamos atrás los puertos de escala a derecha e izquierda: Couëron, Le Pellerin, Paimbœuf. El piróscafo atraviesa el ancho estuario. Vemos Saint-Nazaire, su embarcadero rudimentario, su vieja iglesia con la inclinada torre de color pizarra, y el pueblo, de apenas unas pocas casas y cabañas...
>
> Unas cuantas zancadas bastan para acercarse rápidamente... sobre rocas cubiertas de algas, recoger una manotada de agua de mar, y probarla.
>
> –Pero no es salada –digo palideciendo.
>
> –¡Ni rastro!
>
> –¡Nos han engañado! –exclamo en el más profundo desespero.
>
> –¡Qué idiotas! La marea estaba baja, ¡y simplemente habíamos llegado a agua del Loira encharcada entre las rocas! Cuando el mar volvió, lo encontramos salado más allá de nuestros sueños más salvajes (RIJ).

Ese mismo año, el «ambicioso Robinson» (RIJ) y Paul cambiaron otra vez de escuela, al Seminario Menor de San Donato (*Petit Séminaire Saint-Donatien*). De buena reputación, estaba en la Rue Saint-Clément, también en las afueras, un kilómetro y medio al noreste de Jean-Jacques. Directamente al otro lado de la calle se extendía una de las mejores escuelas para niñas, el Convento de la Adoración.

Generalmente, solo los liceos estatales podían preparar para los exámenes finales de los estudios de bachillerato, pero algunos seminarios juveniles, incluido St. Donatien, gozaban de una autorización especial. La escuela estaba «destinada principalmente a recibir a los jóvenes que se preparan para la condición eclesiástica»[120]. Padres como Pierre, descontentos con el librepensamiento del estatal *Collège Royal*, pudo elegir también este establecimiento devoto.

En su novela *Un sacerdote en 1835* (*ca.* 1846), Verne dio una descripción de la vida de un seminarista novicio en la «Calle Saint-Clément». El se-

120 Robin 17.

minario parecía un «buen lugar para estar y alimentarse», porque «junto a un asesino, el ladrón común se convierte en ángel». El interno usaba

> zapatos cuadrados demasiado anchos... y vestía un chaleco demasiado estrecho abotonado herméticamente hasta el cuello (obviando la necesidad de una camisa blanca)... La corbata había servido originalmente para otro propósito... [El uniforme] era negro mezclado con gris oscuro y un sutil tinte marrón rojizo, un color indeterminado que normalmente se encuentra solo en los de los auxiliares de funerarias (xxi).

Y el director, «alto, delgado y seco, de aspecto duro», describía su establecimiento: «Los estudiantes eclesiásticos pagan sólo la mitad, pero los laicos pagan doble, para compensar la pérdida». Rendir culto era obligatorio: «Abrumando [a los niños] con oraciones, misas, sermones, catecismos, vísperas y bendiciones, terminamos imponiendo unas cuantas ideas religiosas en sus cabezas» (xxi).

28. Collège Royal, la escuela de Verne

Pierre o Sophie los visitaban al menos una vez a la semana y a veces se permitía salir a los chicos. Jules, de doce años, estaba ahora en segundo año de Secundaria. Hizo mucha versificación latina y poesía, incluyendo el aprendizaje de memoria de pasajes de Virgilio y del Nuevo Testamento, siendo su única distinción un séptimo lugar por recitación de memoria en cuarto año. A juzgar por *París en el siglo XX* (i), en cualquier caso, detestaba los días de premiación. Paul comenzó en primer año, mostrándose más exitoso.

A menudo los 26 compañeros de clase de Jules se comportaban de manera desagradable, como Caín[121]. La enseñanza fracasaba apenas un poco menos que en las escuelas rivales: «Las otras instituciones que enterraban a jóvenes prosélitos en las cavernas de la pedantería carecían totalmente de competencia... entre varios inexpertos uno tenía que elegir el menos inútil» (xxi).

El cuento de Verne «El matrimonio del Sr. Anselmo de los Tilos» (*ca.* 1855) tiene un héroe de desordenado cabello rubio, que en 1842 sueña con «palpitantes corpiños virginales», alumno de un grotesco profesor de latín, el recalcitrante soltero Naso Paraclet. La novela *Héctor Servadac* (1877) satirizó a un egoísta maestro de física, atormentado por un estudiante bullicioso e irrespetuoso que es castigado con «500 líneas para mañana» por sabotear experimentos (II i). Se ha afirmado que Brutus Villeroi (1794-1874), quien en 1832 construyó y probó uno de los primeros submarinos en la desembocadura del Loira, enseñó a Verne matemáticas o dibujo en 1840 o 1842[122], pero nunca ha surgido una prueba de ello.

Quizá Jules tuviera razón al dudar del valor de su educación, porque su primera carta a Pierre que se conserva contiene casi una docena de errores ortográficos (no reproducidos aquí):

> Lamenté mucho saber que habías caído enfermo y fuiste obligado a quedarte en cama... Desde la semana pasada nadie vino a vernos... Mamá nos dijo que te habían aplicado sanguijuelas y tal vez habría que ponerlas

---

[121] Dehs afirma que Verne «probablemente pasó por» «una ordalía sexual… en el Seminario Menor; prueba que también marcó profundamente su vida sentimental» (*BSJV* 202:5).

[122] Por ejemplo, Costello 102.

otra vez, lo que me inquieta... Tu hijo que te ama con todo su corazón. Jules Verne –Seminario Menor[123].

Lo que pudo haber contribuido a la frustración de Jules fue saber que su compañera de juegos Caroline, con su corpiño virginal de 14 años ahora floreciendo, vivía, respiraba, dormía y se bañaba a sólo 6 metros de distancia, tras las rejas del inaccesible convento. En agosto de 1839, las dos familias se habían quedado en casa del tío Prudent, y vagaban juntos por el campo[124] ¿Ayudaba la prima a Jules en las tareas, mientras su larga cabellera rubia le rozaba la mano? ¿Alguna vez Jules le cargó los libros hasta la casa, tratando de no mirarla con demasiada frecuencia?

Después de los primeros sueños e «invocaciones» de viaje, en verso y en prosa, Jules produjo más composiciones alrededor de 1840, esta vez para complacer a su familia: «Entonces todo era poesía... Todavía recuerdo que un discurso que escribí para el cumpleaños de mi padre, lo que llamamos un *compliment* en Francia, se consideró muy bueno»[125].

Un poema fascinante de Pierre (1842) nos proporciona el primer testimonio directo contemporáneo sobre Jules:

Jubiloso amo el Loira donde suavemente se desliza
Una barca de pesca en las aguas ondulantes
Lejos de los hombres, ahora en el más allá
El sueño de los niños porta
Surcando el cauce, rumbo al mar.
Sobre sus calmadas aguas juegan en sus botes
Los niños aspirantes a grumetes.
Piróscafos y barcos avanzan
A un danzante ritmo en el caudal
Unida en un gran ballet compacto
La arboleda de mástiles se mece[126].

Esta revelación muestra el considerable talento poético del padre, su amor por los dos hermanos y, lo que es más importante, la predilección de

123 30 may. 40, en CNM 22-23.
124 Compère 35.
125 *Ent.* 87.
126 Maudhuy 80. El título del poema es «Los niños».

ellos, a los 13 y 14 años, por la navegación, y sus sueños de convertirse en oficiales navales[127]. La forma acróstica confirma rotundamente el mensaje, porque las letras iniciales de los versos se leen «J U L E S... P A U L...».

Una composición de Jules aún más significativa dice:

> *¡Tchouff! ¡Tchouff!* hizo la máquina
> Con estruendo ensordecedor
> El niño atónito imagina
> Vive horas plenas de alegría
> Al anochecer, mañana en versos
> Hablará de tierras distantes, y del mar
> Dirá que los barcos se van lejos
> Mucho tiempo, distantes de la gente
> No llores –a su madre le dirá–
> Tu pequeño Jules será un investigador
> En lugar de hacerse capitán[128].

En esta descripción de primera mano, cuyo lenguaje juvenil implica una composición que se retrotrae a varios años, «el niño» se queda boquiabierto ante una máquina de vapor estacionaria, presumiblemente en Indret, y ya escribe poesía de corte autobiográfico y romántico. Jules prefiere el aislamiento y un exótico escape de la sociedad vigente, a pesar de la aprensión de Sophie. Posiblemente ya esté planeando una carrera como escritor, en todo caso una profesión intelectual que implique investigación, tal vez como científico, abogado o maestro. Pero el mar, siempre el mar, seguirá siendo el centro de su universo.

Jules escribió a Sophie desde el internado su primera carta que se conserva:

> Ayer supe por mi padre que estabas relativamente bien; sé que es muy natural que estés cansada ahora. Anhelo verte, pero no te molestes en venir a verme, querida madre, es demasiado lejos... Paul tiene un fuerte resfriado... En cuanto a mí, los zuecos que enviaste no me quedan bien porque las correas... son demasiado estrechas... Ahora querida madre me

---

127 Ducrest confirma que «desde su más temprana infancia [Paul] mostró una predilección muy fuerte por la carrera naval y todo lo que tenía que ver con ella. Todo le inducía a ello: su mente, más científica que la de su hermano, más dirigida a nuevos descubrimientos en la navegación, su intenso gusto por los viajes y sus lecturas sobre ellos».

128 Maudhuy 82.

olvidé pedir a mi padre que me enviara un juego de escuadras... Por favor, también pídele que me envíe el romance «Adiós, mi hermoso barco»... porque el profesor de mi clase [me pidió que se lo consiguiera].

Dios sea contigo.

Tu hijo que te quiere mucho, Jules Verne[129].

El estilo es formal pero fluido, firma con ambos nombres y ni siquiera menciona el nacimiento de su hermana una semana antes; pero la prosa es infantilmente directa respecto a la vida escolar. Su maestro claramente le agradaba; pero sus padres ya no lo visitaban más. La sencilla e ingenua canción que solicita está incluida en la ópera cómica *Las dos reinas* (1835): un capitán, cuyos «mejores días han pasado», se despide de su «buen barco», que ha lo llevado fielmente a través de las tormentas más feroces.

Una semana más tarde, Jules le escribió a Sophie un poema:
Corre, oh criatura a los brazos de tu madre,
Sufrimientos, penas, dolores y amarguras,
Para darte vida lo ha sacrificado todo...
Cuando a pesar de sus esfuerzos y ternuras
Tú te quejas, ella entonces se apresura
Te entrega su seno, te nutre en abundancia
Con el alimento que Dios brinda a la infancia;
Luego te besa, y canta dulcemente
Una cancioncilla para su amado infante
Y acalla su voz cuando él se duerme...
Cuántos cuidados da a su hijo el primer año
Cuando cultiva su mente con cuidado
Le instruye en la virtud, lo enseña y lo dirige
Eso hizo tu madre a plenitud
Demuéstrale, niño, tu gratitud[130].

El intento está bien logrado, es poético pero no demasiado aunque, aparte de ternura maternal y amor filial e implicación de que el nacimiento aludido fue difícil, comunica poco. La mención al pecho es un poco

---

[129] [12 dic. 42] en CNM 23. Hay un PS: «Muchas cosas para mi padre, hermanas, tía y abuela quien, espero, esté bien. Me complació saber que al tío ya no le duelen los ojos»; probablemente refiriéndose al hermano de Sophie, Auguste Allotte.
[130] Robin 250.

incongruente, porque un niño que ya puede correr resulta demasiado mayor para mamar. Por otro lado, la ambigüedad entre presente y pasado, recién nacido y niño pequeño, segunda y tercera personas, intimidad normal y referencia a un pecho generoso, confluyen en esta sorprendente composición que, dado el nacimiento de Marie quince días antes, se refiere a un varón.

Otras composiciones de Jules en este momento incluyen una plegaria, juegos de palabras, anagramas, epigramas, parodias y un poema, «El regreso», dedicado a Pierre.

En 1843, Jules asistió al Collège Royal, pero ahora vivía en casa[131]. A pesar del odio de Pierre por el «volterianismo» de esta escuela, la decisión pudo haber sido para aumentar las oportunidades de los hermanos en el examen de bachillerato, ayudar a la carrera naval de Paul, o eludir las restricciones religiosas y de alojamiento del St. Donatien[132].

En 1844, Jules solo había alcanzado quinto año. Así que debe haber estado enfermo durante un año o, más probablemente, repitió cuarto o quinto año; lo que significa que puede haber reprobado la primera parte del bachillerato.

La escuela, otra vez en una colina, había sido restaurada y dinamizada por un nuevo director unos años antes, aumentando a 620 estudiantes. Como estaba a kilómetro y medio del centro, estableció para estudiantes un precio especial de cinco céntimos en los ómnibus[133].

Los profesores de Jules incluían a Plihon para inglés, Lemonnier y Deladérère para matemáticas y el *agrégé* Pierre Sivanne para «artes y retórica», a quien un compañero de escuela presentaba como «una persona que afortunadamente no torturaba a nadie ni sabía nada... No les enseñaba [a sus alumnos] casi nada»[134]. Otros pueden haber sido Auguste Damien, descrito como lo suficientemente estúpido y cruel como para hacer llorar a sus pupilos; y Eugène Talbot, que impartía literatura clásica: un gran admira-

---

131 D'Ocagne 280.

132 Paul se transfirió en 1844, pero ingresó a las clases especiales de dos años preparatorias para las Escuelas Naval, Militar y Forestal.

133 Compère 20.

134 Jean-Louis Liters, «Jules Verne au Collège Royal de Nantes», *Cahiers du Musée Jules Verne*, n.° 12 (1992), 28-39, aunque la fuente de esta información no aparece señalada; Vallès, *Les Souvenirs d'un étudiant pauvre* (Gallimard, 1930).

dor de *Les Orientales* de Hugo, «gracioso y brillante... le encantaban los aforismos... inventando juegos de palabras y epigramas sobre sus alumnos»[135].

El adolescente no se esforzó en exceso. El *Anuario del Centenario* (1908) de la escuela se jactaba de sus muchos exalumnos célebres, como Georges Clemenceau y el general Georges Boulanger, pero menospreció lacónicamente al más famoso: «Sus éxitos fueron pocos y distanciados y no presagiaban [su] futuro». La breve y amortiguada anotación luce dura a la luz del séptimo puesto de Jules en Lengua francesa en cuarto año y octavo por traducción al latín en quinto año; es posible que también haya obtenido un puesto aceptable en geografía[136].

El 29 de julio de 1846 el joven Verne obtuvo su bachillerato en artes (*letras*) en Rennes, con una calificación general de Bastante Bueno (*Assez Bien*). Sus resultados individuales variaban: Latín y Matemáticas, Bueno (*Bien*); Griego y Filosofía, Bastante Bueno; Composición, Francés, Historia y Geografía, y Física y Química, Aprobados. No es claro cuánto inglés cursó Jules, si es que lo hizo: hay muy poco para juzgar con base en sus declaraciones posteriores. La ironía, por supuesto, sigue siendo que las autoridades educativas no pudieron detectar su capacidad para superar a todo el mundo en francés o geografía.

Con el diploma de bachillerato en su haber, y Chantenay y su familia desplegados ante él, Jules Verne, a los 18 años, era un alma libre.

«Mi hermano Paul fue... mi amigo más querido... desde el primer día que puedo recordar»[137]. Aparte de los familiares de Jules, poca información sobrevive de los primeros amigos. Sin embargo, según Ducrest (34), Jules y Paul

> habían sido amigos de varios chicos en Nantes desde el Collège Royal y los internados, con quienes mantuvieron una fiel amistad durante los largos años que siguieron: ... Genevois, Hignard, Bonamy, Serpette, G. Schwob, toda una constelación de jóvenes, inteligentes, entusiastas y de

---

135 Vallès, *Souvenirs d'un étudiant pauvre*; *Le Livre d'or du lycée de Nantes* (Nantes: editor desconocido, 1909), artículo por Paul Eudel, 287.

136 Eudel (197), quien estudió nueve años después que Jules en la escuela, informa que «lo hizo bien en el estudio de los Clásicos, pero nada más», afirmando además que tenía «un marcado gusto por las matemáticas».

137 *Ent.* 87

gusto variado, unos músicos, otros poetas, artistas, o escritores. Se reunían a menudo, como lo habían hecho cerca de la entrada del liceo, conformando el Club de Externos [*Club des externes*]. Todos eran ambiciosos.

Los seis se remontan al menos a 1839. Otros amigos de Verne en el *Club de Externos* incluían a Émile Couëtoux du Tertre, de la población de Blain, y probablemente a Stéphane Halgan, quien fuera luego político y escritor. El Club supuestamente se reunía «en la librería del viejo Bodin» especializada en ocultismo, en la Place du Pilori justo a la vuelta de la esquina de Iglesia de la Santa Cruz a 400 metros del colegio[138]. En realidad, la librería, que además prestaba libros, localizada en el n.° 5, había sido dirigida antes por el poeta y catalogador Jean-Marc Baudin padre, pero ahora, administrada por Prosper Sébire, era librería y también una editora especializada en historia local.

Como Jules, Ernest Genevois[139], Édouard Bonamy y Halgan habían nacido en 1828, los tres primeros destinados a ser abogados; Bonamy hijo de un armador, vivía en Rue de Clisson al lado del lugar donde había nacido Jules. En contraste con Verne, Genevois, Bonamy y Halgan ganaron primeros premios en el Collège Royal[140]. El futuro periodista y editor Georges Schwob, si es que vivió en Nantes, curiosamente era seis años mayor; asi como Aristide Hignard, hijo del médico jefe en el hospital *Hôtel Dieu* que vivía en Jean-Jacques, más tarde compositor y solterón de quien se rumoraba que era homosexual[141], «gentil, ingenioso, un poco despreocupado, un poco lento, de piernas un poco cortas para ser un gran caminante, pero muy artístico» (*Alegres miserias*).

Otros buenos amigos fueron Charles Maisonneuve, más tarde banquero y abogado, y Émile Lorois, nacido en 1831, hijo del Prefecto de Morbihan y más tarde abogado, ingeniero estatal y Parlamentario del propio Morbihan. Otros compañeros de quinto año incluían a Victor Marcé, un

---

138 ADF 22-23, quien además informa que Jules, Couëtoux du Tertre y Genevois aprobaron el bachillerato juntos.

139 El padre de Genevois, Ange, era empresario y fue presidente de la Cámara de Comercio de Nantes en la década de 1830. Serpette debe haber estado relacionado con el negocio de petróleo y jabón, con los armadores de África occidental Serpette y Cía. (activos en Nantes en 1840-1880), y con el músico de Nantes Gaston Serpette (1846-1904).

140 Liters, «Jules Verne au Collège Royal de Nantes», 28-39.

141 Maudhuy 112.

estudiante brillante de la misma edad[142], más tarde médico de Verne, y David Pilfold, probablemente un amigo de los días del St. Donatien[143]; de ascendencia británica pero nacido en Guadalupe, era un interno piadoso, ganador de primer premio por conocimientos religiosos.

Entre otros que Verne conoció en el Collège Royal posiblemente estuvieron «Jules Vallez, Chassin, Poupart-Davyl, Paul Chauves, Étiennez, Dubigeon», todos al menos tres años menores que él[144]; Louis Poupart-Davyl que más tarde sería su impresor[145] y prolífico escritor; el otro Jules V. (1832-1885), quien adoptando la grafía Vallès, también se convertiría en un famoso novelista con *El niño*, ampliamente leído en la actualidad.

Un último amigo de colegio fue Paul Perret, dos años menor que Verne e inicialmente más cercano a Paul, pero con quien Jules pronto compartiría alojamiento. Posteriormente crítico de teatro y autor de guías de viaje y de 50 novelas, incluidas eróticas, fue invitado regularmente a Chantenay en 1847, con uno o dos amigos más. El grupo «practicaba disparando pistola durante las vacaciones... hasta que un aterrorizado criado vino y nos rogó que nos detuviéramos porque las niñas estaban encogidas de absoluto terror, llorando de miedo», tras lo cual se retiraron al ala privada de Jules en la esquina[146].

Cuando la niñez de Verne se acercaba a su fin, una carta ingeniosa enviada desde la propiedad del tío Prudent describe un veranillo en mitad del otoño. Estaba presente la familia Tronson y, se sabe por una referencia demasiado casual, también la inteligente y enérgica rubia Nanou Gruast (¿o Gruau?), que suena a germana. El joven empezó por admitir que, aunque se había olvidado de empacar la camisa, las medias y el gorro de dormir y que llegó empapado hasta los huesos, no podía soportar dejar «este lugar de placeres»:

> Mi tío pasa las noches en sus lagares y los días recolectando uvas; el abuelo fue afeitado hoy en Le Pellerin; la tía Tronson pone en práctica la

---

142 Norbert Percereau, «*Marie se marie*, mais le marié n'est pas Marie», *BSJV* 149: 21.

143 Cuando Pilfold murió in 1853, Verne escribió: «Yo era su compañero más antiguo y su muerte me causó una gran tristeza» (14 mar. 53).

144 Liters 28.

145 Poupart-Davyl fue el impresor de *Viaje al centro de la Tierra* y *De la Tierra a la Luna*; más tarde fue a la bancarrota. En 1856 se batió en duelo con Vallez.

146 Volker Dehs, «Émergence d'un ami d'enfance: Paul Perret», *BSJV* 150: 5.

teoría culinaria aprendida por recetas hace mucho tiempo y nos sorprende con frijoles sin mantequilla y papilla carbonizada. Sus damiselas también se han animado y han escogido a qué jugar, ya a las tímidas, ya a las bulliciosas; Hilaire se distingue por su mugre cada vez mayor; Henri sigue siendo un pequeño mono encantador.

Ese es el personal de La Guerche; ¡ah! se me estaba olvidando la rubia Nanou Gruast, cuyas acciones son proporcionales a su ingenio.

Salimos a pasear, trabajamos, soy el maestro demasiado paciente de una voluntariosa alumna, lo que me demuestra que no todo es tan color de rosa en la profesión de enseñar como me parecía anteriormente. Visitamos los pintorescos alrededores y los encantadores ambientes de La Guerche, dejando aquí un zueco en la tierra, más allá una media en un camino, subiendo montantes, sobrepasando portones, cruzando arroyos fangosos y chapoteando con dificultad en pantanos no muy secos[147].

Es significativa la mención a los juegos a «ya a las tímidas, ya a las bulliciosas» de Caroline, 19, y Marie, 15; a sesiones de Jules como aprendiz de maestro, presumiblemente de Marie y ahora de Hilaire, 13; y la implicación de que los familiares rara vez cocinaban sus comidas. Fascinante es el erotismo discreto de gran parte del pasaje, realzado por la presencia de tres chicas atractivas. Las largas caminatas, la belleza natural, la animación de las niñas, el interés por la alusión a las medias, el salto de obstáculos, probable piel desnuda expuesta al andar en el barro, los artículos dejados esparcidos detrás a manera de *striptease*, y el clímax de quitarse una media en un camino apartado, ¿Caroline, Marie o Nanou?, muestran que –haya sucedido algo en la realidad o no– Jules vivía en un paroxismo pastoril, temblando de sensualidad reprimida en aquel lugar de placeres físicos.

La personalidad de Jules se ve ahora con mejor claridad. Mientras el alma del joven aún resultaba esquiva, sus rasgos de comportamiento brillaban alto y claro. El joven lucía «atractivo, aunque siempre mal vestido, de fino perfil y ojos mágicos; sus mechones de cabello rubio rojizo, de ondulado o rizado natural, siempre caían sobre su ceja»[148].

---

147 15 de septiembre de 45 en CNM 25-26.

148 ADF 25.

De su padre, un «águila jurídica con alma de poeta clásico», heredó un «amor a viajar, al descubrimiento, y a los relatos sobre exploraciones»[149]. De su madre obtuvo una «imaginación de Allotte» con un taimado sentido del humor: sus chistes, contados con una seriedad imperturbable engañaban a algunos y, cuando eran demasiado obscenos o incomodaban, sorprendían a muchos[150].

Verne siempre se presentó como bretón puro, es decir, terco, fiel en la amistad, de grupos cerrados y ligeramente místico. Enérgico pero con un lado melancólico, incluso depresivo, conservaba la ecuanimidad aún ante lo trágico. Sus personajes a menudo serán exteriormente fríos e impasibles pero volcánicos por dentro, estoicos frente a la adversidad pero secretamente maníaco-obsesivos. Muy sensible, Jules escondió su lado sentimental celta bajo una franqueza desconcertante o, incluso, brusquedad.

Todos sus chistes ocultaban tensión interior, así como sucedía con la idea de escapar de casa. Romántico, tanto en su gusto literario como en su amor por la naturaleza y lo intangible, se desvivía por el agua, ya fuera pasear en bote en el Loira, ansiando encontrarse con el mar y con los más amplios horizontes de la navegación oceánica, o soñando en convertirse en capitán. Un sincero grito resume sus anhelos: «No puedo ver un barco hacerse a la mar, ya sea navío de guerra o pesquero, sin que todo mi ser navegue con él»[151]. Sus escritos, basados en el romance y la aventura, ya reflejaban una dicotomía: sentimentalmente positivistas, afeminadamente rudos y escabrosamente poéticos. ¿Qué era lo que realmente contaba para él? La respuesta es engañosamente simple: las máquinas, el río y la poesía: «Aquella fábrica de Indret, o excursiones por el Loira, y mi garabateo de versos fueron las tres delicias y ocupaciones de mi juventud»[152].

Las tres se concentraron en Chantenay: sus sueños y su realidad, su hogar lejos del hogar, su paraíso terrenal. La fuerza de los escritos posteriores de Verne provino de su temprana combinación de seguridad y libertad, tierra y agua, soledad y multitudes, y fuertes deseos familiares e impulsos casi incestuosos.

---

149 ADF 19; RD 15.

150 RD 30.

151 *El rayo verde* (xiii).

152 *Ent.* 88.

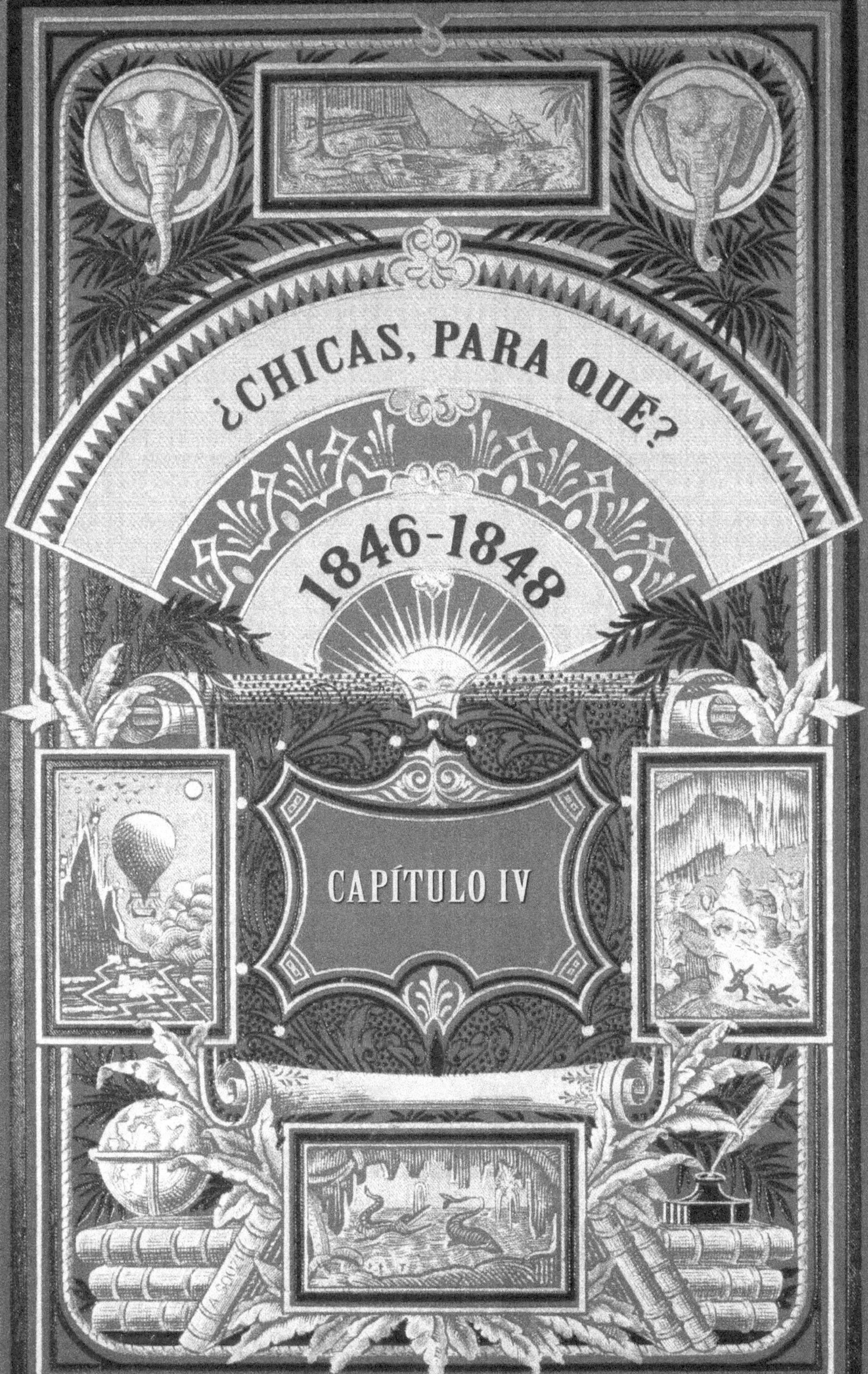
¿CHICAS, PARA QUÉ?
1846-1848
CAPÍTULO IV

29. El puerto de Nantes a finales del siglo XVIII.
Cuadro atribuido a Nicolas Ozanne

En sus largas caminatas por la campiña, en comunión solitaria con el canto de los pájaros y el murmullo de los arroyos, Jules contemplaba la fría corriente del Loira que recorría su propio camino hasta el océano y, seguramente, se preguntaba sobre su vida hasta entonces y hacia dónde podría encaminarse. Los ricos campos de los alrededores estructuraban gran parte de su vida. No tenía un bote, y el río apuntaba tentadoramente hacia destinos exóticos justo a la vuelta de la esquina; pero también formaba una barrera. En Nantes los puentes abundaban, pero la otra orilla lejana todavía representaba *terra incognita.* En Chantenay sus confines se extendían de manera similar a lo largo y ancho, pero casi nunca hacia el sur.

Sus pensamientos se acercaron a casa. Paul parecía un poco frío últimamente. Su hermano se parecía más a Padre, más fuerte en detalles técnicos como las matemáticas y la ortografía. El pobre chico se esforzaba en cultivar su lado imaginativo, pero carecía de sensibilidad interior. Él no podía culparlo, ¿podría tener algo que ver con las locas fantasías de Madre? ¿Era realmente algo bretón o todos los franceses las tenían también? Sentaba bien tener un hermano tan cercano en edad y, afortunadamente, Paul reconocía quién era el mayor. Pero, ¿qué deberían hacer ellos respecto a las chicas? A menudo les gustaba la misma, ¿lo hacían ellas a propósito? Paul planeaba ser capitán y viajar a los confines de la tierra ¡Tan fácil para él! Desde cuando podía recordar, Padre había soltado insinuaciones sobre la mano dura de *su* padre y del padre de su padre, enclaustrados en oficinas de abogados todo el día con bribones, maleantes y archivos polvorientos. Los abogados no tenían preocupaciones de dinero, pero, por mucho que lo intentara, no podía verse a sí mismo sentado en un antiguo escritorio con tapa enrollable, supervisando oficinistas con acné y dejando todo por escrito. En todo caso, él quería irse de Nantes por dos buenas razones. En primer lugar, la gente era tan conservadora que odiaba los chistes más ligeros; tan pomposos, como si tuvieran premiados sus traseros, ¿quiénes se creían que eran? Y en segundo lugar, sus hijas... él nunca había sido lo suficiente audaz para recoger chicas trabajadoras. Incluso si lo hiciera, ¿a dónde podría llevarlas? Nantes era una ciudad tan pequeña, la gente se enteraba de todo. En cuanto a las chicas de su propia clase –para sonar como Padre–, las reglas superaban a las del *Código Napoleónico* en cuanto a inflexibilidad y advertencias. Sus amigos se jactaban de haberse salido con la suya y con quién y cuántas veces, pero él no sabía bien si creerles. Cada vez que se enamoraba de una chica, lo que sucedía en cada ocasión con más frecuencia, esta parecía dejar de hablar como un ser humano. Obviamente era un truco hacerle desesperar por lo que le proponía, tras lo cual tenía alguna posibilidad de meterse debajo de aquellos cancanes. Pero nunca funcionó como él soñaba. Incluso verter su verso romántico acababa por producir sonrojos, risitas y frenéticas agitaciones de abanicos. Su única esperanza estaba en París donde las cosas eran diferentes, lo sabía. El gremio artístico hablaba libremente, iban a los cafés y desayunaban juntos.

Mientras Jules examinaba el horizonte occidental en busca de señales de tiempo más fresco, se dio cuenta de lo apegado hasta el cuello que estaba de la ciudad. Conocía cada atajo, cada rama, cada camino. Había calculado cada combinación para volver a casa evitando las propiedades de los vecinos, donde tenías que parar y charlar. Al menos sus días escolares habían llegado a su fin. Había detestado algunas de las lecciones y se preguntaba cómo los profesores podían pasar año tras año escupiendo tantas sandeces. Aunque el internado había sido mucho peor. Sin escape durante meses interminables, sin secretos, cada hora alerta para detener las manos ociosas y los malos pensamientos. ¡Y todo ese religioso balbuceo! Incluso si creyeras hasta la última palabra de la Biblia, todo ese ceremonial vacío, ¡todo ese monótono canto trivial desentonado! ¿Cómo podían algunos muchachos llegar a ser novicios? ¿De veras querían alejarse del mundo antes de probarlo, o lo decidieron sus padres por ellos? Claro está, no hay necesidad de preocuparse por la siguiente comida. Y no hay necesidad de buscar un compañero muy lejos, si te gustaba ese tipo de cosas.

Todos sus pensamientos parecían centrarse en el futuro, pero las chicas, la profesión y la ubicación se mantenían en suspenso. Quizás era mejor eliminar ciertas posibilidades, empezando por Nantes, para alejarse de todos sus fracasos. Pero no había necesidad de decidir todavía puesto que podía hacer un poco de Derecho –ningún daño podría hacer–, y ver a qué llegar. Sin duda se sabría con el correr del tiempo.

Desde la pubertad, Jules había pensado en su prima Caroline alternando periodos de sosiego con otros de gran pasión. ¿Fue amor de verdad o solo una combinación de lujuria, accesibilidad y el aire vigorizante del campo? En cualquier caso, respiraba extasiado el «perfume que ella exhalaba» (*Poemas* 14). Un poco mayor, precoz y coqueta, ella aprovechaba al máximo su espléndido cuerpo, piel suave y mirada de inocencia, aceptando las flores de Chantenay que él había forzado a través de la reja del locutorio en el Convento de la Adoración, según un relato (ADF 24).

No solo se aventuraron en el camino del romance, sino en proyectos literarios conjuntos. Jules, Paul, Caroline y Marie al parecer habían comenzado a componer a menudo obras colectivas de naturaleza romántica, aunque no se conocen los resultados (RD 30). Los dos hermanos también habían escrito versos dedicados explícitamente a las dos hermanas. Al menos Jules, según informes, declamaba los suyos con gran sentimiento a Caroline, aunque la ironía seguía mostrando sus dientes (RD 30-31).

Aunque algunos biógrafos han puesto en duda la profundidad de la pasión juvenil de Jules, la evidencia parece fuerte. *Poemas*, publicado en 1989, registra su vía crucis. En versos bastante convencionales referentes a Caroline, el muchacho por fin declara su amor. La «pequeña niña» se sonroja y sonríe: «eres amable; necesitas pedir el permiso a mis padres» (*Poemas* 14). La segunda etapa ocurre en la obra de teatro *Las pajas rotas* (1850):

> En mi misal guardo las pobres violetas
> Que él reunió a lo largo del camino
> Y llevó a sus labios mientras tomó mi mano.
> En mis libros de colegiala los escondí
> Para acompañar mi soledad con su alegre perfume.

30. Caroline Tronson

La misma pieza teatral se refiere a los sueños de «amor eterno» de la chica del convento, lo que lleva a idílicas escenas hogareñas con su «marido... el adorable primo que le dio las flores». En la escena culminante:

Pero el momento supremo
Sobrevino muy tardíamente.
Por fin llega el gran día
Ya se acerca suavemente a la orilla,
La barca del amor;
La niña sube...
Él suelta la cuerda...
¡Zarpa, zarpa para siempre! (*Poemas* 15).

Todos estos elementos literarios posiblemente reflejan una realidad: Caroline aceptó los *souvenirs* de amor de Jules y se tomó de la mano con él en un idilio campestre. Estas primeras etapas probablemente culminaron en algún tipo de compromiso infantil, sujeto al consentimiento paterno. ¿Pero acaso se darían cuenta de lo imposible que era todo ello? Los matrimonios entre primos hermanos se permitían pero, como en la mayoría de países, eran mal vistos.

Sin embargo, el asunto finalmente fue llevado ante los padres y el de Caroline opinó que ninguno poseía la madurez necesaria para fundar un hogar[153]. El de Jules solo pensó en el magnetismo impresionante de la chica: «¡Oh, Dios!, qué hermosa era»[154].

Hacia 1845, la joven beldad asistía a los bailes ofrecidos por las madres de sus amigas Angèle Desgraviers, de Chantenay, y Herminie Grossetière, de Nantes. Bailando con su vestido de gasa blanca con cinturón rosa, cautivó a decenas de pretendientes. ¿Fue aquí donde Jules hizo declaraciones vacilantes, como afirma Marguerite? En todo caso, Caroline no las tomó en serio (ADF 24).

Todas las promesas anteriores para nada contaron; la infelicidad estuvo a punto de romperle el corazón a Verne. Caroline dejó una marca profunda porque fue el primer amor de Jules y por su naturaleza apasionada. El golpe a su orgullo se sintió aún más fuerte cuando Caroline prefirió a otro primo llamado Jean Cormier y más tarde se comprometió con un hombre 20 años mayor que ella, con quien pronto se casó. Incluso, el día de la boda, Jules le dedicó un angustiado poema[155]. Un borrador anterior, aún más atormentado, contiene un sueño del «pie» «largo» y «amenazante» cubierto de clavos del esposo de Caroline que da a Verne «fuertes patadas en la espalda», con un obvio simbolismo[156].

Aunque finalmente tuvo que aceptar que no podría evitar a su prima por el resto de su vida, es posible que los rezagos de su aflicción los haya transferido a su hermano Hilaire, quien nunca le gustó. Los rescoldos tal vez aún ardían 40 años después, pues los amantes de *Familia sin nombre* perecen, sin consumar su pasión, en las cataratas del Niágara, en una barca en llamas llamada *Caroline*. En *Claudio Bombarnac* (1892), Caroline Caterna (¿cadena?) es «aún una bonita rubia de ojos azules, pero de tez deteriorada» y mal gusto en el vestir (iii).

Probablemente reponiéndose de su aflicción, Verne se enamoró de Angèle, amiga de Caroline, de la misma edad que ella y a quien había visto crecer en Chantenay. «De un andar lleno de nobleza y una dicción distin-

153 Guillon 127.

154 Guillon 132.

155 Reimpreso en *BSJV* 123: 11-13 (de hecho, es otra versión del poema citado antes (*Poemas* 15).

156 *BSJV* 202:46.

guida», ingeniosa pero carente de aplomo[157], tenía un carácter fuerte, a veces desafiante de los deseos de su familia. A pesar de la pasión de Jules, Angèle se comprometió y se casó a su vez, unos meses después que Caroline. ¿Empeoraron las cosas para él que el esposo médico tuviera maneras pseudoaristocráticas y que sus suegros también fueran vecinos de Chantenay?

Para sobreponerse a las dos chicas, Verne «probó distracciones de todo tipo», al parecer incluyendo salidas de noches enteras (ADF 26, RD 39). Esta vez en una continua carrera que iba desde actrices, pasando por chicas de la clase trabajadora, cortesanas y amantes, hasta los burdeles con damas toscas que se pintaban en los umbrales. Las más convenientes permanecían en los inicios de Jean-Jacques y a lo largo del muelle de la Fosse. Dada la indignación con la que Ducrest recibe la insinuación de Marguerite (RD 39), puede haber creído que el joven simplemente exploraba el mercado.

Ahora libre de los grilletes del *lycée*, Verne tuvo que pensar qué hacer con el resto de su vida. Se dice que por un corto tiempo pensó enseñar[158]. Un factor para decidir siguió siendo su frustrada pasión por Caroline, cuyo compromiso se anunció en el otoño de 1846. Todo parece indicar que confesó su amargura al amigo Aristide Hignard, que ya estudiaba música en el Conservatorio de París, ante lo cual este le instó a que viniera a la capital para olvidar su infelicidad (ADF 25).

Pero según los planes de su padre, Jules se haría cargo de la próspera práctica del Derecho. Los Verne habían sido abogados durante tres generaciones, como Pierre repetía a menudo; y, después de todo, Jules era el hijo mayor y se necesitarían dotes para los casamientos de las tres niñas. El padre le insistió a Jules en que permaneciera en Nantes hasta la primavera y, mientras tanto, comenzara a estudiar Derecho. Jules accedió a regañadientes, aunque supuestamente indicó alguna vez su rechazo a seguir la carrera de Leyes (ADF 25, cf. RD 35; «supuestamente», porque Marguerite a menudo manipula la cronología y concatena citas). Dado que no había Facultad de Derecho en Nantes, Pierre instruyó privadamente a Jules, utilizando los libros básicos (JJV 10).

---

157 [¿abr.? 53]; 15 jun. 56.

158 Daniel Compère, *Jules Verne: Parcours d'une œuvre* (Amiens: Encrage, 1996), 11.

Así que Jules estudió en casa, adquiriendo experiencia práctica con los empleados de su padre. Han sobrevivido pocos registros de este período, salvo un soneto que escribió en 1847 sobre un caso judicial, donde los colegas del juez «roncan», el fiscal es «cascarrabias», el abogado defensor está destinado a perder, los miembros del jurado ríen y gritan, y los espectadores emiten un fuerte hedor[159].

31. Aristide Hignard (1822-1898), amigo y colaborador de Verne. (Foto publicada en 1880)

Sus amigos en esta etapa continuaron siendo Ernest Genevois, Émile Couëtoux du Tertre, Charles Maisonneuve y Édouard Bonamy. Escribió una seca carta al alcalde solicitando permiso para sacar libros de la biblioteca de la ciudad, presumiblemente volúmenes tanto literarios como legales, ya que sus «estudios y ocupación» le impedían consultarlos durante el horario normal[160]. La biblioteca estaba cerca de Saint-Nicolas, por lo que podía ver cómo el monstruo gótico emergía lentamente de la crisálida de la obra maestra medieval, surgiendo aquí un ambicioso arbotante, acá un ábside abultado, allí un tentador mirador, allá gárgolas chorreantes, rudamente angulosas y turgentes, ubicadas exactamente en el lugar correcto.

Aproximadamente a partir de 1845, Verne tuvo una considerable producción. Su ambiente hogareño culto le proporcionó un estímulo pero su mayor inspiración literaria fue Victor Hugo, y también el *Club de Externos* pudo haber tenido influencia:

> Fue en una esquina de la mesa de la librería del viejo Bodin donde Verne escribió una tragedia cuyo nombre no ha sobrevivido. La llevó al director del teatro de marionetas Riquiqui[161] en el puente Sauvetout... pe-

[159] *BSJV* 191: 28-29.
[160] 30 dic. 47 en CNM 32.
[161] Hay registros sobre este exitoso teatro popular, fundado hacia 1832.

ro fue rechazada. Peor aún, cuando Jules leyó solemnemente su tragedia a Caroline en el lagar del tío Prudent... ella la escuchó con frialdad y sus primos abuchearon la obra. Opinaron que, en lugar de ser elegíaca, debía haber intentado dotarla de farsas cáusticas, obscenas y rabelesianas. Solo Marie Tronson la entendió. El autor le agradeció en un soneto, [refiriéndose a sus] «caricias» (ADF 22, cf. RD 34).

Siguiendo el consejo de sus primos (al menos según Marguerite), Jules escribió un vodevil frívolo, ocultado a su padre pero circulado secretamente –y alabado– en el Club Literario Cagnotte (Bolsa comunitaria) local (ADF 27).

Su primer producto teatral completo sobreviviente, revisado entre los meses de mayo y junio de 1847, es *Alejandro VI*, interesante obra en cinco actos sobre la hipocresía de la religión organizada. Esta tragedia puede haber sido una conmemoración indirecta a su tío abuelo Alexandre Allotte, que había muerto el año anterior. La obra representa el sádico régimen de terror instaurado por el Papa medieval y su hijo y ex cardenal, el príncipe César Borgia, ex cardenal: Alejandro impone sus atenciones papales a una niña llamada Rosa mientras su avaricioso hijo asesina cardenales. Con sus escenas de asesinato, violación e incesto, la obra poseía una cruel exactitud y una considerable presencia trágica.

Es posible que el joven ya hubiera escrito cuentos y compuesto versos cómicos (RD 34). Una faceta de su imaginación era una observación muy desarrollada de la sociedad, burlándose de lo pomposo o lo rígido. En este período escribió tres capítulos y la sinopsis de una novela, *Jedediah Jamet*, donde el codicioso héroe deja Tours rumbo a Holanda y a las Montañas Rocosas en busca de una herencia de un tío, próspero hombre de negocios y soldado en la guerra americana de independencia. Más o menos terminó *Un sacerdote en 1835*, una sinuosa historia de horror y amor al estilo de Hugo, ambientada en la aún no reconstruida iglesia parroquial de Saint-Nicolas, protagonizada por un tal Jules Deguay, abogado de Nantes y un malvado sacerdote expulsado llamado Pierre.

En 1847-1848, Verne también compuso una gran cantidad de poemas, imitando conscientemente a su padre (*Ent.* 100). El tema y la forma variaban: uno con una dedicatoria en caracteres griegos, tomado de Hugo;

uno de Byron; uno para la primera comunión de Anna, uno sobre la catedral de San Pedro del siglo XV en Nantes; e incluso uno obsceno sobre la horca, «donde tanta gente horrible célebre por su depravación criminal / Terminó sus vidas macrofálicas, para honra de la moral». En un verso ramplón empleó jerga vulgar: «Comencé como un pez gordo, / incluso bastante ricachón; / Pero no me dio la calentura, / Así que me fui a la m***, llevándome mi ración»[162].

Un número sorprendente se centraba en la política, como las diatribas contra el gobierno progresista de Luis Felipe o los intentos de la pretenciosa duquesa de Berry de restaurar la monarquía (1832). Un tema común fue el abuso del gobierno visto desde una perspectiva casi anarquista: una alegoría de la Corrupción siendo literalmente concebida desde el Poder; el caso Praslin, donde un aristócrata adúltero acuchilló con sevicia a su esposa; o el gabinete de «Bribones» cargado de escándalos (1840-1847) y su dramática caída[163]. La más interesante fue una «Canción de las barricadas», a favor del derrocamiento de la monarquía (*Poemas* 125).

Cuando Jules mencionó que podría intentar hacer una carrera escribiendo, Pierre casi perdió la cabeza (RD 34).

En la primavera de 1847, Jules quiso unirse a Paul embarcándose como guardiamarina en el buque mercante *Régulus* durante unas semanas de comercio costero. Paul al fin empezaba a cumplir su sueño de años de navegar a lugares distantes, tal vez gracias al apoyo del tío Châteaubourg. Sin embargo, Pierre rehusó darle permiso.

Estudió todo ese invierno, aunque su mente no estuvo realmente en ello; de hecho, era un «sombrío lunático agitado» (ADF 25). A medida que transcurría el año, su familia comenzó a planificar la boda de Caroline. Se cosían los vestidos, se reservaban lugares, se discutían listas de invitados y se reunían con los familiares. Por suerte providencial, Jules tenía un compromiso propio: sus exámenes de Derecho de primer año en la distante París.

Este sería su primer viaje solo conocido. Incluso con su familia, es el único viaje largo del que sabemos algo, aparte del de Provins, cuando se

162 *Poemas* 132; 162; 79; 109.
163 *Poemas* 40; 49; 42.

alojaron donde una tal Mme. Mispreuve y Jules rompió un orinal y Pierre salvó la situación contrabandeando un reemplazo en su sombrerera (5 ago. 48).

A principios de abril, Jules navegó por el Loira hasta Tours en un piróscafo. Después del almuerzo, tomó una diligencia, luego el nuevo ferrocarril de Orléans (JD 56), para quedarse en París bajo el ala de la tía-abuela Rosalie Charruel, de 69 años, hermana de su difunto abuelo Gabriel Verne.

Ella vivía en el n.° 2 de la calle Thérèse, cerca de la Biblioteca Nacional. Jules odió la experiencia, y luego describió a su tía abuela como «moderadamente estúpida» y su piso como «un túnel sin aire y sin vino»[164]. Después de sus exámenes y dos semanas en la capital, hizo su propio equipaje por primera vez. Se había decidido que se quedaría en la casa de la recién enviudada madre de Pierre y sus susurrantes hermanas solteronas en Provins, una ciudad pequeña a 80 kilómetros al sureste de París, conocida por sus rosas con propiedades medicinales. A pesar del desvencijado carruaje, disfrutó de un viaje delicioso a través de la campiña de Brie y el valle del murmurante Voulzie, «que un gigante podría beber de un trago»[165]. Es posible que haya ocupado ese tiempo en Provins escribiendo tragedias históricas.

De vuelta a Chantenay a principios de mayo, trabajó a ratos en sus obras de teatro y libros de Derecho de segundo año. Pero sin la compañía de Caroline o Paul, estaba malhumorado, temperamental y silencioso (ADF 26). El círculo familiar, que había significado tanto para él, ahora le parecía limitado, pues anhelaba horizontes más amplios. Incluso escuchar a la virtuosa Anna al piano, o cantar y actuar escenas con la familia, ya no podía consolarlo (JJV 11).

Escribió cartas desconsoladas a Hignard y Genevois y disgustó a su madre con sus desapariciones frecuentes. Ella lo mandaba a bailes de sociedad, pero él no les decía ni una sola palabra a las chicas. La joven se-

---

164 21 sep. 53 en *Dix lettres inédites* (Nantes: Société des Amis de la Bibliothèque Municipale de Nantes, 1982); ADF 26.

165 *Una ciudad ideal.*

ñora Louise Macé de la Barbelais lo declaró aburridor como el lodo y nada sociable (ADF 26-27).

Sin embargo, sí tenía admiradoras. Una de ellas lo retrata:

> Aunque algo brusco y bastante alocado, generaba una extraordinaria fascinación. No muy alto, era extremadamente delgado pero de hombros fuertes; tenía una manera excéntrica para que no supieras lo que diría a continuación, excepto que sería ingenioso, tal vez desconcertante... Luego, profundos silencios. Una mirada inolvidable, unos dientes maravillosos y un mechón de cabello como una llama. A veces tenía un estilo de vestir bohemio, en otras posaba como un dandy exquisito[166].

Ese mismo año, Jules incurrió en el gran amor de su vida.

Su nombre era Herminie Arnault-Grossetière. Cuatro meses mayor que Jules, era hija de la nobleza terrateniente, un escalón por encima del estudiante hijo de un abogado comercialista con poca sangre azul. Rubia, de ojos azules, delgada, delicada y hermosa, pero con una expresión altiva y «no muy ingeniosa» (15 jun. 56), era al parecer una música talentosa (JJV 167). Amiga de Caroline, también había asistido a los bailes donde la prima frívola había desplegado sus encantos de doncella. ¿Se superpusieron los encaprichamientos del joven por Caroline, Angèle y Herminie? Sin duda, aunque sus intentos de cortejar a esta última se concentraron en la segunda mitad de este 1847, rotundamente fatal.

En poema tras poema, Jules vertió sus súplicas, a menudo nombrando a la joven. Uno que sin duda data de abril, el mismo mes del dedicado a Carolina, expresa que lloró por su sonrisa ausente. Las letras iniciales, usando el recurso literario de su padre, se leen «H E R M I N I E». El voyerismo repta en la elegía de la niña que duerme, «dejando su vestido abierto a los vientos» (*Poemas* 30). Un poema de embriaguez tiene implícita una respuesta positiva al declamar:

> Nunca tuve un corazón, un corazón amado
> ¡Dije «te amo!»
> Entonces, día de felicidad, día de paz en los cielos,

[166] Kenneth Allott, *Jules Verne* (London: Cresset Press [1940]), 12, citando a Mmes. Levesque y Le Breton, de Nantes, al parecer en 1848.

Día de bebida e intoxicación,
Esa tierna frase puesta en mi frente bendecida
¡Esa tierna caricia! (*Poemas* 14).

Sin embargo, otro comienza con «Oh, si solo fuera cierto» (*Poemas* 31).

Jules también perdió la n.° 3. Al parecer lo atribuyó a los chismes de una «Mme. C***», de 64 años, donde C no es la letra inicial de su nombre sino la palabrota, como hizo con m***. Su diatriba de 2.000 palabras atacó la apariencia, inteligencia y política de esa «jesuita... la más perfecta encarnación del diablo en la Tierra»:

Que sea grabado en su tumba
Aquí yace una mujer estúpida
Perversa, corrupta, fanática excéntrica
Baja, mentirosa, fea
Avara y falsa (*Poemas* 94).

Es evidente que ella había dicho algo sobre él. Es probable que todo haya estado conectado con sus bromas pesadas, que habían producido historias que dejaban estupefactos a sus padres (RD 35).

Sea lo que haya sido lo que perturbó el encanto y luego la ruptura, el hecho es que Herminie se comprometió a principios de 1848 y se casó el 19 de julio en Nantes con un Armand-Joseph-Auguste-Marie Terrien de la Haye. Probablemente el noble propietario de una mansión en La Chauvellière. Armand tenía más del doble de su edad, tal como ocurrió en los dos casos anteriores.

Jules se enojó más allá de toda medida y nunca aceptó la situación, atormentándose con ella durante décadas. Mientras la desigual pareja consumaba sus votos él seguía obsesionado, aunque haciendo todo lo posible para ocultarlo: «Dios mío, me estaba olvidando: hay otra cosa que no puedo quitarme de la cabeza... ¿Qué está pasando en cuanto al matrimonio...? Me contentaría con saber exactamente cuál es la situación» (21 jul. 48).

El período de exámenes volvió a coincidir providencialmente con la temporada de bodas. Pero como si el corazón de Jules no estuviera lo suficientemente roto, una revolución estalló mientras él estaba planeando su viaje. La situación se calmó un poco, pero justo cuando debió estar empacando se enardeció de nuevo.

En febrero de 1848 Luis Felipe se vio obligado a abdicar, instaurándose la Segunda República con un parlamento moderado elegido por primera vez por sufragio universal masculino. En estas elecciones, Verne distribuyó papeletas de votos en Nantes a favor del gobierno provisional republicano[167].

Sin embargo, los elementos progresistas que habían introducido la democracia objetaron los resultados, provocando manifestaciones y disturbios que culminaron el 23 de junio con un levantamiento en París. En respuesta, se inició una represión brutal bajo el mando del general Eugène Cavaignac. Varios miles de trabajadores murieron, junto con dos generales y monseñor Affre, arzobispo de París.

Dos semanas después de la caída del último bastión en Faubourg Saint-Antoine, parece que Pierre opinó que era cada vez más urgente que Jules empacara, a pesar de la oposición de su madre, siempre y cuando prometiese no meterse en conflictos (ADF 27).

La tía abuela Charruel había huido a su residencia de campo, por lo que Jules debía quedarse con su primo Henri Garcet, que había estado viviendo en el n.° 6 de la Plaza Saint-Sulpice. Trece años mayor, Garcet era sobrino de Pierre, profesor de matemáticas en el Lycée Henri IV del Barrio Latino, una de las mejores escuelas de Francia. Una vez en París, sin embargo, Jules vivió solo al menos desde el 11 de julio, arreglando su propia habitación, preparando su comida e, incluso, lavando su ropa (17 jul. 48).

Una de las primeras cosas que hizo fue rondar por París estudiando los daños. Apoyaba el movimiento estudiantil de centroderecha concentrado en la Rue de Poitiers, en el Séptimo Distrito[168], así como la «moderación silenciosa» de Adolphe Thiers (21 jul. 48). Thiers se había opuesto a la República de 1848, haciendo campaña por una monarquía constitucional, la ley y el orden; pero había apoyado al príncipe Luis Napoleón en las elecciones presidenciales. Verne era, en suma, un conservador moderado. El mismo año, escribió un largo ensayo titulado «¿Es una obligación mo-

---

167 Carta de Robert Godefroy a Frédéric Petit (31 ene. 88), en *L'Herne* 119-30.

168 Todos los Distritos señalados son los modernos.

ral para Francia intervenir en los asuntos de Polonia?», respondiendo su propia pregunta con un apasionado no.

El 14 de julio transcurrió sin mayores disturbios, aunque el París de la margen derecha seguía siendo caótico:

> Recorrí diversos puntos de las calles Saint-Jacques, Saint-Martin, y Saint-Antoine, el Petit-Pont y la Belle Jardinière, viendo casas acribilladas a balazos y atravesadas por balas de cañón. Puedes seguir el rastro de las balas a lo largo de las calles a medida que destrozaban y arrasaban [*sic*] balcones, letreros y cornisas en su camino: un espectáculo terrible (17 jul. 48).

Acudió a la Cámara de Diputados gracias a una tarjeta de Hippolyte Braheix, diputado y abogado de Nantes, donde asistió a un debate centrado en el arresto arbitrario de Émile de Girardin, un destacado periodista y dramaturgo. Estaban presentes el poeta-político Lamartine, junto con el general Cavaignac, el propio Girardin, varios políticos de renombre, y escritores, incluyendo a Hugo, el gran héroe de Verne: «para verlo apropiadamente derribé a una dama y arranqué los binoculares de las manos de un total extraño»[169].

Durante este tiempo, los contactos sociales de Jules eran los amigos de sus padres. Cenaba en casa de Henri Guillaume Marie Arnous-Rivière y frecuentaba la velada de su esposa; y, en ocasiones, con Henri y Eugénie Garcet, llevando a su amigo Charles Maisonneuve, entonces financista (21 jul. 48). En medio de la efervescencia política y social, Verne estaba preparándose intensamente para cuatro materias: Instrucción Criminal, Código Penal, Procedimiento y Código Civil. Pero aún le preocupaban los exámenes orales, en medio del Barrio Latino, y especialmente su arreglo personal:

> Los examinadores... deben divertirse mucho rebuscando las preguntas más difíciles e inesperadas para lanzártelas a la cara, desconcertarte, y luego decirte yo lo traté en mis conferencias (21 jul. 48).
>
> Me temo que voy a encontrarme en la olorosa situación laxativa de Sancho cuando se quitó el cinturón de sus calzones y un inusual perfume

---

[169] 5 ago. 48 en *Cahiers Jules Verne*, 10: 35.

vino a hacer cosquillas al olfato de Don Quijote de la Mancha. ¡Menos mal que en la Plaza de San Sulpicio hay lavabos! (30 jul. 48).

Once días después del fatídico día de la boda de Herminie, el corazón de Jules se desbordó y le escribió a su madre una carta delirante y surrealista con un cuento. Las inspiraciones literarias incluían la Biblia, Rousseau, Hoffmann, Hugo, Nerval y todo el movimiento romántico:

> Ay, madre mía, la vida no es toda rosas, y un hombre que construye castillos en el aire no los encuentra ni siquiera en su propia tierra... *Consommatum* [*sic*] *est*, como el de San Luis, discúlpame el latín, y el anapéstico / o / o / o / o / o / oc de Esquilo parecerían apropiados dadas las circunstancias.
>
> Además, Morfeo me abrió las puertas de marfil una noche y un sueño fatídico vino a batir sus alas de murciélago con garras curvas sobre mis párpados de plomo...
>
> Dos jóvenes cónyuges se preparaban para hacer un nudo de altar capaz de resistir la más afilada cuchilla de divorcio. Ambos eran guapos y, como dice Jean-Jacques, ¡sus cuerpos estaban hechos para albergar sus almas! La novia vestía de blanco, símbolo del alma ingenua de su prometido; el novio, de negro, ¡alusión al color del alma de ella!...
>
> Y afuera, un hombre, con agujeros en los codos, una perilla negra... una tez rubicunda, y unas piernas finamente trabajadas y acabadas a máquina, estaba afilando sus dientes en la aldaba...
>
> La novia sintió frío al tacto y una extraña idea de viejos amores pudo haberla estremecido...
>
> Cuando la cámara nupcial se abrió para admitir a la temblorosa pareja, las alegrías celestiales inundaron sus corazones mientras... un humo sulfuroso y amargo llenaba las habitaciones tristes y oscuras...
>
> Me consolaré matando al gran gato en la primera ocasión...
>
> ¡Mi corazón necesitaba desbordarse! Esa ceremonia fúnebre necesitaba ser plasmada en papel para que un día pudiera decir: *Exegi monumentum* [He construido un monumento (Horacio, *Odas*)] (30 jul. 48).

¿Estaba Jules borracho o drogado («Morfeo»)? Había ido a una cena de sociedad esa noche y apreciado su vino, aunque la conclusión es perfectamente lúcida. En todo caso, expuso su frustración, sus celos y su amargura, inaugurando un símil de 50 años entre matrimonio y funerales. Al menos un crítico literario moderno basaría parte de su distinguida carrera en la interpretación de esta carta[170]. Hay que admitir que muchos de los detalles no están claros: ¿estaban los agujeros en el hombre o en su chaqueta?; ¿se trataba de un autorretrato?

Como si estuviera arrepentido de mostrar sentimientos afectuosos, lo que indicaba el final de su infancia, Jules sería en lo sucesivo menos abierto con sus padres. Las cartas a su padre, en especial, se convirtieron en poco más que enumeraciones materiales, útiles para comprender su vida en París pero no las intimidades de su alma.

Después de hacer sus exámenes orales el 3 de agosto, Jules obtuvo su grado universitario en Leyes. Esa misma noche guardó sus escasas pertenencias en una caja de sombreros y se marchó a Provins para pasar unos días más. Estuvo gran parte del verano escribiendo o planeando tragedias y dando largos paseos solitarios por Chantenay, ahora desprovisto de encanto. En septiembre, Paul regresó por unos días con fascinantes historias de Martinica, la Isla de la Reunión y Puducherry, deseoso de volver a tocar piano a cuatro manos con su hermano.

Tras quitarse de encima algunos de sus sentimientos sobre Herminie, Jules se dio cuenta de que resurgían otros. Durante largos meses escribió sonetos que pronosticaban su infelicidad. Luego, los revisó y tachó su nombre en las dedicatorias. Al final tenía unos 60 poemas, la mayoría implícita o explícitamente sobre Herminie, que copió con cuidado en un cuaderno comprado en la calle Jean-Jacques. Lo conservó hasta su muerte, como un último arrepentimiento, aunque no está claro cómo pudo evitar que su esposa tropezara con él (Eudel 194).

Algunos poemas protestan y amenazan: «*Catinetta mia* [mi encadenada], te digo que tengas cuidado» (*Poemas* 169). Algunos relatan la seducción de la joven novia: «En la oscura cita... / Ella tiene que dejar tía, padres, hermana, marido... / Debe traicionarlos a todos; estoy en ascuas» (*Poemas* 31). Otros especulan sobre las consecuencias: «Un noble caballero con su renta / ¡robó a esa muchacha de mi amor honesto!... / Acaricia hijos que cree suyos / formados por dulce unión en una cuenta conjunta» (*Poemas*

170 Marcel Moré, *Le Très curieux Jules Verne* (Gallimard, 1960) y *Nouvelles explorations de Jules Verne* (Gallimard, 1963).

167). Trece años más tarde, cuando le pidieron una dedicatoria en un álbum para un amigo, copió uno de los sonetos para Herminie[171].

Cuando el verano se convirtió en otoño, Jules todavía hervía de resentimiento y enojo hacia Caroline y Herminie. Odiaba su hipocresía, su interés egoísta, su traición al ideal del amor. Una parte de su mente estaba convencida de que Herminie todavía lo amaba, pero había sido obligada a casarse con un hombre lo suficientemente mayor para ser su padre.

Su furia se extendió a Nantes en su conjunto, todos tontos y filisteos, incapaces de juzgar su verdadero valor:

> Un pueblo desprovisto de conocimientos
> Siempre sucio por eso
> Unos miles de cerebros vacíos
> Incorregiblemente estúpidos...
> El sexo débil todo lo contrario,
> Un clero inepto, un prefecto estúpido,
> Sin fuentes: ¡eso es Nantes! (*Poemas* 35)

Los objetos de su rabia lo incluían a él mismo por malgastar el amor en criaturas tan indignas. Este sería el único ataque prolongado de ira ardiente en su vida. Más tarde, cuando se deprimía, indignado y molesto, solía mantener una calma gélida, casi británica.

Estos 12 meses habían sido un desastre para él. Quizás inevitablemente, se decidió a distanciarse de las insoportables actividades de los seis recién casados. Esta vez, sería una ruptura definitiva y sin retorno posible al lugar de frustraciones y humillaciones. En futuras visitas a Nantes, sólo vería a su familia y a algunos amigos que habían regresado (RD 36). Para el resto de su vida permanecería en un orgulloso exilio.

Sophie se preocupaba por la continuidad de la revolución y los miles de muertos en las últimas semanas. Contra eso podía argumentarle que el ex *externo* Édouard Bonamy ya estaba estudiando Leyes en París (JD 57). Exactamente de la misma edad, Bonamy mostraba poco signo de criterio propio y su aburrido convencionalismo pudo haberla convencido.

---

171 Eudel 194.

Más tarde, Jules insistió en que fue empujado, «mandado» por su padre[172]. Sin embargo, también pudo haber sido su idea, apoyada por Paul, de aumentar sus posibilidades para los exámenes asistiendo en París a conferencias de Derecho, en las que, en general, se vislumbraban las preguntas de los exámenes.

Su abuela, su madre y sus hermanas se encargaron de hacerle el equipaje (ADF 28). Justo antes de irse, el estudiante envió a Herminie una última advertencia, medio autocompasiva, medio presuntuosa: «Bien, me voy, porque no me quisieron, pero hombres y mujeres verán de qué madera está hecho ese pobre joven llamado Jules Verne»[173].

Después de todo, quizás estaba mejor lejos de Nantes. Por sus desagües corría la sangre de medio millón de africanos arrancados de sus hogares, torturados y trabajando hasta la muerte. Del fracaso amoroso del «pobre joven» surgiría una de las mayores imaginaciones del siglo.

---

172 *Ent.* 89; Lemire 7.

173 Carta a Hignard en ADF 28.

32. *Dos años de vacaciones*, 1888 (Léon Benett)

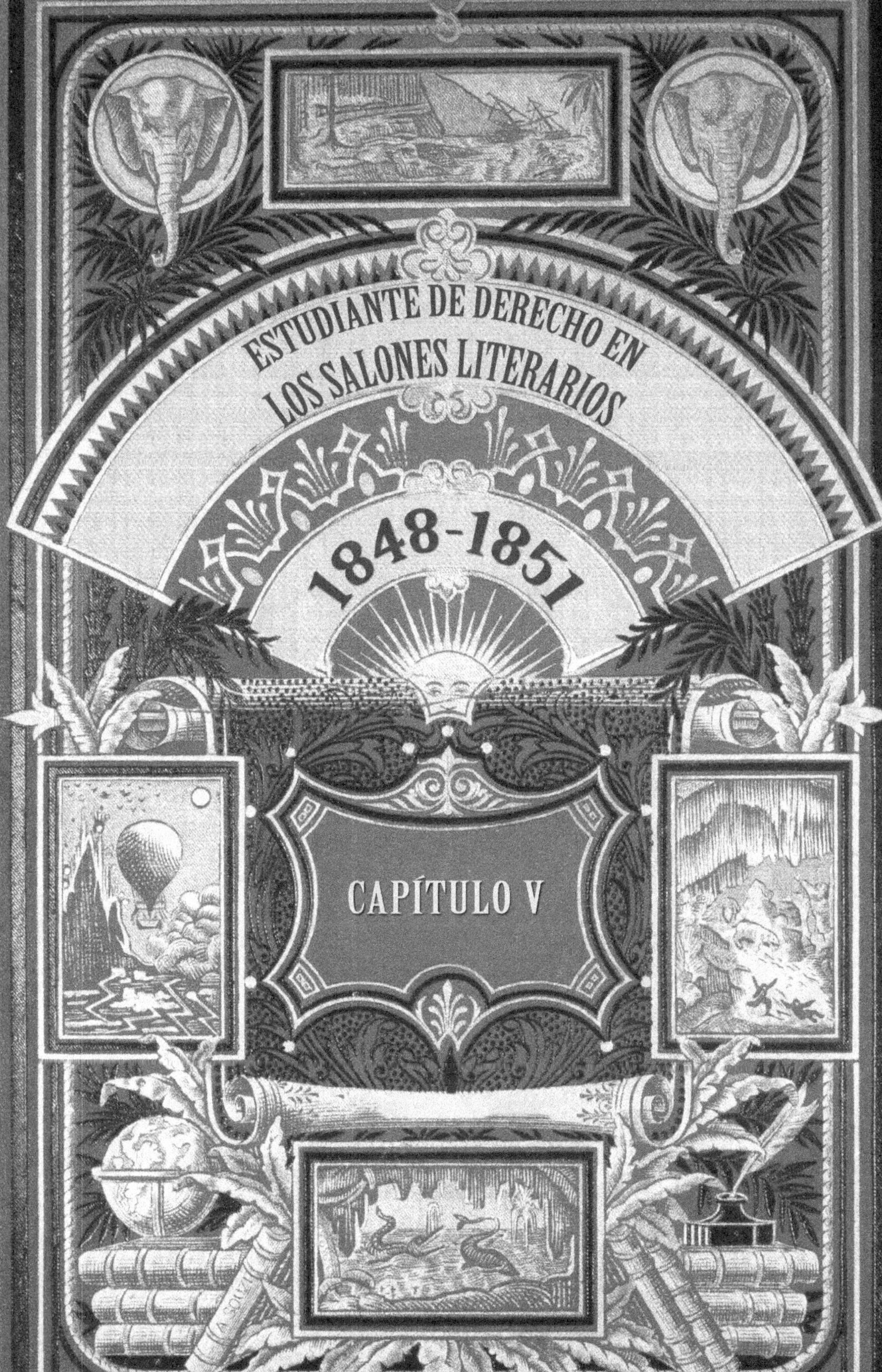
ESTUDIANTE DE DERECHO EN
LOS SALONES LITERARIOS
1848-1851
CAPÍTULO V

33. *Kakou kakou*. Lamartine frente al Ayuntamiento de París el 25 de febrero de 1848. Óleo de Henri Félix Emmanuel Philippoteaux (1815-1884) Petit Palais (París)

A las 9 de la noche del viernes 10 de noviembre de 1848, la nevada Place Graslin fue testigo de una escena monótona, aparentemente insignificante, que cambiaría el curso de la literatura francesa. Verne y Bonamy subían emocionados a un carruaje (ADF 31). Mientras este se alejaba, sus madres, llorosas sin duda les dijeron que se abrigaran con sus bufandas; sus padres, gruñones, que escribieran en cuanto llegaran.

Los chicos se morían por llegar a París para unirse a la fiesta callejera de la Segunda República. La estrella era ese peligroso poeta romántico, Lamartine; pero al menos Monseñor Sibour, arzobispo de París –en sustitución del pobre martirizado Affre– santificaría las cosas con un solemne Te Deum (ADF 31).

En la flamante nueva cabecera del ferrocarril de Tours, Verne y Bonamy intentaron colarse a bordo de un tren de la Guardia Nacional. «Pero ¿dónde están sus uniformes, jóvenes?» «En nuestro equipaje». «¿Y la autorización de su alcalde?» Los dos de nuevo se escabulleron en silencio. Finalmente llegaron el domingo, justo a tiempo para ver antorchas humeantes en la Plaza de la Concordia (ADF 32).

Los dos caminaron penosamente entre el fango y subieron muchas escaleras oscuras y húmedas, dudando que pudieran vivir en esos armarios sin ventanas en el séptimo piso. Por fin, en el 24 de la calle de l'Ancienne Comédie[174], encontraron su habitación en el quinto piso de los siete del inmueble (27 nov. 48).

[174] Curiosamente, en esta misma dirección estuvo, a partir de 1842, la habitación de Jean-Léon Gérôme (1824-1904), más tarde famoso pintor, y lugar de reunión de un grupo de jóvenes artistas

34. Café Procope

Esta calle de librerías del Sexto Distrito, sede de la Comédie Française de Luis XIV, conducía desde los gloriosos Jardines de Luxemburgo hasta el eterno Sena. En el corazón palpitante del Barrio Latino, impregnado de 2.000 años de historia, el edificio había presenciado las batallas del joven romanticismo. Cerca estaba Procope, uno de los cafés más antiguos del mundo, donde el teniente Bonaparte había dejado su sombrero como depósito y Diderot, Voltaire y Robespierre habían arreglado el mundo. Restaurantes de literatos y estudios de artistas por doquier. Una dirección atrayente, un lugar con implicaciones literarias. Subiendo y bajando los pisos, Jules no podía creer su suerte. Las imágenes de Herminie se volvieron algo menos alucinantes.

La casera, una tal Mme. Martin –apodada enseguida Lamartine– les traía leche y pan frescos, lavaba los platos y vaciaba los orinales[175]. Verne pagaba 30 céntimos por prenda a una lavandera de fuera de la ciudad. Pronto le dijo a su madre que sus camisas «ya no tenía[n] frente ni espalda», aunque la gente podría no notarlo (14 oct. 52). Sólo tenía dos pares de calcetines y carecía de instalaciones para bañarse. Afortunadamente, el clima no llegaba al congelamiento.

Aunque la idea de cocinar en su estufa de leña nunca pareció cruzar por su mente, Verne se las arregló para hacer un desayuno de café y dos

---

al menos hasta 1846-1847, entre los que se encontraban Alfred Arago, sobrino de Jacques Arago, amigo y colaborador de Verne; Henri-Pierre Picou (1824-1895), Charles-François Jalabert (1819-1901), Adolphe Yvon (1817-1893) y Jean-Louis Hamon (1821-1874), sobre quienes, junto con el propio Gérôme, Verne escribiría en *Salon de 1857* extensa y elogiosamente.

[175] 22 feb. 49; 21 nov. 48.

panecillos, para mantenerse activo hasta la cena (21 de noviembre de 48). Tuvo el cuidado de diluir el agua potable directamente del Sena (¿con vino?) (27 de noviembre de 1948) y afirmó caminar dos millas hasta una taberna de un franco en la orilla derecha. «Como bistecs tan duros como las suelas del tío Prudent después de haber caminado de regreso a La Guerche», se dice que escribió; «la carne que me llena debe haber tirado de muchos autobuses de París» (ADF 52).

Para él, el cuerpo y el espíritu eran uno: «Prácticamente no tengo libros, lo que me produce calambres nerviosos cada vez que paso por una librería» (6 dic. 48). Su biógrafa afirma que se permitió un buen Shakespeare completo, que devoró en un banco del bulevar, y que luego vivió durante tres días a base de ciruelas pasas de Chantenay por haberse dado el gusto (ADF 34).

Gastaba unos 80 F (€ 400 en valores actuales) mensuales en comida, 30 F en alquiler, 10 F en leña y aceite de alumbrado y 4 F en ropa blanca (6 dic. 48). En sus cartas hace énfasis en sus gastos pero con algunos detalles borroneados, con el pretexto de incompetencia aritmética. Su padre se hizo cargo de la cuenta de «varios», en la que Jules incluía libros de Derecho, transporte y 100 sellos postales al mes.

Para hacer peor la situación, el joven poeta revelaba que «como he estado mal, el médico me ha ordenado más comida» (12 dic. 48). Contaba historias de erupciones intestinales y explosiones provocadas por enemas, vómitos enormes y urgencias en baños públicos (21 nov. 48). Imaginándose que tenía cólera, todavía se las arregló para hacer bromas valientes sobre todo el tráfico intestinal de ida y vuelta.

Las desgarradoras historias de congelamiento, hambre y flujos corporales produjeron el efecto deseado. La tierna Sophie, al menos según Marguerite, enviaba en secreto dinero, además de cargamentos de sábanas, camisas, calcetines, té de tilo, higos y la mermelada que había cautivado a Pierre la primera vez (ADF 33). Finalmente, incluso el corazón de Pierre se derritió y, tras comprobar las cifras de su hijo, aumentó la asignación a 125 F y luego a la precipitada suma de 150 F, tres veces más que la paga de un trabajador no cualificado (mar. 51).

35. Sophie Verne, la madre de Jules.

¿Qué hacía Verne en cuanto al sexo? En respuesta a la preocupación de su madre, Verne dijo que amaba la soltería: «No puedo pensar en un estado más feliz para un hombre» (9 mar. 50). Mucho más tarde, en sus comentarios sobre el estilo de vida del Barrio Latino, se describió a sí mismo como «un hombre de mundo» («boulevardier») e hizo hincapié en las conquistas fáciles y las amantes de clase trabajadora («grisettes»)[176]. No sabemos si se dio un leve codazo o hizo un guiño al decirlo.

De los compañeros de Verne, Ernest Genevois también estudiaba Leyes en la capital, y Charles Maisonneuve ya trabajaba en finanzas. Maisonneuve e Hignard probablemente vivían en el mismo nivel de la edificación que Verne y Bonamy. Muchos de sus otros amigos de París eran compañeros de escuela de Nantes, seis o siete años mayores y todavía solteros, que ahora estudiaban música. Verne se sentía muy unido a Victor Massé (más tarde famoso compositor): «un excelente amigo y un buen camarada», sobre el que pronto publicaría su primer artículo.

---

176 *Ent.* 129; 89.

36. Verne como poeta romántico

Pero el nombre de Hignard es el que más aparece. Gracias a él, Verne se unió a un grupo musical en el salón del pianista y compositor Adrien Talexy, que se reunía los domingos en la margen derecha en la calle Louis le Grand; a las siete, cenaban en Mère Morel, uno de los últimos restaurantes a la antigua usanza que aún servía comida casera. Uno de los miembros ha dejado sus memorias:

> Con su barba rubia en forma de pala... Verne era entonces sólo un muchacho grande y apuesto, robusto, sonriente y de fisonomía fina e inteligente... buscaba su camino y por el momento iba a remolque unos pasos detrás de su amigo, el músico Hignard... Verne hablaba poco y escuchaba mucho; no sin considerables reservas consentía en leernos de vez en cuando algún verso elegíaco en el que latían las nebulosas aspiraciones de un soñador [lamartiniano][177].

En una categoría diferente se encontraban los amigos de sus padres, invariablemente de la alta sociedad e interconectados. Fue agasajado sucesivamente por el padre de Bonamy, la familia Garnier, Paul Championnière (vecino de Prudent), y los señores Braheire y Prévôt, cuya «hija mayor es muy bonita» (2 abr. 49). Jules seguía resentido con la tía abuela Charruel, quien se había olvidado de su regalo de Año Nuevo y le había «encargado» un poema «sobre un perro de porcelana que iba a regalar a una niña» (2 abr. 49). Es posible que Verne no regresara allí y que volviera más a menudo a la casa de Marie Arnous-Rivière en el corazón del Barrio Latino (ADF 32). Henri Garcet continuaba supervisándolo de cerca.

Y lo que es más importante, los tíos François de Châteaubourg y Auguste Allotte (hermano de Sophie) llegaron inesperadamente a París poco después de Jules autodeclarándose «esposos solteros» por el momento (27 nov. 48). Llevaron a los deslumbrados jóvenes a una ópera cómica de Meyerbeer, tal vez protagonizada por Jenny Lind quien, sin embargo, atrajo más tarde el desdén de Verne por haber ganado «18 millones de francos» a pesar de ser una «cantante menor» [22 ago. 52].

Châteaubourg, sobre todo, presentó a Jules en sociedad, empezando por el salón político de Mme. Jomini. Verne se maravilló ante lo que las damas sabían, o de lo que al menos eran capaces de hablar, pero se sintió limitado y provinciano y no volvió (ADF 34). Sin embargo, le encantó el salón literario de Joséphine de Barrère (1796-1885), en el cercano número 14 de la calle Ferme des Mathurins. Joséphine era una joven intelectual esposa de un ex Vice Prefecto, una viajera incansable y una excelente anfitriona[178].

---

[177] *BSJV* 185: 6-7.

[178] 6 dic. 48, 21 nov. 48.

Todas las invitaciones a cenar y las consiguientes entradas para la ópera, incluida una en la que vio al presidente electo Napoleón Bonaparte, sólo causaron un problema, según la imaginativa Marguerite. Verne y Bonamy sólo tenían un traje entre los dos. Se turnaban para salir, bromeando siempre sobre su penuria (ADF 34).

Con su cultura literaria, su buena apariencia, su sensibilidad y su *pedigree* el patito feo floreció. Brillando en su nueva libertad, Verne no tardó en conocer al muy joven Conde de Coral, editor del efímero *Liberté*. El conde le prometió presentarle a un «amigo íntimo» de Victor Hugo y a todo el conjunto romántico (6 dic. 48).

Verne estaba encantado. En una parte de su mente, seguía siendo calculador, ya que seguía siendo su ambición conocer a los literatos ya iniciados. Pero miles de jóvenes tenían el mismo sueño, y él sabía que las probabilidades estaban en su contra. Habiendo alcanzado tales alturas en menos de un mes, decidió mantenerse cauteloso. La gente le consideraba maravilloso, informó, porque siempre estaba de acuerdo con los tontos: «¡Tengo veinte años, veinte años! Un día me vengaré de ellos» (29 dic. 48).

Dos testigos informan que Verne sí se reunió con Hugo en esa época[179], aunque es bastante dudoso. Pero, en cualquier caso, su mente pronto se centró en otros asuntos ya que, en casa de Joséphine, ese mismo diciembre le presentaron al Caballero Casimir d'Arpentigny, el famoso lector de palmas (*JVEST* 45). Aunque no estaba interesado en la quiromancia, Verne causó una buena impresión y fue rápidamente invitado a su salón (ADF 35).

El Caballero se llevaba muy bien con Alexandre Dumas, *père* (1802-1870) y *fils* (1824-1895) (*JVEST* 217). Décadas después, seguía defendiendo la «ciencia incomprendida y desconocida» de la quiromancia y a d'Arpentigny, su «fundador». Dumas hijo había encontrado el estrellato instantáneo con su novela *La Dame aux camélias* sólo unos meses antes. Con su proyectada adaptación escénica, *Camille*, y pronto la versión operística de Verdi, *La Traviata*, así como con su avalancha de obras de

179 RD 39, d'Ocagne 281.

teatro populares, pronto se convertiría en el principal dramaturgo de Francia.

Más allá de sus sueños más desenfrenados, este provinciano de rostro fresco conoció a Dumas hijo a través de d'Arpentigny a finales de año. Con sólo cuatro años de diferencia, los dos congeniaron desde el principio:

> El amigo con el que tengo la mayor deuda de gratitud y afecto es Alejandro Dumas el joven... Nos hicimos amigos casi de inmediato. Fue el primero en animarme. Puedo decir que fue mi primer protector... Me presentó a su padre; trabajamos en colaboración (*Ent.* 90).

Pronto Verne pudo decirle casualmente a su padre que él y Dumas hijo eran amigos cercanos, al igual que «el viejo Dumas a quien veo de vez en cuando» (8 feb. 49).

Dumas padre era uno de los hombres más conocidos del mundo desde *Los tres mosqueteros* (1844) –para Verne, una «absoluta obra maestra» (*BSJV* 184: 77)– y *El conde de Montecristo* (1844-1846). Cuando Verne lo conoció, acababa de construir el Teatro Histórico y estaba a punto de reabrirlo con mucho ruido. El 17 de febrero se estrenó con gran fanfarria su suntuosa obra *La juventud de los Mosqueteros*. Jules Verne fue invitado de honor: «Me senté en el palco [de Dumas], ¡qué privilegio!... El viejo Dumas estaba magnífico con su obra. No podía evitar contarnos lo que iba a suceder. Vi a mucha gente famosa que entró al palco» (22 feb. 49).

Verne no exageraba, pues esa noche se encontró con el crítico de teatro Jules Janin, el novelista Théophile Gautier y Girardin, a quien había visto en la Asamblea. Debe haber estado frotándose los ojos continuamente.

Dumas padre pasaba gran parte de su tiempo en Montecristo, su castillo oriental-romántico-barroco construido dos años antes en Saint-Germain en Laye, cerca de París. Con sirvientes exóticos, lagos, grutas y un completo jardín zoológico, las fiestas duraban meses enteros. Verne no tardó en sentarse en los célebres jardines, trabajando en una obra de teatro con Dumas hijo.

Jules no podía concebir una felicidad mayor. En lugar de garabatear en solitario, compartía un toma y daca en el que todas sus ideas eran escuchadas e incluso tomadas en serio. Al mismo tiempo, le resultaba humillante cuando el experto se basaba infalible en sus débiles argumentaciones y escribía nuevos diálogos ingeniosos casi con la misma rapidez con la que él podía leerlos.

Verne devoraba las cocciones culinarias de oscura procedencia y excesivamente ricas de Dumas padre: «sin nombre posible en cualquier idioma» (ADF 35). Uno de sus entrevistadores añadió más tarde:

> Entre dos episodios de una obra, Dumas padre bajaba a la cocina para batir sus mayonesas mágicas. Aunque la plata escaseaba –lo que no sorprendía mucho a los presentes–, el champán burbujeaba, las mujeres eran guapas y nadie se quejaba de tener que compartir la copa con la chica de al lado (*Ent.* 135).

De hecho, Montecristo había quebrado en enero de 1848, y el mobiliario se vendió, seguido del propio castillo en mayo de 1849. No es de extrañar que los invitados se sentaran afuera y que la cubertería fuera tan escasa.

¿Se maravilló Verne de la distancia recorrida en cuatro meses? Un adolescente desilusionado del amor y sin talento inmediato visible había conocido a la única persona que revisaría seriamente sus novelas durante los siguientes 40 años, además de una de las personas más influyentes del planeta, y colaboraba en pie de igualdad con la nueva estrella mundial. Tan vertiginoso había sido el ascenso que seguramente Verne volvió a jurarse a sí mismo que no echaría a perder sus oportunidades mostrando sus verdaderos matices. Había aprendido lo injusta que podía ser la gente. A menudo se había acercado a la meta deseada, sólo para decir irremediablemente lo que no debía en el lugar equivocado. Sólo le quedaba esperar que la sociedad literaria de París fuera más liberal que la de Nantes, un poco más complaciente con quien pensara diferente.

En 1848-1849 Verne devoraba a los románticos, especialmente a Dumas, Vigny, Musset, Goethe y Schiller. Pero su mayor amor seguía siendo el venerable patriarca de todos ellos: «Estaba muy influenciado por Víctor Hugo, de hecho me entusiasmaba leer y releer sus obras. En aquella época podría haber recitado de memoria páginas enteras de *El jorobado de Notre Dame*» (*Ent.* 89).

Desde sus inicios en París sólo pensó en el dinero, en los enemas y en una carrera literaria. De sus estudios en la mundialmente famosa Facultad de Derecho frente al liceo de Garcet, como de los de su padre antes que él, hay escaso registro. Cuando su padre estalló, Verne se fue por las ramas. El 21 de noviembre, había escrito que la carrera de Derecho le daría los medios para llevar también una vida de letras, pero tres semanas más tarde manifestó que prefería el verso a... la política: «Me importan poco los ministros, el Presidente y la Cámara mientras un poeta permanezca en Francia para robarnos el corazón». Aunque planeó fugazmente hacer una licenciatura en literatura francesa (27 dic. 48), su interés en la materia seguía siendo, subrayó, puramente académico: «es fantástico... estar en contacto con la literatura, sentir la dirección que está tomando... hay estudios seminales que hacer sobre el periodo actual, y sobre el género que viene» (12 dic. 48).

Verne olvidó mencionar que él mismo era un autor de tiempo completo. En aquella época había tres opciones principales: la poesía, la novela y el teatro. Pero la más importante era la dramaturgia, el «género por venir» y el que mejor se le daba a Verne.

Las primeras obras de teatro en que trabajó con ahíncos desde 1846 imitaban las de Hugo. En una obra de cinco actos, *La conspiración de la pólvora*, Guy Fawkes planea volar la monarquía protestante. Otra tragedia en verso de intensidad conmovedora, *Un drama bajo Luis XV*, abunda en tórridas escenas de amor, además de muchas violaciones y asesinatos, pero no pudo completarse debido a censura del gobierno (26 ene. 51).

Ya sea por la falta de reconocimiento de su talento por parte del mundo, por una mejora de su estado de ánimo o por un cambio en el gusto del público, la escritura de Verne evolucionó. Escribió una larga serie de vodeviles, llenos de escenas de alcoba, *quid-pro-quos* absurdos y chistes subidos de tono, con corrosivas sátiras a la burguesía: *Paseo en el mar* en un acto, una parodia sobre el contrabando francés y la aristocracia escocesa de 1820, repleta de «grog»; *El cuarto de hora de Rabelais*, con una chica despechada que se venga; *A veces necesitas a alguien más pequeño*, sobre un triángulo amoroso; el «Don Galaor» en dos actos, donde el amor verdadero lo conquista todo; y «Los sabios» en tres actos, que supuestamente ridiculiza a los eruditos vecinos del tío Prudent, los señores Championnière (ADF 42).

Sus *libretti* para óperas cómicas incluían la obra en un acto *El urogallo*, sólo en forma de sinopsis, donde la heroína teme casarse con un cincuentón, y la obra en dos actos *Abdullah*, sobre un árabe que visita Versalles y se arriesga a la pena de muerte por amor a una francesa, probablemente revisada por Georges Schwob (Lemire 7).

Hacia 1850-1851 Verne había completado una veintena de obras de teatro que a menudo contenían brillantes ejes cómicos y cortantes frases de una sola línea. Aunque la mayoría de ellas son interesantes de leer, ninguna había encontrado todavía un hogar. Sus pesadillas seguramente bullían de manuscritos extraviados y de cartas de rechazo brutalmente displicentes.

Aún en la cima de su despreocupada vida social y de su creación literaria, Verne citaba a Goethe: «Nada basado en el engaño nos hace felices» (12 dic. 48). También –quizás un error– envió a su padre una composición en verso que conjugaba audazmente la sexualidad y la política: «La República no es sino una cortesana / ¡Gentes de lo alto y aún de más arriba, sin pudores! / Que abordaba para vender la encamada / ¡Y pagarle a sus sostenedores!» (*Poemas* 160). Es posible que haya dejado ver que aunque una de sus obras de teatro podría finalmente ser puesta en escena, su licenciatura apenas estaría terminada en agosto, como muy pronto (24 ene. 49).

Una larga y agresiva respuesta declaraba que juntarse con artistas disolutos no era algo bueno. La indignada misiva de Pierre consistía principalmente en diktats moralistas y golpes bajos. Jules respondió con firmeza: siempre había tratado de no parecer excéntrico, al menos desde su punto de vista; no había que creer todas las habladurías que se oían; *había* leído las cartas de su madre y *enviaba* noticias a casa; si sus cartas parecían a menudo incomprensibles, sus pensamientos eran mucho más claros; la palabra «salón» probablemente asustaba más a su padre que la realidad; el placer no debía confundirse con la felicidad; había trabajado mucho para sus exámenes; quizás despreciaba un poco la provincia porque las chicas eran mucho más bonitas en París; y aunque «siempre dije que sería abogado», un escritor era «la mejor posición que cualquier hombre puede tener en este mundo... aunque todavía no hemos llegado a esa etapa» (24 ene. 49). Exteriormente Jules intentaba apaciguar jesuíticamente, pero el Verne subyacente seguía siendo férreamente subversivo. Pensaba que sabía lo que estaba haciendo.

Es posible que Verne creyera que *La conspiración de la pólvora* y *Un drama bajo la Regencia* eran las más adecuadas para el Teatro Histórico. Pero Bonamy prefería *Las pajas rotas* y así, a principios de 1849, Verne presentó las tres. Se supone que Dumas padre rechazó las tragedias, pero encontró la comedia promisoria (ADF 37).

Aunque Dumas hijo no la incluyó entre sus obras en colaboración, Verne afirmó más tarde: «Dumas hijo me dio el tema, por lo que recuerdo»; y «escribimos juntos una obra llamada [*Las pajas rotas*]»[180]. La dedicó a su amigo y protector, quien, según dijo a su padre, la había «salvado» (28 jun. 50). A cambio, el estudiante probablemente escribió libros para su ocupado progenitor, aunque sólo podemos suponer cuáles[181]. Sobre la base de su colaboración recíproca, Dumas hijo escribió más tarde que Verne compartía con su prolífico padre «la imaginación, el brío, el buen humor, la invención, la salud, la claridad y esa virtud menospreciada por los impotentes: la fecundidad»[182].

En la obra completa, el anciano Conde d'Esbard, celoso de su esposa adolescente, la encierra. Juegan a las «pajas rotas», en el que el primero que acepta algo del otro pierde. El Conde irrumpe en la habitación de la esposa, el amante se esconde en el armario y el marido exige la llave, con lo que pierde el juego. Entre las escenas de alcoba Verne incluyó referencias burlonas a la prepotencia exaltada de las figuras prominentes de Nantes.

Probablemente, Verne le presentó personalmente la obra renovada, ya que Dumas padre le invitaba regularmente a su casa (9 mar. 50). En cualquier caso, el resultado volvió a superar lo que podía soñarse razonablemente.

Las pajas rotas se estrenó en el Histórico el 13 de junio de 1850, la primera representación de una obra de Verne. Al principio se representó durante quince días, y todos los amigos de Verne acudieron a reírse en

---

180 3 dic. 89 a Abraham Dreyfus (en *Europe*, n.° 613 (1980), 141); *Ent.* 90. Además, Dumas recibió parte de los ingresos de la obra.

181 Dumas publicó en esa época *Dr. Servans* (1849), *Césarine (*1849), *Diane de Lys* (1851), y *Regent Mustel* (1852).

182 *Nouvelles littéraires*, 24 mar. 1966.

los momentos adecuados, ayudando con las reseñas. El beneficio de F 15 (€ 75 en valores actuales) cubrió incluso los gastos, y Talexy organizó una de sus famosas fiestas para agasajar al nuevo dramaturgo. Como guinda del pastel, la obra se estrenó en el Teatro Graslin de Nantes cinco meses más tarde: todo lo que Jules tuvo que hacer fue desafiar las airadas protestas de los notables. Los críticos provincianos la consideraron «una verdadera obra de arte», excepto la trama «tan picante que sólo la gracia y el ingenio del autor la hacían aceptable»; y la moraleja, «un aviso desesperante para cualquier marido mayor de 50» (ADF 40).

Lo que Verne había soñado despierto continuó realizándose con la publicación de la obra, organizada por Dumas hijo y financiada por Charles Maisonneuve[183]. Al hablar con su padre sobre su primera publicación, Verne le advirtió que la obra podía parecer un poco atrevida: «Nunca he dicho que una madre pudiera llevar a su hija a verla, no soy responsable de educar a las vírgenes francesas». Todos sus amigos querían ejemplares, pero pensaba que podrían comprarlos en la librería.

A lo largo de la excitación, los acontecimientos habían continuado a buen ritmo. En marzo de 1849, Verne había sacado un número de sorteo que le permitía evitar el servicio militar obligatorio. En respuesta al reclamo de su padre, Verne declaró que detestaba el ejército (12 mar. 49).

Ese mismo mes Bonamy dejó París, recibiendo un soneto de despedida, y Verne se trasladó feliz a una habitación individual en el mismo edificio (12 mar. 49). Ahora pasaba el día entre cuatro paredes, interrumpido sólo por las invitaciones. Pero las oportunidades creativas seguramente superaban la depresión ocasional y las dudas sobre el futuro. Admitió que se sentía solo cuando hizo una visita solitaria al extranjero, presumiblemente en tren a Bélgica (16 nov. 49).

En los ratos libres, Verne estudiaba («estrepitosamente aburrido pero no difícil») (6 dic. 48). Después de escribir una disertación en latín, terminó con un total de dos «aprobados» y dos «distinciones». En agosto de 1849 le dijo a su padre, con bastante crueldad, que los papeles estaban listos desde hacía mucho tiempo y que para convertirse en abogado sólo tenía que prestar el juramento.

183 28 jun. 50; ADF 39.

37. Boceto de Verne en el manuscrito de una de sus obras.

El primer retrato que se conserva de Verne data de esta época. Una sorprendente fotografía estereoscópica muestra a un hombre de piel suave y ojos cálidos e inteligentes (*BSJV* 150: 10). Presume de un bigote ralo, una nariz romana de sus antepasados mediterráneos, una larga cabellera rubia de los escoceses y una pose romántica que proclama su nueva profesión al mundo entero.

¿Le ayudaron sus estudios de Derecho a escribir? Stendhal leía cada día dos o tres páginas del Código Napoleónico para encontrar el tono adecuado. Si la cultura es lo que queda cuando se ha olvidado el resto, Verne parece no haberse despojado del barniz estilístico de sus estudios de Derecho, porque la precisión de su lenguaje a veces parece claramente jurídica. En cualquier caso, el título de abogado sirvió principalmente de peldaño para salir de la sombra de su padre, para evitar lo que había visto en el desayuno todos los días, para negar el provincianismo y la religiosidad. Y, sin embargo, Jules fue lo suficientemente precavido, o estuvo dispuesto a complacer a su padre en finalizar la carrera.

En esta etapa, sintió que estaba al borde de... bueno, no lo tenía muy claro, pero sabía que su vida cambiaría. Estaba haciendo lo que todo joven sueña: encontrarse a sí mismo buscando horizontes más amplios.

Enfrentándose a su incomprensivo padre, luchando y cediendo de forma alternativa a sus impulsos sensuales, combinando trabajo y juego, y pasando de la adolescencia al éxito precoz, la personalidad de Verne terminó siendo compleja. Él mismo sólo tenía clara su incompatibilidad con la profesión de abogado, su estrella literaria, su preferencia por lo grande y su instinto de subversión: «No creas que me divierto, pues el destino me tiene atado aquí. Puedo llegar a ser un buen escritor, pero sólo sería un mal abogado, ya que invariablemente veo el lado cómico o artístico de las cosas, sin ver su exacta realidad» (26 ene. 51).

Aunque su poco convencionalismo, su invención cómica y su creencia en un destino literario manifiesto le habían fallado en Nantes, parecían poseer algún valor en la capital. Pero tenía poca noción de lo difícil que podría ser.

A principios de 1851, Verne conoció al célebre Jacques Arago (1799-1855), gracias al joven Évariste Colombel, amigo de la familia, abogado y Diputado, entonces alcalde de Nantes (13 may. 51). Aunque casi ciego, Arago había visitado la Antártida, los mares del Sur y la estratosfera. Entre sus docenas de libros, *Viaje alrededor del Mundo* (1840) figuraba en todas las estanterías. Su hermano, el general Jean Arago, había luchado por la independencia de México bajo el mando de Santa Anna, y François Arago, el hermano científico, era un nombre muy conocido. Jacques llevaba a Jules a hacer diligencias por la ciudad, le contaba historias de aventuras y lo invitaba a su casa para que conociera a la multitud de escritores de viajes, geógrafos y científicos con quienes se codeaba. Incluso, los dos emprendieron juntos una obra de teatro (29 jun. 51).

Durante un fin de semana, aunque «estresado y enfermo», Verne no pudo resistirse a tomar el nuevo tren a Dunkerque para ver a su tío Auguste Allotte y a su esposa. Aunque el viaje con su amigo Pitre Gouté al «bonito puerto de mar, muy holandés» le costó su última pieza de cinco francos, pudo escribir, con gran satisfacción: «He visto el mar del Norte» (29 jul. 51). De familia acomodada, Gouté, «un poco quisquilloso» pero «fiel en la amistad», compuso música con Hignard[184]. Dada su obsesión de toda la vida por los viajes, parece significativo que el primer destino de Verne fuera hacia el norte, a un puerto ballenero del Ártico en una región históricamente de habla flamenca.

Verne continuó con sus poemas. Uno es un canto tragicómico ante el lecho de muerte de un perro. En otro, pinta sucesivas escenas de amor juvenil, la alegría de un niño recién nacido, y luego a una joven en el barro, «marchita... indigente, moribunda». Uno escrito al alcalde Colombel para pedirle una invitación a la cena de celebración de la inauguración del

184 Con fama de haber tenido una juventud disoluta, deseaba casarse sólo para hacerse rico; mostró interés por Anna Verne, pero Jules advirtió a su padre para que no siguiera adelante el asunto (23 mar. 55).

ferrocarril París-Nantes señala sin embargo los peligros del transporte innovador y de las relaciones humanas:

> En los ferrocarriles... descarrilamos, ardemos, nos desgarramos, pero tan convenientemente que no nos hacemos daño... ¡sólo morimos! Esos grandes globos van vagando por los aires, indómitos, desorientados... Nuestros cuerpos audaces y galvanizados un día montarán el rayo y dominarán los aires. Los hombres crearán un mundo en alguna parte, y se trasladarán allí. Si cada uno puede tener su pequeño planeta propio, ¡esperemos que al fin llegue la paz![185]

38. Pitre-Chevalier, primer editor de Verne

Por ese mismo 1851, Verne había escrito dos relatos más, «Los primeros navíos de la Marina mexicana» y «Un viaje en globo». Verne le leyó ambos a Arago y se los entregó al director del *Musée des familles*, especie de *Selecciones del Reader's Digest*, pero literaria, enciclopédica y de lujo, inspirada en las revistas británicas. De ocho páginas, con marcada inclinación religiosa y conservadora el hebdomadario cubría «modales y costumbres, historia, estudios de la naturaleza... comercio, industria, mecánica, astronomía, viajes, geografía y ciudades», con una tirada masiva de 300.000 ejemplares[186]. Su director, también bretón y ex alumno del pro-monárquico Collège Saint Donatien y amigo de la familia, Pierre (Pitre-)Chevalier (1812-1863), había escrito libros sobre Nantes y Quai de la Fosse. Al cabo de

[185] *BSJV* 202: 73.

[186] Lottman 8; Martin, PhD, 574.

39. Turner, Quai de la Fosse

quince días aceptó ambas historias. Sin embargo, se olvidó de consultar sobre el cambio de título; como señaló el escritor de 23 años: «Los primeros barcos...: América del Sur», debió haber sido «... América del Norte» (29 jul. 51).

La primera obra en prosa publicada por Verne lleva ya su característica ambientación exótica y la sobrecarga de información: «El 18 de octubre de 1825, el buque de línea *Asia* y el bergantín de ocho cañones *Constanzia* se encuentran frente a Aguijan[187], una de las Marianas». Tras deshacerse del capitán, un teniente amotinado planea vender el *Asia* al nuevo gobierno mexicano. Sobreviviendo a una avalancha, sube al Popocatépetl, pero dos marineros leales cortan un puente que está cruzando, y la virtud y la causa colonial española triunfan. Las descripciones dramáticas y la terminología náutica se combinan bien con la geografía, la historia y los inspirados diálogos. Pero reptan las chocantes e irracionales fijaciones raciales, con nombres para cada combinación de «mestizaje» entre españoles, indios y negros, o la descendencia «de un coyote y una mulata [o]... un coyote y una india» (iv).

En «Un viaje en globo», una nave novedosa es ensayada, pero un polizón loco toma el control de la narrativa, contando una larga historia de la navegación aérea; tras una larga lucha, el loco cae hacia la muerte. El relato, con cinco finos grabados, fue parcialmente plagiado[188] y muestra la influencia de las lecturas inglesas de Verne. A pesar de todos los diálogos, Pierre Chevalier intituló erróneamente «Los primeros navíos» como «Estudio histórico» y denominó «Un viaje en globo» como «artículo».

Los relatos tuvieron poca repercusión y Verne les restó importancia: «Los primeros navíos» era «una simple aventura... a la manera de

---

[187] Sin embargo, la plausibilidad aparente de parte de la información de Verne es engañosa, ya que él se basó en publicaciones con errores de edición, perpetuados en todo el mundo a lo largo de cientos de millones de copias. Aquí «Aguiján» es Guajan; y *Constanzia* debió ser *Constancia*; de ahora en adelante corregiré silenciosamente los errores ortográficos (pero no fácticos) cometidos por Verne y otros.

[188] Jacques Noiray, *Le Romancier et la machine* (Corti, 1982), 20.

Cooper» (mar. 51). Aunque pidió a su padre que volviera a suscribirse al *Musée*, Verne se molestó cuando circularon en Nantes rumores de un pago fantástico, y dijo que el dinero no era el objetivo; sólo mucho más tarde admitió que los relatos no habían sido remunerados[189].

De hecho, estos primeros ensayos, en retrospectiva «el primer indicio de la línea de novelas que estaba destinado a seguir» (*Ent.* 90), no desviaron a Verne del camino elegido. El éxito de *Las pajas rotas* le había estimulado, ayudado por la rivalidad entre hermanos, ya que Paul había montado supuestamente una obra de mimo en Martinica, capturando los corazones de las jóvenes lánguidas bellezas (ADF 50). El hermano mayor cambió a una velocidad superior y empezó a producir tres obras al año.

Quienes conocían a Verne por primera vez tenían a veces una impresión inexacta, ya que el silencio y la timidez ocultaban a menudo sus virtudes. Pero empezaban a surgir ciertas características: un ingenio sardónico cuando estaba relajado o excitado; una preferencia por la compañía masculina, combinada con una fuerte sensualidad; una capacidad de trabajo sostenido y una producción abundante; y, un temperamento enérgico que le permitía hacer frente a la adversidad y convertir la crisis en oportunidad.

Nunca se convertiría en un parisino absoluto, si por eso entendemos suavidad y cosmopolitismo superficial. Sin embargo, ya podía pasar como parisino por adopción, con su actitud, cultura y libertad de convenciones. Balzac dijo que todos pertenecemos a la generación de nuestros veinte años. En 1848, un movimiento corrió como la pólvora por toda Europa liberando actitudes y estilos de vida, algo parecido al de 1968 para una generación posterior. Verne compartía las aspiraciones de la nueva era, el anhelo de individualidad, creatividad, libertad, algo más allá de nuestro entendimiento. Su generación romántica tardía o pre-moderna vivió en el Barrio Latino en un momento mágico antes de que esa comunidad desapareciera. Las nuevas ideas habían liberado a la sociedad del peso del pasado, pero el gas y el vapor aún no habían manchado a Europa con la búsqueda incesante de productividad y mecanización de las relaciones humanas. Verne era un hombre de 1848.

---

189 29 jun. *51*; 2 dic. 52; *Ent.* 136.

40. Jacques Arago, ca. 1850

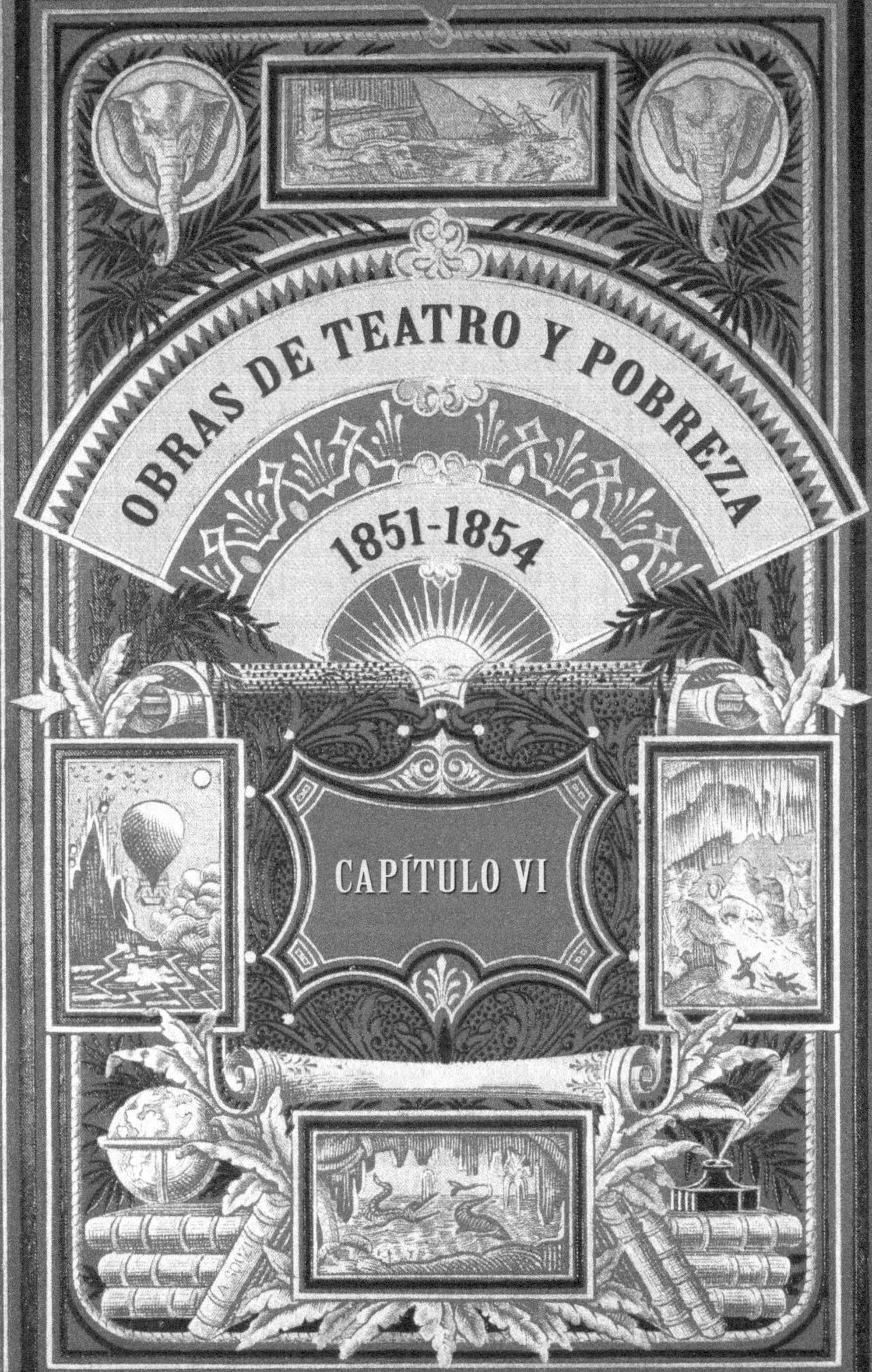
OBRAS DE TEATRO Y POBREZA
1851-1854
CAPÍTULO VI

41. Théâtre Lyrique, donde Verne fue Secretario General

Como muchos escritores, Verne concedía gran importancia a su entorno. Probablemente a finales de 1850 vivía en la calle Louis le Grand, en la Rive Droite, junto al salón de Talexy, quizás en la planta baja[190]. Compartía el piso con su compañero de colegio Paul Perret[191], quien en teoría también estudiaba Derecho mientras se dedicaba a la literatura. Perret tenía una imaginación indómita a menudo tendiente a lo erótico. En algún momento, los compañeros de piso estuvieron a punto de ser arrastrados a la comisaría de policía acusados de romper las ventanas del patio[192]. No se sabe si sus conocimientos jurídicos en marcha les ayudaron en esta ocasión.

A petición de Jules, Pierre al principio aceptó a regañadientes financiar su alimentación y el alojamiento y más tarde un verdadero piso (mar. 51). Verne se instaló entonces en la habitación amueblada de un hotel, pero se quejó del ruido persistente de los alrededores, que le impedía dormir (3 abr. 51).

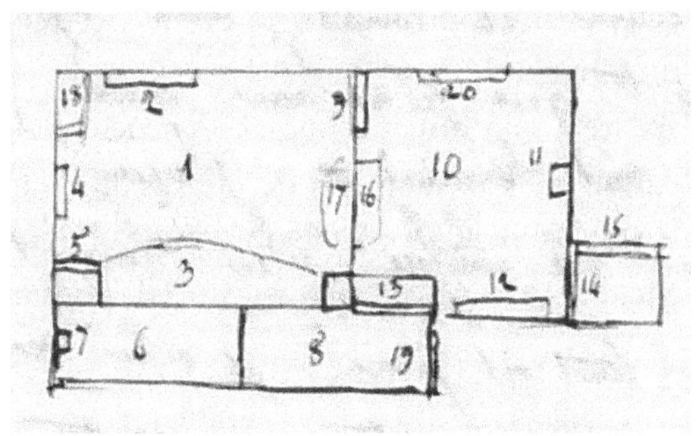

42. Plano del piso de Verne en 1851.

190 En *Once días de asedio*, un M. Du*vernet* vive en el «17 Rue Louis le Grand».

191 19 sep. 96 a Perret en *BSJV* 150: 6.

192 19 sep. 96 a Perret en *BSJV* 150: 6.

Su amigo Aristide Hignard vivía en el último piso del 18 Boulevard Bonne Nouvelle, en la intersección con la Rue Mazagran, a 50 metros de la casa de Arago. La zona del bulevar, que albergaba la mayoría de los teatros de París, había sido creada por el promotor Georges-Eugène Haussmann al recortar amplias franjas de los barrios medievales de la Margen Derecha.

El séptimo piso se alzaba majestuosamente «en el cerebro» del bloque, a 120 escalones de un estanco de tabaco[193]. El 9 de abril, Verne se trasladó a un alojamiento situado al otro lado del pasillo del de Hignard. Reinaba encantado en «una habitación luminosa y aireada en la que puedo poner en orden mis ideas» (ADF 46), orientada al sur. Para los estándares estudiantiles, era un palacio, con ventanas en los cuatro lados, dos habitaciones principales más un cubículo de entrada, baño interior y cocina, estufa, lavabo y una cómoda en una habitación, una chimenea de mármol en la otra, así como un sofá para entretener a los visitantes. Verne colocó con orgullo en el comedor su gran mesa de trabajo y sus modestas estanterías para libros.

La tía Garcet le ayudó a comprar ropa de cama y un colchón y le cosió las cortinas[194]. Apreciaba los paquetes de comida de su madre con fruta de Chantenay, pero aún más el dinero que le enviaba en secreto[195]. Contemplando París como desde lo alto de las Pirámides [abr. 53], Verne se sentía un conquistador napoleónico. Encontró espacio para un piano F 25 anterior a la revolución[196]. A ambos lados de la chimenea colgaban Mathilde y Anna, como él decía, frente a un naufragio de un pesquero al mejor estilo tormentoso del tío Châteaubourg[197].

No todo era estar sentado frente a una hoja en blanco. Verne y todo un círculo de amigos se agolpaban en las habitaciones de Hignard; los músicos Massé y Talexy para trabajar (Lemire 14); Maisonneuve y Félix Duquesnel (1832-1915) para jugar. Las ejecuciones musicales se convertían

193 mar. 51. Luego, Verne misteriosamente dice «Incidentalmente, en abril voy a vivir en el 11 Boulevard Bonne-Nouvelle» (4 mar. 53).

194 3 abr. 51; [6 abr. 51].

195 JJV 22; ADF 53.

196 21 sep. 53 en *Dix lettres inédites.*

197 21 jun. 55; 14 dic. 54.

en sesiones de bacará, cuyas apuestas aumentaban astronómicamente a partir de los 50 céntimos. Los jóvenes salían tarde, «después de que sonara el toque de queda, dando un portazo, encendiendo cerillos y entonando alegremente poesías mientras bajaban»[198].

De ahora en adelante, Verne emplearía «nosotros» para describir sus actividades, no necesariamente mencionando a Hignard. Al cruzar el pasillo una noche para escribir juntos, Jules olvidó cerrar la puerta con llave y, cuando regresó, su reloj de oro había desaparecido. Los dos jóvenes acudieron a la policía que, humedeciendo sus plumas, preguntó si se trataba de un «un reloj con mecanismo de escape». «¡Demasiado!», se dice que exclamó Verne, y se marchó riendo a carcajadas[199].

Cuando el príncipe presidente Bonaparte asumió el poder absoluto autoproclamándose emperador con el nombre de Napoleón III, Verne alterado escribió sobre la lucha: «las tiendas están todas cerradas. Se levantan barricadas por todas partes, se arresta a la gente y se la arrastra por los pelos»; «¡Hubo feroces batallas al pie de la calle, casas destruidas por cañones!»[200].

Las discusiones sobre el futuro de Jules se prolongaron durante más de media década. Aceptó varios trabajos poco ambiciosos, empezando por el de empleado supernumerario número 5 en el bufete de Maître Gamard, con un sueldo de 50 francos al mes, pero pronto lo abandonó disgustado por la explotación que sufría. Intentó trabajar en finanzas, pero pronto se pasó a dar clases privadas de Derecho. A Pierre no le hizo ninguna gracia, sobre todo cuando se dio cuenta de que Jules había vendido algunas de las cosas compradas para residir en el 24 de la Rue de l'Ancienne Comédie; las clases cesaron pronto (mar. 51). Jules se dirigió a M. Vernes [*sic*], el banquero protestante, con el pretexto de la búsqueda de ancestros comunes, aunque es posible que en su mente primara conseguir un trabajo (17 ene. 52).

Finalmente, Pierre envió un ultimátum: Jules debía regresar a Nantes para un aprendizaje legal de dos años o trabajar como abogado en París.

198 Bastard 339-340.
199 Bastard 339.
200 4 dic. 51; [6 dic. 51].

Su hijo respondió: «un trabajo en un bufete de abogados significa de 7:30 de la mañana hasta las nueve de la noche... la literatura ante todo, ya que eso es todo lo que puedo hacer bien... Si prosiguiera las dos... una... eliminará a la otra, y... la oficina de abogado tendría una baja expectativa de vida» (mar. 51).

Sin embargo, aceptó trabajar siete u ocho horas diarias para Paul Championnière (1798-1851) (mar. 51) quien se había entrenado y ejercido con Pierre en 1825 y estaba emparentado con los Allotte por matrimonio. Sin embargo, tal vez antes de que Jules pudiera iniciar labores, Championnière contrajo el cólera y murió, conmocionando al aspirante a abogado: «¡Fue la primera persona que conocía en la flor de la vida que nos ha dejado!» (7 abr. 51). Después de este aviso celestial, Verne abandonó la idea de cualquier tipo de trabajo como «abogado litigante y pendenciero» (6 may. 53). Aunque continuó firmando como «abogado», particularmente en su boda y en las de sus hermanas, ahora estaba decidido a triunfar como escritor, o fracasar[201].

Pierre hizo un último intento, ofreciendo a Jules toda su clientela de abogado, valorada en unos 120.000 F. «Cualquier otro estaría loco si no aceptara tu oferta... Sé lo que soy, y entiendo lo que puedo llegar a ser algún día... [El] bufete... se marchitaría» (17 ene. 52). Un año más tarde, Pierre finalmente se dio por vencido, vendió su clientela ganada con mucho esfuerzo y se retiró.

A partir de 1852, Verne comenzó a visitar «la biblioteca» «muy a menudo» (31 may. 52). Sus lecturas en esta época incluyeron a Samuel Richardson, especialmente *Clarissa* (1748); Balzac, en la cama cada noche; y posiblemente dos libros de texto del primo Garcet, *Nuevas lecciones de cosmografía* (1853) y *Elementos de mecánica* (1856)[202]. La estimulación intelectual puede haber sido uno de los factores de su lenta evolución desde el drama a la prosa histórico-geográfica.

---

201 Sin embargo, Verne escribió: «Busco activamente un puesto, voy a ver a Ferdinand Favre» [mediados de octubre 51]. Favre era un político pro Louis-Philippe, alcalde de Nantes (1832-1848 y 1852-1857), y empresario azucarero y naviero. Es de suponer que Verne buscaba un empleo en el mundo de los negocios o de la abogacía.

202 ago. 52; 8 dic. 52; ADF 64.

Con Montecristo cerrado, Dumas padre invitó varias veces a Verne a su casa al norte de las Tullerías, para comer sus célebres tortillas flambeadas, y quizás para trabajar[203]. Estaba a punto de anunciar sus ambiciosos planes para una serie de novelas que siguieran al judío errante a lo largo de los siglos, pero sólo completó la obra de 700 páginas *Isaac Laquédem* (1852-1853). Se supone que Verne le habló de sus propias investigaciones y planes para una epopeya similar de varios volúmenes (RD 43). Esta «novela de la ciencia» sería supuestamente un vasto fresco, «un viaducto con cien arcos sucesivos desde el romanticismo de ayer al simbolismo de mañana, una obra de arte simultáneamente realista y lírica» (ADF 44). Según esta versión, Dumas apoyó con entusiasmo la idea, lo que habría dado lugar a algunos de los primeros relatos de Verne.

Sin embargo, estos recuerdos de tres cuartos de siglo de antigüedad señalando a Verne como planificador de una «novela de ciencia» y como notable precursor del simbolismo están muy distorsionados por su falsa reputación de anticipador; aunque sí es cierto que Dumas propuso alguna forma importante de colaboración, que Verne aceptó [29 abr. 53].

Verne no tardó en escribir un tercer relato histórico en el *Musée*: «Martín Paz» (1852). Con Arago se alojó unos meses un talentoso artista peruano llamado Ignacio Merino, fundador de la Academia de Bellas Artes de Lima, que había traído consigo un álbum documental. La localización, la inspiración e incluso los personajes de Verne procedían de las acuarelas de Merino, y las ilustraciones de su texto también se basaban en ellas. Cuando se publicó «Martín Paz», el autor fue «Jules Vernes», quizás sólo un desafortunado desliz; pero un error idéntico se produjo al año antes de «corregirse» a «Charles Verne» (según Lottman 38). Extraviar una esposa puede ser un descuido, pero equivocarse tres veces con el nombre de un autor...

De acuerdo con la presentación que la precedió, quizás escrita por él mismo, la historia se parecía a *El espía* (1821) y a *Los pioneros* (1823) de Cooper; y contenía «historia, razas, costumbres, paisajes, estilos de vestir... escenas conmovedoras, escenarios salvajes y personajes extravagantes». Con su perspectiva geográfica y un amor imposible entre una española y un indio, «Martín Paz» sigue siendo leíble hoy.

---

203 En Rue Amsterdam. Martin, *Jules Verne*, 27; Allott 17.

43. Boulevard du Temple hacia 1838, lugar del Teatro Lírico

A pesar de su inquietante antisemitismo («El judío, en todas partes un judío», que «descendía del Judas que vendió a su maestro por 30 piezas de plata»), reveló dos de los puntos fuertes de Verne: su narrativa precisa y sus escenas dramáticas extraídas de una visión interior. «A la mayoría de la gente le gusta y no podía esperarse hasta el final», escribió con modestia. La reacción crítica fue en verdad buena[204].

Complacido por los esfuerzos de Verne, Chevalier le encargó «un artículo muy largo sobre *Lucia* [*di Lammermoor*]» (22 mar. 52), la ópera de Donizetti (1835) basada en *La novia de Lammermoor* (1819) de Walter Scott. La importancia del encargo no sólo radicaba en que Verne añadiera a su arco una cuerda de crítica musical, sino en que la localización era Edimburgo y Escocia, pues Verne lanzaría más tarde una serie de tres libros con la misma ubicación[205].

Ese mismo año el *Musée* había publicado la comedia de Verne y Chevalier *Castillos en California*. La colaboración literaria debió ser la razón por la que el nuevo autor se quedara dos días con su editor en Marly, a dieci-

204 22 ago. 52; RD 45.

205 Verne llevó al escenario la opereta *Elizabeth* de Donizetti en el Teatro Lírico el 4 de enero de 1854 en doble función con su propia opereta *La gallina ciega* (JD 278).

nueve kilómetros al oeste de París[206]. La obra, repleta de proverbios distorsionados, muestra a un desilusionado buscador de oro que regresa de la California recién estadounidense a su hogar de clase media convencional. El editor continuó con sus maneras autocráticas en *Castillos*, y «lo que resultó muy molesto fue que los grabados se hicieron por adelantado. Tuve que escribir un texto que se acomodara a ellos y añadir personajes totalmente innecesarios» [¿jul.? 52].

Quizás Verne rechazó la oferta de 120.000 F de su padre porque se estaba gestando una más interesante. Aproximadamente en su cumpleaños número 24 comenzó su primer trabajo real, como secretario del Teatro Lírico, bajo la dirección de Edmond Seveste (17 ene. 52). El Lírico, en el Boulevard du Temple, era el nuevo nombre del Teatro Histórico, aquel de las famosas *Pajas rotas*, pero que entretanto había quebrado dos veces. El puesto pudo deberse nuevamente a la influencia de Dumas, ya que Verne conoció a Seveste a través de él (JD 101). El director, sin embargo, murió en febrero, lo que seguramente hizo que Verne pensara que traía la desgracia a sus jefes. El hermano, Jules Seveste, lo reemplazó.

El objetivo de Verne parece haber sido lograr una mayor visibilidad al conocer a los principales autores, compositores y críticos; de hecho, conocería a Gounod, Faure, Scribe y Auber[207]. Sin embargo, a pesar de dirigir el teatro, su humilde cargo le daba escaso crédito. Aunque durante los primeros meses le pagaron 100 F al mes (17 ene. 52) –en contraste con los 6.000 pagados a la primera soprano, la diva Marie Cabel–, Seveste redujo aquella remuneración a nada, prometiendo a cambio poner en escena una obra de Verne cada año; aparte de que el secretario tenía que hacer algunos viajes en carruaje a 2 F la hora[208]. Más tarde, Verne negó con vehemencia que alguna vez le hubieran pagado (2 dic. 52). Tan disgustados iban a estar sus padres por su nuevo puesto que «olvidó» contárselo cuando volvió a Nantes en el receso de tres meses del verano[209].

---

206 [¿Jul.? 52], cf. [29 abr. 53].

207 Si las carreras de dos secretarios posteriores del Lírico sirven como orientación, el trabajo conllevaba recompensas financieras a largo plazo, ya que ambos se convirtieron en propietarios-gerentes (JJV 22).

208 Volker Dehs, «Nous boirons, nous rirons», *BSJV* 143: 14.

209 8 dic. 52, cf. 2 dic. 52.

El trabajo del secretario empezaba a mediodía y ocupaba sus tardes (2 dic. 52). Se acurrucaba en una pequeña oficina oscura con corrientes de aire en la Rue (Vieille) du Temple, no muy lejos de su piso y en el Marais medieval, pintorescamente húmedo y en ruinas. Pero tenía a su mando el magnífico edificio, con su auditorio elíptico, 2.000 asientos en cinco niveles, un escenario enorme y cortinas de felpa roja y dorada (JJV 21).

Verne dedicaba gran parte de su tiempo a los carteles, los decorados, las entradas de cortesía, los contactos con los críticos y en resolver las discusiones entre la temperamental Marie Cabel y su compañero de canto (ADF 65). Según el relato de un contemporáneo, un día Verne sintió frío y pidió prestada al jefe de vestuario una suntuosa capa de falso armiño. Los actores y actrices observaron encantados a Jules dando vueltas en una soberbia parodia de la diva que cuando se enteró no le hizo ninguna gracia[210].

Verne se llevaba bien con su jefe con genuino afecto mutuo, pero las actividades del teatro eran a veces objeto de críticas («infantiles» –*Revue des deux mondes*–, citada por ADF 67). Después de dos años, esperaba montar algo en el Odeón o el Gymnase en verano (17 may. 54). A decir verdad, se sentía harto de «ese cansino Lírico» (19 abr. 54), probablemente porque le consumía mucho tiempo. Intentó dimitir, pero Seveste se negó a dejarlo ir.

Sin embargo, en junio de 1854, Seveste sufrió un ataque de apoplejía y murió unas horas después. El maleficio estaba trabajando horas extras, obligando a Verne a alejarse de cualquier posición estable. «Le tenía mucho cariño, pero... por fin estoy libre del teatro» [1 jul. 54]. Aunque legalmente libre, tal vez se sintió moralmente obligado a permanecer en el cargo otros 14 meses (*BSJV* 143: 14), e incluso entonces no fue liberado sin una última escaramuza. El director interino –que le había ganado el cargo compitiendo con Offenbach– «me ofreció ser el director del teatro... con una participación en los beneficios... Me negué; quiero ser libre y mostrar lo que he hecho»[211]. En manos de Jules, el teatro había perdido unos 500 F al día, más o menos lo mismo que ocurriría con sus sucesores[212].

---

210 Allott 24-25, informa sobre el contemporáneo no localizado «Ernest du Haucilly», según lo relatado por Allotte de la Fuÿe, «Deux aspects de sa vie», *Le Gaulois,* 17 Julio 1929.

211 Dehs, «Nous boirons», 14; [finales de 54].

212 Extrapolado de cifras suministradas por Volker Dehs, «Une "Bonne Nuit" compromise», *BSJV* 156: 7-8.

La renuncia al doble o nada de Verne a su influyente puesto parece precipitada y es posible que se haya arrepentido de ello durante los ocho años siguientes.

Los amigos más cercanos de Verne constituían un grupo nantés muy unido: Genevois, Lorois, un Charles Liton y Pitre Gouté [finales mar. 55], con quien había viajado a Dunkerque. La muerte de otros dos buenos amigos conmocionó a Verne. Escribió una larga carta en alabanza al autor Jules Lorin, aunque o debido a que había estado viviendo en pecado con una mujer casada; Lorin había dedicado un poema romántico, «Junto al lago», a Paul Verne. La muerte por tisis del ex *Externo* David Pilfold también lo afectó mucho (14 mar. 53).

A mitad de sus veintitantos años, Verne se sintió solterón y solitario en París, donde al principio le había parecido ser tan gloriosamente libre. Su sueño provinciano de tomarse la capital por asalto no había resultado y a medida que pasaba el tiempo su pobreza se hacía cada vez más difícil de soportar. Sus problemas sociales, sexuales y financieros salieron a la luz en una serie de cartas en las que suplicaba a su madre que le buscara pareja: «Cásame, con la mujer que quieras. La tomaré con los ojos cerrados y el monedero abierto»; «Encuéntrame una mujer jorobada pero con medios propios»; «... Jules Verne que, ¡por Jove!, anhela casarse con una joven rica»; «No veo por qué no podría descubrir a una joven rica de la sociedad parisina que haya cometido un error o que esté dispuesta a cometerlo; y todo sería perfecto»[213].

Se permitió una mayor crudeza con Genevois, relacionando invariablemente amor, dinero y sexo: «los pechos son importantes, lo admito... pero prefiero que [mi mujer] tenga uno solo y una pequeña propiedad extra en Beauce, una sola nalga y enormes caballerizas en Normandía»[214]. A menudo se le atribuye un poema escabroso llamado «Lamentaciones de un vello púbico», cancioncilla que recorre toda la gama de la obscenidad con orina, menstruación, ladillas, cunnilingus y enfermedades de transmisión sexual, así como pasajes de colegialas, académicos y ancianos decrépitos; una lectura nada apropiada para la hora de dormir.

213 23 abr. 51; [¿10? dic. 53]; 21 jun. 55; [19 feb. 56].
214 En Soriano 68-69.

44. Jules Verne, ca. 1856

Los padres de Verne aún esperaban casar a su hijo mayor en Nantes. Cuando su madre creyó haber encontrado a la pareja perfecta –que podría ser la misma de «bonito rostro criollo» por la que suspiraba Paul–, Verne fingió horror por su origen y temperamento, pero se alegró al saber de sus 15.000 F anuales de ingresos propios: «¡una criolla! ¡Pero eso es casarse con el Vesubio y el Etna! Cuántas Pompeyas y Herculanos cubrirían nuestras lavas... de todos modos autorizo a la joven... a solicitar oficialmente mi mano»[215]; y condicionó su deseo: «siempre y cuando que mi criolla acepte venir a vivir a París»[216].

Otra posible candidata fue una Louise François, cuyos padres eran amigos de los Tronson. Durante años, Jules fantaseó con una chica, sin duda la misma: «Háblame de la señorita... como-se-llame... Ella... tiene el privilegio de ser lo único en lo que he pensado durante varios meses» (5 nov. 53). Poco después, Louise se comprometió con un terrateniente.

Luego vino Laurence Janmar, la quinta de las esperanzas serias de Jules, y de nuevo se enamoró locamente. Hija de un notable y con medios propios, probablemente interna en un convento de Nantes mientras sus padres estaban en París, Laurence poseía una belleza sorprendente, ojos seductores, aterciopelados, tez pálida y un cuerpo fino y sinuoso; con un comportamiento estilo inglés, se la consideraba voluble y caprichosa[217].

Para evitar disgustar a Seveste, Jules le pidió a su padre que le escribiera sobre asuntos familiares urgentes que requerían que viajara a Nantes al finalizar 1853 (JJV 25). Regresó a su casa durante una semana o dos al terminarse ese año, con el objetivo principal de cortejar a Laurence en un elegante baile de máscaras ofrecido por el Conde Eugène Janvier de la Motte, precoz presidente del tribunal del condado. Aunque más tarde el Conde se ganó la reputación de relacionarse con actrices y chicas de clase trabajadora, esta ocasión era eminentemente respetable.

Verne fue con el ajustado traje de dandi del siglo XVIII que alguna vez llevó Augustin Allotte, su mujeriego tío. Los dandis auténticos usaban una chaqueta ridículamente corta, un sombrero de copa y unos pantalo-

---

215 «Versos improvisados» 17; 14 mar. 53.

216 [25 mar. 53], extractado de *Jules Verne à Dinard* (Dinard: Mairie, [2000]), 77.

217 Lottman 55; ADF 61.

nes blanquecinos a media pantorrilla. Las endebles zapatillas de baile y las medias ceñidas a la piel resaltaban el suave y ajustado recubrimiento de cada sinuosidad y bulto (la bragueta no existía en Francia). Laurence acudió como una gitana española, haciendo alarde de su cuerpo ágil, su cintura increíblemente delgada, sus ojos irresistibles y sus deliciosos tobillos morenos, a pesar de la reciente prohibición papal de tal desnudez capaz de suscitar una lujuria abrumadora. También estaban presentes su amiga íntima, Ninette Chéguillaume, y un tal Charles Duverger.

En medio de la fiesta, el baile se detuvo para que Jules y dos amigos representaran una comedia suya en un acto, haciendo que las chicas fijaran sus ojos en el joven autor[218]. Jules y Laurence estaban llevándose bien cuando –se dice– él la escuchó susurrar a Ninette que su corsé de ballenas le estaba haciendo daño en las costillas. Su comentario fue un juego de palabras: «Oh, ¿por qué no puedo disfrutar *a costillas suyas*?», tal vez demasiado atrevido para Nantes. Alguien interrumpió, aunque supuestamente los ojos de Laurence continuaron clavados en Jules por encima del hombro de Duverger (ADF 62).

Según informes, después del baile Pierre se acercó a la familia de Laurence con fines matrimoniales pero no tuvo éxito. Todo el tiempo, en palabras de Jules, Laurence había tenido «dos castañas en el fuego al mismo tiempo, [haciendo] morir de amor a un pobre joven como Jules Verne» (19 abr. 54). Inevitablemente, la hechicera pronto se comprometió; y, mientras existió el compromiso, Jules continuó anhelándola, consolándose a sí mismo con que nada estaba consumado todavía. La boda se celebró en agosto.

La n.° 6 llegó muy poco después. En abril de 1854, Verne viajó a Mortagne, una ciudad comercial al suroeste de París, aparentemente para recuperar su salud. El viaje fue idea de su madre para conocer a «Erménégilde», pariente del Conde Fernand de Bouillé (1821 o 1829-1870), amigo de la familia y un reaccionario fanático[219]. En la descripción de Ju-

---

218 Charles-Noël Martin, «Les Amours de jeunesse de Jules Verne», *BSJV* 29-30: 103-120; ADF 61.

219 Sin embargo, el Conde únicamente tenía dos hijos, Jacques (muerto en 1870) and Marie (1848-1920), por lo que la identidad de «Erménégilde» continúa siendo un misterio. Es posible que haya sido su hermana Louise Thérèse (1818-1847).

les de la visita, debemos despojarnos de la exageración humorística para encontrar el núcleo semi-sincero:

> Es el momento perfecto para casarme, queridísima madre... sírveme como suculentamente conyugal... anúnciame como tu mercancía («Prueba a mi buen hijo») y ponme en manos de alguna joven agradable con mucho dinero. Si es necesario, me trasladaré a Mortagne... En cuanto a la chica, no es ni bonita ni fea, ni estúpida ni inteligente, ni divertida ni desagradable, y me dará un hijo o una hija cada nueve meses con la regularidad de un reloj... No creas que estoy bromeando: me encanta la vida en el campo, amo lo hogareño, adoro a los niños... si accedes a echarme una mano, te juro que serás abuela a fin de año (7 abr. 54).

La n.° 7 era otra belleza de pelo azabache, Héloïse David, de Chantenay, mayor pero todavía «ingenua e inocente» (15 jun. 56). Según la biógrafa de la familia, se presentó un día al Lírico con su padre a cuestas pidiendo entradas de cortesía. Fingiendo desconfianza por su escasa delicadeza y su descarada sensualidad, Jules no demostró interés: «¡No sería yo quien la cambiara por todo el té de China!» (ADF 59). Pero se dice que se enamoró de ella y la cortejó debidamente (14 dic. 54). Poco después Héloïse se comprometió con un canoso quincuagenario.

La n.° 8 fue la chantenesa Ninette Chéguillaume. Tras el portentoso baile, Paul se había enamorado de esta amiga de Laurence Janmar y de su hermana Anna ocho años menor que él, y con muy buena posición económica. Pierre recibió una discreta propuesta del padre, comerciante de algodón, ¡que parecía preferir al hermano mayor! Jules se declaró él mismo muy interesado en seguir adelante con el asunto y envió entradas selectas para el Lírico al «padre de la joven Ninette (¡su joven Ninette!)»[220]. Es posible que, incluso, Verne haya estado interesado en otra hermana de Chéguillaume, ya que extrañamente parecía molesto tan solo por la mera existencia del cuñado de Ninette (21 jun. 55).

La frivolidad de Ninette iba a resultar aún más dañina que la de Laurence, pues un año después Chéguillaume reactivó su plan de casar a su hija. Una vez realizados todos los protocolos habituales, se anunció el

---

[220] [Jun. 55]; 21 jun. 55.

compromiso formal de Paul y Ninette con la pompa y circunstancia debidas. La única condición era que Paul renunciara a su comisión naval. Cuando lo hizo y regresó en mayo de 1857, su futura cónyuge había cambiado de opinión, quedándose Paul sin esposa y sin carrera (JJV 48).

La siguiente, con Sophie como intermediaria perpetua, era una posibilidad remota llamada Pauline Méry[221], «un partido tan brillante como Ninette» que, como consolación, valía la pena intentar sobre la base de todo o nada: «Vayan a visitar a su familia... y pidan la mano de la joven en mi nombre. Ellos llamarán de inmediato a un sirviente que les acompañará hasta la puerta» [¿nov.? 55].

Como bien exclamó Jules con desánimo, «todas las chicas a las que honro con mi munificencia se casan al poco tiempo» (14 dic. 54). Cada una de las faldas que vislumbraba, como la de Éloïde y Pauline Bourgoin en casa del tío Prudente, dejaba «¡muchos arrepentimientos y poca esperanza!»[222]. Contando solo las de primer nivel, y sin mencionar llamas rápidamente extinguidas, impresiona leer cómo los años desgranaban a golpes las esperanzas de Verne: Caroline, 1847; Angèle, 1848; Herminie, 1848; Louise, 1853; Laurence, 1854; «Erménégilde», 1854; Héloïse, 1854; Ninette, 1855; Pauline, 1855. Nueve intentos, nueve fiascos.

Es evidente que Jules se sentía frustrado por sus repetidos fracasos, especialmente si se tiene en cuenta que no hay registro de vínculos con ninguna chica o alguna mujer antes de 1856. Cínicamente consideraba que las chicas en los bailes soñaban con muchos pretendientes simultáneos (17 abr. 53). En sentido similar pensaba que el matrimonio, el sexo sin alegría y el adulterio se fusionaban, como escribió obscenamente a Genevois:

> Estás a punto de casarte... eso es una gran m***... Sin duda, adquirirás una barriga... ¿podrás entonces echarte encima durante 12 horas consecutivas... o es la esposa la capaz de permanecer encima durante un tiempo determinado?... Serás golpeado por tu mujer... En caso de que... me vea obligado a jugar... el papel de consolador, te ruego que la elijas mo-

---

221 Mlle. Pauline Méry de Nantes (1835-1871) se casó con un Chéguillaume, Joseph-Paul-Auguste (1825-1897), en Nantes en 1854.

222 «Versos Improvisados» 17.

rena y bien dotada. Con el amante de una mujer casada se ahorran un sirviente y dos criadas[223].

Después de todos sus desengaños, Jules asociaría sistemáticamente, en su vida y en sus obras, las nupcias con los rituales mortuorios, el blanco virginal con el negro del luto, la pérdida de la virginidad con la pérdida de la vida. Por ejemplo, para la boda de su amigo el médico Victor Marcé, ahora especialista en quistes espermáticos y en enfermedades mentales (que se suicidaría a los 37 años) escribió: «Fui a Saint-Germain des Prés para el entierro. Debo admitir que me emocioné singularmente cuando llegó el cortejo fúnebre» (17 abr. 56).

Una solución del momento fue pagar por sexo. Verne le escribió a Genevois como un buen conocedor de los burdeles de la zona del bulevar:

> ¡Pareces creer también que no hago ninguna conquista! ¡Miserable ingrato! ¿Te has olvidado de las mejores casas de la Rue d'Amboise o de la Rue Montyon donde me reciben como el querido de la familia (quiero decir), el niño mimado de la familia? ¿No soy amado por mí mismo, cuando tengo la oportunidad de gastar unos cuantos francos allí?[224]

En otras palabras, Verne frecuentaba con regularidad varios burdeles, convenientemente cercanos a su residencia. Los nombres eran inmediatamente familiares a cualquier parisino. Desde al menos el siglo XVIII, estos establecimientos representaban discreción y «respetabilidad... actrices, bailarinas y cortesanas de primer orden». En Amboise se ofrecían paquetes de cena y alojamiento; y una tal Mme. Blondy mantenía una casa en el Boulevard Bonne Nouvelle para una amplia gama de bolsillos, alojando a «muchachas y mujeres, francesas y extranjeras, presentables y sobre los cuarenta»[225].

Más aún, el primer piso de la mansión del siglo XVII en el 8 de la Rue d'Amboise era un antiguo burdel en el que Toulouse-Lautrec viviría alrededor de 1893, y donde pintó 16 de sus obras más famosas. Tan solo en ese año produjo la pelirroja «Madame de Gortzikoff», la elegante silueta del cartel de «Le Divan japonais» y la «Jane Avril» bailando cancán. Pare-

---

223 5 nov. 54 in *BSJV* 151: 13; Alain Genevois, *Annales*, 15.

224 Gilbert Doukan, «Un Auteur à succès malheureux en amour», *BSJV* 48: 237-246; cf. Soriano 69.

225 J. Dillon, *Les Bordels de Paris* (Paris, 1790).

ce poco probable que Jules haya visto a la misma rubia veneciana volviendo a ponerse el moño como en la madura «Femme de maison refaisant son chignon»; pero podemos figurarnos que contempló el mismo empapelado chillón y se hundió en la misma cama doble de «Dans le lit», o miró después del coito a través de las mismas ventanas dobles como la «Femme à sa fenêtre».

A pesar de la liberación que le proporcionó el sexo comprado, los impulsos de Verne pueden haber estado bloqueados tanto tiempo como para ser desplazados de sus sitios normales. Su único interés claro en las zonas erógenas muestra una regresión infantil y una sexualidad ambigua: «Vi a Su Alteza el Príncipe Imperial, y a su nodriza, muy bonita. Me hubiera gustado cambiar de lugar; con la nodriza, quiero decir» [27 jun. 56].

En una etapa preliminar de perversión planeó en términos inconfundiblemente vulgares transgredir a la tía abuela Charruel: «tendremos que tomarla por asalto... apoderarnos de sus bastiones... disparar el cañón el día de la capitulación». Mientras tocaba un piano –prosigue–, cuyas decoloración y desentonación son similares a las de ella, «a veces incluso imagino estar tocando a la excelente tía, una mujer a quien es ya muy difícil que alguien toque; la comparación me repugna especialmente cuando toco ahí abajo»[226]. La crudeza, en esta carta a su madre, delataba la profundidad de su perturbación sexual.

La procreación, a la que la mayoría de las hermosas se dedicaron a las pocas semanas de haber cautivado su mirada, puede haber tenido para Jules también el mismo matiz. De hecho, cuando accedió a regañadientes a reunirse con Caroline, hizo un particular sarcasmo sobre su abundante progenie: «Seré tan amable como mi carácter peculiar lo permita... parece que [ella] está un poco menos embarazada de lo habitual» (6 may. 53).

La pesca de pareja en los salones de moda no lo llevó más lejos (RD 50). Pero casi siempre es más oscuro antes del amanecer. Mientras sus amigos solteros disminuían –«¡Uno menos!», «solo [Paul y yo] quedamos»–, anunció planes de ir «a Amiens, pues mi amigo [Auguste Lelarge] se casará con la señorita Aimée de Viane. Me iré un par de días»[227].

---

226 21 sep. 53 en *Dix lettres inédites.*

227 [mar. 56]; [27 mar. 56]; [18 may 56] en ADF 69.

45. Divan Japonais, 1893 (Henri de Toulouse-Lautrec)

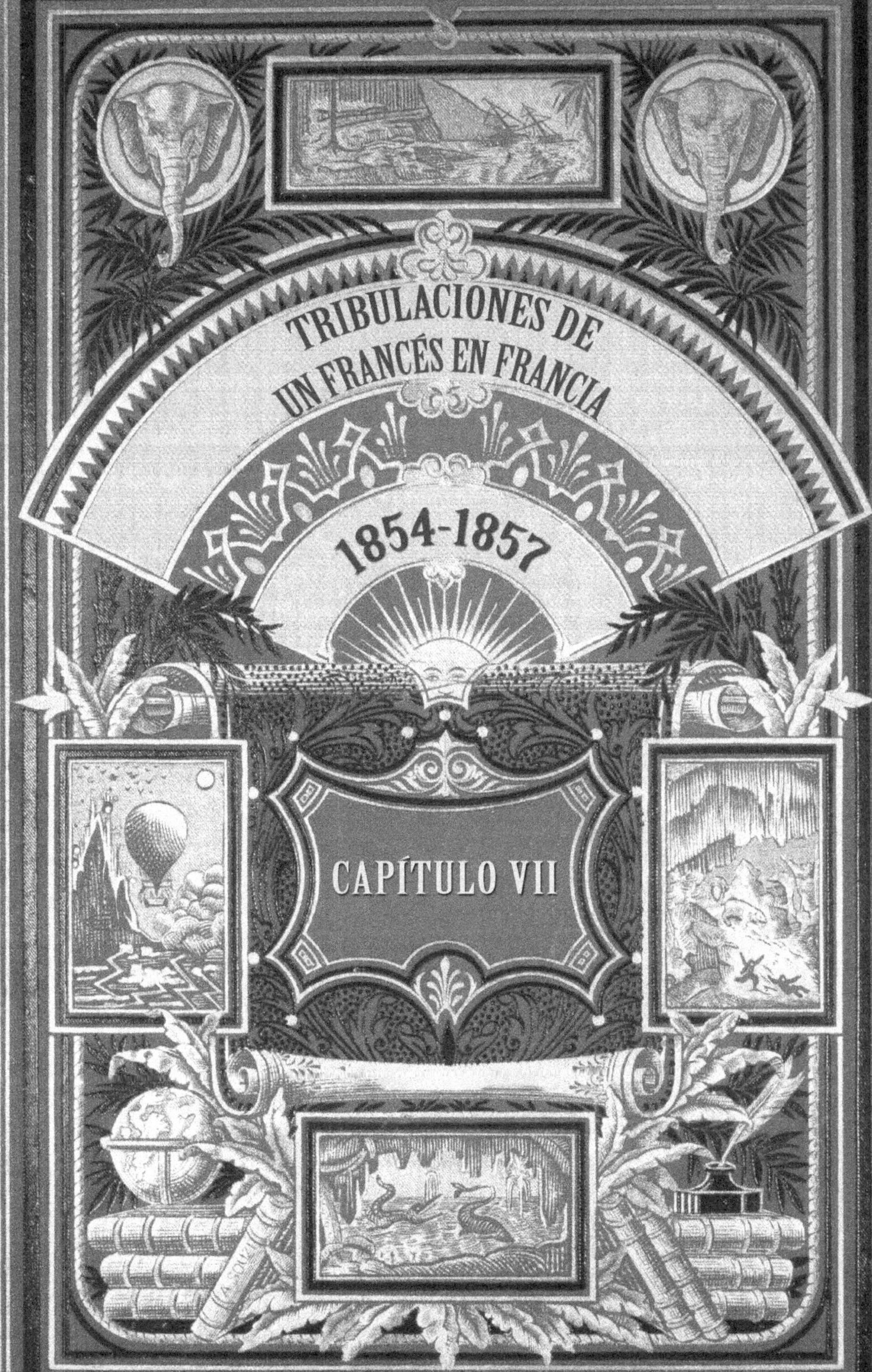
TRIBULACIONES DE
UN FRANCÉS EN FRANCIA
1854-1857
CAPÍTULO VII

MUSEE
DES
FAMILLES

Lectures du Soir.

TOME TRENTE ET UNIÈME.

1863-1864.

PARIS, RUE SAINT-ROCH, 29.

46. Publicación de Verne
en el *Musée des Familles*

En 1854 Verne publicó un cuarto relato en el *Musée des familles*. El «Maese Zacarías: El relojero que perdió su alma», hoffmannesco y poeniano, prefiguraba hábilmente muchas de sus concepciones posteriores. En la Ginebra medieval, Zacarías intenta «descubrir el mecanismo de la unión entre el cuerpo y el alma» y, por tanto, lograr el movimiento perpetuo y la vida eterna. La búsqueda involucra a «Nuestra Señora de Sex» (iv) (presumiblemente pariente de Santa Colette, de peculiares caderas, de «Jedediah Jamet»). Pero, en lugar de ello, pierde su alma inmortal a manos de un reloj-diablo (para quien un desesperado Zacarías, pide a su hija que se entregue) y todos sus relojes dejan de funcionar, junto con su fabricante, planteando así los fundamentos de la civilización moderna. El cuento debate de ese modo la naturaleza del tiempo, vitalismo, reduccionismo e innovación.

Complacido con el éxito de «Zacarías», Chevalier le encargó una nueva obra en «dos volúmenes» (17 may. 54). Es posible que haya sido «Una invernada en los hielos», una narración corta sobre la búsqueda de un barco perdido. Al final de la temporada de pesca, Louis Cornbutte, un capitán de Dunkerque, va a casarse con su prima y hermana adoptiva Marie, de 20 años, que tiene «unas gotas de sangre holandesa» (¿un eco de Marie, la hermana de Verne, o de su prima, ambas con un poco de sangre escocesa?). Pero Cornbutte cae por la borda cerca del Maelstrom en Noruega. Su padre se niega a darlo por perdido y navega en su búsqueda, con su hija adoptiva como polizón. Tras una invernada frente a Groenlandia y un motín encabezado por un marinero que desea a Marie, Cornbutte es encontrado sano y salvo en la banquisa, pero su padre muere de agotamiento.

La historia, con vínculos al viaje de Verne a Dunkerque en 1851, salió a la luz en abril y mayo de 1855, probablemente con una cuarta parte o la mitad del texto recortado[228]. Una nota preliminar enfatizaba su autenticidad e investigación exhaustiva. «Una invernada en los hielos» fue una de las raras publicaciones donde Verne describió a Francia, aunque brevemente. Más que en «Zacarías», los temas ya madurados del futuro narrador emergen aquí, especialmente la búsqueda geográfica en condiciones extremas y el amor por las regiones polares, unas de las últimas áreas vírgenes extensas que quedaban en el planeta.

Verne escribió al menos otras tres narraciones en la década de 1850, pero no encontró editor para ellas. Todas exhibían una mayor libertad de expresión, alegría, imaginación o variedad de géneros que las publicadas hasta entonces. Chevalier pudo habérselas pedido, pero también haber rechazado algunas de ellas, porque nuevamente invitó al escritor por encargo a permanecer en su casa de campo, pues «tenía un trabajo que terminar para él»[229].

En «Pierre-Jean», un hombre se escapa de la colonia penal de Toulon, y Verne se pone principalmente del lado de los presos tiranizados. «San Carlos» muestra a los contrabandistas en la frontera franco-española. Los barcos de la aduana persiguen una embarcación «de construcción extraña»: cuando se ve rodeado, el héroe epónimo «abre una válvula en el fondo, y escapa hundiéndose a una profundidad de diez brazas». El submarino, una de «esas misteriosas embarcaciones que se mantienen sumergidas a una profundidad constante mediante secciones delanteras y traseras llenas de aire», anticipa hasta cierto punto el *Nautilus*, sobre todo porque ambos capitanes son héroes forajidos afincados en España, aficionados a los cigarros libres de impuestos y a los volcanes.

«El matrimonio del Sr. Anselmo de los Tilos», basado en un personaje histórico, es un sorprendente vodevil en prosa que satiriza la aristocracia, los profesores de latín y los compromisos matrimoniales, lleno de juegos de palabras escatológicos y eróticos de doble sentido. Ante las sucesivas propuestas de matrimonio del héroe, «la hermana mayor sufrió un des-

---

228 [29 abr. 53].
229 10 sep. 56.

mayo, la segunda un ataque de nervios, la tercera un patatús, la cuarta cayó patas arriba y la quinta de su arrogancia»; «si él hubiera echado un polvo, no habría estado indeciso».

«El asedio a Roma», donde los franceses rescatan al Papa de los malvados revolucionarios de Garibaldi (1849), se lee como una novela gótica, con amores rotos, otro sacerdote perverso, túneles oscuros, mazmorras secretas y un joven infeliz cuya esposa secuestrada se vuelve loca.

El 8 de marzo de 1855, Verne se mudó de nuevo probablemente al 47 de la Rue des Martyrs[230]. El día 15 se cambió, con un suspiro de alivio, al quinto piso del 18 del Boulevard Poissonnière, cerca de la Bolsa. Para trasladar sus pertenencias los 200 metros desde la Bonne Nouvelle, le rogó en rima 60 F a su padre, firmando «Jules Verne en bancarrota».

Los problemas de salud que experimentó al llegar a París empeoraron conforme permanecía en la ciudad. Algunos probablemente eran psicosomáticos, especialmente su «insomnio cruel», que a veces significaba no dormir en toda la noche, hasta que, extrañamente, comenzó a tomar lecciones de esgrima [finales dic. 55]. Pero muchas de sus preocupaciones tenían un fundamento genuino. El cólera que azotó Europa en la primavera de 1849 se había llevado al menos a uno de sus jefes. En repetidas ocasiones pensó que él mismo la había contraído (p. ej.: 2 abr. 49). Como protección, Jules llevaba la piel de conejo de su abuela sobre su estómago día y noche.

Entre sus múltiples síntomas, «estómago» y rostro eran los más frecuentes. Sus «cólicos», que consistían esencialmente en calambres, se producían «todo el tiempo», achacados a la herencia genética de Sophie: «qué mal estómago me dio mi madre»[231]. También sufría de diarrea y estreñimiento crónicos, cuyo efecto total era una tez amarilla permanente[232]. El Dr. Victor Marcé finalmente le diagnosticó un leve «pro-laxo»,

---

230 La portada de *A orillas del Adour* (1855) dice «47 Rue des Martyrs», aunque confusamente tachado y reemplazado por «18 Boulevard Bonne Nouvelle» (seguramente un error en lugar de «... Poissonnière»). Curiosamente, el escritor Paul Lacroix (1806-1884) vivió en la primera dirección en 1855; Balzac también se quedó allí en 1850, y describió las «bonitas habitaciones de la planta baja con jardín». Lacroix contribuyó muy a menudo al *Musée des familles* y escribió proyectos para varias novelas de Dumas, incluida *Isaac Laquedem* (1853), donde el héroe epónimo descubre pterodáctilos, plesiosaurios y otras criaturas prehistóricas bajo tierra. También es conocido que Verne escribió para Dumas en la década de 1850...

231 12 dic. 48 en *Cahiers* 10: 51; 15 nov. 52.

232 25 nov. 54; 5 sep. 56.

broma de Verne para referirse a un «prolapso» rectal, significando «mi trasero tiende a no cerrarse correctamente»[233].

El tratamiento de los diversos trastornos incluía ayunos, centaura (una especie de genciana) a diario, té de verbena, éter autoadministrado y repetidas purgas: «detesto el aceite de ricino»[234]. Algunas eran laxantes y otras «constrictivas»: «carbón y subnitrato de bismuto» o misteriosas «pociones», término alquímico que muestra la desconfianza de Verne hacia las pretensiones científicas de la medicina[235]. Pero el remedio más frecuente eran los enemas con jeringuillas. Parte del problema puede haber sido simplemente su dieta: para desayunar «un trozo de ternera fría bien cocida y una taza de chocolate»; «sólo como pan duro... con un tiempo así hay que comer carne, las verduras son malas para la digestión»[236].

En alguna ocasión estuvo a punto de sufrir una crisis nerviosa: «hace cuatro días tuve una migraña terrible con un ataque de nervios»; «Fui a visitar a un amigo de Alphonse [Garcet, su primo], estudiante de medicina, casi un médico; ¡y me desmayé en su casa!»[237].

La otra enfermedad crónica comenzó como atroces dolores de cabeza y de oído, pero rápidamente se deterioró hasta convertirse en una forma de neuralgia facial que involucró tanto a un nervio doloroso como a una parálisis que le cerraba el ojo izquierdo o le torcía la boca: posiblemente Parálisis de Bell. Su médico admitió que tenía poca idea de lo que estaba pasando y la enfermedad arruinó la mayor parte de la vida de Verne. Los principales ataques ocurrieron en 1851, 1855, 1858, 1864 y 1876. En las más de 50 fotografías tomadas entre 1850 y 1905, el ojo izquierdo de Jules aparece invariablemente más pequeño y tenue, al tiempo que el párpado se inclina oblicuamente, a pesar de que muchas fueron tomadas en ángulo para ocultar el defecto.

La ferocidad del humor de Verne vuelve a delatar su angustia: «siempre que no abra la boca, cierre los ojos, olfatee o arrugue la frente, nadie se da

233 25 nov. 54.

234 [¿Oct. 54?]; 20 jun. 55; 5 nov. 53; 22 mar. *52*; 7 sep. 56; 5 sep. 56.

235 [Feb. 51]; ¿23 abr. 51?

236 16 nov. 49; 2 abr. 49.

237 31 may *52*; 12 dic. 48 en *Cahiers* 10: 51.

cuenta de nada»; «una mitad de mi cara está viva, la otra muerta... Por un lado, tengo el perfil de un hombre inteligente... por el otro el de un idiota»[238].

Las «descargas eléctricas» le proporcionaron un alivio temporal: «mi rostro ha recuperado sus líneas mayestáticas, está alegre por ambos lados, puedo fruncir el ceño como quiera» (10 nov. 51). El otro tratamiento principal de Marcé implicaba sustancias vesicantes y fricciones con estricnina, ¡veneno que a menudo se filtraba a través de la piel perforada! A causa de las fricciones, «me he cortado toda la barba... Me parezco horriblemente a Mathilde; tengo su delicada sonrisa sobre su barbilla griega, su boca sonriente y graciosa; estoy bonito, bonito, bonito»; también conllevaron a que durante 18 días apenas saliera de su piso [feb. 55].

Las letales combinaciones resultaron eficaces, hasta cierto punto: «El vesicante [agente ampollante] funcionó junto con la electricidad para la parte superior de mi cara, pero la parte inferior aún no alcanza, en general, a satisfacer» [feb. 55]. Rechazó la sugerencia de su madre de una «cauterización»: «¡Prefiero ver mi boca por encima de mi nariz!» [feb. 55].

En el fondo, estaba la preocupación de que surgieran signos de la locura que algunas veces heredaba de ambos lados de la familia. En ocasiones, los dos males habían juntado fuerzas y se proyectaban a toda una línea de vástagos. Verne sufría ataques de bilis combinados con migrañas, dolor de oídos, fiebres y «sensibilidad». A los 25 años ya se sentía viejo. Con algunas canas, se había vuelto «arrugado como la campiña romana después de las trincheras de asedio [de Napoleón III], con patas de gallo en las sienes... [como un] abuelo» [¿abr.? 53].

¿Fueron sus problemas médicos la razón por la que se puso en contacto con un médium? Escribió con entusiasmo acerca de uno llamado simplemente Alexis (de apellido Didier, 1826-1886), que hacía presentaciones públicas. Asistió al menos dos veces, informando que Alexis le dijo cosas «milagrosas» sobre sus hermanos, incluyendo el nombre y la ubicación del barco de Paul[239].

En la mente de Verne, el exceso y la enfermedad iban de la mano, por lo que la moderación condujo a una mejor salud. No se privó de com-

---

238 Nov. 55; 8 ago. 64.

239 28 jun. 50; Dehs dice que fue «varias» veces (*BSJV* 188: 18).

partir sus crudas conclusiones en una carta grosera sobre las explosiones intestinales de su padre en un carruaje cerrado; y en otra donde describía una supuesta visita real, vulgar relato de 600 palabras lleno de «montañas de estiércol», «paseos familiares» en estanques de orina animal, detonaciones de viento y analogías carnales entre vacas y mujeres[240]. Descendientes lejanos de una burda imagen en especial, serían el mutismo de Fogg y la misantropía de Nemo:

> Anhelo convertirme en un ermitaño como Alceste o en un mudo como un trapense... Habiendo reflexionado durante mucho tiempo sobre cómo expresar el silencio perfecto, el escultor imaginó un hombre con un dedo en la boca y el otro en el trasero... si se cansaba de tener un dedo en la boca, [el modelo] podía simplemente cambiar de mano (15 nov. 52).

Lo sexual y lo escatológico tejen intrincadas redes enlazadas en una larga serie de símiles genitales y rectales, algunos para Genevois y otros para la madre de este:

> Estoy muy apegado a él... ha perdido la costumbre de dilatarme metiendo sus dedos en mis profundidades... Estoy quizás un poco alargado, pero... tu exitoso hijo me exhibe en toda ocasión... Mis secreciones no son muy abundantes. Uno de los cuentos de mi infancia que se me ha quedado grabado para siempre es la historia íntima de M. Mazieux que, según su media naranja, ¡se metió en sí mismo por debajo!... Mi recto tiende a escapar al exterior y, en consecuencia, no puede contener herméticamente las cosas encantadoras que se supone que debe ocultar... Podrían sobrevenir serias desventajas para un hombre destinado a vivir en sociedad y no dentro de sí mismo... A medida que se acerca la hora del enema, la decocción humea, la ratania [extracto de raíz astringente] hierve, la manguera se estira, la boquilla se levanta, el tubo flexible se extiende, necesito cerrar la boca y abrir mi... [la elipsis es de Verne].
>
> Normalmente estoy suelto de los intestinos, lo que demuestra que tengo un carácter naturalmente endeble como el cólico y fácil como la diarrea... Recientemente me apliqué a la fuerza un enema; se ha descubierto que mi trasero no cierra muy bien; deja escapar el viento y se le van a aplicar burletes. Aprieto el tuyo.

---

240 [¿oct.? 55]; 6 may. 54.

No vio un hueco blando crecer en su miembro / Que creció una legua de largo / Para ser regateado por las adúlteras del mercado[241].

¿Qué hacer con estas misivas tan crudas y «analmente expulsivas»? Ni siquiera está claro hasta qué punto Verne sufría auténticas dolencias. Pero el efecto neto era sin duda preocupante: difícilmente un cuerpo sano en una mente sana.

A lo largo de estos años, Verne se mantuvo en contacto con sus padres a través de cientos de cartas. Una de las constantes seguía siendo su falta de fondos, con repetidos préstamos del primo Henri y de un tío no especificado, reembolsados en secreto por su madre [comienzos de 53]. Enviaba sus camisas y medias a casa para que las repararan, pero seguía teniendo un aspecto tan desaliñado como «un poeta lírico»; sus calzoncillos no tenían «ni espalda ni frente, ni piernas ni botones» (14 dic. 54; 29 nov. 56).

Es de suponer que volvió a casa en octubre de 1849 al funeral de su abuelo Augustin Allotte. Regresó a París, después de una misteriosa «pequeña excursión», en bastante mejor estado (22 ene. 51). Más tarde, ese mismo año, probablemente se alojó con sus padres en el balneario de Pornic, entregándose a la extraña costumbre inglesa de bañarse en el gélido Atlántico [verano del 51]. Aunque su padre pudo haberlo visitado una o dos veces, Jules parece haber regresado solo ocasionalmente a Chantenay; también hizo algunos viajes más cortos, incluso a sus tías paternas en Provins [mediados de oct. 51].

En agosto de 1853 se escapó de París durante tres días para saludar a Paul, que volvía de monitorear las sanguinarias actividades del emperador Soulouque en Haití (ADF 58). Se organizó un almuerzo de celebración en casa del tío Prudent: Verne compuso cuartetos en rima, escondidos bajo las servilletas, para 17 de los 18 invitados, incluido él mismo. Hilaire fue castigado por ser hermano de Caroline mereciendo apenas dos versos; la nariz de Sophie era «asombrosa», Paul, infeliz en el amor. Esa noche organizó diversión y juegos en la gran avenida de La Guerche[242].

---

241 31 dic. 52; 25 nov. 54; carta de 1854 o 1855 a Genevois en *BSJV* 100: 7; 27 feb. 49 a Genevois en *BSJV* 100: 12.

242 «Versos improvisados» 17.

48. Alexandre Dumas, padre (c. 1850-1870) Étienne Carjat

47. Alexandre Dumas, hijo (1886) Léon Bonnat

Los principales esfuerzos de Verne siguieron dedicados a escribir obras teatrales y operetas[243]. Después de *Las pajas rotas* (representada y publicada en 1850), las dos obras representadas en el Lírico en los siete años siguientes, a cambio de su secretaría, fueron las óperas cómicas en un acto *La gallina ciega* (1852; 1853) y *Los Caballeros del Narciso* (1853; 1855)[244], aunque debían haberse puesto en escena tres o cuatro. Ambas fueron escritas en colaboración con el libretista profesional Michel Carré, constantemente solicitado por compositores y autores de vodeviles. Verne, nueve años menor que él, lo había conocido a través de Hignard (JJV 19), quien escribió la música para ambas piezas.

En *La gallina ciega*, tres estudiantes juegan al escondite entre las prímulas con tres floristas (código para referirse a las jóvenes de poca virtud). «Cada parte tenía que ser adaptada especialmente para el actor que la iba a interpretar» (4 may. 53). La opereta tuvo un éxito considerable, con 45 representaciones, varias puestas en escena posteriores y más de una docena de críticas positivas, entre ellas la de Berlioz[245]. «Tu "nunca" ya está en pluscuamperfecto», le dijo triunfalmente Verne a su padre (22 abr. 53).

Jules prefería *Los Caballeros del Narciso*, donde «tanto la música como la letra son tremendamente alegres» [22 ago. 52]. Los Caballeros son un grupo de jóvenes caraduras que utiliza flores en sus ojales como marca de reconocimiento. Irrumpen en una posada para seducir a la mujer del posadero y secuestrar a su hija. Simplice, enamorado de la chica pero tímido, encuentra en la bebida el valor para defender su honor y los dos se casan. Esta opereta le mereció a Verne 180 F (€ 900) y una crítica negativa y otra positiva («chispeante de ingenio y alegría»[246]).

Un gran número de sus obras permaneció inédito y sin representar en esta época. La heroína de *La Guimard* (1850) separa al pintor Jacques-Louis David de su amor. *Quien ríe, cena* (1850), sobre la rivalidad amorosa de un burgués y un poeta pobre e ingenioso, llena de juegos de palabras y malentendidos cómicos, hizo que «Dumas hijo y Alejandro Dumas convulsionaran de risa» (ene. 51); y termina con una valiente cancioncilla «Al

243 Una lista de las obras teatrales aparece en la Bibliografía.

244 *Los Caballeros del Narciso* también se representó en el Teatro Graslin de Nantes.

245 CNM 86; [29 abr. 53]; 4 may. 53; Dekiss, *L'Enchanteur*, 40.

246 Dehs, «Nous boirons», 20-22.

público»: «La obra que hemos tenido el deleite / de hacer no fue escrita por un gran caballero, / ni por un poeta ni por un dramaturgo, / sino por un pobre devoto del género romántico, / no tentado por el atractivo de las regalías».

49. Michel Carré (1821-1872), amigo y colaborador de Verne

El drama en cinco actos *La Torre de Montlhéry* (1852), sobre la esposa de un cruzado secuestrada por un lord y asesinada injustamente por su celoso marido, fue coescrito con Charles Wallut, a quien Verne llamaba «mi mejor amigo»[247]. Wallut, un dramaturgo sin experiencia se convertiría en director del *Musée des familles* tras la muerte de Chevalier en 1863.

Verne se enorgullecía de *Mona Lisa* (1851-1855), que lo ocupó durante años: representaba a Leonardo pintando a Mona para su esposo, la sonrisa indicaba ternura mezclada con lástima por un hombre tan ingenuo que prefería el arte a las mujeres. La comedia en un acto *Guerra a los tiranos* (1854), sobre una esposa acusada injustamente de adulterio, puede haber sido coescrita con Dumas hijo (17 may. 54).

247 En una dedicatoria en el frontispicio de un ejemplar de *Viaje al centro de la Tierra* (*BSJV* 155: 56).

Otra comedia en un acto, *A orillas del Adour* (1855), sobre una mujer que huye de su marido, encantó a Dumas, que «no ve una sola palabra que cambiar; está tan contento con él que esta noche se lo llevó al director del Gymnase» [¿finales de 54?], quien, sin embargo, nunca la montó.

La comedia en verso en cinco actos *Feliz por un día* (1855-1856) es una obra seria y bien construida, que recibió comentarios minuciosos de Pierre. El financiero Montbrun planea especular en la Bolsa y hacerse con las ganancias casándose con la hija de su cliente. Como el joven bretón Pierre parece tener posibilidades de ganarle la chica, Montbrun le reta a duelo, pero es asesinado inesperadamente. La obra, que se convierte en tragedia en el último acto, ataca la vanidad y la codicia parisienses, la alta sociedad y la indiferencia de los espectadores y los críticos.

El año 1856, cuando a Verne le parecía haber pasado toda una vida en París, constituye un buen momento para hacer un balance de lo que había conseguido y en qué clase de hombre se había convertido.

A los 28 años, se sentía deprimido por el desorden de su vida sexual y profesional. Aunque había experimentado encaprichamientos profundos con una frecuencia descorazonadora, nunca había estado realmente enamorado. Las relaciones hombre-mujer en sus obras oscilaban desde agresiones satíricas o físicas a una abstinencia total.

Se habían publicado cinco de sus ocho relatos cortos, no necesariamente los más interesantes. Todos aludían a la dificultad de lograr que las cosas funcionaran, como la propia vida de Verne. Apenas había iniciado nada por su cuenta, ya que incluso sus numerosas obras en el *Musée* parecían haber sido impulsadas en última instancia por el *guanxi*[248] de sus padres; y, en todo caso, se habían detenido bruscamente.

De sus aproximadamente 26 obras sólo se habían representado tres, aunque con cierto éxito. Tras una década de esfuerzos continuos y un tercio de millón de palabras escritas, ganaba bastante menos de 100 F al mes, pero necesitaba 500 para vivir[249]. No tenía trabajo y seguía depen-

248 O, alternativamente, gracias a las influencias de Wallut, quien ya estaba publicando en el *Musée*.

249 Dehs, *Jules Verne* (2005), Apéndice 2, calcula el total de ganancias oficiales de Verne por sus obras teatrales y óperas en 1861 en 2.650 F; 4 jul. 56.

diendo en forma humillante de su padre, que seguía editando sus manuscritos y corrigiendo sus cartas por estilo y gusto.

Y, sin embargo, no se rindió. Cuando un amigo del teatro, al notar su inquietud le dijo que no estaba hecho para París y la vida bohemia, Verne simplemente ignoró el comentario[250]. Una vez, sólo una vez, contempló la posibilidad de volver a Nantes con el rabo entre las piernas.

Su objetivo yacía oculto debajo del horizonte. En retrospectiva, casi todos los temas y estructuras de las novelas de Verne ya se podían descifrar, pero el eslabón que faltaba seguía siendo esquivo: tal vez simplemente una abertura para sus talentos. Tenía las dos cualidades principales requeridas: una brillantez verbal y una habilidad para evocar personas, situaciones y eventos; y, una capacidad para el trabajo arduo demostrada a lo largo de casi diez años de purgatorio profesional. Incluso creyó intuir la revolución que se avecinaba: «Estoy estudiando más que trabajando, pues vislumbro nuevos sistemas» (19 abr. 54). «Nuevos sistemas», término filosófico que da una pista de la ambición de su pensamiento, de su deseo de salir de su piel actual.

Ya había probado diferentes géneros, estilos, temas... cualquier cosa para salir del ciclo de composición, rechazo y vuelta a meter los manuscritos en los cajones desbordados. Sólo podía apretar los dientes y dar lo mejor de sí mismo, mientras sospechaba que algo se le escapaba, y que, cambiando sólo una variable, podría aferrarse a la escalera para sobresalir, reuniendo algo de munición para arrojar a la cara de los escépticos.

Si la Fortuna hubiera podido mostrarle sus tobillos de color marrón señalándole el Norte una sola vez, un atisbo de la ruta hacia la Tierra Prometida, tal vez hubiera podido disfrutar más de la vida, expandir sus horizontes geográficos y de estilo, incluso escribir mejor. En cambio, el destino lo había llevado por el camino seductor, pero no por el atajo: solo éxitos menores que le habían dado el impulso apenas suficiente para continuar. El propio Verne seguramente jugaba con las probabilidades. Uno de cada cien aspirantes provincianos lo conseguía, pero menos de uno entre mil con 30 años de edad.

---

250 Allott 31.

¿Habría triunfado más rápidamente si hubiera estado dispuesto a transigir? Atacó acerbamente al dramaturgo Alfred de Musset por su falta de principios al unirse a los «viejos fósiles» de la «cúpula fúnebre» de la Academia Francesa (31 may. 52). Dada su modesta fama operística, se dice que un editor de la prestigiosa *Revue des deux mondes* se le acercó para pedirle su apoyo para un premio de la Academia, pero se negó (ADF 49).

Sin embargo, por el momento, solo en su habitación, su vida constituía un agujero negro:

> «mi aislamiento realmente me agobia; mi corazón es un vacío desesperado y, para ser sincero, anhelo casarme... pero mientras siga siendo un aspirante más a la literatura, mis padres tendrán razón en darme la espalda» [27 jun. 56].

¿Qué clase de hombre era este personaje secundario en el amor, la literatura y la amistad? Aunque prefería la escuela romántica a la clásica, era sobre todo un librepensador: «Me temo que la única [escuela] a la que pertenezco es la mía»[251]. No era un devoto religioso ni un animal político. En la única ocasión registrada en que fue a la iglesia, arremetió contra el sermón (31 may. 52). Una ausencia notable en sus preocupaciones literarias fue la Guerra de Crimea (1853-1856), uno de los acontecimientos más significativos de la década. De hecho, tenía claras tendencias antimilitaristas y anarquistas: condenó la «aniquilación de 400.000 cerebros franceses» por el ejército y se regocijó ante la destrucción de bienes: «Presencié el magnífico incendio de la *Manutention* [Almacenes del Gobierno]... Fue el espectáculo más glorioso que he visto nunca; incluso lamento que no se hayan quemado dos o tres edificios más»[252].

Aunque razonablemente bueno en muchas de las materias escolares y más inteligente de lo que sus profesores percibieron, su fortaleza no radicaba en el extremo científico/matemático del espectro, sino en el artístico o literario/lingüístico. Buen pianista, compuso en ocasiones y mostró una gran pasión musical a lo largo de su vida. Afirmaba que podría haberse convertido en profesional si lo hubiera querido (*Ent.* 89).

---

[251] 31 may. *52*; 22 ene. 51.

[252] mar. 51; [20 nov. 55].

50. Honorine du Fraysne de Viane (1831-1910), esposa de Verne.

Aun cuando se consideraba a sí mismo tolerante, ya mostraba las características obsesivas del escritor. Sus procesos de pensamiento eran subjetivos e intuitivos y, a veces, se entregaba a la lógica engañosa y al subterfugio retórico. En asuntos de dinero, incluso cuando se veía atrapado en mentiras, simplemente fanfarroneaba, insultando la inteligencia de su sufrido padre. De manera similar, cuando se le acusó de burlarse de la religión, hipócritamente negó haberlo hecho alguna vez. Incluso si pensáramos, en aras de la discusión, que el sistema educativo francés fomentaba la alusión y la perífrasis, todos los escritores necesitan claridad de pensamiento, al menos para uso interno. Genevois, según Pierre, consideraba a Verne «frívolo, caprichoso, superficial»; su madre, «que compadecería mucho a mi esposa»[253].

En la escala de racionalidad-emocionalidad se excedía en ambos extremos. En la gradación introversión-extraversión, era consistentemente tímido y protector de sus sentimientos, especialmente en comparación con la usual extraversión latina. Sin embargo, su estoicismo sólo gobernaba su mente consciente, pues debajo hervía un caldero de emociones que se remontaban a su primera infancia. Le preocupaba lo ilusorio y estar auténticamente enfermo sin conocer las causas, era hipocondríaco y más perspicaz que su médico.

Lo que lo sostenía era esa autonomía de pensamiento, esa independencia de cualquier escuela, esa íntima convicción de que él era quien mejor conocía su propia vida y que sólo él era capaz de distinguir el trigo de la verdad artística entre la paja de la opinión pública. Escribía no solo porque podría ser útil sino, instintivamente, como una extensión de sí mismo, igual que respirar. Sin embargo, en esta etapa rara vez había alcanzado la concisión y la cohesión de los niveles más altos de escritura. Si la carrera de profesor universitario hubiera estado creada, podría haberse convertido en un académico inspirador pero en última instancia fracasado al no timonear su imaginación desenfrenada sin encallar entre los bajíos de la escolástica convencional y los arrecifes del didacticismo explícito.

En parte, debió darse cuenta de que los vodeviles ligeros desperdiciaban su talento. En una novela escrita poco después, Verne se burló astu-

---

253 15 nov. 52; 17 ene. *52*.

tamente de sus propios esfuerzos haciendo que su héroe trabajara en una comedia llamada «Abotónate los pantalones»[254].

La solución a su estancamiento en la escritura vendría de una combinación de trabajo duro, perseverancia, suerte y una nueva visión sobre una vieja cuestión.

La boda a la que Verne había acudido «por dos días» no resultó del todo así; de hecho, daría un vuelco a su vida. Actuó como padrino testigo (*garçon d'honneur*) [26 may. 56] para el abogado Auguste Lelarge (n. en 1827), amigo de la universidad. Al cabo de una semana, a pesar de la gélida habitación del hotel, Verne aún no se había decidido a partir: «las amables súplicas de la familia me hicieron quedar... entre besos, apretones de manos, abrazos y lágrimas de alegría y placer» [24 may. 56].

Le gustó la familia de la novia: «una joven viuda muy simpática, hermana de la novia... y un joven de mi edad, intermediario de bolsa en Amiens... realmente el chico más simpático del mundo. El padre De Viane es un militar retirado, mejor que la mayoría de los guerreros, y la madre tiene un ingenio sin medida». Luego el motivo de su felicidad: «¡Creo que estoy enamorado de la joven viuda de 26 años! Oh, ¡por qué ha de tener dos hijas! No tengo suerte: ¡siempre me encuentro con algún tipo de imposibilidad!» [24 may. 56].

Debido al matrimonio de su hermana menor, Honorine-Anna-Hebée Morel, de soltera de Viane, se había convertido en una pariente lejana de Jules por partida doble[255]. Viuda desde hacía diez meses, elegante y bien dotada, tenía una buena complexión, ojos divertidos, una risa clara y una atractiva voz de soprano lírica. Honorine era vivaz, ingeniosa, razonablemente educada y atractiva para los hombres. Pero su encanto femenino se quedaba sobre todo en la superficie (RD 51-54) y era, a juzgar por sus cartas, insensible a la buena escritura. Con un metro sesenta de estatura, nariz larga y ojos estrechos, ya había perdido la flor de su juventud[256].

> Es bastante bonita... sus labios un poco demasiado apretados para que las perturbaciones salgan alguna vez –las emocionales, quiero decir, por-

[254] En *París en el siglo XX*.
[255] Su nuevo cuñado, Auguste Lelarge, era también cuñado de Henri, primo de Verne.
[256] *Ent.* 42; Fotografía en ADF 48; pintura en *Ouest France*, edición especial [2005], 18.

que me gusta creer que de vez en cuando vomita como todo el mundo. Y digo emocionalmente, porque creo que no es muy amable: he tenido muestras (15 jun. 56).

Verne hablaba de la novia, pero parte de la descripción también era aplicable a Honorine. En realidad, Jules mostró más interés en el hermano Ferdinand de Viane (1828-1870) pues, sin transición alguna, detalló su estatus de abogado calificado y su empleo como «intermediario [*remisier*] entre los dueños de acciones y los corredores de bolsa... Sin ningún riesgo, a menudo gana 50.000 en comisiones al año». Luego, al grano: él mismo podía hacer lo mismo en París y ganar 1.800 al mes «sin mayor riesgo», solo había que esperar que subieran las acciones [26 may. 56]. En menos de una semana, Verne había decidido vincularse a Honorine y a las altas finanzas, no necesariamente en ese orden.

Su padre supuso que se trataba de un mero capricho pasajero, pero durante los meses siguientes Jules no pestañeó. Hizo hincapié en los beneficios pecuniarios, y luego pasó a la acción: Auguste Lelarge había comprado una participación accionaria en una firma bursátil de París por 50.000 y ganaba 600 al mes. Por gran coincidencia, esta misma suma, ya un eco subliminal de una cantidad anterior, constituía la expectativa de Jules al fallecimiento de sus padres[257]. Su padre seguramente quedó atónito por las insinuaciones.

Incluso los aliados putativos de Verne dudaban de su capacidad. Al parecer, tanto la joven viuda como Lelarge le rogaron que «buscara una situación lucrativa fuera de la bolsa de valores»[258], en cualquier otro campo, por ejemplo en la administración, específicamente en el Departamento de Telégrafos (*BSJV* 109: 8-11). El propio de Viane se mostró escéptico ante el empeño de Jules y se negó repetidamente a emplearlo en Amiens.

Para todas las objeciones de su padre, el aspirante a mago de las finanzas tenía respuestas fluidas. Ya había aceptado que un agente de bolsa era sólo un «vendedor» y que podría renunciar a la literatura durante un año. Habló de beneficios de «fácilmente el 10% o el 15%» en «nuestra» inver-

257 7 sep. 56; 22 nov. 56.

258 4 jul. 56; 7 sep. 56.

sión y mostró su inmenso conocimiento del mercado de valores[259]. Para demostrar su empeño, fue a alojarse con los Lelarge en Château Thierry, a 80 kilómetros al sur de París. Luego regresó a Amiens, a pesar de los «esquimales y osos polares» que había en la habitación del hotel, informando a su padre de un reparto de la dote de «105.000 F»[260].

Después de haber agotado la lógica, Verne hizo un resumen puramente emotivo ante el jurado: se sentía «muy molesto por la respuesta [de su padre]»; «necesito ser feliz, ni más ni menos»; «Honorine y yo nos queremos más que nunca»[261]. El presidente de la corte, cansado del interesado ruego, aceptó finalmente poner la mágica suma de 50.000 F (€ 250.000).

En el ínterin, Honorine escasamente habría participado, aunque es de suponer que Verne se puso en contacto con ella a través de un intermediario para comprobar que seguía interesada. Una vez que Pierre hubo realizado la debida gestión con la familia, de la alta burguesía de Périgord, y considerada aceptable, las dos partes podían ponerse manos a la obra. Los abogados externos parecían redundantes, dado que Jules, Pierre y de Viane habían ejercido ellos mismos el oficio. En primer lugar, M. Verne solicitó formalmente la mano de Honorine, tal y como Jules le había indicado estrictamente, y obtuvo una aceptación igualmente formal por parte de M. de Viane[262]. Jules y Honorine estaban ahora comprometidos oficialmente.

Habiendo asegurado su terreno doméstico, Jules dio un salto adelante con una breve pero respetuosa carta a «Madame Honorine Morel» alrededor del 12 de noviembre[263]. Luego llegó una misiva muy cortés del hermano mayor diciendo que poco se podía hacer para emplearlo en Amiens hasta que se casaran y sugiriendo, en consecuencia, «anticipar la boda»[264]. ¡Y dicen que el romance ha muerto! Pero todas las maniobras de Verne fracasaron, ya que el trabajo en Amiens no se materializó, y solo le quedó la boda anticipada como premio de consolación.

---

259 [Verano (¿ago.?) 56].

260 [Oct. 56], reproducido en http: //catalogue.gazette-drouot.com/pdf/88/80915/catboisgirardok 20170301bd.pdf?id=80915&cp=88.

261 10 sep. 56; 29 may *56*; [oct. 56].

262 [Oct. 56]; 1 nov. *56* en *Dix lettres*.

263 Citada en *BSJV* 109: 8-11.

264 16 nov. 56 en *BSJV* 109: 8-11.

A finales de noviembre se fijó la fecha para mediados de enero, para que encajara con la temporada de baile en Nantes, las necesidades de las dos hijas de Honorine y las convenciones del luto. La boda tendría lugar en la convenida intermedia París[265].

Jules reflexionaba sobre los regalos: «la cubertería no me parece bien... parecería un regalo para mí mismo» (22 nov. 56). Decidió gastar 250 F en Honorine, así que pidió prestados 500 a su padre y le regaló un «bonito llavero de oro y jaspe»[266]. Dado que la prometida ya tenía muchos vestidos, casimires, pendientes y diamantes, Verne decidió que ella simplemente debía llevar un vestido de novia hecho con restos existentes y volver a engarzar sus diamantes[267]. «Honorine es muy sensata y no quiere cubrirse los hombros con vellones tibetanos», anunció con seguridad (7 dic. 56). A cambio, la familia de Honorine envió a Sophie unos encajes, que ella odiaba. Jules recibió de Mme. de Viane un reloj de oro de alta gama y, de «¡¡¡mi prometida, una cadena muy bonita!!!» (17 dic. 56). ¿Estaba molesto por el simbolismo de los eslabones de oro que unen o por una repetición sin tacto de su propio regalo?

Toda la abogacía de Jules cambió a contabilidad creativa. De los 50.000, 10.000 o 20.000 se habían perdido de alguna manera, «reduciéndose a exactamente 30.000» [Mediados de dic. 56], residuo que a partir de entonces repuntó imperceptiblemente hasta 40.000 (*BSJV* 194: 20) y fue destinado a cumplir un triple rol: como anticipo de su herencia, como su acuerdo matrimonial, y para proporcionarle un futuro laboral.

Según la antigua costumbre, era necesario un contrato de matrimonio vinculante. El 8 de enero de 1857 el documento fue firmado en Château Thierry por Jules, Pierre, Honorine, su padre y la madre de su primer marido[268]. Si bien las adquisiciones futuras de la pareja serían en común, sus finanzas individuales permanecerían separadas[269].

---

265 29 nov. 56; [3 dic. 56]; 29 dic. 56.

266 22 nov. 56; [finales de nov. 56].

267 3 dic. 56]; [finales de dic. 56], reproducido en http: //catalogue.gazette-drouot.com/pdf/88/80915/catboisgirardok20170301bd.pdf?id=80915&cp=88.

268 [Mediados de dic. 56]; 22 nov. 56; Cécile Compère, «Le Contrat de mariage des époux Verne», *Revue Jules Verne*, 2: 76-81.

269 Compère, «Le Contrat», 77.

Jules no tenía ni un céntimo a su nombre. Su patrimonio neto ascendía a «ropa, ropa de cama, muebles, colección de libros, piano y reloj», un total de 3.000 F, de los cuales su nuevo reloj representaba la mayor parte; sus decenas de manuscritos desteñidos no se mencionaron. Honorine aportó ropa, joyas y muebles por valor de 6.000[270], además de la atractiva cantidad de 75.000 en efectivo, acciones y bonos. De los 81.000, sin embargo, las dos hijas esperaban 32.000, con lo que la suma se reducía a 49.000 o, mejor, a 46.000 después de deducirse su ajuar[271]. La aceptable cuasi-simetría con la contribución original de Jules era engañosa ya que Honorine gozaba de expectativas adicionales, como subrayó Jules alegremente: 60.000 de sus padres y al menos 80.000 de un tío, que de algún modo sumaban «unos 200.000» [finales de nov. 56].

Como preparación final para el perfecto acuerdo matrimonial, Jules viajó a la que llamó su «muy querida ciudad» de Amiens (*cher*, significando «querida» en ambos sentidos), para alojarse en casa del «tío rico» de Honorine (Horace Paillât) y admirar 30 cm. de nieve toda una semana ([3 dic. 56], 22 nov. 56). Anteriormente había dicho que «no casarse es la única forma de evitar que te pongan los cuernos»[272]. Pero ahora le dedicó «Nuestra Estrella» a «Mlle. Honorine de Viane», donde un «discreto... solitario... y modesto» cuerpo celeste recuerda a los amantes los momentos en que «fueron felices... sin darse cuenta» y… actuará como lazo cuando estén separados[273]. De todos modos, vislumbraba la dicha matrimonial al final de su largo túnel de soltero; ¡planeaba convertirse al fin en «el más feliz de los hombres!» (29 nov. 56).

---

270 G. Dumas, *Mémoires* (Laon: Fédération des Sociétés, 1977), 22, dice que las posesiones de Honorine valían 3.000; Compère («Le Contrat» 77), 30.000.

271 Compère, «Le Contrat», 77.

272 5 nov. 54 en *BSJV* 151: 10.

273 *Textes oubliés* (ed. Francis Lacassin; Union Générale d'Éditions, 1979), 49.

51. *La vuelta al mundo en ochenta días*, 1872 (Léon Bennet)

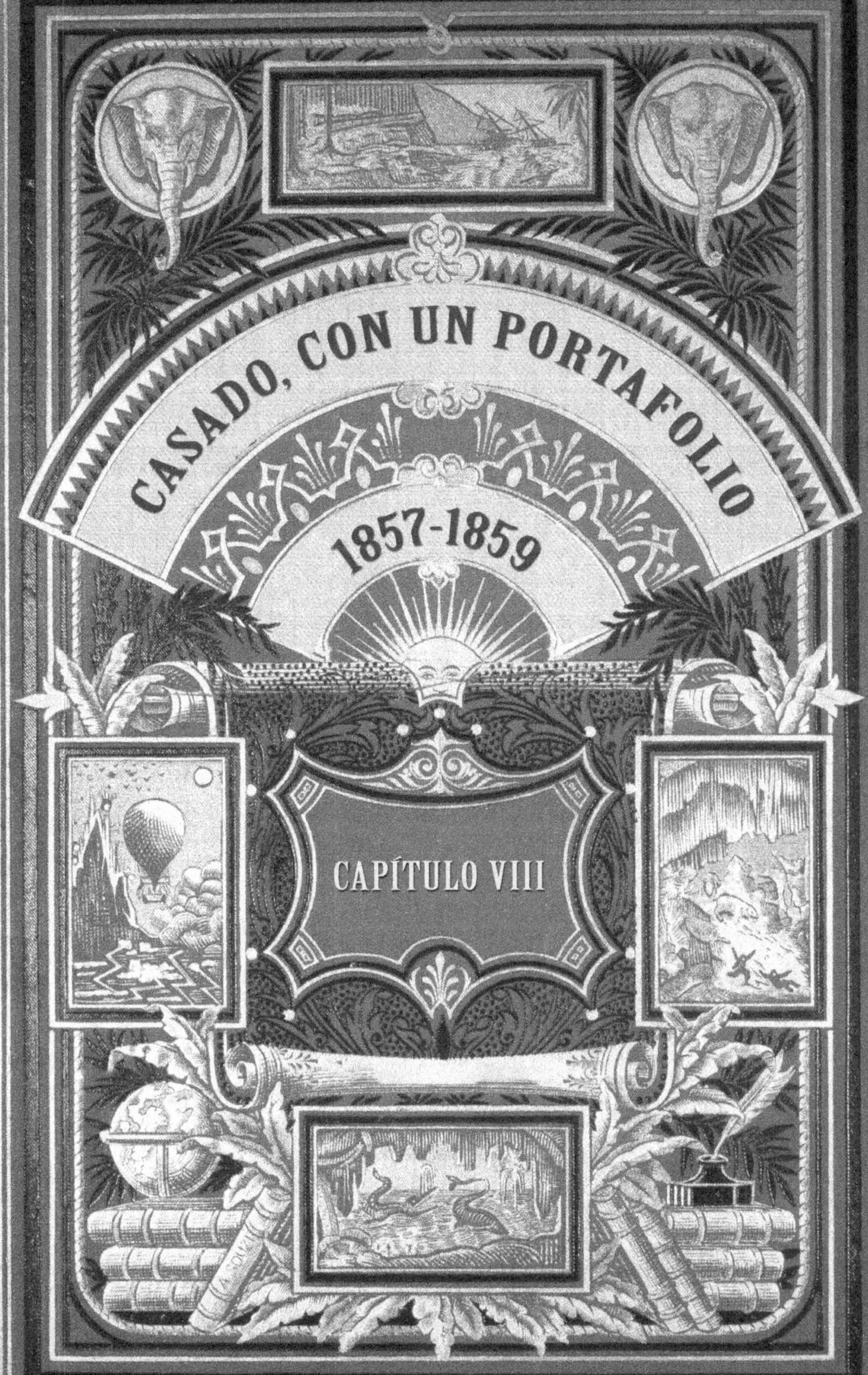
CASADO, CON UN PORTAFOLIO
1857-1859
CAPÍTULO VIII

52. Iglesia de Saint-Eugène,
donde se casó Verne

La única opinión existente de Honorine antes de la boda aparece en un apéndice de una carta de Verne, quejándose de que «M. Jules» no le dejó espacio para escribir, «lo cual no es muy agradable» (17 dic. 56). El vínculo persistente de Jules entre los asuntos del corazón y del monedero funcionaba en ambos sentidos: parecía sincero en su amor, pero al mismo tiempo interesado económicamente. En retrospectiva, y conociendo el hábito de Verne de deslizar detalles reveladores, la mayoría de los relativos a la boda contradecía cualquier devoción similar a la de Abelardo: los regalos, la participación de la familia del difunto esposo, la fecha, el lugar, la lista de invitados, la duración y la importancia de la ceremonia, la vestimenta del novio, el origen del poema que recitó Verne, la luna de miel y los arreglos cotidianos futuros, constituían, de hecho, presagios ligeramente siniestros.

Por ese entonces, Verne se refería en forma poco clara a «la familia Morel» (29 dic. 56), como si incluyera, a manera de un Banquo, al fantasma del primer marido; también, al decir «la señorita de Viane» cuando quiso referirse a «el señor de Viane» (29 nov. 56). En combinación perversa, habló de la «perpetración de mi matrimonio» (7 dic. 56).

Los padres de Verne probablemente viajaron a París justo antes del día de Navidad. Luego se reunieron con Jules en Amiens y se alojaron a regañadientes durante unos días con los de Viane. Cuando dejaron Provins, Jules se quedó para trasladar las cosas de Honorine, supuestamente llevándolas él mismo a su piso de soltero[274]. Alrededor del 7 de enero, las familias de Viane y Verne se reunieron en un hotel de París, siendo la

[274] 17 dic. 56; ADF 77.

etiqueta normal que la novia estuviera presente pero no el novio (17 dic. 56). En algún momento, quizá después de la boda, un consejo de la familia Verne debe haber tomado decisiones financieras.

Desde el principio, el novio insistió en un evento tranquilo, eliminando a casi todo el mundo: «cuantos menos locos haya, más nos reiremos» (7 dic. 56). Los ocho abuelos estuvieron ausentes; «la tía y el tío Châteaubourg han sido invitados con la condición de que no acepten»; Marie, su hermana, no vino («no hay mucho espacio para ella»), ni su hermano Paul (7 dic. 56). En Amiens pensaban que se casaban en Nantes, y la parisina tía Charruel, que en Amiens[275]. La única hermana de Honorine faltó el gran día con el pretexto de un embarazo, aunque inferior a cinco meses [mediados dic. 56]. Las hijas de la futura pareja también se quedaron en Amiens sin nada que hacer.

La boda le costaría a Verne menos de 5.000, incluidos los regalos y la instalación en París (22 nov. 56). Originalmente, Jules había planeado que la ceremonia de la iglesia tuviera lugar un desfavorable día 13, con registro oficial el día anterior (17 dic. 56); pero siempre y cuando ambos actos fueran despachados en rápida sucesión.

Así que el miércoles 10 de enero de 1857, aproximadamente una docena de personas se reunieron en la oficina de registro en la Place des Petits Pères, no lejos del piso de Jules. En medio de casas confortables de corte casi medieval, el novio firmó, por una vez, con su nombre completo, «Jules-Gabriel Verne».

La iglesia de Saint-Eugène se encontraba cerca, en la calle Sainte-Cécile, en una prolongación de la que albergaba el burdel favorito de Verne, cuyas ventanas eran claramente visibles. Con sólo un año de antigüedad, la iglesia mezclaba indiscriminadamente estilos sin crear ninguno propio. En el lado del novio se sentaron los padres de Jules, Mathilde, Anna, Mme. y M. Henri Garcet, e Hignard, estos dos últimos como testigos; en el lado de la novia, sólo sus padres, y su hermano Ferdinand de Viane y su cuñado Auguste Lelarge, como testigos. En otras palabras, Verne sólo tuvo un amigo presente y Honorine ninguno; en total: 13 personas. Mientras el sacerdote bendecía a la pareja, ¿la mente de Verne

275 RD 54-55; [mediados de dic. 56].

vagó por sus «conquistas» anteriores?[276]. Habiendo querido que todo fuera lo más «furtivo» posible, lo consiguió, pues su padre lo describió como un asunto chapucero[277].

Verne había hecho arreglos para «una comida sencilla en cualquier viejo restaurante de alguna cadena» [mediados dic. 56]. Aristide proporcionó la música para acompañar el poema de siete versos de Jules para Honorine: «De palabras hermosas llenas de grandilocuencia / Qué necesidad hay / Y en realidad tan lejos del corazón / Mentiras en frases tan largas... Simplemente te amo». Sin embargo, detrás de la verdadera emoción estaba el hecho de que Verne no escribió el poema para Honorine, sino que originalmente lo había dedicado al músico y colaborador Alfred Dufresne[278]. Al postre, Pierre respondió con unas pocas líneas en las que daba la bienvenida a su «cuarta hija» en la familia, pero también se refirió indelicadamente a los acuerdos financieros asimétricos: «Sabía muy bien que para mi jubilación / [Jules] traería de vuelta la entrega / de algún próspero botín»[279]. Aunque se oyeron muchas risas, el almuerzo terminó rápidamente (JJV 45). Tal y como había querido Verne, todo quedó en «ningún tipo de ceremonia, ninguna clase de celebración» (7 dic. 56). Probablemente hayan ido «a un espectáculo después» (7 dic. 56). Y, tras unas pocas horas, eso fue todo. No hubo luna de miel.

Sin embargo, a pesar de su horror a la ceremonia, y a pesar de todas sus bromas, Jules había elegido libremente a Honorine; a menos que, por supuesto, fuera al revés. Detrás de todas las payasadas, e incluso si abundaban otros motivos, es posible que se haya sentido feliz después de la boda (RD 55). Tanto él como su esposa parecen haber sido sinceros en su amor mutuo y en su deseo de hacer una vida juntos[280].

---

276 En todo caso, presumiblemente estaba en otra parte: «¡Yo era el novio, y tenía un traje blanco y guantes negros! No sabía dónde estaba y repartía dinero a todo el mundo: empleados del Ayuntamiento, bedel, sacristán, mozo de los recados. Alguien llamó al novio a gritos. ¡O sea, a mí! ¡Gracias a Dios, solo una docena de personas estaba viendo el espectáculo!» (citado sin referencia por ADF 78).

277 7 dic. 56; al tío Châteaubourg, en ADF 78.

278 JD 118-119; *Textes oubliés* (Union Générale d'Éditions, 1979), 44.

279 ADF 78; JD 119.

280 Se supone que Jules llevó a Honorine al Louvre para ver la Venus de Milo, diciéndole que era la única mujer de la que debía sentir celos; y luego se dirigió a Provins, donde hicieron un dueto en el salón de recibo de las tías (ADF 79); pero por alguna razón, aquí la historia da la sensación de ser falsa.

Solo que muy pronto volvió a la realidad. Durante los primeros tres meses, Valentine, de cuatro a cinco años, Suzanne, de tres, y la criada se quedaron con la familia en Amiens, lo que significa que la pareja no tenía ayuda doméstica [mediados de dic. 56]. Por algún milagro, se encontró espacio en el estudio de Verne para el sofá de Honorine, ocho sillas ornamentadas y adornos de bronce en la repisa de la chimenea (ADF 77). Según los informes, a finales de abril las nuevas hijas de Verne se unieron a la casa y la familia se trasladó a un alojamiento más cómodo en la Rue Saint-Martin, más cerca del río (JJV 46).

Los abuelos rehusaron que Verne adoptara a Valentine y Suzanne, por lo que sus apellidos continuaron siendo Morel[281]. De hecho, Jules nunca consideró a las niñas completamente suyas: «mi mujer tiene tres hijos y yo uno» (Lemire 41). En cualquier caso, equiparaba a las parejas felices con las que no tenían hijos[282]. Sin embargo, las niñas le llamaban «padre» y a Sophie, «abuela»; y en 1931 Suzanne escribiría: «Fui criada totalmente por él y me consideraba su hija»[283].

Entre 1858 y mediados de 1862, la familia se mudó al menos cuatro veces más[284]. Se supone que Verne transportó él mismo en cada ocasión, sus escasas posesiones y cubrió «sus» cuatro paredes con mapas[285]. Las numerosas mudanzas pueden deberse a contratos de arrendamiento a corto plazo o al descontento por las condiciones de hacinamiento y ruido, pero difícilmente a una creciente prosperidad. En general, este período fue de desánimo para el escritor, perturbado por el ruido de las niñas en un espacio reducido, dificultándole trabajar (RD 59). Con la ayuda

---

281 Élisabeth Léger de Viane, «L'Entourage familial de Jules Verne», en *Visions nouvelles sur Jules Verne* (Amiens: Centre de Documentation Jules Verne, 1978), 20-27.

282 13 abr. 86 a Léon Guillon in *Dix lettres.*

283 Guillon 130; *BSJV* 194: 46.

284 En 1858, al 54 Rue du Faubourg Montmartre, en la Novena, una histórica avenida cercana a los apartamentos anteriores (Dehs, *Jules Verne* (2005)). Este mismo año se mudaron a un mejor piso en el Boulevard Montmartre, probablemente al n.° 18 (Dehs, *Jules Verne*, Lemire 14). Su panadería favorita quedaba exactamente al doblar la esquina, en el Passage des Panoramas, y su pastelería preferida en Rue Vivienne (*VIE* ii). La familia se mudó una vez más al 153 en el arborizado Boulevard de Magenta, en la primera mitad de 1861; luego al 45 en el mismo bulevar; y, por último, en una fecha no conocida, en 1862 al 18 Passage Saulnier (Certificado de nacimiento de Michel; *BSJV* 136: 23; contrato entre Hetzel y Verne de 23 oct. 1862), directamente encima del taller de grabado de Dumas hijo y al lado del hogar de Offenbach.

285 ADF 85; «Alegres miserias».

económica del padre probablemente suspendida, la familia pudo haber vivido de los esfuerzos literarios y financieros de Verne y de los ingresos y/o del capital de los 46.000 de Honorine, seguramente invertidos por su hermano[286]. En otras palabras, los principales recursos financieros estaban bajo el control de la esposa.

Honorine adquirió unos aretes de diamantes por 350 F, lo que provocó un «está loca»; aunque es posible que solo fueran sus gemas prenupciales remontadas [mar. 57]. Pero Verne se negó a gastar 25 F en un ramo de flores para ella[287]. El nieto biógrafo proporciona otros detalles del comienzo de su vida matrimonial, aunque se desconoce la fuente[288].

Durante estos años, la vida de Verne no fue muy diferente de la anterior. Su hermano Paul, aún soltero, vino a visitarlo, al igual que los tíos Châteaubourg y Allotte. La pareja les brindó mucho entretenimiento, con juegos de cartas y veladas musicales (CNM 112). Los amigos de Jules seguían viniendo todos los jueves por la noche[289].

Jules y Honorine disfrutaban las salidas con sus amigos (RD 56). En julio de 1859, pasaron un largo fin de semana campestre en casa de los Lelarge en Château Thierry. A pesar de los 40° C, la pareja se divirtió mucho con Valentine, que ya tenía siete años, Hignard, Lorois y el músico Charles Delioux, amigo desde los salones musicales de Talexy; y Jules quedó muy impresionado con la catedral de Reims (15 jul. 59). Verne asistió a la boda de su hermano en Blois en octubre. La familia quizás visitaba a ambos suegros al menos una vez al año[290].

---

286 16 nov. 56 en *BSJV* 109: 8-11.

287 15 mar. [59] a Ferdinand de Viane en *BSJV* 172: 5.

288 Honorine dedicaba bastante tiempo a cocinar comidas sofisticadas que Jules apreciaba muy poco. En verdad, Mme. Verne no entendía lo que él decía ni por qué dedicaba tanto tiempo a leer y a escribir, y por eso seguía perturbando su trabajo. Por fortuna, su ingenio era tan ágil como el de él, y hasta lo hacía reír a carcajadas (JJV 47).

289 [mar. 57]; ADF 82.

290 Según Marguerite, Verne todavía iba de vez en cuando a los salones, como el del conde de Osmond. Estuvo entre los 50 invitados de «la flor y nata del mundo literario parisino de 1861», a una suntuosa recepción en la casa de los célebres cantantes, los hermanos Lionnet. Fue esa misma noche en que presentaron a Alphonse Daudet, recién llegado a París (ADF 111). En fin, como en el caso de Hugo, es posible que los dos escritores que pronto serían famosos se hayan encontrado en esa ocasión, pero no quedó constancia del encuentro.

Un agosto, probablemente de 1860 o 1861, la familia viajó a Amiens[291]. En contra de su buen juicio, Jules fue persuadido de ir a cazar a las llanuras de Picardía. En la descripción que publicó en 1882, Verne describe cáusticamente a sus siete u ocho compañeros cazadores, todos terribles mentirosos y ajenos al horror del sangriento deporte. En marzo de 1862, mientras Jules estuvo en Amiens sólo tres días, Honorine se quedó, presumiblemente con las niñas, dejándolo solo en París durante un mes.

Incluso antes de su boda, Jules había leído libros sobre la bolsa de valores y, curiosamente, los *Elementos de mecánica* de su primo, recién salido de la imprenta (5 sep. 56). Gracias a Ferdinand de Viane, también había asistido a la Bolsa de París para realizar un aprendizaje con Charles Giblain, recibiendo clases, estudiando el mercado y observando las operaciones[292]. No fue capaz de tomarse en serio su nueva personalidad: «Anoche desperdicié una magnífica oportunidad para largarme a Bruselas; llevaba 600.000 en acciones en mi maletín y 95.000 en efectivo» [oct. 56]. Debido a su supuesta mala actitud y a su pobre aptitud para escribir, como decimos los hongkoneses crudamente, Giblain se negó a renovarle su «período de aprendizaje» como «redactor de correspondencia»; pero Verne resultó beneficiado, pues Giblain fue expulsado del registro en 1859. De Viane se negó entonces a emplear a Verne en su propio negocio, alegando que era un pariente. Ni siquiera le permitiría vivir en Amiens y aprender de algún modo, aunque fuera como supernumerario no remunerado. Todo el tiempo, Jules le decía a su padre que en realidad no quería trabajar en Amiens (22 nov. 56). La cuarta tentativa de empleo de Jules, como vimos, fue precipitarse al matrimonio para poder trabajar de algún modo para «M. Ferdinand», como lo llamaba, aunque eran de la misma edad[293].

Al final, los 50.000 o 30.000 de los padres de Jules al parecer se utilizaron para ingresar en la firma de Eggly, ubicada en el 72 Rue de Provence en el Noveno Distrito, una calle donde Balzac y Baudelaire habían vivido. Maisonneuve ya estaba trabajando allí, y en enero le presentó a Verne

---

[291] Verne dice 1859, pero él estaba en Bretaña en esos días.

[292] 5 sep. 56, 7 sep. 56.

[293] Los tres rechazos y el cuarto intento se mencionan en 16 nov. 56 en *BSJV* 109: 8-11.

a su nuevo empleador (nunca llegaría a ser socio). Ferdinand Eggly era un corredor de bolsa bien establecido de origen suizo y de gran integridad, que más tarde se convirtió en uno de los mejores y más ricos de París[294].

En su nueva vida Verne se levantaba regularmente a las cinco y se tragaba una taza de café. Luego leía y escribía hasta las diez, guardaba bajo llave sus manuscritos, se sentaba a desayunar, se ponía la ropa adecuada y se dirigía a la oficina. Tras un par de horas en la firma, se dirigía a la bolsa de valores para trabajar de una a tres[295].

Como intermediario, servía de enlace entre los clientes y los «corredores externos», únicos autorizados para ejecutar y que se quedaban con el 70% de la comisión [26 may. 56]. Más concretamente, «el trabajo consiste en captar clientes y recibir sus órdenes de comprar y vender acciones», trabajo simplificado por su falta de «título oficial» o de «funciones o cuentas complicadas que hacer» [26 may. 57]. «Todos los días escribo un resumen de la bolsa», presumiblemente para sus clientes [mar. 57]. El trabajo, que requería poco más que una «precisión absoluta», era, en una palabra, «aburrido» [jul. 71].

En realidad, Verne nunca consiguió una clientela próspera, una parte de sus inversiones las hizo para su padre, el tío y la tía Châteaubourg, y los padres de Honorine. A pesar del apoyo de Maisonneuve, no logró acercarse a los niveles que le había prometido a su padre. Se dice que un colega habría dicho que «tenía más éxito por sus ocurrencias chistosas que por sus gestiones»[296].

Tanto como el lucro, el atractivo de la bolsa es que era una especie de club de caballeros. Un buen amigo intermediario era el futuro empresario Félix Duquesnel. Aunque en alguna ocasión fue grosero con Flaubert y el empleador de una desconocida llamada Sarah Bernhardt, tenía «una actitud dulzona y un optimismo encantador. Encontraba todo lógico y natural, y raras veces criticaba o se quejaba»[297].

---

294 JJV 47; Charles-Noël Martin, «Le Mariage de Jules Verne», *BSJV* 65-66: 62.
295 ADF 80; CNM 114; [26 may 56].
296 Duquesnel, citado por ADF 80.
297 Tomado de la descripción de Joe de *Cinco semanas* (vi), para quien Duquesnel fue el modelo (Félix Duquesnel, *Le Gaulois*, 23 Marzo 1905 (en *BSJV* 132: 37)).

Verne se encontró rápidamente cabecilla de un grupo legendario que disfrutaba de tremendas diversiones y juegos en la pesada columnata derecha de la fachada de la bolsa[298]. Alrededor de un núcleo predominantemente nantés o bretón, algunos destinados a alcanzar el éxito en el teatro o la literatura, se agrupaba un gran número de asociados, que entraban y salían con las estaciones. Muchos de los asiduos a la columnata eran antiguos *Externos* u otros compañeros de Jules, como Maisonneuve, Hignard, Wallut, Delioux, Lorois y Philippe Gille, así como dos músicos aficionados provenientes de Poissonnière: Raymond Fournier-Sarlovèze, futuro militar y político, y Charles de Béchenec[299].

Entre los breves periodos de trabajo, Maisonneuve y Verne pasaban la mayor parte del tiempo divirtiéndose[300]. Llamaban irrespetuosamente a los de mayor edad «los antepasados»; el novelista Ernest Feydeau lanzaba algún chiste burlón al pasar apresurado, y Verne respondía con igual ingenio y potencia[301].

En las cartas de Verne de este período comenzamos a ver pequeños brotes de mejora en sus esfuerzos literarios. Cita de «Zacarías»; reconoce haber utilizado frases superfluas. En un ejercicio de estilo, los diez párrafos comienzan con «Yo». En otra, agradece largamente a su madre por su regalo, aunque no sabe si colgarlo de la cadena de su reloj o pulir el piso con él; luego admite que en realidad no lo ha recibido[302].

Aunque Jules seguía pensando que sólo podía vivir en París, había perdido la confianza en su estrella, e incluso en su juicio literario: «Estoy... desanimado y ya no me atrevo a probar nuevos temas: ya no soy capaz

---

298 Duquesnel, citado por ADF 80; cf. Bastard 340.

299 Entre los amigos relativamente nuevos estaban William Busnach, más tarde coautor con Verne; Ernest-Aimé Feydeau, nuevo novelista estrella y padre del popular dramaturgo; y Zabbah, empleado del *Charivari*. El conde Frédéric de Cardailhac, codirector del Teatro del Vodevil, había puesto en escena *Camille* de Dumas padre y pronto pondría en escena *Los once días de asedio* de Verne. Al margen, giraban probables visitantes a la Bolsa: Dumas hijo, el libretista Alphonse Royer, el periodista y escritor Xavier Aubryet, Frédéric Gaillardet, dramaturgo y colaborador de Dumas padre, y Hector Malot, futuro novelista y crítico de Verne. En una órbita aún más distante pueden haber estado el famoso caricaturista Cham, y Joubert, fundador del Banque de Paris.

300 RD 55; Félix Duquesnel, *Le Gaulois*, 22 abr. 1909 (en *BSJV* 132: 43).

301 Duquesnel, informado por ADF 80.

302 [¿10? jun. 54]; [20 nov. 55]; 20 jun. 55.

de distinguir las buenas ideas teatrales de las malas»[303]. Los fracasos se extendieron en su imaginación hasta 1863: «Me asusto... cuando pienso que a los 35 años a duras penas podría no estar más adelantado que ahora» (4 jul. 56). Lo único que le quedaba era su recia determinación, pues había quemado todas sus naves: «la literatura es un arte con el que me identifico, al que nunca renunciaré» (29 may. 56).

En 1857, la publicación de siete poemas en la colección *Rimes et mélodies* de Aristide Hignard le dio un impulso. Si bien uno de ellos tenía una ambientación oriental, la mayoría se remontaba a la novela del período romántico. En el volumen, la pálida «nuestra estrella» dedicada a Honorine y la sinceridad reciclada del «simplemente» cohabitan codo a codo con Herminie escabulléndose de la cama de su marido para tener una cita con el joven Jules, como si los años intermedios no hubieran transcurrido.

Ese mismo año, Verne se lanzó con audacia a la crítica de arte. De su familia culta derivaba el conocimiento y comprensión de los esfuerzos artísticos contemporáneos. Su tío abuelo y su tío Châteaubourg habían ejercido el oficio; él mismo poseía una imaginación visual muy desarrollada y podía presumir de conocer el campo de las artes plásticas. Sin esfuerzo aparente, publicó siete largos artículos de crítica del Salón de 1857, un total de 32.000 palabras. Debido a su alcance y unidad de tema y de título, sin duda deberíamos considerar que conforman un libro. *El Salón de 1857* constituye así el primer esfuerzo verniano en prosa de cierta extensión que tuvo éxito. Su existencia permaneció sin descubrir durante siglo y medio, y fue revelada por primera vez en la edición original en inglés del presente libro. El texto apareció en una edición anotada, comentada e ilustrada en 2008, que pronto generó imitadores[304].

El texto es convincente y fluido y evidencia un conocimiento considerable del mundo del arte. La Exposición Universal de Bellas Artes, conocida informalmente como el Salón, era una institución en especial parisina con relativamente pocas barreras; y, debido a sus estándares flexibles, los artistas reconocidos a veces declinaban participar. Su ilustre predece-

303 [26 may. 56]; 4 jul. 56.

304 Una copia de la publicación original se conserva en la Biblioteca Municipal de Nantes, por lo que el hallazgo puede deberse a Luce Courville, Colette Galois, Agnès Marcetteau, o a otro funcionario de la biblioteca.

sor, Baudelaire, había señalado el camino con ensayos de crítica de arte y reseñas recogidas en los dos volúmenes de *Les Salons* (1845-1846). El trabajo de Verne apareció en la *Revue des beaux-arts: Tribune des artistes*, bajo la dirección de Félix Pigeory, arquitecto y autor de guías regionales. Esta revista de bellas artes era conocida tanto por su política conservadora como por sus reseñas de operetas. Châteaubourg, con buenos contactos, se estaba quedando en casa de Verne cuando finalizó el trabajo, por lo que puede haber ayudado a que el asunto se concretara[305].

En la práctica, el papel de Verne era doble, según le contó a su padre: «He aceptado la dirección de una revista, la *Revue des beaux-arts*, que funciona desde hace 27 años; esto me hará ganar unos 1.800 F y me ocupará dos días por quincena» (8 mar. 57). Si la suma citada puede ser el pago mensual (las funciones del cargo no están claramente definidas), presumiblemente por cubrir al menos el *Salón de 1857*, habría totalizado unos 10.000 F (€ 50.000), una suma enorme. Sin embargo, cualquier función editorial que posiblemente haya desempeñado hasta octubre no aparece documentada en la propia revista, excepto en forma retrospectiva e irónica:

> La jefatura de la redacción, vacante por la cruel enfermedad de M. Georges Guénot[306], y de la que Jules Verne temía fatigarse, recayó legítimamente en... M. Albert Blanquet... M. Jules Verne tiene, caramba, toda la razón al querer escribir solamente a su ritmo[307].

El texto de apertura de Verne, «Artículo preliminar», es interesante ya que resume toda la exposición, aunque muchos de los pintores citados hayan dejado poca huella en la actualidad. El llamado «Primer artículo» cubre las obras de 20 artistas, incluidas pinturas de franceses y escoceses luchando codo a codo en Crimea, del neoclásico Horace Vernet (1789-1863), nieto del famoso Joseph Vernet. El «Segundo» cubre a Corot, Mi-

---

305 Otra posibilidad es que la autoría verniana de operetas y su anterior secretaría le abrieran las puertas; podría haberlo conseguido también a través de Chevalier, que era amigo y colaborador de Pigeory.

306 Guénot, con título también de «redactor jefe», había cubierto el Salón en 1855, como parte de la planta de la *Revue* desde 1850; escribió los artículos inmediatamente anteriores y posteriores al «Retrato de un artista» de Verne, pero sólo hasta febrero de 1857.

307 Hippolyte Lucas, «Revue théâtrale: Reprise de possession, Un nouveau rédacteur en chef», *Revue des beaux-arts*, vol. 8, Noviembre 1857, p. 435.

llet y Courbet; y el «Tercero», a Maurice Sand, no solo autor de *Seis mil leguas a todo vapor*, sino también pintor de gatos e hijo de George Sand. El «Cuarto» elogia la representación de pequeños barcos de pesca bretones durante la marea baja. El «Quinto» arremete contra Doré, que nunca ilustraría una obra de Verne. El «Sexto» concede una mención de honor a Merino, el inspirador e ilustrador peruano de Verne.

A la luz de la carrera posterior de Verne y sus amigos, algunas de las personas involucradas en el Salón de 1857 resultan significativas. El famoso fotógrafo y publicista Nadar escribió un libro sobre el Salón; y, otro vínculo premonitorio al que Verne dedica muchas columnas, es Ernest Meissonier, amigo y retratista del editor Jules Hetzel.

Algunos análisis individuales hacen hincapié en los sutiles colores de Bretaña, prestando especial atención a las escenas que conocía, como los cuadros de Charles Leroux sobre el río Erdre al que se asomaba tanto desde la ventana de su habitación como desde la casa de campo de los primos Tronson; o el conmovedor frágil esquife de Théodore Rousseau amenazado por una tormenta en el bajo Loira, foco de sus primeros sueños. También surgen interesantes reflexiones sobre la creación artística, que se suman a un proyecto de manifiesto que se concretará cinco años más tarde: el tráfico en ambas direcciones entre las representaciones literarias y las pictóricas; el significado humano encarnado en los paisajes; el exotismo de Oriente o de los kayaks esquimales y los sueños que engendran; la importancia de la energía en el trabajo artístico y de la simplicidad en la expresión.

El método de Verne en este avance inicial recuerda la impresionante cantidad de investigación que insertará en su primera ficción, reunida en una miríada de tropos, curiosidades y apartes. Mientras que los liceos franceses, entonces y ahora, enfatizan, casi con exclusión de otros enfoques, una retórica de análisis y reconstrucción («tesis-antítesis-síntesis»), Verne desconfía de todas las superestructuras teóricas. «Inventando sobre la marcha» en gran medida, su método es, en contraste, empírico y ecléctico (ambas palabras obscenas en francés). Si bien podría ser exagerado argumentar que su ingenua colección de detalles aparentemente dispares apunta al puntillismo que pronto estará de moda de los impresionistas, su apego pragmático a los detalles concretos seguramente participa, a su manera, en el movimiento realista de entonces que predominaba en la creación artística y literaria.

La importancia de *El Salón de 1857* para comprender el desarrollo artístico e intelectual de Verne es indudable. El puñado de escasos volúmenes publicados, a veces a sus expensas, junto con docenas de manuscritos desteñidos, fueron casi todos en verso. Este primer avance en prosa, básicamente documental pero con una vena creativa, señala el camino hacia los relatos de viajes autobiográficos, de nuevo supuestamente fácticos pero de hecho cada vez más imaginativos. De ahí a las novelas, con su impresionante documentación histórica y geográfica y su creatividad desenfrenada, sólo hay un pequeño paso, aunque en cierto modo se completa el círculo tras los primeros relatos. La obra de 1857 condujo al aprendiz de escritor hacia su destino.

Además, un artículo independiente de 600 palabras publicado anteriormente en el mismo volumen de 1857, «Retratos de artistas... XVIII»[308] –la primera publicación de no ficción de Verne, que también tuve la suerte de descubrir–, analiza a Massé, amigo de toda la vida, que participaba en las ruidosas sesiones musicales en el n.º 30 Boulevard Poissonnière, y colaborador artístico:

> Victor Massé es un bretón de Morbihan, que él apenas recuerda; muy pocos de sus amigos sospechan su origen armoricano. Además, no se enorgullece de ello, y tiene mucha razón; es Morbihan el que debe recordarlo. Declara, sin que se le inste a ello, que no tuvo ninguna vocación especial por la música en su infancia, y menos aún precocidad en la materia. Dejemos que los siglos futuros afirmen que desde joven se atiborró hasta la médula de Bach y Mozart; ¡la verdad es que fue escuchando el trombón en un baile público en París, cuando se sintió tomado por el demonio de la música! ¡Esa gente dirá que era muy joven para ir a los bailes!

Es evidente que Verne presenta a Massé con conocimiento de primera mano. Aparte de las listas de obras –que el lector de la época probablemente ya conocía–, la mayor parte del artículo, bastante magro, consiste

308 Verne también debía escribir más piezas que reseñaran las esculturas, miniaturas y acuarelas del Salón. Sin embargo, estuvo «indispuesto» y fue reemplazado por otro escritor.

en anécdotas personales, incluida una historia sobre lo caprichoso de las reputaciones tan pronto se cruza una frontera. Por otra parte, estos relatos no siempre suenan verídicos del todo, especialmente el de una llave lanzada por una ventana. Además, tras negar querer hablar de premios, éxitos o condecoraciones, muchos párrafos hacen exactamente eso.

En 1858, continuó el éxito de sus escritos. La opereta en un acto *Sr. Chimpancé* (1857), de Verne e Hignard, quizás con Carré, transmitía el gracioso mensaje de que casarse era hacer el mono. Se inauguró en las Bouffes Parisiens en 1858 puesta en escena y dirigida por el famoso Offenbach, a quien Verne pudo haber conocido entonces[309]. Sin embargo, las críticas positivas fueron pocas y espaciadas. Con Carré e Hignard de nuevo, la modesta opereta de un acto *La Posada de las Ardenas* fue puesta en escena en el Teatro Lírico (1860) de triste memoria, ahora dirigido por Philippe Gille, asiduo asistente a la columnata; y fue publicada el mismo año. La comedia ligera y llena de juegos de palabras en tres actos *Once días de asedio*, escrita con Charles Wallut y Victorien Sardou –y posiblemente Dumas–, según escribió un periodista (*Ent.* 90), se burlaba del adulterio de los recién casados y del matrimonio como ambición social. Se representó 21 veces en el Vaudeville y se publicó en 1861, produciendo 715 F, de los cuales Verne obtuvo una cuarta parte[310]. Después de 15 años de intentarlo, representaba solo su segundo estreno fuera del Lírico (antes Teatro Histórico).

A lo largo de este periodo, Verne pidió comentarios a Genevois, a su padre, al alcalde de Nantes e incluso a su médico, pero a menudo se sintió decepcionado por los resultados. A medida que sus obras mejoraban, seguía esperando un gran éxito. A propósito de un intento, dijo: «si fracasa hay que considerar que el diablo y la fatalidad se han entrometido» [27 jun. 56]; tras lo cual fracasó completamente.

Durante la excursión a Château Thierry, Hignard había mencionado una oferta de su hermano Alfred, que trabajaba en el negocio de la navegación: un viaje gratis a Gran Bretaña en un buque de carga, que Jules aceptó sin dudar un instante (15 jul. *59*).

---

309 CNM 114; Robien 85.

310 Volker Dehs, «Jules Verne correspondant de Victorien Sardou», *BSJV* 150: 19.

53. Escocia, Edimburgo, grabado original en acero, Schröder, 1860

Ya conocía Escocia por sus lecturas, pues había devorado gran parte de Walter Scott, especialmente *El anticuario*, *Rob Roy*, *El corazón de Midlothian* e *Ivanhoe*. Como preparación adicional, consideró que aumentar sus cinco o seis palabras de inglés ininteligible era menos importante que releer a Dickens, especialmente *Nicholas Nickleby* y *Los papeles póstumos del Club Pickwick*. También estudió *El Inglés en casa*, de Francis Wey, e *Inglaterra, Escocia e Irlanda* de Louis Énault con grabados de Gavarni, quien había ayudado a ilustrar sus *Castillos en California*; y destrozó el mapa de Escocia de Malte-Brun con las «puntas frenéticas de su compás» (*VIE* i).

Verne obtuvo un pasaporte después de muchos rodeos burocráticos (*VIE* ii). El 28 de julio de 1859, salió de París en el nuevo tren nocturno, dejando a su esposa e hijas en Amiens, para unirse a Hignard en Nantes[311]. Sin embargo, los dos se enteraron de que el barco zarparía de Burdeos. Esperaron dos días al vapor regular que bajaba por la costa, ocupando el tiempo en burlarse del nuevo Palacio de Justicia, con escalones en la fachada que conducían únicamente a un cul-de-sac con «una estatua de la justicia en avanzado estado de embarazo» (*VIE* iii).

Luego, fuera de sí por la emoción ante la idea de visitar su patria ancestral, Verne descendió por el Loira con Hignard, admirando la «aguja afilada que se adentraba en las brumas del atardecer» en Chantenay e inhalando las «exhalaciones alquitranadas» de la fábrica de máquinas de vapor de Indret[312]. Cuando el vapor tocó fondo y encalló cerca de Le Pellerin, para quedarse varado durante la noche, Jules se regocijó al recordar su propio naufragio en estas costas 20 años antes.

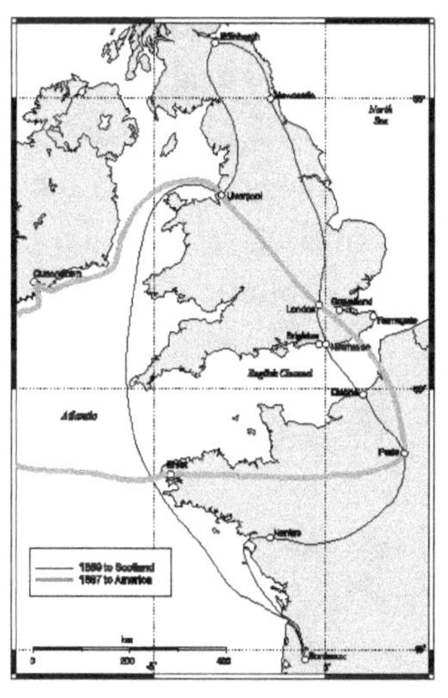

54. Gran Bretaña, con los viajes a Escocia en 1859 y a América en 1867

En Burdeos, los dos se alojaron en el Hôtel de Nantes, absortos por la musicalidad de los acentos sureños. Pero finalmente tuvieron que esperar el barco 17 días. Visitaron la ciudad y la bahía de Arcachon, aprendieron a beber Château d'Yquem y pasaron el tiempo lo mejor que pudieron.

El primer viaje por mar de Verne en el *Hamburgo* el 23 de agosto lo dejó embelesado; se levantaba cada noche para contemplar el océano iluminado por las estrellas durante horas y horas, soñando con Chateaubriand (*VIE* xii).

Los primeros pasos registrados de Verne en suelo extranjero tuvieron lugar en Liverpool con sus terribles condiciones sociales, incluida la prostitución descarada. Una de las chicas, apenas en su adolescencia, hizo una sugerencia obscena que él no se atrevió a repetir. Después de recorrer los

---

311 Según *VIE*, las fechas aproximadas fueron: viaje a Nantes 27-28 de julio, Nantes 28-30, Burdeos 2-22 de agosto, Liverpool 26, Edimburgo 27-30, Oakley 31, Balloch, Lago Lomond, Lago Katrine, Callander, y Stirling 1 de septiembre, Edimburgo 2, Londres 3-4, y Dieppe 6 de septiembre.
312 ADF 83; *VIE* iv.

muelles, incluyendo presenciar una pelea a puños en un pub, Hignard y él se dirigieron directamente a Escocia.

La mañana del 27, tras una noche en el hotel franco-escocés Lambré en el 18-19 de Princes Street, los dos despertaron ante una vista de casas medievales de doce pisos, el peñasco volcánico del Castillo de Edimburgo y la «montaña» Arthur's Seat (*VIE* xix). A partir de ese momento, la arquitectura, la historia, la comida y la alegría lo asombran y deleitan. La «miseria absoluta» de los fétidos barrios bajos y las escaleras con escalones faltantes de los recintos interiores, «oscuros, húmedos y horribles»; los espléndidos bancos pretenciosos; el bonito pueblo pesquero de Newhaven; las ventanas de guillotina contrapesadas hábilmente; el «castillo de recreo» real; la magnífica Ciudad Nueva con sus «puentes» de arco a las entradas principales; y la gloriosa avenida hasta el Parque de la Reina que Walter Scott había reconstruido «escribiendo unas cuantas líneas» en una novela (*VIE* xx). La clásica vista del mar desde la cima de Arthur's Seat es sublime; de ahora en adelante la mayoría de sus volcanes parecerán claramente escoceses.

55. Canning Dock y Custom House, Liverpool, grabado por T. Hughes a partir de una imagen de W. H. Bartlett (1842).

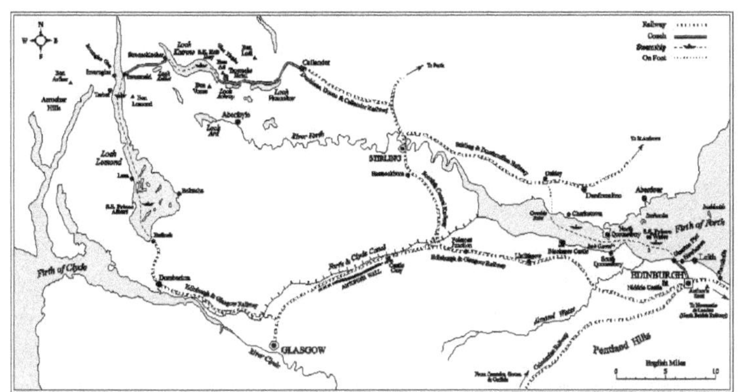

56. Escocia central y las tierras altas del sur, muestra del viaje de 1859

Un esparcimiento cómico lo proporciona una excursión en ómnibus descubierto a Portobello. Las casetas de baño se combinan paradójicamente con el baño desnudo y nuestros dos héroes deciden ponerse a tono, a pesar de, o por, todas las «jóvenes bonitas» de la orilla. Pero en el momento vital, después de haberse sumergido brevemente en el «oleaje amargo», salen de espaldas, con sus virilidades mirando vergonzosamente hacia el mar.

Los dos visitan a William Bain, pariente lejano de Hignard, en el n.° 6 de Inverleith Row, impresionados por la solidez victoriana de las casas. Bain tiene una encantadora hija de 17 años, «Amelia» (nombre real: Margaret), que habla un francés perfecto[313]. Verne cae bajo su hechizo mientras ella toca melodías de las Tierras Altas en el piano y les informa y entretiene de manera regia, llevándolos a los Jardines Botánicos y al Cementerio de Warriston. A continuación, les escribe un itinerario detallado que... implica salir de Edimburgo de inmediato.

Navegan por el Estuario del Forth y en dirección a un espléndido «château», Inzievar House, en Fife, para ser recibidos por William Smith, un sacerdote católico que habían conocido en casa de los Bain. Verne admira los establos y los invernaderos con calefacción y riego. Cubriendo un terreno considerable, él e Hignard pasan por Stirling, Bannockburn, Glasgow (sin apreciarlo), Balloch, Loch Lomond, Luss, la carretera de montaña hacia Loch Katrine, Loch Arklet, Ben Lomond y Callander.

313 Parte de la información sobre la visita a Escocia proviene de Ian Thompson, «Jules Verne, Geography and Nineteenth Century Scotland», *La Géographie: Acta Geographica*, dic. 2003, 48-71.

57. Loch Katrine
William Turner (1834)

Se maravillan de un pueblo lleno de «abnegación y devoción» y un paisaje «cuya belleza sublime desafía la imaginación», que *es* historia, con su naturaleza «salvaje, melancólica y lastimera»[314]. Incluso ven la aurora boreal y el tren de la Reina Victoria con su guardia escocesa, todos con peludos *sporrans* y rodillas nudosas. Para Verne, cada laguna, cada colina y cada isla está sacada de *El corazón de Midlothian* o de *Rob Roy*, cada citadino es un Anticuario, cada «campesino» es un Fergus o un Macgregor.

El impulso de Verne hacia el norte se ve truncado bruscamente. Después de ver el Castillo de Linlithgow, las Colinas de Pentland y el Agua de Leith, los dos sufren un infernal viaje nocturno asediados por patanes ebrios (3 sep.). A continuación, una visita relámpago por Londres, que incluye el Museo de Mme. Tussaud, el Túnel Blackwall, el futuro *Great*

314 *VIE* xxxviii; xxxiv; xxxiii.

Eastern y una representación de *Macbeth*. Y, finalmente, un desganado regreso a casa.

Aunque pasó menos de quince días en Gran Bretaña (del 26 de agosto al 6 de septiembre), Verne quedaría profundamente marcado por la experiencia, especialmente en Edimburgo y las Tierras Altas. Al fin y al cabo, constituyó su primer viaje real fuera del norte de Francia, su primer viaje por mar, su primer contacto con extranjeros y sus primeras montañas y lagos.

El viaje de Verne quedó registrado en su *Viaje a Inglaterra y Escocia*, ligeramente ficcionalizado. Narrado por un intermediario de bolsa de 30 años de edad, recién casado, con un músico como «amigo íntimo», el manuscrito estuvo en proceso de descomposición, tal vez desprendiendo un ligero olor a brezo y whisky, hasta 1989. Se publicó entonces y fue aclamado como un escrito de un viaje agudamente observado y un documento importante para comprender al joven escritor. Su interés radica en ser uno de sus raros libros sin censura, con una pasión juvenil que salta de cada página, lleno de exageración humorística sobre el mar, el hambre, el antimilitarismo, las muchachas de Edimburgo, los curas curtidos por el clima, la arquitectura naval, las ruinas románticas y los paisajes deliciosamente desprovistos de toda presencia humana.

El volumen sobre todo da luz verde al impulso de viajar que será el alfa y el omega de la vida de Verne como escritor. Confluencia de diario de viaje y creación literaria, constituye una declaración de intenciones artísticas, en la que la futura serie de Viajes Extraordinarios se vislumbra como una microscópica imagen invertida. Durante varios decenios, abundarán los ecos escoceses: la música evocadora; el vínculo ciencia-literatura, pues las imágenes de Scott y Watt son intercambiables; las «sinuosidades» del lago Lomond, escondite de incontables misterios; la mezcla de mástiles y árboles, homenaje a la poesía de Pierre y signo precoz de la equivalencia mecánico-biológica que lo inspira; y, el sueño del norte, la semilla germinal de la creación lineal de sus grandes obras maestras.

LA FORTUNA SE ARREMANGA LAS FALDAS

1860-1863

CAPÍTULO IX

58. Esta ilustración de Gustave Doré que muestra la ruta de Stalhelm sirvió de inspiración para el viaje a Escandinavia de Verne.

Hacia 1860, Verne escribió un borrador de otra novela, la sombríamente pesimista *París en el siglo XX*. A los 32 años estaba desesperado; como el protagonista, había sufrido repetidos fracasos con sus escritos y se sentía generalmente incomprendido.

En 1960, el huérfano Michel Dufrénoy asiste al día de premiación en la Cooperativa de Crédito Instruccional de 186.000 estudiantes, pero es abucheado por ser un latinista obsoleto. Poeta bretón, que vive en un París norteamericanizado, conoce, y sobre todo detesta, los ascensores y la iluminación eléctrica, los carruajes sin caballos y el Metro, las máquinas para hacer cálculos, transmitir cotizaciones bursátiles y enviar facsímiles por todo el mundo. El aire está contaminado, la lengua francesa anglicada, el arte y la música casi abolidos, Balzac, Hugo y Lamartine sustituidos por Paul de Kock (*sic*).

Por medio de su tío favorito, posiblemente inspirado en Châteaubourg, Michel conoce a Lucy y la conduce en un recorrido por París. En su trabajo bancario en Rue Drouot, a la vuelta de la esquina de la firma Eggly, lleva la Contabilidad, bajo las órdenes del simpático Quinsonnas, un compositor a escondidas, quizás basado en Hignard. Pero el músico derrama tinta sobre el Libro Mayor durante una discusión con Michel, lo que provoca el despido de ambos. El joven poeta encuentra un trabajo miserable en el Departamento de Comedias de una fábrica gubernamental de redacción y censura. Sus versos son rechazados por todos los editores; pierde su piso; y acaba pasando hambre. Cuando gasta su último franco en flores para Lucy, se da cuenta de que ella se ha mudado sin dejar una dirección. Michel deambula sin rumbo por París, terminando entre las tumbas cubiertas de nieve de los grandes escritores en Père Lachaise, donde se pierde en el olvido.

París en el siglo XX es como muchas primeras novelas. Autobiográfica y carente de impulso narrativo, uno de sus principales atractivos proviene de las vívidas descripciones de los barrios históricos donde el autor estudió, trabajó y escribió, las casas, las tiendas y los teatros que conocía de memoria. Aunque carece de la emoción elegíaca de las *Aventuras del capitán Hatteras* o de *Viaje al centro de la Tierra* y tiene poco sentido de un final, la obra sigue siendo un interesante retrato de la vida de mediados del siglo XIX.

Nuestra lectura está matizada por el conocimiento de acontecimientos posteriores, lo que nos permite maravillarnos de cómo muchas de sus «predicciones» no dan en el blanco. La agridulce anticipación-retrospección del fenómeno editorial de la década de 1990 pone al descubierto el París de 1860 y el proceso de cambio histórico. Los análisis periodísticos superficiales no deben permitirse oscurecer la asombrosa perspicacia de Verne en esta obra del pasado-en-el-futuro, anticientífica y eminentemente humana y social.

En 1861 Verne visitó Alemania, Suecia, Noruega y Dinamarca con Hignard y Lorois, pasando cinco semanas fuera. De este modo, se perdió del nacimiento de su único hijo Michel, a pesar de dar instrucciones a su esposa para retrasar el acontecimiento, al menos según Marguerite.

59. Castillo dibujado por Verne

En el cuaderno inédito «Viaje a Escandinavia» (1861-1862), el escritor recoge las impresiones directas de su segundo viaje conocido al extranjero:

> Tales [escritores] no van a Noruega
> enfermo si me quedo. Hay que partir... Martes por la tarde, 2 de julio, llega-sale a las cinco y diez en el Ferrocarril del Norte. Cruzar la frontera... llegada a Charleroi-efecto de la fábrica en la noche...
> Llegada a Colonia a las 4 de la mañana del miércoles... correr a la catedral-maravillosa... sólo hay una torre que conduce a la galería... cinco naves... el puente ferroviario tubular–el muelle de embarcaciones–1 muro defensivo... con aspilleras... Salida de Hannover a las 4 en punto–campiña llana teñida de gris, llegada a Harburg a las 8 en punto–el ómnibus–1ª travesía del Elba en un barco a vapor. La isla a atravesar-segundo cruce... gran ciudad comercial... cena-paseo... el Alster con molino, dormir en Hamburgo... vista... Vaterlandes... Jardines ingleses en niveles... canales... embarcaciones a vapor... árbol [que se come] la casa.

Una frase, «enfermo si me quedo», dará origen a un pasaje clave de «Alegres miserias»: «Me enfermé. Una nostalgia por los países extranjeros se apoderó de mi vida. Abandonar Francia... era una necesidad absoluta». Del mismo modo, la frase previa, «Tales [escritores] no van a Noruega», se convertirá en «... lo que pocos han visto, al menos los que tienen la letal costumbre de escribir sus impresiones de viaje», y así indica las novelas que vendrán, al tiempo que ironiza tanto sobre los libros de viajes convencionales como sobre la mentalidad parisiense.

El único capítulo que se conserva del relato revisado del entretenido y animado «Alegres miserias de tres viajeros en Escandinavia», apareció en francés apenas en 2003. El espacio no permite proporcionar más que breves extractos:

> Lo confesaré libremente a mis lectores: hasta entonces nunca había salido de mi madriguera, y la necesidad de viajar me estaba matando. Esta pasión mía, reprimida de los 20 a los 30 años, simplemente se había hecho más y más grande. Había leído todo lo que se puede leer sobre viajes, e incluso todo lo que no se puede, y si este estudio no había osificado los lóbulos de mi cerebro, debo de estar naturalmente dotado...

> Desconozco si mis lectores se han dejado vencer alguna vez por una pasión irresistible. Espero que sí. Entonces comprenderán, y se darán cuenta de mi estado de ánimo después de que diez años de lecturas constantes hubieran acumulado un exceso de impaciencia, de tentaciones, de deseos devoradores. Había llegado al punto de identificarme totalmente con los grandes viajeros cuyas obras absorbía. Descubrí las tierras que ellos descubrieron, tomé posesión en nombre de Francia de las islas donde plantaron sus banderas.

En esta pieza tan significativa, Verne revela, casi por única vez, sus «pasiones», su motivación para viajar y, en general, su visión del mundo: culta, humorística, ambiciosa e independiente.

Verne concebía los países del norte como remotos e irresistibles, como la satisfacción de una sed de evasión largamente reprimida de escapar de la Francia urbanizada, como la compensación de un exotismo ausente: «Estos eran mis salvajes de Oceanía, mis esquimales de Groenlandia, la Suiza a gran escala». Todas estas «aventuras, descubrimientos... exploraciones» extrañamente se hacían eco del impulso producido por el Loira bajo la ventana de su alcoba.

> ¿Quién no ha visitado en cierta medida Italia, Alemania, Suiza o Argelia? ¿Quién de mis lectores no ha cruzado más o menos los Alpes o los Pirineos?... Por temperamento me atraen los países fríos... también hay mar de por medio, pues todo viaje digno de ese nombre implica algún grado de navegación...
>
> Mi imaginación se disparaba hacia el cielo azul. Era incapaz de quedarme quieto. Me entrené como un jockey; trotes prolongados por las llanuras de Saint-Denis me acostumbraron a largas salidas; subí a la Butte Montmartre, muy orgulloso de hacer la parte de montaña; mis pulmones se acostumbraron a la dificultad para respirar; desde estas modestas bases mi mirada se extendía sobre la gran Capital, a la que llamaba el Océano parisino...
>
> Nuestro equipamiento lo completaban un baúl de madera de árbol de jabalí, forrado en lona, un bastón macizo, una bolsa de viaje con bandolera de cuero pulido y un revólver, del que yo era el orgulloso propietario. Cada uno tenía además un jarro con cubierta de mimbre para brandy, kirsch o ron. El abogado compró una *rodilla de burro* para sacar agua de

> los arroyos, que tenía la ventaja de contaminar el agua más limpia. Yo tenía un cuaderno de origen británico, «patente de Henry Penny», Aristide, un álbum para recoger las sencillas melodías de estas gentes primitivas, y Émile, un libro de cuentas. Estaba a cargo del dinero.

Destacable a la luz de su carrera muy próxima a comenzar, es su indicación de sus fuentes, amplio recuento de su desarrollo intelectual en París durante «diez años de constante lectura». Verne hojeó los 68 volúmenes ilustrados de la revista *Univers pittoresque* y se suscribió al *Tour du monde*. Le gustaban Dumont D'Urville y Dumas, así como Cook, James Ross y John Richardson. Le encantaba *Noruega* (1857), de Louis Énault, quien le había guiado por Escocia. Y adoraba a Ossian, legendario guerrero gaélico del siglo III, cuya poesía, modernizada y tal vez escrita en gran parte por James Macpherson, contribuyó a hacer de Escocia un foco del movimiento romántico.

60. Iglesia de Hitterdal
Karl Girardet (1860)

En toda esta lectura, «se enamora perdidamente de los grabados de Doré y... de Riou»[315]. La trascendencia de este amor repentino, que se presenta como el motivo del viaje, es que su escritura se genera no por contacto con la naturaleza misma sino por una representación artística de la naturaleza, y lo que es más, pictórica: ¿quizás el momento en que comenzó su verdadera carrera como escritor?

Verne, Hignard y Émile Lorois compraron ron, tabaco, pistolas, bastones, impermeables apropiados y boletos para Estocolmo[316]. Partiendo de la Gare du Nord el martes 2 de julio[317], atravesaron el sur de Bélgica y pasaron por Colonia y Hannover. Los tres se quedaron dos días en Hamburgo, alojados en el hotel Zum Cronprinzen en Jungfernstieg. Verne disfrutó del panorama nocturno desde la torre de la iglesia de San Miguel, pero no le gustó la arquitectura del teatro[318].

En Lubeck se embarcaron en el buque de vapor *Svea* para el tercer viaje en alta mar de Verne, lo que le llevó de nuevo al éxtasis. En Estocolmo, «sin carácter» pero con la «población más educada y cortés» de Europa[319], Verne se dio cuenta de que había perdido su giro de 2.000 F del Banco Rothschild y pasó días visitando todos los bancos para cancelarlo. Sólo en el último, mientras terminaba de explicar su difícil situación, el giro cayó de su guía de viaje (*JVEST* 44-45).

Los tres «viajaron de Estocolmo a Cristianía [Oslo] por canal, remontando noventa y siete esclusas, un viaje extraordinario de tres días y tres noches en un vapor» (*Ent.* 94). En la capital noruega, Verne enfermó («sangrado excesivo») en el Hotel Victoria, y allí fue atendido por un Dr. Carl Wilhelm Boeck (1808-1875), director del hospital y especialista en

---

315 Se trata del mismo Doré contra quien había arremetido en *El Salón de 1857*.

316 ADF 87 y RD 58 dicen que viajó gratis en un barco de carga, otra vez por arreglos de Alfred Hignard, partiendo lujosamente acomodado con un cargamento de carbón, y acompañado de tablas de pino durante el viaje de regreso. Según estos relatos, los tres llegaron a varios puntos de la costa noruega, visitaron los fiordos y los «tristes mares e islas del norte», e imaginando Verne haber vislumbrado a Islandia, visión que le dejó una profunda impresión.

317 ADF 87 y JJV 54 dicen 15 de junio, pero pueden haber ajustado la fecha para hacerla encajar con la fecha de regreso cercana al 3 de agosto, aparentemente un arreglo para habilitar mendazmente el regreso de Verne para el nacimiento de su hijo.

318 Volker Dehs, «Impressions d'Hambourg», *BSJV* 149: 55; Cuaderno de Escandinavia conservado en la Biblioteca de Amiens.

319 Cuaderno de Escandinavia, p. 10; *El naufragio del «Cynthia»* iv.

sífilis y enfermedades de la piel, para quien habían traído una carta de recomendación. También visitaron su residencia de campo y lo vieron en total cuatro veces.

Tras las «casas de piedra blanca y ladrillo rojo» de Cristianía, ubicadas en un magnífico anfiteatro de montañas y un fiordo[320], la civilización desapareció cuando los tres se encaminaron a la región de Telemark. Después de navegar hasta Drammen y viajar por tierra hasta Hokksund, hicieron un viaje de nueve horas en trineo tirado por caballos por un camino estrecho bordeado de abetos. Desde la sucia y costosa taberna de la pequeña aldea de Tinnoset se desplazaron en un carro de posta de dos ruedas sin suspensión, con sus baúles y maletas colgando peligrosamente de la parte trasera. Luego, viajaron en el pequeño barco de vapor *Rjukan* por el tormentoso lago Tinn hasta Mael, y en carreta a lo largo de otro angosto camino bordeando precipicios hasta la pequeña aldea de Dal[321]. En algún momento también viajaron a caballo.

«Fresca y amistosa», Dal les encantó con su arroyo balbuceante y su puñado de casas pintadas de «verde retoño, rosa pálido y... rojo sangre». En los tejados crecían flores silvestres y grama, cultivadas cada otoño, con la pintoresca escena suavizada por «húmedas nieblas verdosas»[322]. Telemark, decidió Verne, era «el lugar más encantador del mundo»[323]. Los amigos se alojaron en la posada local, donde Verne se disgustó por el error gramatical que Hignard cometió al registrarse y el menú consistió solo en pan negro y colas de pescado.

Los tres recorrieron dieciséis kilómetros por el espectacular valle del río Mane para ver las cataratas Rjukan, de 274 metros, cinco veces más altas que el Niágara y las más famosas de Europa. Para dar rienda suelta a sus sentidos, Verne se arriesgó hasta un saliente, ensordecido por el estruendo y empapado por el espeso rocío. El 29 de julio, Verne escaló su segundo volcán, el Monte Gausta.

---

320 *El billete de lotería*, xvii.

321 Henri Pons, «Jules Verne en Norvège», *BSJV* 28: 75. Dal ya no existe, pero quedaba cerca de la moderna ciudad de Rjukan.

322 *El billete de lotería*, ii.

323 *El billete de lotería*, ii.

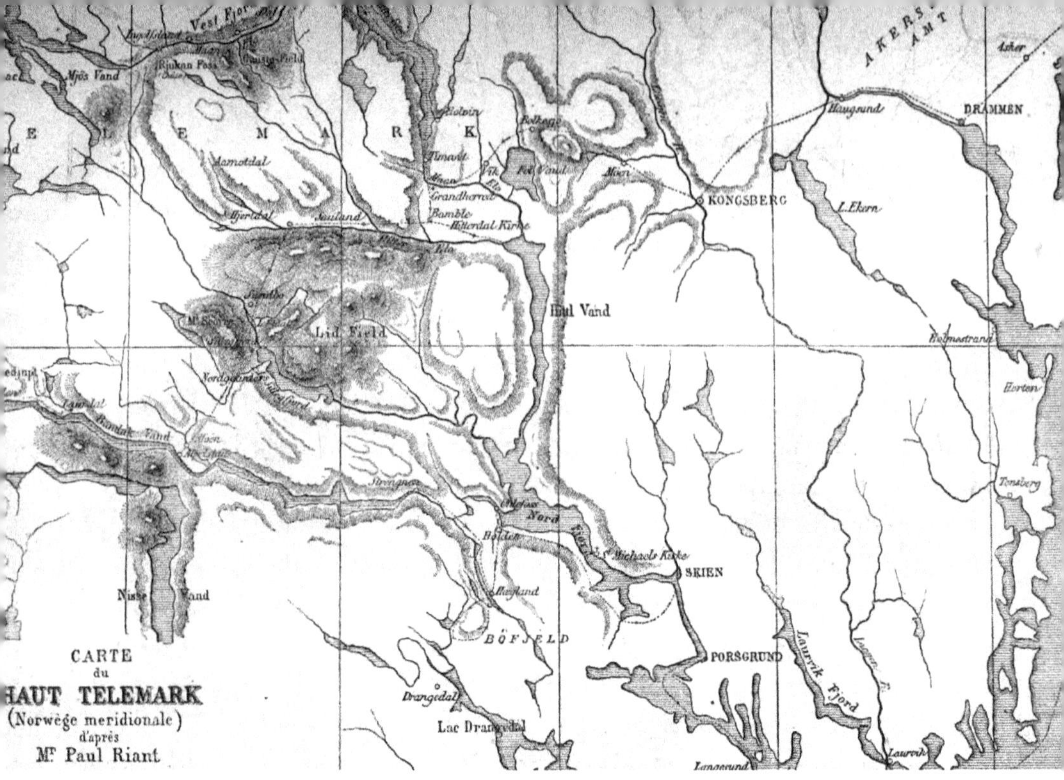

61. La escarpada y remota Telemark, en Noruega, visitada por Verne en 1861

Solo que demasiado pronto llegó la hora de regresar. Desde Tinnoset, el trío tomó una ruta de vuelta más larga pero más fácil a través de Bamble, volviendo a unirse a su ruta de ida en Kongsberg[324]. Cruzaron el Báltico desde Helsingborg en Suecia, admirando por el camino el castillo de Kronoberg y la torre Kaman. En Elsinore en Dinamarca, ansiaban ver el viejo castillo de Hamlet, pero había sido derribado y reconstruido[325].

En el suroeste de Copenhague, probablemente mientras esperaban una conexión ferroviaria, subieron a la aguja de la iglesia de la isla de Amager. Una escalera de caracol enlazaba el monumento, «protegida sólo por una delgada barandilla, con los peldaños cada vez más estrechos, parecía subir al infinito». Sin embargo, la vista de vértigo estuvo muy bien recompensada: «El Estrecho de Sund se desplegaba hasta la punta de Elsinore, moteado con algunas velas blancas exactamente como alas de gaviotas, mientras hacia el este la costa de Suecia se deslizaba entre la bruma»[326].

---

324 Claude Pétel?, *Le Tour du monde en quarante ans* (Villecresnes: Villecresnes reprographie, 1998), v. I, 58.
325 *Viaje al centro de la Tierra* ix.
326 *Viaje al centro de la Tierra* vii.

La ruta normal en adelante era en tren a Korsor y en barco a Kiel, «como un nido en medio de un haz de ramas»[327], en la parte de Dinamarca que Alemania se anexaría tres años después. Verne probablemente tomó el tren a Altona, en las afueras de Hamburgo, pasando ante un telón de fondo de cardos y cigüeñas solitarias. Altona fue el lugar donde tendrían lugar las apasionadas escenas de amor de *Viaje al centro de la Tierra.* Verne esperaba una carta de Honorine, que llegó con retraso, lo que lo obligó a apresurar su regreso a casa solo, pagando 300 F (PV 46). Llegó el 8 de agosto[328].

Después de haber gastado la principesca suma de 3.500 F, Verne quedó impresionado por la igualdad escandinava, el espíritu cívico y la participación en los asuntos públicos. En su cuaderno de cubierta de cuero con cierre de latón, Verne realizó bocetos talentosos de los castillos, los barcos y las curiosas viviendas sin ventanas[329].

El viaje maduró más al joven. Al mezclar el rocío noruego con la bruma escocesa embotellada en su ser más íntimo, Verne encontró su voz: una potente combinación de investigación geográfica, imaginación visual y exageración autocrítica agitada pero no revuelta. En efecto, «Alegres Miserias» propone un manifiesto deliciosamente lacónico para los próximos 60 libros: «ver en tus viajes cosas que no existen». En adelante, lo conduciría un impulso irresistible

> a las regiones hiperbóreas, igual que el norte a la aguja magnética... Amo las tierras frías por temperamento. [Como] dice Énault: «Mientras te diriges al norte, subes constantemente; pero de forma tan uniforme e imperceptible que sólo te das cuenta de las alturas que has alcanzado al mirar la subida en el barómetro y el descenso en el termómetro».

Verne equipara altitud y latitud con la temperatura deliciosamente baja, tres escalas prestadas que miden su obsesión nórdica. La triple metáfora de Énault se encuentra en el corazón del universo de Verne.

Por cuanto viajaba en transporte público, le faltaba dinero y fue estimulado por Hignard –a quien los Viajes Extraordinarios deben mucho–,

---

327 *Viaje al centro de la Tierra* viii.

328 «Alegres Miserias».

329 Dehs, «Impressions», 56, y Cuaderno de Escandinavia.

Verne participó plenamente en las vidas de Escocia y Noruega. Las dos orgullosas naciones, aún no estados, sufrían bajo el tacón de una hermanastra mejor dotada por la geografía para regular su comercio con el resto del mundo. La cosmovisión superficialmente no metafísica de Verne, su fascinación por lo que la gente comía, bebía, comerciaba, cantaba, viajaba, vestía o gastaba, estaba más que satisfecha. Se integró al paisaje social de los dos países, cuyo carácter se asemejaba tanto al suyo: puntilloso, independiente, igualitario y trabajador. El hombre que se embarcó en la excursión escocesa no era el mismo que regresaba de la epopeya noruega.

Verne llegó a casa y se encontró con un hijo de cuatro días y, sin duda, con Honorine blandiendo un enorme rodillo. Ciertamente su ausencia, cualquiera que sea su justificación en términos de cambiar el panorama literario, constituyó un mal comienzo de la paternidad y de egoísmo como marido, en una época en la que dar a luz implicaba un peligro considerable.

Efectuada la declaración oficial del nacimiento, Verne encontró un nombre para el niño, aparentemente sin mucha ayuda de Honorine. Había utilizado Michel por primera vez para el protagonista de *Un sacerdote en 1835*, señalando jocosamente en el margen: «San Miguel, santo patrono de los panaderos por los "miches" [panes; también: nalgas]». Volvería a utilizar el nombre en las novelas lunares y Strogoff, así como en tres barcos sucesivos.

Después de su matrimonio, Verne siguió regresando a Nantes y Chantenay regularmente, siguiendo la tradición de abandonar París durante el sofocante verano. También asistió a las bodas de Anna (1858), Paul (1859), Mathilde (1860) y Marie (1861) y a los funerales del tío Prudent (1860) y de sus dos abuelas (1861, 1865). ¿Fue Honorine con él y señaló que el resto de la familia empezaba a tener descendencia a las pocas semanas de sus bodas?

En la primavera de 1861, Verne asistió a una gran reunión familiar en Provins. Dos encantadoras fotos le muestran, todo sonrisas, haciendo el tonto a espaldas de Honorine. El contraste parece sorprendente entre su desaliñada esposa y sus hermanas, de ojos tan idénticos a los de Verne que parecen copiados y pegados, radiantes de calma interior, y labios que brillan con salud sensual.

Probablemente el 24 de noviembre de 1861, la familia reunida en Chantenay montó una obra de teatro intitulada «El encuentro burgués», interpretada por varios vecinos, Honorine, las dos Marías, hermana y prima, y Jules como su tocayo César. El espectáculo fue catalogado como «opereta, libreto de Victor Hugo, música del famoso compositor alemán Rossini». Pero como Rossini era italiano y Hugo no escribía óperas cómicas, es posible que el libreto y la música hayan provenido del talento de Paul y Jules[330].

A partir de documentos de la época, se puede ensamblar un retrato hablado de Verne en este período:

> Un hombre apuesto, de barba muy rubia y expresión amable pero seria, un poco fría.
>
> Su rostro parecía un poco alargado, de barbilla firme, labios finos y burlones, nariz graciosa, fosas nasales expresivas y abundante cabello castaño rizado que hacía juego con su barba puntiaguda; sus ojos azules, de mirada muy clara, chispeaban con picardía.
>
> Su frente era alta y ancha, su mirada a veces penetrante y enérgica, en otras indefinida y suave, gracias a sus ojos de un azul diáfano era como un mar sin límites. Algo remoto, elevado y profundo emergía de su apariencia.
>
> Una expresión inquieta ocultaba una obstinación bretona subyacente, produciendo un extraño cóctel de pasión, sensibilidad y distanciamiento, quizás derivado de su indiferencia por lo que la gente pensara de él.
>
> Nos causaba temor [a los sobrinos y sobrinas], aunque detrás de todas las bromas veíamos bondad y cariño.
>
> un corazón cálido y una mente despierta tras una apariencia fría, reacia a abrirse a un recién llegado.
>
> Transmitía una vaga impresión de desconfianza involuntaria... «¡Soy un provinciano parisino o un parisino provinciano, como prefieras!».
>
> Un compañero agradable, juguetón como un gato, un conversador encantador y entretenido; pero bromista y burlón, escéptico a todo.

330 El cartel está reproducido en CNM 152.

62. Gustave Doré fotografiado por Nadar
entre 1856 y 1858.

> Una mezcla de sequedad y dulzura, parece acero al temple, que para algunos se dobla y para otros permanece rígido... Pero lo que realmente lo hace parecer brusco y cortante es su voz, a la vez efervescente y altiva, junto con su rapidez en la réplica[331].

El novelista Turgenev se sintió «profundamente decepcionado» por su comportamiento «tedioso y muy silencioso»[332]. Sólo tres personas lo elogiaron sin reservas: «trabajador y bien parecido, inteligente e ingenioso», «el más recto de los hombres, el más sencillo, el más modesto», «el mejor de los compañeros»[333].

En el otoño de 1862, Verne recibió un contrato para escribir un libro, transformándose su suerte como escritor[334].

De familia alsaciana, Pierre-Jules Hetzel (1814-1886) tenía un rostro largo y aristocrático, una mirada penetrante y una melena romántica. Jefe de gabinete republicano bajo dos ministros de Asuntos Exteriores, el poeta Lamartine y el médico Alexandre Bixio (1808-1862), había sido herido en las barricadas de junio de 1848, antes de trabajar como secretario del general Cavaillac, para luego dirigirse al exilio político en Bruselas

---

331 *BSJV* 184: 71; Duquesnel (1909), 43; cf. Bastard 352; RD 56; Véron 17; Duquesnel (1909), 43; Georges Bastard, «Célébrité contemporaine», *Gazette illustrée*, 8 sep. 1883 (en *L'Herne*, 88-92). Sin embargo, Suzanne escribiría en 1931 que «tenía una voz muy dulce, musical, la voz de un encantador» (*BSJV* 194: 47).

332 Según Tolstoi, informado por Alexander Zinger, «Récit d'une visite à Tolstoï», en *BSJV* 41: 12.

333 RD 51-54; d'Ocagne 291; *Ent.* 84.

334 Según una misteriosa carta desaparecida de la que informa Marguerite, la idea de un nuevo libro, esta vez sobre globos, había germinado en febrero de ese año: «En mi propio globo, no pienso ir por un pato –ni por un pavo en tal caso–, como si simplemente fuera a dar un paseo» (ADF 89). (Verne estaría aludiendo a «Le Canard au ballon» (El pato en un globo/La farsa del globo), la traducción en un juego de palabras de Baudelaire (1856) de «The Balloon Hoax» de Poe (1844)). A finales de mayo, Honorine habría escrito a Sophie que el libro estaba casi completo (ADF 90). Una vez finalizado, habría exclamado: «¡Gracias a Dios que su globo está terminado y listo!» (JJV 54).

Con anterioridad a julio de 1862, quizás durante un período de varios años, probablemente los manuscritos en prosa de Verne fueron rechazados por los editores (RD 75, ADF 90). Se ha afirmado que la *Revue des deux mondes* aceptó la historia del globo, pero sin pago, una oferta que Verne rechazó (Daniel Compère, «Renversants, ces debutants!» (*BSJV* 10: 40), citando a un periodista anónimo de alrededor de 1872). Sin embargo, esto puede ser simplemente una interpretación equivocada de una referencia al editor en jefe de la *Revue* (27 de enero de 69 a Hetzel).

Supuestamente, Verne arrojó un día sus manuscritos al fuego, de donde fueron rescatados apresuradamente por su esposa (ADF 90), aunque ninguno tiene señales de quemaduras. Se supone que se sentía muy desanimado, pues habría dicho que si escribía una obra para un director, el director la modificaba; si pensaba en un buen título, tres días después lo veía en las carteleras; si escribía un artículo, se publicaba otro sobre el mismo tema (ADF 90).

(1851-1860). Amigo de Baudelaire, había publicado a Stendhal, Hugo, Sand y Dumas e impuesto sus correcciones a Turguénev y Balzac. Buen descubridor de talentos, dos años más tarde sacó del anonimato a un desconocido llamado Zola. Su editorial, fundada en 1843, producía ediciones asequibles de autores literarios, así como libros para niños y jóvenes, muchos de ellos con su propia firma. A menudo, Hetzel «tomaba prestados» textos del extranjero y los publicaba como propios.

Se desconocen las circunstancias del primer encuentro, ya que las primeras referencias se produjeron décadas después y son pobres en detalles. Lo que sí parece claro es que Verne conoció al editor a través de un intermediario[335], el también bretón Alfred de Bréhat (n. 1826), que escribía libros para niños sobre el Imperio Británico y entró en la cuadra de Hetzel en 1857; es posible que el propio Verne conociera a Bréhat a través de Dumas[336]. Dado que los encuentros con Chevalier y Dumas se debieron a conexiones familiares, los cuatro avances: en cuentos, obras de teatro, crítica de arte y novelas, parecen haber sido puestos en marcha en última instancia por sus parientes.

Verne conoció a Hetzel en 1861 o 1862; su «relación editor-autor», que presumiblemente se refiere a la presentación formal de material manuscrito, data de 1862[337]. Numerosos trabajos han relatado paso a paso la escritura de *Cinco semanas en globo*, las revisiones del manuscrito y la redacción del contrato. Sin embargo, no ha surgido ninguna evidencia relevante, lo que significa que esos recuentos son probablemente inventados.

Con la ventaja de una visión retrospectiva, el editor afirmaría más tarde que «desde los inicios de este escritor... estaba seguro del futuro de su obra»[338]. Si fue así, al parecer olvidó decírselo.

La novela que da sentido a los 35 años de existencia de Verne y a sus 20 años de escritura tenía un tema innovador. Fergusson planea cartografiar África central y explorar el alto Nilo. Con una subvención de la Real Sociedad Geográfica, construye un globo que emplea la temible combi-

---

335 D'Ocagne 286; *BSJV* 192: 19.

336 *Ent.* 135; «Verne mostró su manuscrito a Dumas a quien le gustó lo suficiente para poner a Verne en contacto con el novelista Bréhat. Y este presentó al autor a Hetzel» (JJV 54).

337 7 feb. 76; *BSJV* 192: 17-36.

338 *BSJV* 144: 12.

nación de una llama desnuda y una doble envoltura de hidrógeno para subir y bajar y así aprovechar los vientos alisios. Partiendo de Zanzíbar con su criado Joe y su amigo Kennedy, confirma que el lago Victoria forma parte del sistema fluvial. Además de caníbales, tormentas feroces, plagas de langostas, una sed terrible y la envoltura rota, el trío encuentra el nacimiento del Nilo; donde las leyendas árabes lo situaban y curiosamente cerca del real, descubierto poco después. Mientras el artefacto avanza, Fergusson salta o cae en las aguas del lago Chad y es rescatado de árabes merodeadores. En una escena del desierto, con ecos de Pascal y una de sus más conmovedoras, Verne retrata la angustia del individuo perdido en el vacío del tiempo y el espacio, una desesperación a la vez material y metafísica. En la escena culminante, el globo varado es rodeado por rebeldes a caballo. Los tres encienden un fuego, despegan empleando el aire caliente y emprenden un último salto, y llegan a un puesto colonial francés en Senegal.

Aunque no es tan pulida como obras posteriores, *Cinco semanas* sí muestra gran variedad y ritmo. Tiene una buena caracterización de Fergusson, Joe y Kennedy como líder sabio, sirviente recursivo y compañero de bitácora, respectivamente. Al igual que el primer Tintín, la obra parece poco sofisticada (y racista), pero sigue siendo una historia muy fácil de leer. Con sus aventuras en lugares desolados, es Verne por excelencia.

Verne se vio influenciado por la exploración de Burton desde Zanzíbar hasta el lago Tanganica y la búsqueda de Livingstone de las fuentes del Nilo. Pero la verdadera inspiración fue su amor por la geografía:

> Escribí *Cinco semanas en globo* no como una historia sobre aerostación sino como un relato sobre África. Siempre me interesaron mucho la geografía y los viajes... no había forma de llevar a mis viajeros a través de África de otra manera que no fuera en globo... en el momento en que escribí la novela... no tenía ninguna fe en la posibilidad de dirigir los globos... / No tenía estudios científicos en los que basarme.
>
> Mi amor por los mapas y los grandes exploradores me llevó a componer... mi larga serie de historias geográficas[339].

[339] *Ent.* 91; *Ent.* 101.

63. Pierre-Jules Hetzel, editor de Verne, fotografiado por Nadar

Ambas citas, 30 años después, mostraban el rechazo de Verne a las falsedades que surgían a su alrededor, creadas en progresión insidiosa desde los viajes mediante la centenaria tecnología del transporte, hasta la ciencia, la invención futurista, la anticipación y la ciencia ficción. Para su creciente irritación, la gente que ignoraba sus libros reales se enredó en las medias verdades del editor y finalmente empujó al novelista, a la brava, a un género distinto inventado mucho después de su muerte. Para resumir lo más tajantemente posible: Verne trató sobre globos tanto de baja tecnología como de demasiada; no tenía conocimientos técnicos; y la mayoría de sus novelas, incluidas las más conocidas, no contenían prácticamente nada de ciencia más allá de relojes, velas, volcanes, monstruos en oquedades de la Tierra y aire caliente.

La creencia generalizada es que Verne arrancó su carrera con la presentación de *Cinco semanas en globo*; pero esta convicción es equivocada. La primera página del manuscrito de *Viaje a Inglaterra y Escocia* contiene tres o cuatro anotaciones a lápiz, escritas entre agosto de 1861 y agosto de 1862. Al parecer, Hetzel está ordenando la producción de pruebas de galeradas juntas, además de calcular el número de páginas de la obra una vez impresa[340]. *Cinco semanas* no fue, por lo tanto, el primer libro que Verne le ofreció.

Otra parte del mito es que, antes de la publicación de *Cinco semanas*, Verne se unió al Círculo de Prensa Científica y conoció allí al famoso aeronauta Nadar. El Círculo, fundado en 1857 por Louis Figuier y otros dos escritores, promovía el periodismo científico serio, aunque ello significara ir en contra del stablishment, incluida la poderosa Academia de Ciencias. Sus intereses eran amplios y muy variados: válvulas eléctricas, magnetismo, mesmerismo, guano, cables submarinos, crítica de las artes y filosofía. Se reunía semanalmente y publicaba panfletos y la *Presse scientifique des deux mondes*, bajo la dirección del profesor de química Jean-Augustin Barral (1819-1884)[341]. En 1850, Barral había sobrevivido a un

---

340 Como era costumbre de Hetzel, el «0» está vinculado al número siguiente: «preparar un vol. de 10 hojas (siendo cada «hoja» 16 páginas en 16vo.)».

341 Maurice Crosland, *BJHS* (2001), 34: 301-322. El periódico tuvo seis volúmenes (1860-1865), luego dos volúmenes en una nueva serie como *Presse scientifique et industrielle des deux mondes* (1865-1867).

peligroso incidente, junto con el ex ministro Bixio, cuando su globo reventó a 5.000 metros de altura y cayó a tierra en menos de cinco minutos.

En algún momento, ciertamente Verne conoció a Nadar[342], caricaturista, escritor, fundador de revistas y fotógrafo de Baudelaire, George Sand y Rossini. Al parecer Nadar fue a jugar cartas a la habitación de Verne en la década de 1850 (Lemire 11). A medida que floreció su amistad, es posible que descubrieran su pasión común por los globos y que hubieran conversado acerca de las ideas de moda sobre volar[343]. Pero, los primeros documentos conocidos que vinculan a Verne con el Círculo datan de 1865, mucho después del decisivo avance en su carrera[344].

El primer documento existente sobre *Cinco semanas* es el contrato del 23 de octubre de 1862, que se refiere a una «obra» llamada «Viaje en[tre] el aire» de «Jules Vernes [*sic*]»[345]. El 8½ por ciento fijado para la edición en tapa blanda parece equitativo pero no excesivo; los contratos británicos modernos ofrecen hasta un 12½ por ciento para grandes reimpresiones. Hetzel no pareció estar entusiasmado en esta etapa, y no hizo planes para la publicación en serie ni para obras adicionales. Entonces, como ahora, la inmensa mayoría de los libros se hundía sin dejar rastro, pero el éxito ocasional compensaba financieramente al editor la frecuente destrucción de los libros no vendidos; éxito que sorprendía a todos excepto a la madre del autor.

Pero en todo caso, Verne se sintió encantado, basó su futuro financiero en los 500 F y planeó dejar la bolsa de valores. O lo hizo, según afirmó un amigo 43 años más tarde:

> Mis muchachos, creo que los voy a dejar... me voy a casar, en mi camino conocí al más rico de los socios, M. Hetzel... estaré haciendo nove-

---

342 Jean Prinet y Antoinette Dilasser, *Nadar* (Armand Colin, 1966), 255.

343 JJV 58, RD 59.

344 En 1861 o 1862, según dos de los parientes biógrafos (ADF 88, RD 60). Verne aparece como «censeur» (auditor), el mismo título que en la sociedad de Nadar. De lo que hay certeza es de su condición como uno de los 12 «miembros perpetuos» de la *Presse scientifique*, vol. 1, 1865 (334 y 335); y también es mencionado en 1866, junto con Nadar y La Landelle, de nuevo en el contexto del más-pesado-que-el-aire (vol. 3, p. 80-81). En otras palabras, su membresía probablemente se debió a *Cinco semanas* (1863).

345 Reproducido en Martin, *Jules Verne*, 306-307. El documento estipulaba 25 céntimos por copia de pequeño formato a 3 F, una tirada de 2.000, un anticipo de 500 F (€ 2.500) y el 5 por ciento sobre las ediciones ilustradas (4 o 7 F).

las mientras ustedes están comprando opciones. Tengo alguna idea de quién va a sacar más provecho[346].

Sorprendentemente, a mediados de diciembre de 1862, ya con el libro en imprenta, Verne solicitó el puesto de director general de la Opéra Comique, ofreciendo al anterior titular, Émile Perrin, la gigantesca suma de 207.000 F para respaldar su solicitud[347]. En otras palabras, en ese momento no se veía a sí mismo como un novelista de carrera.

Tras la firma, Hetzel propuso o impuso cambios, entre ellos hacer que Joe saltara en lugar de Fergusson y cortar un episodio sustancial que implicaba su posterior rescate[348]. El título original de Verne también fue descartado.

En diciembre de 1862, Verne escribió tres fragmentos publicitarios sucesivos, incluyendo:

> En el camino, [Fergusson] tiene la fortuna de salvar a un misionero francés de ser martirizado por las tribus salvajes; tras sufrir una espantosa caída sobre el lago Chad, engaña a la muerte sólo gracias a la devoción de uno de sus compañeros /... Este libro, destinado a tener un inmenso éxito en Gran Bretaña, interesará seguramente a los lectores franceses, y lo recomendamos encarecidamente a nuestros lectores[349].

Tras su publicación el 15 de enero de 1863, aparecieron cuatro críticas favorables: «divertida y vigorosa», «fascinante y cautivadora», «[tendrá] un gran impacto y se convertirá en un clásico en su género», y «el éxito ya ha sido alcanzado»[350]. Una reseña hasta incluyó la novela entre las expediciones reales, lo que hizo que un lector pidiera la dirección de Fergusson[351].

Con dos nuevas ediciones el mismo año, el libro tuvo unas ventas bastante buenas, pero, a pesar de la nacionalidad de sus personajes y de la

---

346 Duquesnel (1905) 39.

347 *BSJV* 192: 44.

348 Capítulo 33, como se evidencia en el borrador. En una de las partes sobrevivientes del manuscrito, casi todo el capítulo 36 está pegado a hojas que Verne utilizó para el primer manuscrito de *Veinte mil leguas*.

349 Biblioteca Nacional de Francia, Departamento de Manuscritos, NAF 16932-17152 y vols. 67-80. El tercer fragmento aparece en CNM 132.

350 *Figaro*, 8 de febrero; *Moniteur universel*, 18 de febrero; *La Presse*, 3 de marzo; *Le Temps*, 17 de febrero.

351 Jean-Marie Embs, «Une Caution scientifique aux débuts de Jules Verne», *BSJV* 142: 53; F. de Gramont, «Œuvres de Jules Verne», *BSJV* 144: 56.

confiada propaganda del proyecto, no llegó a publicarse en inglés. (A lo largo de la vida de Verne, *Cinco semanas* demostró ser un clásico de mecha lenta, vendiéndose en segundo lugar entre todos sus libros, con una estimación de un tercio de millón de copias sólo en francés[352]). El autor fue prudente al aferrarse a su trabajo diario; pero podía esperar vivir de sus escritos después de siete u ocho libros similares. Sin duda, Hetzel acertó al decirle:

> Mi muchacho [*sic*], no disipes tus esfuerzos en otros trabajos; has renovado un género de escritura que parecía agotado. Toma el camino que la oportunidad te ha mostrado. Y siempre y cuando no te pierdas en atajos, encontrarás fama y fortuna[353].

En otras palabras, el astuto editor quería adelantarse al rechazo a cualquier esfuerzo posterior, por si acaso los libros despegaban.

Verne puede haber contado con la suerte de adelantarse a una obsesión que se extendió por Francia. Para conseguir dinero para su campaña de artefactos en verdad voladores, Nadar planeaba construir un aerostato, el *Géant*. En 1863, este fotógrafo, con miras a lograr publicidad en todo el país, fundó la Sociedad del Más-pesado-que-el-aire[354]. Verne fue uno de los primeros miembros y asistía a la mayoría de las reuniones semanales. El novelista se convirtió en auditor en enero de 1864, lo que ayudó a inscribir en la sociedad una larga lista de famosos, incluidos Dumas *père* y *fils*, Girardin, Hugo, Offenbach, Sand, Maxime du Camp, Malot, miembro ocasional del grupo de la columnata, y Edmond About, autor de otro *Salón 1857*.

---

352 Casi todos los libros de Verne se editaron en tres formatos: serializados por entregas (con ilustraciones cuando se publicaron en el *Magasin*); en pequeño formato no ilustrados; y en gran formato (en octavo) ilustrados. Solo se dispone de las cifras globales de venta de las ediciones de pequeño formato y de las 17 novelas de gran formato menos vendidas (en Volker Dehs, «Les Tirages des éditions Hetzel», *Revue Jules Verne*, n.° 5 (1998), 89-94); aquí se estimará, conservadoramente, que las ventas de pequeño formato fueron la mitad de las de gran formato.

353 Jan Feith, «Le Globe-trotter chez lui», *BSJV* 145: 10.

354 Fueron co-fundadores Isidore Taylor, Gabriel de La Landelle, y Gustave de Ponton d'Amécourt; la Sociedad para el Avance de la Aviación mediante el Más-pesado-que-el-Aire tuvo su sede en la residencia de Nadar (25 Boulevard des Capucines), y permaneció activa por lo menos hasta 1866.

El 4 de octubre, el *Géant*, de 200.000 F y 6.000 metros cúbicos, casi tan alto como Notre Dame, despegó ante doscientos mil espectadores, llevando cestas de picnic, champán y 13 pasajeros, incluido el propio Nadar. Según dos testimonios no del todo fiables, Verne iba a participar en el vuelo, pero se excusó minutos antes[355]. Un nuevo vuelo, el 18 de octubre, con ocho pasajeros, fue arrastrado por una tormenta y se estrelló en Holanda, hiriéndose gravemente varios de los globistas (JD 165).

En diciembre de 1863, Verne publicó un artículo titulado «Acerca del *Géant*» en el *Musée* de Wallut, en el que elogiaba el aerostato, paradójicamente adecuado porque desconfiaba de los globos. El artículo terminaba con la famosa cita: «Vayamos entonces por el helicóptero, y adoptemos el lema de Nadar: todo lo que es posible se hará». Aunque el libro de Verne llevaba once meses en el mercado, tanto el artículo como los vuelos de Nadar impulsaron las ventas, según el nieto (JJV 58).

En general, 1863 había sido un mejor año para Verne, convertido, en la angustiosa madurez de los 35, de virtual desconocido en hombre de letras. En *Castillos en California*, la criada había producido una perla epigramáticamente oscura: «más vale tocino que nabo». Encajaba con el tardío, aunque todavía infinitamente modesto, avance de Verne.

---

355 Robert Mitchell, «Souvenirs», en *Le Gaulois* (1902), citado por JD 164. Sin embargo Nadar escribió «absolutamente falso» en el margen del artículo de Mitchell. El *Figaro* del 4 de octubre también enumeró a Verme en la lista de pasajeros.

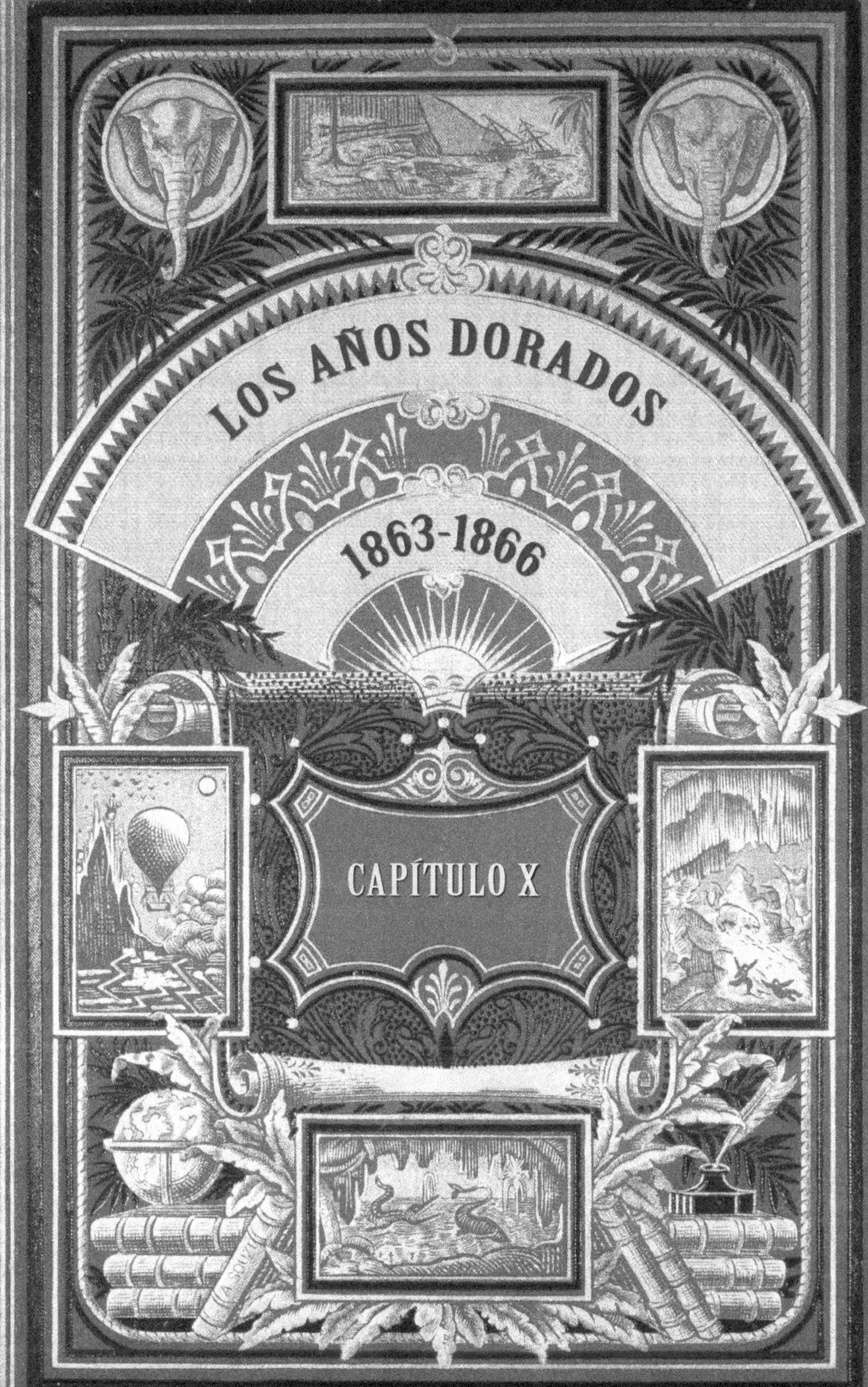
LOS AÑOS DORADOS
1863-1866
CAPÍTULO X

64. Ilustración de *El conde de Chanteleine*, 1863 (Jean-Valentin Foulquier). Hetzel se negó a publicarla en formato libro y la novela permaneció relativamente desconocida durante muchos años.

La vida de Verne mejoró. Al parecer, alrededor del 7 de septiembre de 1863, la familia se mudó del Passage Saulnier a la zona frondosa y acomodada de Auteuil (10 sep. 63). (De ahora en adelante, todas las cartas que se citan están dirigidas a Hetzel, a menos que se indique lo contrario.) El n.° 39 de Rue La Fontaine está ubicado en el actual Decimosexto Distrito de París, no lejos de la entonces futura Torre Eiffel.

El novelista pasó 1863-1864 en medio de un torbellino de actividad. En el *Musée* publicó un artículo sobre Poe y una novela histórica, «El conde de Chanteleine», una historia bastante convencional sobre las guerras de la Vendée (1793-1796), donde los campesinos bretones se levantan contra la vil Revolución Francesa. También contribuyó a una segunda colección de canciones con Hignard, entre ellas «Memorias de Escocia». Por último, escribió 200.000 palabras para Hetzel y continuó con su trabajo diario en la Bolsa de Valores.

Si bien Verne hacía todo lo posible por complacer al editor, los esfuerzos rara vez eran recíprocos, pues Hetzel nunca tomó del todo en serio a su escritor estrella. El novelista y el editor, ambos con una larga experiencia en publicar, tenían agendas de colaboración, pero tan diferentes que significaron el abandono de muchos de los sueños de Verne. Algunas de las discusiones tuvieron lugar en medio de filetes en la mesa habitual de Hetzel en el café Caron (12 sep. *64*), en la esquina de Rue Jacob con Rue des Saints Pères, sin cambios durante una generación y bastante oscuro, donde eran atendidos escritores y profesores universitarios.

Por su parte, Verne observaba la corrupción contemporánea del intelecto y la comercialización de la literatura: «En nuestra época, Hugo tendría que declamar sus *Orientales* equilibrándose en caballos de circo, y Lamartine promocionar sus *Armonías* colgando cabeza abajo de un trapecio»[356]. Quizás deseaba beneficiarse discretamente de las oportunidades que se abrían, pero sobre todo transformar la sociedad con la fuerza de su escritura. Su objetivo central era denunciar las bajezas morales de la época: «concibió vastos proyectos, aspiró a los triunfos de Balzac, y soñó con sacudir la sociedad moderna hasta sus cimientos, con la osadía y la crueldad de sus representaciones»[357].

En consecuencia, Verne llevó a Hetzel su sátira social de la Francia contemporánea: *París en el siglo XX*. Sin embargo, el editor rechazó categóricamente el libro, anotando que no encontraba ningún mérito en él: «francamente nada... un desastre... casi como si lo hubiera escrito un niño... un fracaso... una cosa dolorosa, tan muerta... inferior en casi todas las líneas... mediocre... sin originalidad alguna... sin ingenio», y así sucesivamente en 500 palabras de asesinato literario[358]. Y, sin embargo, la novela debió haber tenido algo, porque años más tarde se afirmó que era la novela francesa de mayor éxito en los Estados Unidos[359].

Además, le presentó otra obra, «El conde de Chanteleine», que pasó a la etapa de pruebas antes de ser rechazada (5 ene. 79). Una última obra, «Los forzadores del bloqueo», un buen relato corto ambientado en el Charleston y el Glasgow de la Guerra Civil, con barcos, romance y bastante acción, no fue publicado por Hetzel; en cambio, apareció en el *Musée* en 1865. Esa sería prácticamente la última aventura independiente de Verne. En lo sucesivo, su producción fundamental tuvo que pasar el examen de Hetzel, que rechazó muchas de las mejores ideas de Verne, especialmente las que tenían que ver con el sexo, la violencia o la política; sin embargo, todas ellas visibles en sus otros escritores y, de hecho, en

---

356 *París en el siglo XX*, vii.

357 *Ent.* 136, cf. *JVEST* 226.

358 [Finales de 63 o principios de 64].

359 En tanto las regalías en Norteamérica constituyeron un record absoluto (*Publishers Weekly*, 1° ene. 1996, n.° 1, 28). El total de las regalías parece haber sido no menos de un millón de francos (*Revue Jules Verne*, n.° 15 (2003), 133).

sus propios escritos. Combatir la estupidez y sacudir París hasta sus cimientos quedaban definitivamente descartados. La razón por la que el editor rechazó muchos de los esfuerzos de Verne parece tener poco que ver con el mérito literario y más con la decisión comercial de concentrarse en un público juvenil. Así, Hetzel excluyó la realidad contemporánea o el comentario social, incluso –por sorprendente que parezca– cualquier descripción de Francia. Verne quedaría atrapado de por vida en el género de escritos juveniles sobre lugares extranjeros.

En 1863-1864 Verne escribió *Las aventuras del capitán Hatteras* (1865)[360], un libro de lectura absorbente e inquietante que lleva al obsesionado capitán del título cada vez más al norte. Esta obra de 130.000 palabras en dos tomos fue una de las novelas más personales de Verne, con descripciones poéticas de los desiertos helados y una autenticidad apasionante que reflejan una nueva confianza en sí mismo. El Polo Norte, donde confluyen los meridianos y los océanos, era un lugar mágico para un escritor obsesionado con el espacio físico y sus estructuras naturales y artificiales que le permitía dar rienda suelta a su imaginación creativa.

En Liverpool, Richard Shandon recibe una misteriosa carta en la que se le pide que construya un barco reforzado, compre suministros para seis años y reúna una tripulación bien pagada para un destino desconocido. Cuando el barco se dirige a la bahía de Melville, solo ha aparecido un «perro-capitán». A los 78° N las condiciones se ponen gélidas y los hombres inquietos, entonces un tripulante se revela como John Hatteras. El capitán está decidido a utilizar su máquina a vapor para plantar la bandera británica en el polo. Con el Dr. Clawbonny, que tiene un optimismo, una curiosidad y un sentido común dickensianos, se lanza a la búsqueda de combustible entre los páramos helados. Los dos rescatan a Altamont, único superviviente de una expedición estadounidense, pero a su regreso la tripulación se ha amotinado. Hatteras y sus compañeros se quedan sin comida ni combustible en el punto más frío de la tierra.

---

360 A finales de 1866 apareció el expurgado *Hatteras* en forma de libro, inaugurando la serie de *Viajes Extraordinarios* de Verne, un ciclo de 64 obras en 50 años. Según la atrevida propaganda de Hetzel, las obras compiladas en esta colección tenían como objetivo «resumir todo el conocimiento geográfico, geológico, físico y astronómico acumulado por la ciencia moderna y reescribir la historia del universo».

107

fin des aventures du Capitaine Hatteras.

65. El manuscrito de Hatteras, donde el héroe y su perro se arrojan al volcán vivo

Los cinco hombres restantes, con el fiel perro de Hatteras, Duke, construyen una casa de hielo para el invierno. Cuando Altamont insiste en llamar el territorio alcanzado la Nueva América, se produce una discusión porque Hatteras sospecha que tiene planes para el polo. Sin embargo, Altamont salva a Hatteras de unos bueyes almizcleros desbocados y se reconcilian. Viajan hacia el norte, a una zona más cálida con paradisíacos animales y monstruos que retozan en el mar abierto. A partir de un fundamento fáctico basado en una amplia investigación, la novela se adentra gradualmente en un estado de gran excitación, bañada por una atmósfera irreal de romanticismo tardío, Poe y Cooper. En el mismísimo polo se encuentra un volcán en plena erupción. Con el deseo de llegar a los 90° N, un mesmerizado Hatteras trepa por encima de la lava, esquiva los desprendimientos y se lanza al abismo en fundición; pero es sujetado por Altamont, súbitamente a su lado como por arte de magia. El fracaso del capitán en alcanzar su meta lo enloquece y termina en un manicomio de Liverpool[361].

Las descripciones eran tan fascinantes que los primeros críticos se preguntaron si el libro podría ser auténtico. Los exploradores de la vida real dijeron que ofrecía una de las imágenes más precisas de la vida en el Ártico[362]. Georges Sand lo calificó de «cautivador»; Gautier, de «excelente»; Zola, «[de] una gran imaginación y una inteligencia muy aguda»; Julien Gracq, de «obra maestra»[363]. El dramaturgo Eugène Ionesco afirmó «todos mis textos fueron escritos, directa o alusivamente, para celebrar el descubrimiento [por Hatteras] del Polo Norte»[364]. La crítica moderna también lo ha considerado «magistral» y «quizá el mayor *chef-d'œuvre* de Verne»[365].

---

361 Tres libros son las fuentes más importantes de Verne: *Viajes en el hielo… Extractos de los Informes de Sir John Ross, Parry... McClure* de Hervé y Lanoye (eds., 1854); *El Polo y el ecuador* (1863) del compañero del St. Stanislas Lucien Dubois; y *El mar polar* (1864) de Lanoye. Verne toma prestado de Hervé y Lanoye a todo lo largo de la obra, al punto de copiar, palabra por palabra, errores incluidos, cerca de ocho páginas, constituyendo el plagio más largo identificado en sus obras. Se dan más detalles en la traducción de *Las aventuras del capitán Hatteras*, con introducción y anotaciones de William Butcher (Oxford: Oxford University Press, 2005).

362 P. ej.: Charcot, citado por JJV 59, o Finn Ronne, «Introduction», en *The Adventures of Captain Hatteras* (New York: Didier, 1951), 5-6.

363 *Ent.* 138; Émile Zola, *Le Salut public*, 23 de julio 1866; Théophile Gautier, «Les Voyages imaginaires de M. Jules Verne», *Moniteur Universel*, n.° 197 (16 de julio 1866), 4.

364 Agnès Pierron (ed.), *Dictionnaire de citations et jugements* (Les Usuels du Robert, 1991), 1220.

365 René Escaich, «À propos des *Aventures du capitaine Hatteras*», *BSJV* 28: 88; OD 90.

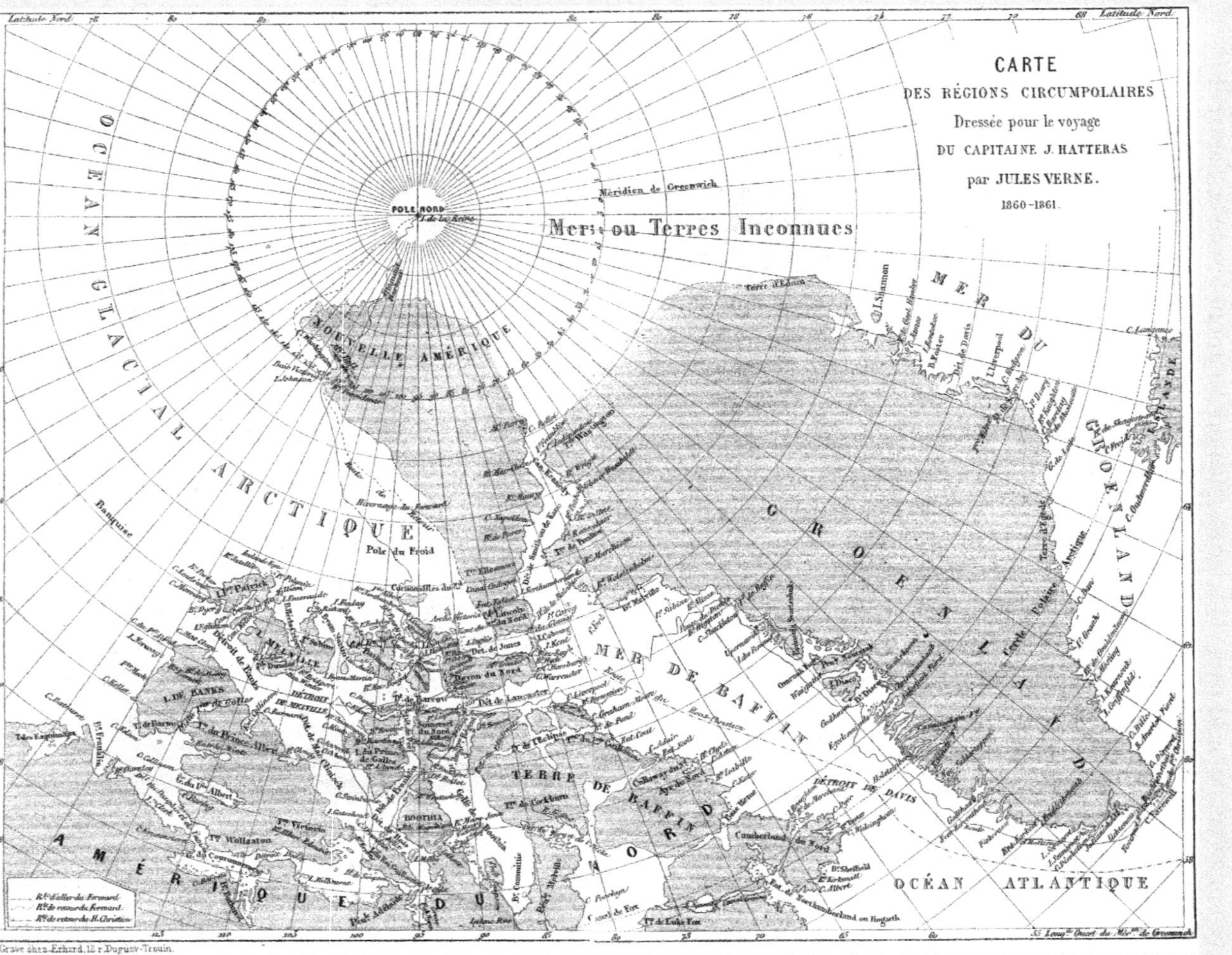

66. Mapa del Polo Norte de Verne para Hatteras

Sin embargo, esta deslumbrante obra maestra no es la que Verne realmente escribió: la historia sin expurgar se encuentra en el manuscrito[366]. Y, dado que los manuscritos más importantes de Verne son tan diferentes de las novelas publicadas, y hasta la fecha no se han beneficiado ni siquiera de un solo estudio en inglés aparte de mis propios esfuerzos, aquí presentaré recuentos y extractos.

En el volumen 1, los retoques de Hetzel son secundarios. Sin embargo, el segundo volumen –un texto intermedio que Verne había planeado reescribir– es peor tratado por haberse erradicado la propia esencia del novelista.

En el manuscrito, la rivalidad entre Hatteras y Altamont está multiplicada por diez, y ambos codician el territorio virgen del Polo Norte. En un capítulo que pronto se suprimiría, titulado «John Bull y Jonathan», la rivalidad angloamericana llega a un punto crítico. Comienza con Altamont izando la bandera norteamericana en el barco improvisado que se dirige al Polo Norte, que Hatteras soñando imagina ser el pabellón británico:

> Su impresión era entonces tan fuerte, que le pareció oírla flotar por encima de su cabeza; le pareció que el viento jugaba con sus pliegues; se despertó y abrió los ojos.
>
> No se equivocaba: una bandera ondeaba en la punta del mástil de la lancha, una bandera roja con veintidós estrellas sobre fondo azul cielo, ¡una bandera americana!
>
> Hatteras lanzó un grito terrible. Sus compañeros se despertaron.
>
> –¡Desgraciado! –exclamó el capitán, dirigiéndose al americano. Y rápidamente cortó la driza, haciendo caer la bandera.
>
> Altamont quiso abalanzarse sobre él; pero Johnson y Bell lo contuvieron.

La rivalidad se centra en la cuestión del dominio del último continente por descubrir, una isla volcánica en el Polo Norte. Los dos deciden batirse en duelo para determinar si será estadounidense o británica, pero, por razones de precedencia, no en la propia tierra en disputa. Determinan resolverlo sobre un témpano de hielo en mar abierto:

366 *Las aventuras del capitán Hatteras*, xvii-xx, 350-354, y notas (*passim*). Antes de mi descubrimiento en 2005, Daniel Compère había señalado que las dos últimas páginas del manuscrito eran muy diferentes (*Un Voyage imaginaire de Jules Verne* (Lettres Modernes, 1977), 21-24); y Olivier Dumas había publicado extractos breves.

Media hora más tarde, la lancha se acercó suavemente al escenario elegido para el combate. El viento había amainado por completo; ni un soplo, ni un susurro en la atmósfera, sólo uno de esos silencios siniestros, los silencios que en regiones menos elevadas anuncian tormentas.

La flácida vela colgaba del mástil; inútil tensarla; la barca subía y bajaba sobre las últimas ondas del oleaje.

Hatteras maniobró cerca del témpano sin tocarlo, pues el impacto podría haber despertado a sus compañeros; Altamont saltó a la resbaladiza superficie, reteniendo la lancha mientras su enemigo desembarcaba a su vez. Entonces, el capitán la apartó con suavidad con el pie...

El témpano que Hatteras había elegido tenía seis metros de largo por ocho de ancho, aproximadamente ovalado. Los dos hombres se dirigieron a la parte central. Cada uno sostenía un cuchillo de nieve con una hoja ancha y afilada.

Un terrible duelo estaba a punto de producirse, en un entorno extraño y sin testigos.

–Altamont» –dijo Hatteras– ...no hay que gritar durante la lucha; nos permitiremos matarnos sin quejarnos... este duelo no debe detenerse antes de que uno de nosotros esté muerto.

–Hurra por América –respondió tranquilamente Altamont.

–Hurra por Gran Bretaña –añadió Hatteras.

Los dos hombres se cuadraron y luego se atacaron con gran furia.

Qué espectáculo esta batalla sin sonido en el frágil témpano, mientras la barca se aleja en una lenta corriente.

Se produce una batalla a muerte con cuchillos, mientras el témpano se hunde poco a poco:

El británico y el americano, de igual fuerza y valentía, se lanzaban terribles golpes que eran parados con éxito. Su mayor dificultad consistía en mantener el equilibrio en la superficie resbaladiza; un paso en falso podía provocar la muerte...

Cómo habría terminado este combate sin un acontecimiento imprevisto, jamás nadie podrá decirlo.

Desde el momento en que los dos combatientes pusieron pie en el témpano, un observador atento habría notado que se hundía gradualmente bajo su peso; debido al relativo calor del mar,... iba desapareciendo lentamente; Hatteras y Altamont no se daban cuenta, pero pronto el agua del mar les llegó a los tobillos; dos minutos después les sobrepasó las rodillas; su batalla continuaba aunque muy poco sentían bajo sus pies; no por ello dejaban de lanzarse furiosos ataques el uno al otro; ninguno de los dos quería detenerse.

Pronto estuvieron en el agua... hasta el pecho... sus cabezas permanecieron por encima del agua, y luego desaparecieron sin que emitieran un solo grito; por la agitación de las olas sobre ellos, estaba claro que seguían luchando.

Mientras tanto la lancha, abandonada a sus propios medios... había chocado, en una suerte providencial, con uno de los escasos témpanos del mar Polar.

Despertado por la colisión, Johnson abrió los ojos.

Su primer grito fue:

–¡El capitán! ¡Altamont!

Al oír estas palabras, el doctor comprendió todo...

–Allí –dijo.

Rápidamente en posición, los remos hicieron volar la lancha hacia el lugar indicado. En el preciso momento en que el británico y el estadounidense, fuertemente abrazados, volvieron a la superficie, casi ahogados, sus compañeros los sujetaron firmemente y los subieron de vuelta a la barca.

Una escena emotiva sigue al rescate, con Clawbonny derramando su corazón en reproches y sentimientos humanitarios:

–¡Oh, desdichados! –exclamó el doctor.

Y las lágrimas acudieron a sus ojos, mientras Hatteras y Altamont, ahora separados, se medían con miradas de odio. El doctor les atendió las manos con sus lágrimas; su corazón estaba desbordado. Con pasión exteriorizó todo lo que su alma perfecta podía inspirarle en forma de palabras amargas y reproches... caricias, súplicas, todo salió de su corazón.

–¡Vosotros también! ¡Mis pobres amigos! ¡Pelear, matarse por una miserable cuestión de nacionalidad! ¡Y qué tienen que ver Gran Bretaña o los Estados Unidos con esto! Si se llega al Polo Norte, ¡qué importa quién lo haya descubierto! ¿Por qué... llamarse americano o británico cuando puedes llamarte hombre?».

El doctor habló así durante mucho tiempo... ¡sin ningún efecto! ¿Estaban... estos duros seres, salvajes por así decirlo... conmovidos por las lágrimas que hacían salir a aquel mejor hombre? Podía dudarse, dados los puñales llenos de odio que se lanzaban con los ojos ambos capitanes.

Se pasó la noche manteniendo vigilancia sobre ellos.

En el final del manuscrito, Hatteras se sacrifica para alcanzar el objetivo de su vida, llegar al polo absoluto:

> [Clawbonny] vio al desdichado avanzar por un tramo que sobresalía del abismo, en medio de las llamas, ajeno a las lajas de roca que llovían a su alrededor. Duke le seguía dos pasos atrás: el fiel animal parecía capaz de resistir el vórtice que amenazaba con engullirle. El capitán agitaba su bandera, iluminada con extraños reflejos mientras los enrojecidos pliegues de muselina se destacaban en la luz incandescente.
>
> Hatteras agitaba [la bandera británica] con una mano, y con la otra apuntaba al polo de la esfera celeste, directamente en lo alto.
>
> De repente, desapareció. Un grito terrible de sus compañeros debió haber resonado hasta la cima de la montaña; pasó un cuarto de minuto, transcurrió un siglo, y entonces se pudo ver al desgraciado lanzado por la explosión del volcán a una altura inmensa, con la bandera distendida por la exhalación del cráter.
>
> Luego cayó de nuevo en el volcán, donde Duke, fiel hasta la muerte, se arrojó para compartir su tumba.

Las líneas finales son también muy diferentes, e igualmente sorprendentes:

> Pocos días después, tras los abrazos de sus compañeros de gloria y sufrimiento, Altamont partió hacia Estados Unidos. El médico, Bell y Johnson regresaron a Liverpool en medio de gran aclamación, después de haber sido dados por muertos durante tanto tiempo.
>
> Pero el doctor siempre otorgó la gloria al hombre que la merecía por encima de todos los demás. En su relato del viaje, titulado Los Ingleses en el Polo Norte y publicado al año siguiente por la Royal Geographical Society, presentaba a John Hatteras como el igual de John Franklin, pues ambos fueron víctimas intrépidas de la búsqueda del conocimiento. Y, de los recuerdos de la expedición al Ártico, el más imborrable fue el de un Monte Hatteras humeante en el horizonte, tumba de un capitán británico en el polo norte del globo.

Verne seguramente sintió la muerte en su alma cuando el editor censuró el núcleo de su trama en uno de sus mejores escritos que, además, refleja de cerca la geopolítica de la época. El escritor rescata algo de la estructura y función del estadounidense atribuyéndole la búsqueda del Paso del Noroeste, aunque en la realidad había sido descubierto algunas décadas antes, y llevándolo al volcán en una alfombra mágica, para interferir el manifiesto propósito de los británicos. Pero el daño ya estaba hecho.

De hecho, los capítulos del desconocido manuscrito pueden representar solo una parte de una eliminación mayor. En una carta, Verne se refiere a la fecha en que debe terminar la publicación seriada, lo que implica que en esa etapa había 10.000 palabras más en el manuscrito. La calidad de las secciones conocidas nos hace pensar que la sección perdida definitivamente debe haber representado un punto significativamente alto de escritura. Uno puede únicamente soñar con las novelas grandiosas que pudo haber imaginado, si sus primeros pasos no hubieran sido recortados tan cruelmente.

En *Viaje al centro de la Tierra* (1864), el Dr. Lidenbrock[367], «un viejo geólogo, muy hosco y desagradable» (*BSJV* 135: 46), descubre un documento rúnico cifrado del siglo XII que contiene la afirmación de Arne Saknussemm de haber llegado al centro de la Tierra desde el cráter del Snæfells, en Islandia. Lidenbrock, arrastrando consigo a su sobrino Axel lejos de Graüben, su prometida y a la vez prima y hermana por adopción, y contratando a un estoico islandés, llega al extinto volcán y se adentra en los estratos geológicos del pasado. En las profundidades, los tres hombres descubren un mundo perdido que contiene un gran mar, con plantas, peces y dinosaurios, algunos bastante vivos. Tras cruzar el mar, encuentran otra vez un camino descendente, marcado con las iniciales de Saknussemm en rúnico, pero bloqueado. Lo despejan con explosivos y se refugian a bordo de una balsa de troncos fosilizados, pero arrastran con ellos parte del mar hacia las entrañas de la tierra. De modo inverosímil, vuelven a subir flotando sobre una erupción volcánica y finalmente son arrojados a las laderas del Stromboli.

En esta novela, más que en otras obras, Verne parece dejarse llevar. Gran parte de la tensión narrativa es sexual, pero divorciada del cuerpo

[367] La traducción generalizada ha sido «Profesor Lidenbrock», pero ese título se reserva tradicionalmente en las instituciones a la categoría académica más elevada.

femenino. Todo el libro está cargado de energía eléctrica, tanto reprimida como desplegada: caballos y manos están muy presentes. Así mismo, jugando un papel importante, las duelas reforzadas, plumas para escribir, cuchillos, telescopios, árboles, setas gigantes y gruesos pilares, la verticalidad en general; y tubos, bolsillos, monederos y botellas de piel de cabra («outres», de úteros). La propia Tierra constituye un flagrante objeto de deseo, con los dos picos blancos y firmes, las olas puntiagudas bullentes de fuego, los orificios abiertos, las cavidades, las bahías, los fiordos, los tajos y las hendiduras; pero también los más variados impulsos (y bloqueos), los resplandores, las erupciones, efusiones y las descargas. Pero la verdadera originalidad de Verne consiste en relacionar estas fijaciones con otras funciones corporales, como el sudor, el temblor, la alimentación, la digestión, la excreción y el embarazo y el parto. Los episodios escatológicos en las cartas a sus padres, se transmutan de materia vil en oro. El sexo se subsume en una visión general del mundo como un reflejo palpitante del inconsciente del observador. Sin duda, la novela proporciona una mina de oro para los críticos con mentalidad psicoanalítica.

67. Runas en el manuscrito de Viaje al Centro de la Tierra

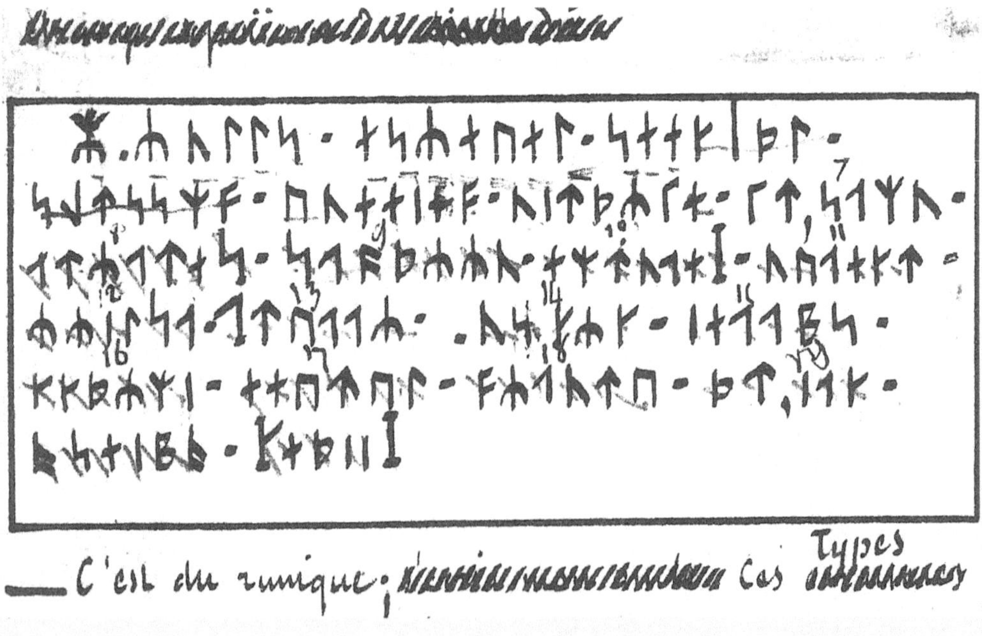

Es posible que Verne escribiera la novela entre enero y agosto de 1864, mientras terminaba *capitán Hatteras*; es probable, incluso, que los dos libros procedieran de un manuscrito común, ya que el final de la novela polar es precisamente el punto de partida de la subterránea.

Algunos de los detalles del *Viaje* proceden del viaje formativo de Verne en 1861, como el Elba, Harburgo, el molino del Alster, la aguja de la iglesia escalada en Copenhague, e incluso los hábitos culinarios alemanes. La nota del «árbol [que se come] la casa», que asocia a los vivos y a los muertos, generará el «olmo viejo incrustado vigorosamente en la fachada» de la casa de Lidenbrock[368].

Al igual que *Hatteras*, el libro sufrió cambios sustanciales en manos del editor[369]. En el manuscrito, Axel pasa las noches en la habitación de Graüben, que es una «florista» (profesión a menudo asociada al comercio sexual). Según la fuente de Verne, pocas chicas de esa región en particular conservaban su virtud durante mucho tiempo. Lo que hacen los dos se describe como algo típico de los veinte años, centrado en lo que se anida tentadoramente en su pecho: la llave de su dormitorio, de su corazón y de su cuerpo. En el clímax de estos amores adolescentes, Axel termina siendo el «más feliz de los amantes», frase inevitablemente expurgada por el puritano editor.

En el original, la casa de Lidenbrock es «horrible», «vive con su criada», «haría daño a una mosca», golpea a Axel, y encierra intencionalmente a los ocupantes en su interior. El título de la novela parece ser del editor.

---

368 La fuente principal del documento cifrado fue el criptograma de Poe en «El escarabajo de oro» (1843); y el alfabeto rúnico procede de una inscripción de la revista *Univers pittoresque* (*BSJV* 135: 46). Por su orgulloso multilingüismo, sus alardes científicos y su irascible pasión, el Dr. Lidenbrock quizá parodie a Pierre Verne. También hay deudas a Hoffmann, Sand y Dumas. Apartes copiados de *La Tierra antes del diluvio* (1863), de Figuier, constituyen casi un plagio, incluso bajo los estándares laxos de la época (John Breyer y William Butcher, «Nothing New under the Earth», *Earth Sciences History*, vol. 22 (2003), 36-54).

369 Aunque en la primera edición de *Jules Verne. The Biography*, se detallaron algunos de los cambios inspirados o impuestos por el editor, su alcance solo se ha puesto de manifiesto con la transcripción de miles de páginas de los manuscritos. En la presente edición, resumo las investigaciones que aparecieron en mi *Jules Verne inédit* (2015), omitiendo las referencias de las páginas, que se ofrecen íntegramente en ese volumen.

Sorprendentemente, la edición ilustrada de 1867 es más similar al manuscrito que la primera: o bien Hetzel perdió la pista de las diferentes versiones o bien Verne restauró parte de su texto original.

Igualmente inesperada, es la manera de entrar al subsuelo, que parece proceder de unas palabras garabateadas en un margen de *París en el siglo XX*. En cuanto a la habitación a la que sólo penetra el sol durante un minuto al año –seguramente un eco melancólico de uno de sus propios alojamientos–, Verne anota: «tal vez ponerlo en práctica». La idea servirá, en efecto, unos meses más tarde en el *Viaje*, cuando un deslumbrante rayo de luz, que sólo aparece una vez al año, señala el camino hacia el centro de la Tierra.

La última sorpresa es la ausencia en el manuscrito de las secciones más significativas: dos capítulos en los que se descubren los restos de un europeo en las profundidades; monstruos marinos que luchan a muerte; y, se vislumbra una figura humana primitiva de más de tres metros y medio de altura que apacienta mastodontes. Estas invenciones desenfrenadas, que ponen patas arriba la ciencia y la religión, fueron añadidas en la edición de 1867, pero construidas sobre fragmentos menos atrevidos añadidos en el margen del manuscrito. Podemos sospechar, por lo tanto, que Hetzel contribuyó a ello, ya que, respecto a los otros libros, es evidente que al editor le gustaba revisar las secciones que él mismo había compuesto; y a que en su anuncio de 1866 de la edición ampliada destaca de manera casi paternal su salida a la luz.

En resumen, debemos conceder al editor el beneficio de la duda en cuanto a los capítulos que la posteridad ha juzgado más interesantes. La lealtad de toda la vida de Verne a su editor puede ser el resultado de la gratitud por la ayuda prestada en la redacción de *Cinco semanas* y este *Viaje*. Para otros libros, en verdad la experiencia será menos feliz.

Una reseña positiva de *Viaje al centro de la Tierra*, aunque equivocada, basada más en la propaganda del editor que en cualquier conocimiento real, afirmaba «Verne es un verdadero científico y un narrador de historias encantador» (*JVEST* 14-18). La idea de que pudiera ser algo distinto a un novelista era, por supuesto, absurda, pero eso no impidió que la idea proliferara descontroladamente para siempre.

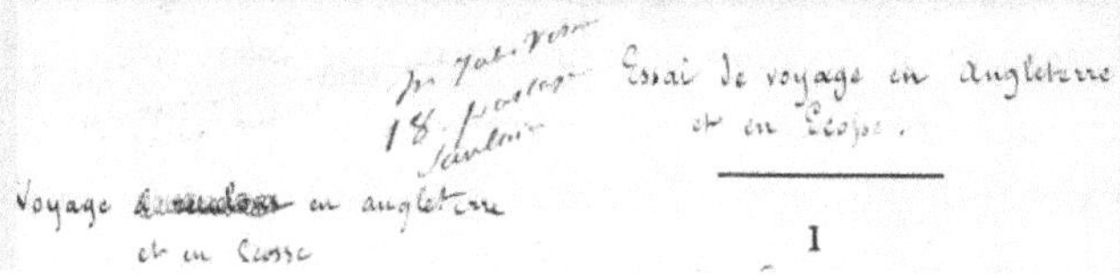

68. Fragmento del manuscrito de *Viaje a Inglaterra y Escocia*, con la dirección de Verne de puño y letra de Hetzel

Lo que los críticos, y probablemente Hetzel, no vieron fue lo que impulsaba a Verne escribir aventuras. Sin embargo, la respuesta parece bastante obvia a los ojos modernos, ya que cuatro obras escritas en unos cinco años tienen un fuerte parecido familiar y exponen sus vísceras para que todos las vean. «Alegres miserias», *Viaje a Inglaterra y Escocia*, *Hatteras* y *Viaje al centro de la Tierra* son todas protagonizadas por pequeños grupos de viajeros masculinos. Todos toman prestado de la misma literatura de exploraciones, comparten la misma atmósfera de angustia y misterio, involucran laberintos, tormentas eléctricas y volcanes similares, y emplean metáforas y estrategias narrativas idénticas. Tres de las obras pasan por (o debajo de) Liverpool y Escocia, y tres, por Hamburgo y Dinamarca. En todas figuran protagonistas que estructuran su existencia en función de la distancia recorrida. Todos equiparan la felicidad con el avance hacia el norte, midiéndolo durante la ruta de la búsqueda monomaníaca de reinos helados y naturaleza salvaje[370]. El impulso de Verne de ir cada vez más lejos, mientras ve cosas que no existían, aminorado un solo día en las Tierras Altas de Escocia, pero felizmente recuperado en Noruega, genera las cuatro obras, e incluso los Viajes Extraordinarios en conjunto. La geografía física de Chantenay, donde todas las rutas conducían al norte, se extendía así a todo lo largo del planeta.

Tras el contrato inicial que solo contemplaba *Cinco semanas*, Hetzel y Verne firmaron otros cinco acuerdos, empezando por uno el 1° de enero de 1864, cuando *Hatteras* ya estaba terminado en sus tres cuartas par-

370 Los románticos paisajes desnudos se prestan de forma deslumbrante para admirar los patrones de la naturaleza: una frase obsesiva es «meandros entrecruzados». Linealidad y redes, curvas sensuales y recias líneas rectas, naturaleza y artificio. Esa frase, utilizada por primera vez para describir los ferrocarriles de Liverpool, es emblemática de la visión de la existencia de Verne.

tes[371]. A primera vista, el segundo contrato, especialmente el anticipo, parecía mejor para Verne. Sin embargo, transfería la propiedad del libro polar al editor durante diez años, incluyendo el derecho a publicar cualquier número de copias en forma seriada[372]; y aún no se mencionaba ninguna otra novela. Verne permaneció servilmente entregado a Hetzel; pero a la edad de 37 años, a cambio de cierta seguridad, si bien cedió su futuro, que el editor consideraba perversamente en esta etapa asegurado, también sentó las bases para hacerse cinco veces millonario.

Lo que Hetzel tal vez no mencionó a Verne es que, adicional al programa de publicación de sus obras, tenía planeado lanzar una revista ilustrada para jóvenes, que combinara educación y «recreación» con un enfoque pedagógico y moralizante. Cuando el editor firmó el segundo acuerdo, ya había contratado al pedagogo republicano Jean Macé (1815-1894) para codirigir el *Magasin d'éducation et de récréation* (CNM 142).

Verne constituyó la plataforma principal del éxito de Hetzel. Desde abril de 1864 hasta marzo de 1865, el *Magasin* se regaló con el importante periódico *Le Temps*, asumiendo una pérdida de 200.000 F pero asegurándose un gran número de lectores desde el principio. El primer número se inauguró con los capítulos 1 y 2 de *Hatteras* en la sección de «educación infantil», en paralelo con *La familia Robinson suiza* «de Hetzel» como recreación[373]. Durante los 22 meses siguientes, el suspenso absorbente del relato de Verne mantendría a los lectores en vilo, pero sin que él ganara un solo céntimo.

---

371 Estipulaba 3.000 F por una tirada de 10.000 ejemplares de *Hatteras* en pequeño formato, 30 céntimos por volumen a partir de entonces, el 6% de las ediciones ilustradas y el 50% de los derechos de traducción y otros. También se convenía un anticipo de 300 F al mes y una opción sobre dos volúmenes al año, para un máximo de ocho volúmenes de historias de las exploraciones. (Cabe señalar que allí «volumen» significa parte: *Hatteras* comprende dos volúmenes y los demás libros de Verne tienen uno, dos o tres volúmenes).

372 Aunque en ninguno de los contratos anteriores a 1875 se menciona el pago por la publicación en serie, la práctica general de Hetzel era pagar a sus autores «25 céntimos por línea (35 céntimos a partir de 1885)» (Comunicación privada de Volker Dehs), lo que equivale a unos 4 céntimos por palabra o 2.500 F por volumen.

373 La frase «educación infantil» era de Hetzel (Parménie y Bonnier de la Chapelle 491). A partir de este momento, prácticamente todas las novelas de Verne aparecerían primero en forma de folletín en el *Magasin* u ocasionalmente en otras publicaciones periódicas, y luego en dos formatos diferentes de libros de Hetzel. El título que se indica aquí es el último, y el año indicado, el de inicio de la publicación seriada. En 1864, el *Magasin* afirmaba tener «cerca de 100.000 suscriptores en Gran Bretaña y Alemania, y 15.000 [en Francia]».

Et une notable quantité d'eau douce se trouvaient en place.

Au moment de quitter le petit port, mon oncle, qui tenait beaucoup à sa nomenclature géographique, voulut lui donner un nom, le mien, entre autres.

— Ma foi, lui dis-je, j'en ai un autre à vous proposer.

— Et lequel.

— Le nom de Graüben. Port-Graüben, cela fera très bien sur notre carte.

— Va pour port Graüben.

Et voilà comment le souvenir de ma jolie Virlandaise se rattacha à notre aventureuse expédition.

— Et maintenant, embarque, dit mon oncle.

Les couches très denses de l'atmosphère avaient une poussée considérable, et agissaient sur la voile comme un puissant ventilateur.

fol. 21, puissant

Une heure après notre départ, je vis onduler à la surface des flots des algues immenses. Je connaissais par ouï-dire la force de végétation de cette plante singulière; je savais, d'après le calcul d'Ehrenberg, qu'un million des cellules juxta-posées qui la forment se reproduisent dans le court espace de vingt quatre heures; que ces végétaux se rencontrent à une profondeur de plus de douze mille pieds au fond des mers et se reproduisent sous une pression de près de quatre cents atmosphères, que ces algues enfin forment des bancs considérables, tels que l'amas situé près des Bermudes, qui entrave la marche des navires; mais jamais je crois, développement n'avait été porté à un pareil degré.

Notre radeau prolongea pendant des heures des fucus longs de plus de trois mille pieds, immenses serpents qui se développaient hors de la portée de la vue; je m'amusais à suivre leur ruban infini croyant toujours en atteindre l'extrémité, et pendant des heures, ma patience était trompée, mais non ma stupéfaction.

Quelle puissance végétative pouvait produire de telles plantes, et quel devait être l'aspect de la terre aux premiers siècles de sa formation, quand sous l'action de la chaleur et de l'humidité, le règne végétal se développait seul à sa surface!

les bagages, les instruments, les armes. Hans avait installé une espèce de gouvernail qui lui permettait de diriger tant soit peu son appareil flottant. Il se mit à la barre. Je détachai l'amarre qui nous retenait au rivage; la voile fut tendue au vent, et nous débordâmes rapidement.

— Enfin, s'écria mon oncle qui commençait à redevenir le plus impatient des hommes.

Le vent soufflait du nord-est; nous filions vent arrière avec une extrême rapidité.

Au bout d'une heure, mon oncle avait pu se rendre compte de notre vitesse.

— Si nous continuons à marcher ainsi, dit-il, nous ferons au moins trente lieues par vingt quatre heures, et c'est beaucoup pour une pareille embarcation; nous ne tarderons pas, par conséquent, à débarquer au rivage opposé.

Je ne répondis pas, et j'allai me placer à l'avant du radeau. Je regardai autour de moi. Déjà, la côte que nous venions de quitter s'abaissait à l'horizon; les deux bras du rivage s'ouvraient de plus en plus comme pour faciliter notre départ; l'espace s'élargissait derrière nous; au devant s'étendait une plaine immense; à sa surface, de grands nuages promenaient rapidement leur ombre indécise, qui semblait peser sur cette eau morne. Les rayons argentés de la lumière électrique réfléchis çà et là par quelque gouttelette, faisaient éclore des points lumineux à l'avant et sur les côtés de notre radeau, où l'eau courait. Bientôt et longtemps avant le soir, toute terre fut perdue de vue, tout point de repère disparut et sans le bouillonnement des flots brisés à l'avant j'aurais pu croire que le radeau demeurait dans une immobilité parfaite.

Le soir arriva, et, ainsi que je l'avais remarqué la veille, l'état lumineux de l'air ne subit aucune diminution. C'était donc un phénomène constant sur la durée duquel on pouvait compter. Heureusement, car si l'obscurité se fût emparée de l'atmosphère, que serions-nous devenus en plein Océan!

69. Hoja del manuscrito de *Viaje al Centro de la Tierra*

Cuando Jules y Honorine viajaron a Chantenay en agosto de 1864, era su primera visita desde la publicación de *Cinco semanas*, y toda la familia se reunió para celebrarlo (RD 80).

Había uno o dos cambios. Paul había abandonado su carrera naval, se había convertido en corredor de bolsa, y vivía en el n.° 13 Rue Jean-Jacques, oblicuamente frente a sus padres, todavía en el n.° 6; los cuatro hermanos habían tenido un número impresionante de descendientes. Anna y Mathilde se habían instalado cerca de Chantenay; Marie, en el piso de arriba del de sus padres. Incluyendo a los Châteaubourg, los cuatro hogares de Nantes estaban así a la vista unos de otros, como los cuatro de Chantenay (RD 62).

Una recepción de bienvenida y un baile tuvieron lugar en el jardín de Chantenay con gran diversión de todos, excepto para Jules, en cama con una aguda recurrencia de su parálisis facial. La mitad de su rostro estaba muerto, posiblemente causado por la eliminación de sus geniales episodios polares[374].

Pero al parecer pronto se recuperó lo suficiente para gritar sobre la plaza de la iglesia a su antigua criada, la carnicera Mathurine Pâris: ¡Necesito tu cerdo para el almuerzo, de lo contrario el domingo no será domingo! (ADF 101). Como de costumbre, en las noches la familia recitaba versos, algunos de ellos obscenos o escatológicos. Uno de los picantes dudaba de la fidelidad de Hetzel y de la continencia de Verne: «¡Ten cuidado, novelista! Porque la fama está lejos de todo. / Una vez pinchada, caes en picada como un globo. / Cuanto más orgulloso el vuelo, más grande la caída. / ¿Hetzel te dará un pantalón nuevo?»[375]. También se afirma que las hijas de Jules, Suzanne y Valentine, apoyadas inicialmente por Honorine, le dijeron que era un error pasar del teatro a la prosa (RD 80).

Como en los viejos tiempos, toda la tropa hizo excursiones, picnics y visitas a los vecinos para retozar y jugar a las cartas; la misa seguía siendo *de rigueur*. Las diversiones en el hogar eran tan variadas como siempre: conversaciones interminables dominadas por los hombres mientras las damas cosían; piano a cuatro manos por las hermanas de Verne; canciones populares antiguas, galantes y de lírica complicada interpretadas por

374 ADF 100, 8 ago. 64, 12 ago. 64.

375 ADF 101, citando «Versos encontrados en un sombrero», en una colección privada.

Pierre y Sophie; tríos de Honorine y sus hijas; interpretaciones de Paul de sus propias composiciones; anécdotas jocosas de Jules; y largas sesiones de billar (RD 71). Pero el escritor solía retirarse. Pasaba la mayor parte del tiempo trabajando en su antigua habitación, con la magnífica vista cada vez más bloqueada por el árbol de frutas. Sin embargo, a veces se aventuraba a salir en diversos estados de desnudez, divirtiendo a la familia pero produciendo reproches afectuosos de Sophie (RD 82). Cuando los niños hacían demasiado ruido, abría la puerta de golpe. Parpadeando con el ojo izquierdo, el derecho les dirigía una mirada a la vez fascinante, terrible e insoportable (ADF 102). Pensando que debía salir más, la madre de Jules pidió a Georges Allotte, hijo de su hermano Auguste, que le llevara de caza, pero el ermitaño se negó (ADF 103).

En ocasiones su rudeza sorprendió a los lugareños:

> Ayer fui a Chantenay a ver a Verne. Su hijo el novelista estaba allí. Me pareció cortés felicitarlo por el éxito de sus libros: fue extremadamente huraño y desagradable. No me atreveré a acariciar a ese oso polar otra vez[376].

En una de sus escapadas de París, al parecer los hombres de Indret esperaban que Jules volviera a visitar su muy querida fundición, incluso preparando su nombre en letras de acero; Verne simplemente no fue (ADF 160).

A partir de octubre de 1864, Verne se lanzó a *De la Tierra a la Luna* (1865). Esta novela lunar es una de las más humorísticas y desenfadadas en la obra de Verne, pero al mismo tiempo una de las más serias, llena de imágenes atrevidas y de mordaces comentarios sociales. Lleva consigo una considerable enseñanza con amenidad mientras explora personalidades, temas y controversias.

Tras la Guerra Civil, el Club de Tiro de Baltimore continúa presumiendo de contar con los mejores artilleros de Estados Unidos, todos ellos frustrados, tullidos y obsesivo-compulsivos, «con menos de un par de piernas entre tres». La sátira al militarismo pone de manifiesto el daño causado por la guerra, en medio de «plantas de algodón creciendo espléndidamente en los campos ricamente fertilizados», y a los hombres presumiendo de quién tiene el arma más grande y puede disparar más lejos.

---

376 ADF 104, citando al artista e historiador local Dr. Anthime Ménard en septiembre de 1864.

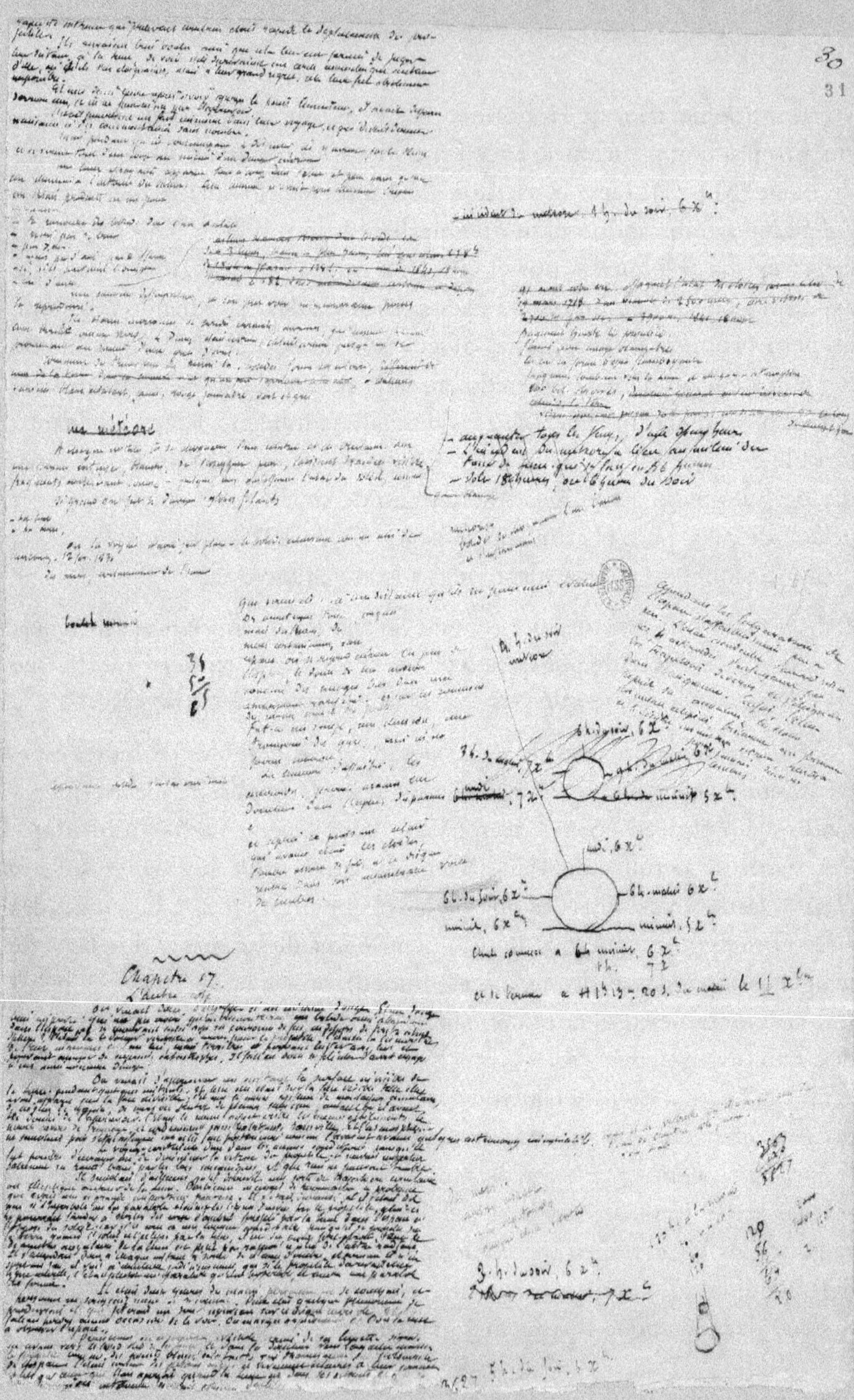

70. Cálculos en *De la tierra a la luna*

Sin embargo, prevalece el sentido común y se decide dispararle a la luna en lugar de utilizar las máquinas para matar. Después de largos cálculos, los miembros construyen una cadena de fundiciones y un pozo de 300 metros en Florida, el estado más meridional. Allí llega el temerario parisino Michel Ardan, bromista encantador y despreocupado, estrecha y anagramáticamente calcado de Nadar; y anuncia su plan de viajar dentro del proyectil, causando sensación mundial.

Se funde un misil cónico, con un inverosímil sobresuelo lleno de agua para absorber el impacto del lanzamiento. Cuenta con ojos de buey atornillados, un sistema de suministro de aire, comida deshidratada y todas las comodidades hogareñas. El gran día, Ardan, el presidente del Club y un capitán retirado entran a la nave que reposa sobre 200 toneladas de pólvora. Una explosión titánica los envía al espacio, monitoreados por un telescopio gigante en las Rocosas. Pero no se atina el objetivo inicial, y el libro se cierra con los hombres perdidos en el espacio.

En el manuscrito, *De la Tierra a la Luna* está ambientado en el futuro, casi el único libro de este tipo que fue aceptado por Hetzel, que acababa de rechazar categóricamente *París en el siglo XX*. Presenta a un presidente Abraham Lincoln envejecido, desgastado y reaccionario, mientras que en la realidad este reformista moriría en la flor de la vida. Cuando un artillero sugiere que Estados Unidos debería colonizar Gran Bretaña, los belicistas concuerdan con entusiasmo que sería justo, pero:

> –¡Vaya y sugiera eso al presidente Lincoln... y vea qué recepción tendrá!
>
> –Lincoln se está haciendo viejo –murmuró Bilsby a través de los cuatro dientes apretados que había salvado de las batallas.
>
> –Lleva demasiado tiempo entronizado en Washington –coincidió Tom Hunter–; necesitamos un presidente más joven, todavía deseoso de forjarse una reputación[377].

Los primeros ejemplares salieron de las prensas en la primavera de 1865. Entonces golpeó la catástrofe: Lincoln fue asesinado el 14 de abril. Se suprimió la sección anterior, y la acción se devolvió al presente. La

[377] Una versión posterior de este pasaje apareció en la primera impresión de la novela en edición popular (*BSJV* 155: 53). Mi análisis se vale de un artículo de Olivier Dumas en la misma edición de *BSJV* que, sin embargo no examina el manuscrito.

novela apareció finalmente en septiembre, en el periódico *Journal des débats*, escapando en parte de la censura del *Magasin* de Hetzel[378].

Sin embargo, el final sufrió su habitual reducción. En el manuscrito, Verne se explaya sobre el heroísmo de los astronautas: estos «exploradores» viajan al «mundo solar», «para ampliar el campo del conocimiento humano»; habiendo «ofrecido sus vidas», obtendrán su recompensa «eterna» en la «posteridad». Esta moraleja, sin pensar en el retorno, implica el máximo sacrificio; como para los mayores héroes de Verne.

En el libro, en contraste, se presenta una forma debilitada de este párrafo, y el volumen se cierra con la convicción de que los hombres han sobrevivido: «Nos comunicaremos con ellos... tan pronto como las circunstancias lo permitan. Tendremos noticias de ellos, y ellos de nosotros. Los conozco, son hombres con recursos». Esta conclusión, en la que se afirma que la comunicación será posible con la Tierra, llena las jóvenes cabezas de emotivos sentimientos y creencias imposibles.

También sorprende la relación entre las dos novelas lunares. En el manuscrito, debajo del título «De la Tierra a la Luna», aparecen las palabras «Alrededor de la Luna». Así que, ya en 1865, Verne consideraba las dos partes como una sola obra, a diferencia del editor que publicaría novelas separadas con títulos diferentes, con algunos años de diferencia.

En el tercer contrato, del 11 de diciembre de 1865, Hetzel acordó «tomar» tres volúmenes al año, «del mismo género y para el mismo público» que los libros anteriores[379]. El editor establecía la propiedad absoluta durante una década sobre las ediciones no ilustradas que se producirían en los siete años siguientes. A cambio, Verne obtuvo «3.000 francos por volumen o... 750 al mes»; menos si escribía menos. De este modo, sus ingresos ascendían a un máximo de € 45.000 al año, algo muy razonable.

---

[378] El periódico *L'Union bretonne* de Nantes pirateó la novela en octubre. Un capítulo robado también apareció en el apropiadamente llamado el *Voleur* (16 February 1866), por, sucesivamente, «Vernier», «Vernes», y «Vernies» (O. Dumas y E. Weissenberg, «Verne avant la gloire», *BSJV* 135: 4). Dado que *Hatteras* se debió a «Ver n» en las primeras ediciones, la mala suerte sobre el nombre del autor se mantuvo viva y coleando, y atacaría con regularidad durante las décadas siguientes.

[379] Hetzel también adquiría la propiedad a perpetuidad de las ediciones ilustradas de las mismas obras; además, el autor cedía la propiedad de sus cuatro novelas anteriores por 5.500 F. No se mencionaban los derechos en el extranjero, subsidiarios o de publicación en serie. De este modo, Hetzel se apoderó retrospectivamente de las ediciones ilustradas de *Cinco semanas* y *Hatteras* y de todas las ediciones de *Viaje al centro de la Tierra* y *De la Tierra a la Luna*, no mencionadas en los contratos anteriores.

Pero dado que las ediciones de cada título venderían cerca de medio millón de ejemplares en vida de Verne (las cifras de ventas aparecen en la Bibliografía), y quizás otros tantos antes de la expiración de los derechos de autor en 1965, el precio por ejemplar era de unos 3.000 F divididos por un millón. La sustitución de los 25 y 30 céntimos anteriores por menos de medio céntimo por ejemplar fue equivalente a un robo[380].

Más tarde, Hetzel afirmó que el cambio se hizo «a petición de M. Jules Verne, que prefería una renta fija a una variable»[381]. Poco después, el novelista escribió «el éxito de mis libros no me concierne directamente» (24 abr. 66 a Pierre), presumiblemente queriendo decir que el hecho de que sus libros vendieran cinco o quinientos mil ejemplares no significaba diferencia para él.

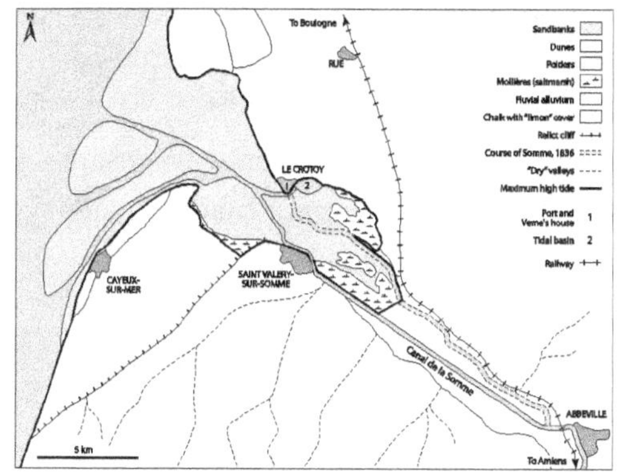

71. Mapa de la región de Le Crotoy

En 1865, Jules, Honorine y los tres niños pasaron «nueve semanas de baños de mar» en el pueblo pesquero de Le Crotoy [18 sep. 65] (todas estas fechas, como se recordará, se refieren a cartas a Hetzel). Regresaron a París alrededor del 10 de octubre, y debieron valorar el estilo de vida junto al mar porque, en marzo de 1866, en medio de una tormenta, trasladaron su residencia de verano a Le Crotoy. Alquilaron una casa de tres plantas llamada «La Solitude», cerca del puerto, y los Verne pasaron allí las primaveras y veranos siguientes[382]. Jules trabajó al principio en su despacho del primer piso, con vistas a la bahía, y posteriormente lo hizo en el cobertizo del jardín.

Valentine y Suzanne permanecieron en el internado del convento en París, pero Michel ahora no sólo asistía a la escuela del pueblo, mante-

---

[380] En los 37 años que siguieron a su entrada en el dominio público, Verne vendió 8,8 millones de ejemplares de una sola edición francesa (*Magazine littéraire*, 3 may. 2005), lo que supone unas ventas totales en Francia de unos 20 millones en 1978 (*Elle*, 6 de febrero de 1978) y bastante más de 30 millones al cambiar el siglo. El total de las ventas mundiales seguramente alcanzó los cientos de millones.

[381] Contrato de 17 de mayo 1875.

[382] La mayor parte de julio-noviembre de 1867, abril-septiembre de 1868, abril-octubre de 1869, y mayo-agosto de 1870 (probablemente únicamente Verne).

niéndolo alejado de situaciones inseguras, sino que recibía lecciones adicionales del maestro (8 may. *66*). Honorine y los niños hacían visitas frecuentes a Amiens, su ciudad natal, y Verne iba a París, tanto por negocios como por placer, donde seguía teniendo su piso.

Con 1.500 habitantes, el «pequeño agujero encantador» [10 jul. 67] estaba enclavado en una península de la Bahía del Somme, a unas 40 millas río abajo de Amiens. El médico estaba a 15 millas de distancia, en Abbeville. Notable sólo por el encarcelamiento de Juana de Arco en 1431, Le Crotoy era «nada más que arena y dunas desoladas» [10 jul. 67]. La costa lucía bastante plana y poco estimulante, excepto cuando las mareas de primavera y otoño entraban con fuerza. Verne no se cansaba de ver cómo el agua ganaba rápidamente casi cinco kilómetros, y exclamaba: «¡Ah, el mar, qué cosa tan hermosa, aunque en Crotoy sólo viene dos veces al día!»[383].

Marguerite se imagina poéticamente los barcos camaroneros regresando con la marea baja: «Un solo hombre era suficiente para manejar cada red de arrastre, y los pequeños barcos viraban... al unísono, como si bailaran una cuadrilla» (ADF 114).

¿Por qué Le Crotoy? A Verne le gustaba el aire puro, la navegación y la paz y la quietud para trabajar; apreciaba a los marineros locales, ya que los picardos eran «quizás no tan trabajadores pero sí muy francos, honestos e inteligentes»[384]. Sus reumas, gripes, dolores de cabeza y mareos desaparecían en cuanto dejaba París[385].

Si Verne amaba el lugar y Michel tenía más espacio para desahogarse, Honorine parece haber sido neutral, aunque no estaba lejos de Amiens; es posible que las niñas se hayan aburrido pronto y anhelado regresar al internado (ADF 114). Sin embargo, Honorine escribió en secreto a Hetzel su preocupación por el «desánimo» de su marido, achacándolo en parte a su aislamiento y a haber dejado París[386]. Quizás ella misma se sentía sola y triste, sospechando que la verdadera vida de su marido transcurría lejos del hogar doméstico.

---

383 6 sep. 65; [28 mar. 68].
384 [3 oct. 67]; *Geografía*, «Somme», 666.
385 [17 jul. 67]; 6 nov. 67.
386 [¿15? ago. 70] en CNM 182.

72. La Solitude, casa de Verne en Le Crotoy (foto antigua y en la actualidad).

TODO UN NUEVO MUNDO
1865-1867
CAPÍTULO XI

73. *Veinte mil leguas de viaje submarino*, 1869-1870 (Alphonse de Neuville)

Ya en la década de 1830, Jules había deseado los bellos yates que maniobraban en el Loira. En 1846, sus fantasías continuaban, dibujando dos encantadoras velas de arrastre en el manuscrito de *La conspiración de la pólvora*. Aproximadamente en marzo de 1862 realizó un recorrido por Bretaña y en 1863 pasó quince días en Brest, a la que por alguna razón llamó «el orinal de Francia»[387]. Dado que en 1864 pasó quince días navegando en los alrededores de Bretaña (12 ago. 64), es posible que los dos viajes anteriores también incluyeran algo de navegación. Durante su primera estancia en Le Crotoy, hizo dos largas salidas al mar en el yate de un amigo, lo que le hizo «el hombre más feliz de la tierra» (6 sep. 65).

Al año siguiente, Verne realizó una ambiciosa expedición de 1.300 kilómetros desde Chantenay a Burdeos y viceversa para recoger a Paul; no está claro si fue en transporte público o en un barco privado. Verne disfrutó tremendamente en la segunda etapa: «Tuve un magnífico regreso por mar, una tormenta equinoccial, y estuvimos en peligro de ser arrojados a la costa; finalmente una verdadera tormenta... ¡algo que te deja recuerdos inolvidables!» [25? sep. 66].

Tras un comienzo tardío, el novelista se contagió con el gusanillo de los viajes al extranjero, y desde 1865 hasta 1881, salió de Francia prácticamente todos los veranos, un total de más de 35 viajes. En esta segunda etapa, y en contraste con el impulso nórdico, Hetzel y Paul podrían haber proporcionado el estímulo inicial. Verne siempre soñó con asociar

[387] Dehs, «Impressions», 56, y Cuaderno de Escandinavia; [24 ago. 78]; 4 sep. 63.

trabajo y placer; pero Hetzel rara vez aceptaba los ofrecimientos de hospitalidad de Verne, e incluso parecía haber olvidado que habían ido de vacaciones juntos, uno o dos años después de ocurrido [27 feb. 67].

Dos de los primeros viajes de Verne muestran interesantes panoramas: en un arranque estimulante, como si fuera una experiencia de primera mano, tal vez ocurrida en 1866, se refiere a «las rocas de granito de Jersey» [10 jul. 67], archipiélago olvidado a tiro de piedra de Normandía, último vestigio del Imperio Inglés en Francia, inseparable en la imaginación pública desde Hugo y su exilio por principios durante el régimen de Napoleón III.

En 1865, y de nuevo en 1866 o 1867, Hetzel y Verne estuvieron en Golfe Juan, un agradable complejo turístico situado entre Cannes y Juan les Pins[388]. La primera vez, se alojaron en el Hôtel du Golfe, pero quizás también en la cercana Villa Bruyères, la casa del periodista y político judío Edmond Adam y su novia Juliette La Messine, de soltera Lambert. El Hôtel du Golfe estaba a sólo diez metros del mar; el gerente, «M. Ghien», había navegado con Dumont d'Urville[389]. Aunque estuvo molesto por los «compañeros incultos» del hotel, Verne elogió la vista de su habitación orientada al este, que abarcaba el Mediterráneo y los Alpes (29 ene. 67).

Edmond Adam (1816-1877) había colaborado con Hetzel en el *National* alrededor de 1848. Su compañera (1836-1936), lo suficientemente joven para ser su hija, era esbelta, de piel suave y muy «encantadora», según George Sand. Destacada anfitriona de la sociedad, Juliette escribía para los periódicos, libros sobre los Alpes y Golfe Juan, y novelas con tendencia republicana, pre-ecológica y feminista. La pareja ofreció cenas al aire libre a Hetzel y Verne; el escritor también se hizo amigo del personal de Villa Bruyères, «un nido en el sol naciente», especialmente de la «pequeña Gibsy», probablemente una camarera, cuya pubertad lo deleitó [27 feb. 67].

Verne visitó con Hetzel las islas de Sainte-Marguerite, cuyo castillo se hizo famoso por *El hombre de la máscara de hierro* de Dumas, y el paso alpino de Tende en las montañas detrás de Niza[390]. Aunque Francia había

---

388 29 ene. *67*, [¿18? ene. 69].

389 Dirección moderna: 81 Boulevard des Frères Roustan, 06220 Vallauris; 29 ene. *67*.

390 [10 jul. 67]; [¿feb.? 67].

adquirido Saboya en 1860, Col de Tende, a 2.000 metros de altura, aún quedaba en Italia. Con una historia venerable, era uno de los lugares más espectaculares de Europa.

Los dos viajes a Golfe Juan fueron más allá de Tende: «La primera vez fuimos a Italia hasta Bordighera; la segunda vez, ¡tú mismo fuiste hasta Génova!» [¿18? ene. 69]. Desde los picos helados de Tende, un camino en zigzag, espectacular y aterrador, bajaba a través de las aisladas aldeas de las colinas italianas hasta el mar resplandeciente. Las famosas palmeras de Bordighera se asoleaban mientras sumergían sus pies en el Mediterráneo. El viaje de once kilómetros en el tren de regreso por la costa hasta la frontera francesa fue descrito por el escritor Daudet como «adorable» y por la Guía Joanne como «el cielo en la tierra».

Respecto al segundo viaje, no está claro dónde se separaron Hetzel y Verne; en algún momento el novelista se alojó en el Hôtel de Paris en Mónaco. Durante varios años, Verne recordó el paisaje que ambos habían disfrutado juntos, pero aparentemente sin reciprocidad por parte del editor: «el verdadero azul del Mediterráneo, el verdadero azul de Provenza y de los Alpes Marítimos», las «brisas mediterráneas... el perfume de los pinos»[391].

La quinta novela de Verne entregada a Hetzel en tres volúmenes, comenzó a publicarse solo un año después de la segunda, una efusión creativa asombrosa. En *Los hijos del capitán Grant* (1865), el obtuso escocés Lord Glenarvan, propietario de un yate, descubre una botella en el vientre de un tiburón y, en ella, la petición de ayuda de un náufrago. Aunque escrito en tres idiomas, el mensaje se ha deteriorado en el agua de mar, y solo se conoce la latitud: 37° S. Una vez interpretado por el brillante pero distraído geógrafo Paganel, el grupo emprende un viaje de búsqueda en línea recta. Guiados por el noble patagón Thalcave atraviesan Sudamérica y cruzan peligrosamente las altas Cordilleras. En el Pacífico, Paganel se ve forzado a adoptar una nueva interpretación que ahora lleva al grupo a través de Nueva Zelanda y Australia donde Ayrton, un convicto fugado, intenta secuestrar el yate. Aventuras con inundaciones, derrumbes, piratas y caníbales alternan con entretenidas lecciones de Geografía,

391 [27 feb. 67]; [9 mar. 67].

soliloquios de un marino sarcástico y coqueteos de la hija de Grant. Al final, el capitán Grant es encontrado por casualidad en la Isla Tabor, donde Ayrton es abandonado como castigo.

Hetzel estuvo otra vez intensamente involucrado en la concepción. Introduce episodios sentimentales e, incluso, melodramáticos, en los que se revelan los pensamientos de los personajes. Para Verne, Grant navega hacia los Mares del Sur para hacer fortuna; según Hetzel, para fundar una colonia escocesa. El novelista peleó con el editor paso a paso por el final, pero finalmente le cedió toda la responsabilidad. Un error de juicio, porque las explicaciones acabaron siendo quince veces más largas.

Verne se esforzó por incluir una historia de amor en la novela. Sin embargo, en esta época se sintió «muy torpe para expresar sentimientos amorosos»; y para una novela posterior invitó a Hetzel, quizás imprudentemente, a añadir «toques de sensibilidad»: «Yo pongo los ojos, y tú pones las lágrimas cuando sea necesario»[392]. Siguiendo el patrón, el título cambió: el autor quería *La vuelta al mundo*, pero fue en vano.

A nuestros ojos modernos, el texto manuscrito de Verne sin las incrustaciones hetzelianas parece a menudo más claro, más ordenado, más adulto; en dos palabras: más leíble. Los añadidos contienen religiosidad, clichés y sentimientos en abundancia, pero menos lógica, estilo o inteligencia. Cuando uno permite escritura fantasma, no debería extrañarse de que se oigan ruidos en la noche.

A partir de 1867, aproximadamente, a pesar de un poco más de cuatro obras maestras en cuatro años, un barco y un piso más grande, Verne se volvió más taciturno y hosco. En esta etapa carecía de un confidente cercano que sustituyera a sus padres, excepto, cada vez más, Hetzel; sin embargo, la relación fue unilateral desde el principio, el editor mostrando solo condescendencia e incomprensión.

En pocos años, el matrimonio de Jules y Honorine resultó problemático. En comparación con los trece vástagos que sus hermanos menores tenían en 1869, sólo habían tenido un hijo. Honorine sí parecía amar a Jules, pero gobernaba el hogar con mano de hierro y no comprendía sus objetivos artísticos. Indudablemente, ella había esperado que se hiciera

392 [¿Primer trimestre? 66]; [14 ago. 68].

rico y famoso más rápido, soñando con las oportunidades sociales que ello abriría (RD 60), pero también se sentía decepcionada por el hecho de que Jules no la introdujera en sociedad, y expresó «él acumula sobre mí los problemas producidos por su desaliento»[393].

Los libros de Verne incluían ahora comentarios sarcásticos sobre el matrimonio: la confluencia del Dordoña y el Garona se asemejaba a «una pareja largamente casada, vomitándose sus olas irritadas»; la respuesta a la pregunta seria de un mormón sobre el número de esposas del orador fue: «¡una, señor, y ya es bastante!»[394].

Sin embargo, la pareja mantuvo la fachada. Los abuelos de Honorine estuvieron para la primera comunión de Suzanne [¿jun.? 67]. Mme. Verne intentó hacer de Verne algo menos que un lobo solitario, invitando a sus amigos a Auteuil: a Maisonneuve, Gille y a músicos como Delibes, Delioux, Massé e Hignard. Cuando Hetzel se ausentaba, y al parecer únicamente entonces, Verne y Honorine cenaban con su esposa.

Michel daba a sus padres permanentes dolores de cabeza. Desde su nacimiento poco propicio mientras su padre paseaba por el extranjero, pasando por la etapa de pañales, hasta los primeros pasos, Michel no fue un niño difícil, sino un desastre andante. Las dos primeras descripciones registradas fueron «el terror de Le Crotoy» y un «carácter de lo más espantoso»[395]. En la más temprana acción conocida, el niño destruyó su orinal (10 dic. 68).

Las principales armas de Michel eran el encanto y las frecuentes fiebres, la anemia y las «agallas», quizás heredadas (5 feb. 69). Con rabietas incontrolables la mayor parte del tiempo, también utilizaba la desobediencia y la violencia para salirse con la suya y escapar del castigo (ADF 125). Su madre lo mimaba y lo desdeñaba alternativamente; su padre intentaba ignorar el problema, y sus hermanas, siete y nueve años mayores, lo adoraban.

El hijo de Michel, el biógrafo, obsequia a sus lectores con dos historias bien recordadas. Cuando los berridos de su hijo sacaron a un Verne en-

---

393 [¿15? ago. 70] a Hetzel en CNM 182.

394 *VIE* vii; *La vuelta al mundo* xxvii.

395 [18 sep. 65], 24 abr. 66 a Pierre.

fadado de su estudio, Honorine le explicó que Michel quería el reloj, produciendo la respuesta: «Pues entonces dale el reloj» (JJV 82). Ella no lo hacía mejor. Mientras paseaba con Michel, el niño «dejó caer deliberadamente su pequeño bastón en el primer depósito de carbón que vio», haciendo rabietas hasta que su madre tocó el timbre para recuperarlo. Cuando le dijo que se portara bien, «hizo exactamente lo mismo en el siguiente depósito», lo que provocó que Honorine se echara a reír (JJV 82). Esa no habría sido mi reacción. Incluso Verne, que no era el mejor psicólogo infantil del mundo, reconoció que habían fracasado: «No ha sido bien educado, lo admito» [¿11? jun. 69].

¿Era ello una señal de problemas causantes de que, al igual que como antes su padre, Michel ingresara a un internado a una edad ridículamente temprana (29 ene. 66), y de que después cambiara de escuela tan a menudo? En enero de 1868 fue a la misma escuela de Nantes que Maurice, el hijo de Paul, durante los dos meses que la familia pasó allí (10 dic. 68). Quince meses después, confiado «a la estricta disciplina de los sacerdotes del Colegio de Abbeville», volvió a cambiar a mitad de curso (JJV 83). El ardiente deseo de Verne era que se convirtiera en un interno completo (5 feb. 69). Cuando Michel volvió en vacaciones, su padre se apresuró a contratar un tutor privado [¿11? jun. 69].

En 1867 Verne realizó un viaje transatlántico, su única vez fuera del Viejo Mundo. La idea vino de Paul, y Jules ni siquiera consideró llevar a su familia. Su objetivo era cruzar el Atlántico y estudiar el «microcosmos» de la vida a bordo, y ver los Estados Unidos de modo secundario[396]. Pero algo faltaba; sentía poca emoción ante las vistas más bellas o los acontecimientos más dramáticos.

Los hermanos descartaron el ferry directo desde Nantes y optaron por el tren Londres-Liverpool. Se hospedaron en el Adelphi, el mejor hotel de la ciudad, y visitaron el nuevo Muelle del Príncipe, adorado por Jules, escenario de virtuosos capítulos en *Viaje a Inglaterra y Escocia* y *Hatteras.*

---

396 *Una ciudad flotante* i.

74. El *Great Eastern*

El *Great Eastern* en sí constituía la principal atracción. Si en 1859 Verne se había burlado de sus «20.000 toneladas de vanidad», ahora se pasmó ante la «octava maravilla del mundo»[397]. Construido por Brunel con el nombre de *Leviatán*, medía 213 metros, cinco veces más que el barco que le seguía en tamaño, y continuaría siendo el más grande durante 30 años. Con sus tres millones de remaches, seis mástiles de 60 metros, cinco chimeneas, 2.600 caballos de potencia, 500 tripulantes y 3.000 camas, era tan grande que los remolcadores a veces desaparecían bajo sus cuatro ruedas de paletas. Pero un solo dedo podía dirigirlo.

El *Great Eastern* tenía una historia accidentada. Abundaban los rumores sobre un cuerpo perdido en sus entrañas. En la primera botadura, en 1857, murieron dos trabajadores; antes de que el barco abandonara el Támesis, seis miembros de la tripulación perecieron en una explosión en la sala de máquinas; el propio Brunel murió poco después supuestamente a causa de la conmoción; y, por último, el capitán y diez compañeros se ahogaron. Cuando el barco fue desguazado en 1887, se encontró el esqueleto de un remachador atrapado detrás de un mamparo, lo que quizá explicaba la mala suerte[398].

Construido para transportar emigrantes, el *Great Eastern* nunca llegó a Australia. En su lugar, pasó a tender el cable transatlántico de 3.400 kilómetros, que fracasó la primera vez. Verne viajaba en el viaje inaugural después de que una compañía francesa reformara el barco para traer a los estadounidenses a la Exposición Universal de París.

Fue testigo de más desastres que retrasaron la salida una semana. Mientras los hombres subían las anclas, algo en el motor de arrastre de 70 caballos de fuerza se rompió matando a cuatro tripulantes, aunque a nadie le importó mucho. Tras zarpar el 26 de marzo, con sólo 123 pasajeros, el barco bordeó el norte de Gales. Luego siguió la costa de los contrabandistas irlandeses, haciendo escala en Queenstown (Cork) y avistando el faro de Fastnet y el cabo Clear.

Los hermanos conocieron a gente famosa a bordo, incluido el capitán, Sir James Anderson [22 mar. 67]. Jules se hizo amigo de Paul Du Chaillu,

---

397 *VIE* xliv; [9 abr. 67].

398 Robert Taussat, «Le Malheureux destin du *Great Eastern*», *BSJV* 15: 138-141.

el explorador africano, aunque se burlaba en privado de su «literatura de monos» (31 ago. 67).

Verne detestaba la mayoría de las diversiones a bordo, como las apuestas, las clases de gimnasia y las conferencias fotográficas de Anderson sobre el cable, y prefería las charlas sobre mormonismo y los dichos cómicos de los marineros. Ambos Verne eran pianistas consumados, y Paul ejecutó una actuación en público comenzando con dos valses, composición de los dos hermanos. Cuando se le pidió que tocara su Himno Nacional, se negó a interpretar la republicana *Marsellesa* hasta cuando los estadounidenses insistieron en ella. Verne disfrutaba espiando a dos prometidos frustrados, que se quedaban embobados ante los «largos pistones que se precipitaban unos hacia otros, lubricados con una gota de aceite en cada movimiento»[399].

El barco se encontró con un buque español abandonado que navegaba solo, así como con imponentes icebergs. Frente a los bancos de Terranova se desató un huracán. Anderson consideró una cuestión de honor anglosajón mantener el rumbo, asombrando al marino Paul, que nunca había visto un mar peor. Mientras tanto, los pasajeros almorzaban tranquilamente. Sólo cuando volaron partes del barco, se embarcaron dos mil toneladas de agua y murió un marinero, el capitán cedió. El hundimiento del hombre, mientras agonizó y se meció en el agua hasta deslizarse por último hacia las claras profundidades, conmovió enormemente a Jules.

El *Great Eastern* llegó por fin a la Tierra Prometida el 9 de abril. Los hermanos se alojaron en el Hotel Quinta Avenida, en la intersección de Madison Square, y disfrutaron las «galletas» y el queso gratuitos y del ascensor, el primero en un hotel de Nueva York.

Jules ansiaba explorar el «país de Cooper»; pero el *Great Eastern* regresaba el 17 de abril. Las tres semanas programadas se redujeron y los hermanos decidieron recorrer el Estado de Nueva York a toda carrera.

Tomaron el *St. John*, de la Línea del Río Hudson, «uno de esos maravillosos vapores que explotan de buena gana con frecuencia» (xxxv)[400],

399 *Una ciudad flotante* xv.

400 La mayor parte de la información consignada en los párrafos siguientes está tomada de *Una ciudad flotante* (1870).

como dijo Jules. Tenía balcones, corredores y ruedas de paletas «pintadas con frescos como los de las enjutas de la basílica de San Marcos» (xxxvi). Visitaron el «fascinante museo de fósiles» de Albany (xxxvi): la comidilla en la ciudad era un esqueleto de mastodonte, desenterrado cerca de allí.

Verne se maravilló ante los trenes americanos: se caminaba entre vagones, incluso se compraban revistas y libros, que sorprendentemente no tenían sello de censura. En el Valle del Mohawk soñó con los tramperos franceses, el País de Medias de cuero, Ojo de Halcón y Chingachgook, y las luchas contra los *ricains*.

Las cataratas del Niágara, de 109 metros de altura, dejaron paralizados a Jules y Paul. Con el rocío como nieve inmaculada, la corriente imparable de plata derretida, las profundidades verde mar y los remolinos de oro fundido, el abismo de tres kilómetros de ancho se precipitaba, como monstruos con las fauces abiertas, en témpanos relucientes de todos los tonos de aguamarina y jade. Los hermanos subieron aturdidos a la Torre Terrapin, construida en una minúscula porción de tierra al borde de la Catarata de la Herradura, en un «éxtasis interminable» ante el rugido del agua, los rayos del sol y el aroma de la catarata (xxxvii). Al anochecer, todavía atónitos, fueron sorprendidos por el resplandor del fanal de un tren expreso que cruzaba el puente del Niágara. Sin poder separarse del flujo implacable y del rocío envolvente, tuvieron una visión indescriptible: una «franja láctea, una cinta diáfana que temblaba en las sombras, un arcoíris lunar» (xxxvii).

Al día siguiente, 12 de abril, cruzaron a pie el puente colgante y almorzaron en un hotel «Británico». En el libro de visitas notaron a Barnum, Robert Peel, Rothschild, el Conde de París y una variedad de Napoleones. Firmando a su vez, los Verne admiraron las dos cataratas desde la saliente Table Rock, tratando de ignorar el abismo de un centenar de metros que había justo debajo de sus pies. Luego volvieron a «América» con un ingeniero que quería convertir el Niágara en un molino. El horror de Jules pareció profético, pues ambas cataratas son ahora un parque temático virtual.

Después de ir a Brooklyn el 15 de abril, los Verne se dirigieron al Muelle 37. El *Great Eastern* zarpó el 17 de nuevo con sólo 193 pasajeros, y pronto estaría en bancarrota una vez más. En el trayecto de vuelta, Jules y sobre todo Paul fueron al parecer el alma y vida del barco: actuando, disfrazándose con atuendos femeninos y, en general, holgazaneando. El 30 de abril, Anna y su familia los invitaron a cenar en Brest. Pero demasiado pronto volvieron a la rutina.

Quedan muchas preguntas sobre la América de Verne ¿Tuvo encuentros casuales con mujeres? ¿Habló con los locales? ¿Se percató de que solamente una de sus novelas había aparecido en Estados Unidos?

Jules y Paul no hablaban inglés, y es posible que no hayan conocido a muchos francófonos. Tal vez Verne necesitaba al extravertido Hignard para lanzarse. Tal vez, sencillamente había envejecido. Tal vez, aunque amaba a los habitantes, no estaba demasiado enamorado de su cultura: «Los estadounidenses son sin duda los más prácticos, pero les falta mucho gusto ¡No hay más que ver sus edificios públicos! Colosales, costosos, pero sin arquitectura» (*Ent.* 232). Sin embargo, los seis días norteamericanos de Verne constituyeron un éxito rotundo en términos literarios. De esta experiencia surgieron treinta novelas relacionadas con los estadounidenses o con Norte América. En muchas de ellas, el Nuevo Mundo seguía siendo grandioso, exuberante y salvaje; y lleno de ingenieros que ansiaban domesticarlo.

La más evidente fue *Veinte mil leguas*, que comienza con el barco a vapor y paletas del capitán Anderson chocando con un objeto misterioso y llegando con averías al muelle. El narrador francés, en primera persona, llega a Nueva York a finales de marzo de 1867. Al igual que Verne, toma el ascensor de tornillo del Hotel Quinta Avenida; en un recorrido en taxi visita Broadway y Brooklyn por 20 francos; y navega frente a las villas de New Jersey. La cabina del piloto, la cubierta y el lujoso salón de Nemo son parecidos a los de un barco del Hudson combinado con un château de Fife.

También «El Humbug. El estilo de vida americano», que hace eco del aforismo de Barnum, «al pueblo americano le gusta que lo engañen». El narrador francés en primera persona toma en primavera un barco de vapor río arriba en Nueva York y menciona con ironía la idea de «represar el Hudson y utilizar sus aguas para hacer girar un molino de café». El relato se centra en el increíble descubrimiento de un gigante prehistórico cerca de Albany y satiriza los métodos publicitarios modernos. En *La vuelta al mundo en ochenta días*, posiblemente soñada por primera vez en 1867, incluso el poco observador Fogg, como el propio Verne, se fija en las «ciudades de Nueva Jersey con nombres antiguos, algunas con calles y tranvías, pero sin casas» (xxxi).

Se necesitaría todo un libro para detallar la Norteamérica ficticia de Verne. Aquí sólo puedo mencionar *La isla a hélice*, al parecer la primera novela en tercera persona y en tiempo presente, que relata los desastres y la final desintegración de un enorme barco de turismo estadounidense que recorre los Mares del Sur; o *El testamento de un excéntrico*, donde los concursantes persiguen una herencia en un Juego de la Oca a través de todos los estados. El Niágara, en particular, sigue persiguiendo a Verne. En *Dueño del mundo*, el antihéroe se está precipitando inevitablemente a la muerte, consolado por un arcoíris lunar, cuando escapa en una máquina voladora.

De hecho, Verne escribió un libro sobre su viaje (mi principal fuente de información). En 1869, el director de la destacada *Revue des deux mondes* le propuso aportar un escrito (27 ene. 69). Todavía ansioso por escapar del género en el que estaba atrapado, el autor ofreció *Una ciudad flotante*, que planeó como una novela sobre el modo de vida a bordo del *Great Eastern*, parecida en algunos aspectos a *Viaje a Inglaterra y Escocia* o *París en el siglo XX*. El director prefirió «un simple diario» [13 ene. 70] al precio ofrecido a los principiantes y, doce meses después, canceló el acuerdo.

Una ciudad flotante (Hetzel, 1870) mezcla, en verdad, tres géneros: la descripción tecnológica y la historia del *Great Eastern*; una trama inventada, con una loca victorhuguesca, un duelo, y un hombre obsesionado con naufragar; y una descripción de la sociedad a bordo, del estilo de vida americano y de los paisajes terrestres y marinos. En parte diario de viaje y en parte novela marina, con una referencia al «francés Paul V...» (xv), las partes técnicas carecen bastante de dramatismo, mientras que el océano y las cataratas son magníficos.

Como tantas veces, Hetzel intervino intensa y extensamente. Desaparecen algunos párrafos románticos con observaciones desencantadas sobre la frivolidad de las mujeres, «¡el primero y el último símbolo de tanto sufrimiento!». Al tiempo que exige una mayor presencia femenina, el editor suprime líneas importantes sobre las andanzas de la loca.

El humor de Verne con respecto a la muerte también sufre a manos de Hetzel. La narración fantástica de una cirugía que implica la resurrección de un cadáver le provoca una rabia incoherente. Como si quisiera compensar, añade montones de ambientación «gótica», sentimientos vacíos y afirmaciones de lealtad y nobleza. En aras del público juvenil, elimina las reflexiones personales, la simbología original, los aforismos sociales y las críticas al barco y a sus pasajeros. Las comparaciones anglo-francesas, en particular, decretadas como inapropiadas, al igual que las opiniones sobre la liturgia protestante, son reemplazadas por la grandeza de Dios y la dignidad del sermón, de hecho aburridor y chovinista.

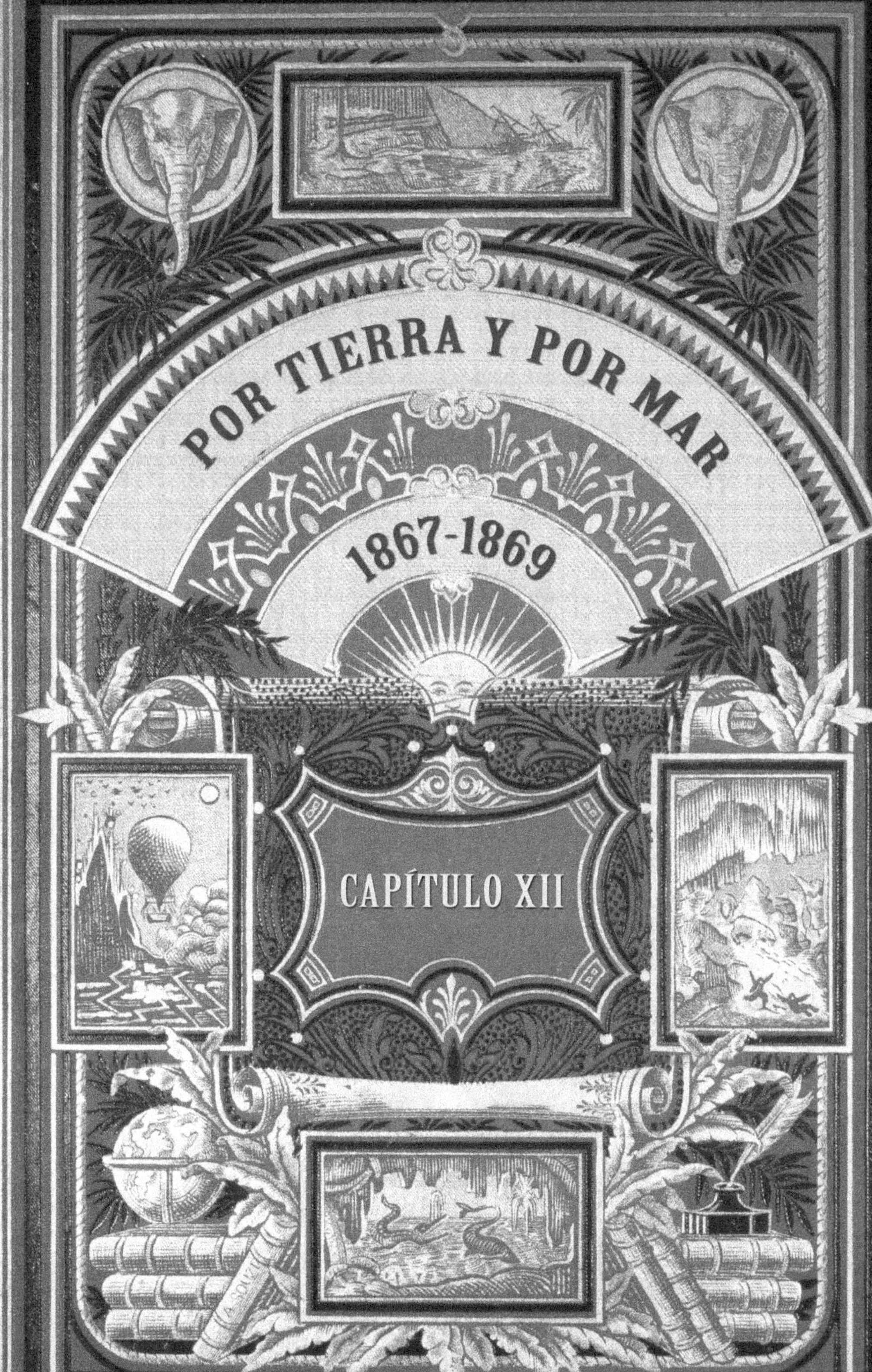

POR TIERRA Y POR MAR
1867-1869
CAPÍTULO XII

75. *Viaje al centro de la Tierra*, 1864 (Édouard Riou)

En 1867 se publicó una edición en gran octavo de *Viaje al centro de la Tierra*, con una parte nueva importante. Se añadieron dos capítulos y medio (xxvii-xxix), tal vez porque la prehistoria se había convertido entretanto en un notable campo de estudio. Entre los restos de la Era Cuaternaria, las nuevas secciones presentaban el cuerpo momificado de un hombre blanco, tal vez un explorador anterior. Pero, como vimos, también presentaban una manada de mastodontes, junto con un tentador vistazo a un gigante de 3 metros que portaba un garrote colosal. Verne rara vez volvería a adentrarse tanto en lo fantástico, al menos en los relatos para Hetzel.

Hacia 1867, Verne trabajaba intensamente en la *Geografía ilustrada de Francia y sus Colonias*. El renombrado geógrafo Théophile Lavallée había sido contratado para escribirla, terminó la introducción y 13 de las 89 secciones, pero cayó demasiado enfermo para continuar.

Verne no tardó en darse cuenta de que los 13 segmentos procedían de la *Francia Ilustrada* de Malte-Brun. Decidió ocultar el plagio mediante una juiciosa reescritura (29 ene. 67). Para su propio texto, condensó «195 kilos de diccionarios» [10 oct. 67], haciendo buen uso del censo de 1866 y consiguiendo estadísticas actualizadas del Ministerio del Interior gracias a las influencias de Hetzel.

Su cobertura fue exhaustiva. En la delicada cuestión de Alsacia eludió el orden alfabético para mantener juntos el Bajo y el Alto Rin. Su mujer recopiaba los borradores a razón de 8.000 palabras al día, lo que le provocó calambres de escritor[401].

401 [Finales de dic. 67].

76. Iglesia de la Santa Cruz

La escritura propiamente dicha era el menor de sus problemas. Lavallée se resistía a abandonar el proyecto y se había reservado el derecho de «corregir y revisar», pero murió el 27 de agosto de 1867 eliminándose esa particular dificultad. Cada sección incluía a los personajes prominentes locales, y Verne mantuvo largas discusiones con Hetzel sobre a quién dejar por fuera [27 feb. 67, ¿may.? 67]. El comentario de Fogg de que «fuese lo que fuese, [él] nunca admitía, pues se había dado cuenta de que la discusión nunca convence a nadie» puede datar de esta época, aunque se eliminó en la fase de prueba[402]. Finalmente, el novelista se dio por vencido y los incorporó a todos. Sí subrayó que estaba incluyendo a su mentor [feb. 67]; pero Hetzel no devolvió el halago.

Verne tuvo que hacer el trabajo del editor, corrigiendo las pruebas de galeradas y de página y supervisando al ilustrador, grabadores e impresores [9 mar. 67]. Aseguró a Hetzel, en forma áspera, que aunque la Introducción de Lavallée era demasiado larga, «la he vuelto a meter en la panza» [¿feb.? 67]. Incluso cuando se quedó en casa de sus familiares en Provins, el escritor trabajó «todo el tiempo» [¿may.? 67]. Las secciones comenzaron a salir desatando un torrente de quejas. Verne las refutaba obstinadamente agradeciendo cada sugerencia, solo atiborrando aún más su bandeja de entrada.

El volumen 1, de 250.000 palabras, salió en noviembre. Nantes cerraba el tomo, y Verne incluyó sus queridos Loira y Erdre, su parada personal del tren y a cinco colegas escritores. Sin embargo, se burló de su arquitectura moderna: «Santa Cruz, coronada por un pesado campanil que hace las veces de campanario», «Saint-Nicolas... que, cuando esté terminada, será un buen ejemplo de arquitectura del siglo XIII», y los tribunales de su padre, «sin estilo alguno».

Los tres millones de caracteres, siete volúmenes normales, necesitaron en realidad cuatro veces más tiempo que el asignado [10 oct. 67]. Mientras Hetzel tomaba el sol en la Riviera, Verne firmaba «Bête de Somme»: tanto «Estúpido de Somme» como «Bestia de carga». También atrapó varias gripes persistentes.

402 «Introduction», *Around the World in Eighty days*, traducida, con una introducción y anotaciones, por William Butcher (Oxford: Oxford University Press, 1995).

Finalmente, todo estuvo consumado. Los dos volúmenes publicados en junio de 1868 tenían más de 100 ilustraciones magníficas. En el lugar de honor estaba el «Al lector» de Hetzel, donde se refería pomposamente al inminente conocimiento del mundo entero por el hombre y resaltaba la contribución «tan notable» de Lavallée a ello, así como el «libro» de su escritor estrella.

Ahora bien, ¿por qué Verne hizo la «*Geografía* diabólica» (5 dic. 67 a Pierre)? Cuando su padre le criticó su aridez, el escritor replicó: «no está diseñada para ser leída, sino para ser consultada si es necesario. Es un diccionario». Además, podría darme «de 15.000 a 20.000 F [€ 75.000 a € 100.000] y significa 15 meses ganados sobre mi acuerdo en el que me equivoqué al hacerlo tan largo» (5 dic. 67 a Pierre).

El editor se comportó de nuevo injustamente, probablemente pagando de hecho sólo 18.000 F[403]. Si hubiera calculado por extensión, incluso a las esclavizantes 200.000 palabras al año, el medio millón de palabras habría contado por dos años y medio, o tanto como el doble. Así las cosas, Jules quedó comprometido a realizar otros once terribles volúmenes en los tres años y medio siguientes.

Tal vez Verne quiso escapar de la camisa de fuerza de la ficción y entrar en un campo de escritura más respetable. Pero también puede haber dudado de las fuentes de su imaginación creativa. Había podido sostener clímax dramáticos permitiéndose montones de ardides y fantasías, desvíos, documentación y diálogos. Tenía que alternar la satisfacción frenética de los objetivos largamente deseados con formas menos agotadoras de mantener la emoción de sus lectores en su punto máximo. Ahora, al entrar en su quinta década, seguramente se preguntaba cuántas obras maestras culminantes más podría extraer de su cerebro exhausto.

Recuperado de la árida *Geografía*, Verne pasó a crear su libro más ambicioso, *Veinte mil leguas de viaje submarino*. Sin embargo, esta novela en la que, junto con *Hatteras*, más revelaba su alma no fue apreciada por el editor; y una de las grandes obras maestras de la literatura occidental vio la luz hecha jirones y expurgada.

---

403 Estimado calculado en Dehs, *Jules Verne* (2005), Apéndice 2.

Veinte mil leguas narra una circunnavegación en submarino con muchos episodios espectaculares, como el paso bajo el casquete polar antártico, la colocación de una bandera negra en el polo sur y el descubrimiento de las ruinas de la Atlántida. Pero gran parte del interés proviene de la relación entre el capitán Nemo («nadie» en latín) y su invitado, el doctor Aronnax. Todo lo vemos a través de las interpretaciones de este académico envejecido –o de la falta de ellas–, ya que malinterpreta muchas cosas, pero sobre todo el exilio del capitán Nemo de la sociedad.

Nemo muestra un interés enfermizo por los barcos en dificultades, difícil de relacionar con los retratos en su habitación de una mujer y dos niños. Localiza en el lecho marino del Atlántico los restos del *Vengeur*, de gran significación; y luego es atacado por un buque de guerra no identificado, antes de hundirlo. En la última página, Aronnax sugiere que tal vez el submarino no haya sobrevivido al terrible Maelstrom, pero que si lo ha hecho, Nemo debe cambiar sus costumbres: «que el justiciero desaparezca y el odio se apague en ese corazón feroz».

Muchos comentarios se han concentrado en el *Nautilus*, pero la tecnología de Verne no era en absoluto innovadora. De hecho, el trasfondo estaba tan concurrido que Verne pareció temer que lo demandaran por plagio.

Gran parte de *Veinte mil leguas* provino de la vida de Verne. Además de sus experiencias infantiles en Feydeau y el Loira, es probable que haya aprendido preguntando a los marineros de Le Crotoy y Nantes, especialmente a su hermano Paul. En 1865, George Sand sugirió que el mar era el único ámbito en el que él aún no había aprovechado su «conocimiento e imaginación» (*Ent.* 138). Vimos, sobre todo, que en 1865 Verne se aficionó a la navegación en el Canal de la Mancha; en 1868 adquirirá su propio barco y, en adelante, pasará gran parte del verano a flote.

Para dos escenas dramáticas, el reconocimiento de las ruinas de la Atlántida y la reivindicación del continente antártico por parte de Nemo, la inspiración quizá provenga de su visita a Escocia. El nombre y la personalidad de Nemo pueden derivar fácilmente de la susceptibilidad del lema escocés «*Nemo me lacessit impune*» (Nadie me ataca impunemente). La ambientación doméstica en el corazón de las profundidades bravías, así mismo se asemeja a la de la lujosa casa de Inzievar barrida por la lluvia en Fife.

En efecto, Verne honra una deuda cuando Nemo toca el órgano sólo con «las teclas negras, dando a sus melodías una tonalidad esencialmente escocesa»: su Amelia también «utiliza[ba] únicamente las teclas negras»[404].

Para la preparación, Verne leyó mucho. Además de la Biblia, Homero, Platón, Hugo, Michelet, Scott, Melville y Poe, se refiere en el libro a los científicos y divulgadores Maury, Cuvier, Figuier, Mangin, Larousse, Agassiz y Renard. Aunque la novela cita un encuentro del siglo XIX con un calamar gigante, una fuente no citada, Denys de Montfort, seguramente constituyó el origen principal de la épica batalla del capitán. El científico Gustave Flourens, luchador por la libertad, posiblemente haya sido el modelo para Nemo.

Verne también visitó la Exposición Universal en el Campo de Marte [jun. 67 a Pierre]. En ella se presentaron probables inspiraciones como el aparato de buceo de Rouquayrol-Denayrouze; el submarino *Nautilus* de Hallett (1857), con sus láminas de metal remachadas, sus tanques laterales y sus vidrios de aumento; y los modelos del *Plongeur* de Bourgeois y Brun, un submarino de 45 metros y 80 caballos de fuerza (1863 y 1867).

Cuanto más investigaba, más se entusiasmaba:

> También estoy preparando nuestro *Viaje bajo las aguas*, y mi hermano y yo estamos disponiendo todos los mecanismos necesarios para la expedición. Creo que utilizaremos electricidad (10 ago. *66*).
>
> Después de 15 meses de abstinencia, mi cerebro necesita un gran estallido: tanto mejor para el *Viaje bajo las aguas*, habrá sobreabundancia, y me prometo a mí mismo divertirme mucho [29 jul. 67].

De marzo a agosto de 1868, su entusiasmo aumentó aún más mientras escribía:

> Tuve una idea ingeniosa que se ajusta perfectamente al tema. Este hombre desconocido ya no debe tener ningún contacto con la humanidad... Ya no está más en tierra... el mar debe proporcionarle todo, ropa y comida... si no saco adelante este libro, estaría inconsolable. Nunca he tenido nada mejor en mis manos [28 mar. 68].

---

404 II xxii; *VIE* xxiv.

Cuántas cosas buenas he encontrado en el mar mientras navegaba en el *St. Michel* [14 jun. 68].

¡Oh, el tema perfecto, mi querido Hetzel, el tema perfecto! [11 ago. 68].

Estoy fondeado frente a Gravesend... terminando el primer volumen de *Veinte mil leguas de viaje submarino*... ¡Qué hermoso es todo y qué combustible para la imaginación! [19 ago. 68].

Podemos preguntarnos qué es lo que Verne tenía en sus manos con excitación, dada la larga «abstinencia» y la «sobreabundancia» a punto de estallar.

Sin embargo, después de haber entregado los dos volúmenes en marzo de 1869, su mundo dio un vuelco. El libro parecía no gustarle al editor. Y quería que se quitaran las mejores partes. Por lo tanto, parece importante estudiar a) lo que no le gustaba a Hetzel y b*)* lo que Verne hizo al respecto, cuestiones que nadie había considerado hasta ahora[405].

El título solía ser una manzana de la discordia, y la epopeya submarina no fue una excepción, llamándose sucesivamente *Veinticinco mil leguas bajo las aguas*, *Veinticinco mil leguas bajo los mares* y *Veinte mil leguas bajo los océanos*.

Otra situación enojosa fue que, con todo terminado, Hetzel sugirió en forma casual añadir un nuevo volumen, como carnicero pesando salchichas. Para ello, dijo, Verne podría añadir «fácilmente» episodios, como la fuga, la captura y la reconciliación de uno de los prisioneros de Nemo; la participación de John Brown, el famoso abolicionista estadounidense ejecutado en 1859; o la descabellada idea de salvar a niños chinos de piratas chinos y mantener uno a bordo, ¡«para animar las cosas»! [25 abr. 69].

Pero al novelista verdaderamente se le revolvió el estómago al oír las ideas de Hetzel sobre los capítulos finales y la misión de Nemo. Resumiendo brevemente, el editor vetó las ideas más preciadas de Verne: primero la de que Nemo luchara contra toda la humanidad y luego la de hacer de él un polaco cuyo país ha sido aniquilado por los rusos, pues la idea desagradaría al gobierno ruso y, por tanto, reduciría las ventas en ese país. Además, el editor consideraba que las interacciones del capitán con los barcos eran intolerablemente violentas y moralmente reprochables.

[405] Excepto mis propios esfuerzos.

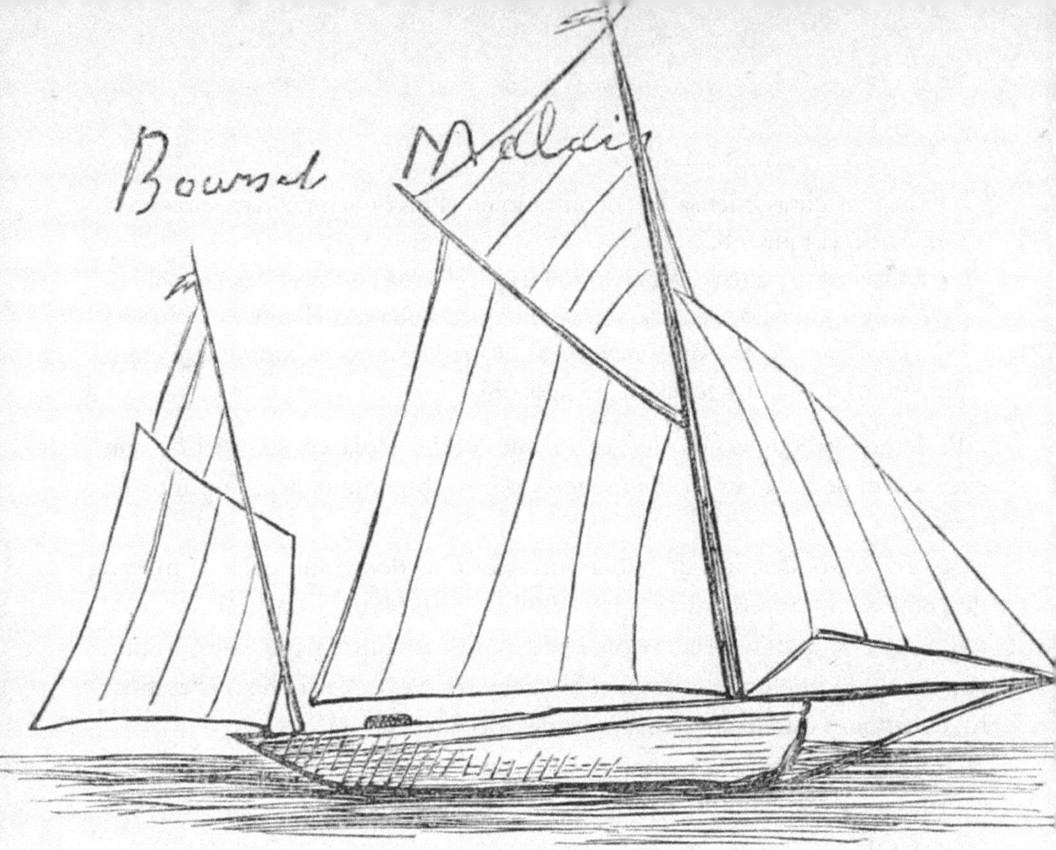

77. Croquis de Verne de su primer Saint-Michel

Verne protestó en toda una serie de misivas de abril a junio. Por la amplitud de los cambios, la magnitud de su indignación y la fuerza de su lógica, las cartas son las que cuentan mejor la historia:

> Lo que dice acerca de llevar al *Nautilus* a un callejón sin salida del que [Nemo] no puede escapar excepto hundiendo el barco... es bueno... [pero] imposible.
>
> En cuanto a un barco esclavista, corsario o pirata, sabe muy bien que estos barcos ya no existen.
>
> Pero si ahora es simplemente una batalla de Nemo contra un enemigo inverosímil y tan misterioso como él, ya no es un duelo entre dos individuos. Eso menoscaba singularmente el conjunto.
>
> Veo perfectamente que se está imaginando a un personaje muy diferente al mío... Nemo no corre detrás de los barcos y los hunde cada cinco minutos, sino que responde a los ataques. En ninguna parte, diga lo que diga su carta, yo lo he convertido en un hombre que mata por matar. Él tiene una naturaleza generosa y sus sentimientos se ponen en juego a

veces en el entorno en que habita. Su odio a la humanidad se explica suficientemente por lo que tanto él como su familia han sufrido... *Hay* sentimientos generosos sobre todo en el segundo volumen, y sólo la fuerza de los acontecimientos hace de nuestro héroe un justiciero sombrío... cuando lo explica de otra manera lo cambia hasta el punto de que no puedo reconocerlo... En resumen, su carta ha sido una tortura.

Me niego a escribir la carta en cuestión sobre el capitán Nemo si no puedo explicar su odio, o permaneceré en silencio sobre el motivo del odio y la vida del héroe, su nacionalidad, etc.... Usted dice: ¡pero él realiza un acto malvado! Yo respondo que no; imagínese de nuevo –ésta era la idea original del libro– a un noble polaco cuyas hijas han sido violadas, cuya esposa ha sido asesinada con un hacha, cuyo padre ha sido muerto a latigazos, un polaco cuyos amigos mueren todos en Siberia y cuya nacionalidad pronto desaparecerá de Europa bajo la tiranía rusa. Si ese hombre no tiene derecho a hundir las fragatas rusas donde las encuentre, entonces la venganza no es más que una palabra vacía. En esa situación, me hundiría yo sin vacilar[406].

Hay que sentir una gran lástima por el autor. El capitán es incomprendido por el editor, que cae en la trampa elemental de juzgar sus acciones violentas sin ver las razones de las mismas. Es el punto crítico consecuencia de tantos cambios improvisados hechos por Hetzel en los 40 capítulos previos, que en verdad parecen encaminados a «torturar» al autor. En sus cartas, Verne expresa perfectamente la coherencia del comportamiento de Nemo y su sentido moral estilo Antiguo Testamento. Incluso decirle a Verne que escriba a la prensa «explicando» el comportamiento de Nemo después de 600 páginas de justificación parece una locura.

Pero cuando leemos la obra publicada, que ya había empezado a salir en marzo, vemos que Verne parece sacar el mejor provecho de un mal trabajo, aceptando algunos de los puntos del editor, pero subvirtiéndolos al mismo tiempo, en forma tan sutil, que puedan ser captados por muchos lectores.

De ese modo, Verne hace que el submarino pase por su querida Bretaña y Picardía y salga del Canal de la Mancha sin mencionarlos una sola

406 [¿29? abr. 69]; 15 may. *69*; [17 may. 69]; [¿11? jun. 69].

vez. No permite que Nemo sea explícitamente francés, ni polaco, ni de alguna nacionalidad, sino que deja caer una miscelánea de pistas alusivas a barcos confederados, rusos, británicos, franceses e incluso turcos.

La censura de Hetzel tanto al plan de Nemo como al sentido de la novela fue catastrófica, pues el resultado fue una trama incoherente. Sin embargo, no todo se perdió irremediablemente, ya que Verne conservó las pruebas en caso de que la posteridad se interesara. Han corrido barriles de tinta comentando correspondencia fragmentaria, pero mi llamado desde hace una generación a que se examinaran los propios manuscritos dañados por la humedad ha caído en oídos sordos. Aquí exploraremos esos dos primeros borradores y, por tanto, buscaremos lo que en verdad pretendió Verne cuando escribió su obra maestra.

Ante la abrumadora cantidad de información disponible sobre los cambios de Hetzel a la novela, sería contraproducente referenciar demasiados detalles, más apropiado para una edición crítica, preferiblemente en francés. Así pues, nos limitaremos a examinar algunas tendencias generales y algunos episodios clave.

Unos pocos pasajes de menor interés se redujeron o eliminaron antes de la publicación, como la descripción de los instrumentos del *Nautilus*, el origen y las formas del ámbar o los cuatro grupos de zoófitos. También desaparecieron algunos errores, como la idea de que un buzo podía soportar una presión de 600 atmósferas.

Es difícil evaluar la utilidad de algunas otras supresiones menores de los dos manuscritos tales como las amenazas de emplear violencia por parte del marino compañero de Aronnax, seguidas de intentos de escape; una descripción de la belleza del fondo marino; una estimación del volumen total del agua de mar; un chapuzón forzado en la base de operaciones de Nemo; observaciones sobre la necesidad de caminar rápidamente en la Antártida para entrar en calor, evitando quedarse sin aliento en el aire frío; una metáfora que compara las ventosas de los calamares con las que se utilizan en caso de hemorroides; y finalmente una comparación algo torpe entre la luz bajo el agua y en los acuarios.

En el borrador, Aronnax es más prolijo sobre sus propios movimientos y conversaciones, pero sobre todo sobre sus obsesiones y especulaciones, a menudo ingenuas o erróneas. Con el tiempo, revela la profundidad de su atracción-repulsión hacia Nemo, así como sus propios estados de ánimo, que van desde el estupor, pasando por la angustia y las pesadillas, hasta una parálisis casi catatónica.

Además de los templos de inspiración griega, la versión original de la Atlántida contiene un popurrí de arquitecturas antiguas –volutas rotas, una misteriosa pirámide–, al parecer con el propósito de insinuar una civilización ancestral matriz.

Hetzel interviene con frecuencia en el margen del primer volumen de la copia en limpio, por lo general haciendo que el texto sea menos vívido y menos franco. Todos son pasajes significativos: el intento de Nemo de avistar un buque de guerra enemigo en el Estrecho de Torres; un diálogo sobre «salvajes», tanto indígenas como europeos; la colisión que provoca la muerte del tripulante; y los preparativos para el funeral bajo el agua. En un momento, parece sugerir que se agreguen episodios para alcanzar el objetivo de 20.000 leguas, un título que puede ser idea suya.

Al mismo tiempo, agrega observaciones poco propias de Verne: una afirmación de que un ascenso desde el fondo del océano no es lo suficientemente rápido como para causar aeroembolia; un elogio de la industria moderna; una mención lisonjera a Víctor Hugo; o un comentario sobre los efectos nocivos del alcohol. Algunas de las supresiones en esta etapa parecen igualmente lamentables, como el festín con filetes de marsopa o los dobles sentidos, interjecciones y argots. Una divertida asociación de deseo y hambre, tanto homosexual como caníbal, será atenuada.

Una serie de cambios tienen que ver con Francia, con supresión de las observaciones más inocentes: la identificación del inventor de un nuevo aparato submarino, una mención a la Sociedad Geográfica, el agradecimiento a Dumas hijo, una crítica implícita a Luis XIV, o incluso la similitud entre la cabina del piloto y el domo del Observatorio de París. Hacia el final del relato, Aronnax enumera los indicios de que Nemo es francés. La conquista británica de Adén pasa de ser una toma de posesión y restauración de sus edificios a una simple incautación; a la descripción de la reputación sin parangón de la línea Cunard se añade una mención a la «poderosa competencia» de Francia; también se insertan elogios a otras compañías francesas.

Algunos cambios atañen a la religión. Hetzel sustituye «Cielo» por «cielo»; incluso se suprime una mención a La Meca, así como la costumbre de los pescadores de perlas de Ceilán de protegerse atándose al cuerpo máximas de la Biblia. Si originalmente la lápida subacuática del tripulante no tiene ornamentos y se coloca en posición horizontal, a raíz de un comentario feroz de Hetzel, la ceremonia fúnebre se vuelve abiertamente católica. El grito angustioso de Nemo de «¡Dios todopoderoso!» se añade en una etapa posterior.

El comentario social y filosófico está más desarrollado en los manuscritos que en el libro. Mientras que a Verne le gusta destacar la continuidad de la tecnología con el pasado y escribir descripciones precisas, revisadas subrayan la superioridad de las técnicas modernas. En las primeras versiones, los preparativos para el descubrimiento del Polo Sur son más completos, combinando sentido común y recientes investigaciones[407].

Vemos, sobre todo, a un Nemo diferente, más independiente y más intransigente. Además de ingeniero, naturalista, coleccionista, escritor y luchador por la libertad, «Juan Nemo» –quizá una alusión a su grandilocuencia española o a su estilo de vida antidonjuanesco– es compositor y prefiere tocar su propia música. La «Virgen» de Da Vinci es aquí «una mujer a medio vestir». La ubicación del puerto base del capitán, que Verne se ha tomado tantas molestias en ocultar, se revela como cercana a «Tenerife».

Aronnax es «prisionero» de Nemo en lugar de su «huésped», y tiene que comprometerse formalmente a no escapar nunca; sin embargo, al final le echa en cara a su carcelero su derecho moral a marcharse, quien le suelta un ¡pues lárguese entonces!

Cuando decenas de papúes invaden su nave, el capitán se limita a electrocutarlos, deliberadamente y sin remordimientos; mientras que en la versión «Hetzelizada» sólo les administra una descarga eléctrica, acción

407 Presentan varios problemas científicos y geográficos: la relativa inexactitud de los cronómetros y las brújulas, la dificultad de identificar el polo con precisión, la diferencia entre el polo geográfico y el magnético, la refracción de la luz, la no coincidencia del equinoccio y el mediodía, la posibilidad de medir la posición de la luna y las estrellas en caso de tiempo nublado.

que probablemente no educará a los jóvenes lectores en las realidades del mundo. A continuación, Verne, o al menos Aronnax, ofrece un ditirambo al *Nautilus*, centrado en sus proezas técnicas y su poder invencible, y concluye que Nemo debe ser admirado inequívocamente, condonando así sus matanzas. Como compensación, Hetzel inserta un pequeño episodio ingenuo que involucra la rotura de un brazalete papú. También añade sentimientos generosos hacia los nativos, ajenos al carácter del fuerte y silencioso capitán.

La versión original de la lucha desesperada de Nemo por liberar al *Nautilus* de la bandada de calamares gigantes también es diferente. Con más crudeza, confusión y sangre y tinta, enfatiza su energía, pero revela menos emoción. En esta versión menos pulida pero más dramática, Aronnax se une al combate, mostrándose aún más ineficaz que de costumbre:

> Nemo luchaba como un león. Se había lanzado hacia su hacha y cortado dos, tres brazos. Corríamos de un miembro a otro, algunos abatidos, otros erigiéndose otra vez; pero no pudimos hacer nada, y ¡ay, el calamar abandonó la escena y regresó al agua, junto con el tripulante!
>
> Ah, qué furia, qué lucha, cómo describirla; me quedé allí, paralizado por el horror, como Conseil. Ned luchaba como un héroe, hundiendo sus arpones en los formidables ojos del calamar, destruyéndolos. La tripulación del *Nautilus* combatió en medio de esta jungla de más de 40 serpientes, cuyos trozos aún temblorosos caían sobre la cubierta. También caían siseando sobre Nemo, con un olor almizclado intimidante.

En el primer manuscrito, el encuentro bajo el agua de los restos de un naufragio es aparentemente casual, pero en borradores posteriores se insinúa que Nemo puede estar implicado en su hundimiento. En el proyecto inicial, la escaramuza que provoca la muerte del marinero tiene lugar entre el mar Rojo y Ceilán, aguas bajo influencia francesa. Sin embargo, en la versión conocida, ocurre al noroeste de Australia. El cambio puede deberse a un deseo (¿de Hetzel?) de situarlo en zonas dominadas por los británicos, con las obvias consecuencias para la identidad de los enemigos de Nemo.

El clímax aún no ha pasado por la limpieza política, que tras su triste estela dejará un naufragio esterilizado, apto para niños no muy brillantes.

Nemo identifica el cascarón hundido como *Le Vengeur du peuple –El Vengador del Pueblo–*, calificándolo barco patriótico que ahora descansa en una «gran tumba heroica», parte esencial de «la leyenda republicana».

En el final original, la aproximación del buque de guerra constituye una pieza de antología: Verne pinta un magnífico retablo nocturno, en el que se combinan la paz natural y la tecnología sobrecargada, claroscuro, plata y oro, frases cadenciosas y frases severas, belleza y angustia.

Cuando Aronnax dice que hundir el buque de guerra «sería el acto de un bárbaro», el «no hetzelizado» Nemo responde irritado que él sólo responde a los ataques, no los inicia. Entonces, después de que el submarino ha atravesado limpiamente el barco, un horrorizado pero fascinado Aronnax observa los estertores de los ocupantes, incluido «un pobre grumete, como encadenado en la pálida llama, retorciéndose en una última convulsión». El retrato de la familia muerta de Nemo aún no ha sido colgado en su camarote; en lugar de los «sollozos» publicados, el capitán llora, pero sin arrepentirse presenta el hundimiento como un mero «contratiempo», un «percance».

En la versión publicada, se pretende que la nacionalidad del buque de guerra permanezca siendo un misterio. Sin embargo, una frase sobrevive a lo largo del caótico comienzo: el buque es «un gran barco de guerra con un espolón, un acorazado de dos pisos», «*del tipo Solferino*» (cursivas mías). Este tipo no sólo se construyó en Le Havre, sino que los dos únicos buques construidos constituyeron los acorazados capitales de la Armada Imperial Francesa; eran reconocibles al instante por su forma casi rectangular. En cualquier caso, el *Magenta* y el *Solferino* eran los únicos barcos del mundo que tenían cañones en cada una de las dos cubiertas, blindaje y un espolón. Como hemos visto, la nacionalidad más probable de Nemo es, por tanto, francesa; su exilio se debería entonces a la hostilidad hacia el régimen actual, el del emperador Napoleón III, destinado, de hecho, a tener un final vergonzoso pocas semanas después de la aparición del libro.

Para equilibrar el violento final, en los manuscritos ocurren varias escenas apacibles cuando el submarino se acerca a Le Crotoy. Verne no puede resistirse a llevar su submarino a su lugar de nacimiento y luego al «valle plano... arenoso... entre Francia y Gran Bretaña». Después de mantenerse «bastante cerca de la costa del noroeste de Francia», pasa por la zona de Le Havre y la bahía donde Verne estaba escribiendo.

El submarino disfruta entonces de un tranquilo y soleado amanecer en algún lugar de Bélgica, un pintoresco pasaje cuya existencia fue desconocida durante un siglo y cuarto.

En ambas escenas, Verne revela su poderosa imaginación visual, estimulada por las complejidades naturales y los artistas que menciona. Da la impresión de que desea hacer emerger el *Nautilus* frente a su cobertizo del jardín. Estas dos descripciones son prácticamente las únicas de su tierra natal en sus primeras treinta novelas. Podemos añorar mucho, en suma, las bellas visiones de un *Nautilus* moviéndose bajo y sobre un tramo de aguas serenas.

Las palabras finales del primer manuscrito confirman que Nemo continúa vivo y lo elogian como el «invulnerable... hombre de las aguas, completamente libre». Esta conclusión es clave para resolver uno de los malentendidos sobre la novela. Muchos lectores ingenuos, especialmente en Estados Unidos, han tomado al capitán como un villano. Pero ese es un engaño narrativo, ya que las opiniones e interpretaciones de Aronnax son casi siempre desatinadas, a veces incluso basadas en extrañísimas sugerencias de Hetzel. Verne no comparte las críticas publicadas sobre Nemo por el buen profesor; deberíamos apoyar el papel del capitán como luchador por la libertad, según lo mostraba el más temprano bosquejo, a menudo superior. La mención de la libertad indestructible del capitán constituye un reto definitivo lanzado a Hetzel y a todos los conformistas.

Así, al finalizar nuestro viaje al centro del texto, hemos rescatado su núcleo conceptual y al Nemo que Verne en verdad escribió. La manera de recordar al capitán no es la versión de Hollywood, distorsionada a partir de una mala traducción recortada de un texto trágicamente censurado. Deberíamos pensar en él como un músico francés que toca sus propias composiciones en su submarino construido por él mismo. Debemos permitirle el ejercicio políticamente incorrecto de la autodefensa conforme a su lema escocés; hacer prisionero al inoportuno Aronnax;

contraatacar a los salvajes que le asaltan; y hundir sin reparos las fragatas de Napoleón el Pequeño. Deberíamos permitirle el consuelo del suave suelo del Canal, de las visiones medievales, de las amplias arenas de Le Crotoy y de un último amanecer bañado por el sol.

En un archivo de la Biblioteca Nacional jamás visitado, Nemo sigue surcando libremente los mares. Esperemos que algún día un editor sea suficientemente intrépido para permitirle salir.

En la primavera de 1868, el novelista hizo construir un barco pesquero por «uno de los mejores capitanes de Le Havre», Charles-Paul Bos (n. 1826), que pesaba «5½ toneladas para la aduana, 12 en realidad»[408]. Bos, nacido en Le Crotoy, quien a menudo se alojaba en casa de su hermano a un minuto a pie de la casa de Verne, había sido oficial naval, le contó al escritor acerca de un calamar gigante que había visto, hasta el momento no conocido por la ciencia[409]. Bos asumió la responsabilidad de llevar los gastos de navegación de Verne debidamente anotados en los cuadernos de bitácora, y posiblemente sea uno de los dos capitanes agregados a la tripulación ese mismo año[410].

El antiguo pescador Alexandre (Sandre) Delong (1831-1900), «el mejor patrón de la bahía» [¿jun.? 68 a Pierre], también estuvo a menudo a cargo del barco de Verne. Reconocido por su sangre fría, había combatido en Crimea e Italia, retirándose como intendente de cañones. El veterano curtido por la sal acabó convirtiéndose en «mi viejo amigo Alexandre», y Verne le envió ocho libros firmados con dedicatorias[411]. También formaba parte de la tripulación un Michel Bulot, pronto sustituido por el joven Alfred Bulot (1834-1932), pescador en invierno y cocinero/marinero de Verne en verano, que había pasado dos años en Nueva Caledonia y contaba chistes sobre canibalismo[412].

Verne tuvo que esperar que terminaran la construcción: «¡El barco está progresando! Va a ser fantástico. Estoy enamorado de este conjunto de clavos y tablas como uno lo está de una amante a los 20 años. Y le seré

---

408 [¿Jun.? 68 a Pierre], carta sin fecha en *BSJV* 61: 170.
409 *Veinte mil leguas* II xviii.
410 [¿Jun.? 68 a Pierre]; A. Tarrieu, «Sur les traces des hommes du *Saint-Michel*», *BSJV* 151: 16.
411 *BSJV* 151: 16.
412 Tarrieu 16.

aún más fiel» [28 mar. 68]. Dos meses después tomó posesión: «Le escribo a bordo del *St. Michel*, donde tengo todo preparado para mi trabajo» [30 may. 68]. Con un minúsculo castillo de proa para la tripulación, al fondo el camarote contenía dos literas con colchones de algas marinas en un espacio de 1,80 por 1,50, con sólo 1,50 de altura. Se accedía a él por una escalera, detrás de la cual había libros sobre mareas, unas cuantas cartas hidrográficas y tres o cuatro grandes diccionarios y libros de viajes. En la cubierta había un antiguo cañón de aspecto peligroso que más tarde estallaría en la cara de Sandre (*Ent.* 23-24).

Verne vestía impermeable de pescador o un cárdigan a rayas tejido, y un sombrero o boina de cuero lubricado. A veces tomaba el timón o manejaba las velas, pero si el mar se agitaba, devolvía el mando al patrón. Sandre y Alfred bromeaban diciendo que nunca podían pescar un solo pez mientras Verne estuviera a bordo. Incluso cuando sacaban una buena caballa y la colocaban en cubierta, ésta se las arreglaba para rebotar al agua (*Ent.* 23).

A partir de 1868, como resultado, los viajes de Verne cambiaron. Después de Italia y América, pasó al Canal de la Mancha. Cada primavera salía como un tiro. Su primer viaje en la embarcación, un «barco perfecto», le llevó a la Exposición Marítima de Le Havre, un ambicioso recorrido de 260 kilómetros en cinco días: «Llego de Le Havre tras un viaje lleno de problemas, un mar bastante agitado que permitió al *St. Michel* desplegar todas sus cualidades náuticas»[413]. Verne abandonaba Le Crotoy casi tan pronto como llegaba, afirmando desear escribir en la paz y tranquilidad de su «estudio flotante», pero preocupando a su esposa y a sus hijas[414].

El placer de Jules aumentaba cuando descendía el barómetro: «¡Muy agitado, muy agitado! Pero sin eso, ¿dónde estaría la diversión?» [¿31? may. 69]. Al principio sus viajes fueron a lo largo de la costa: Le Havre de nuevo, Saint-Valéry en Caux, Le Tréport, Berville y Dieppe, probablemente a principios de agosto de 1868; Boulogne y Calais quince días

---

413 [¿ago.? 68] a Pierre; [11 ago. 68]; [¿jun.? 68] a Pierre; [3 jun. 68].

414 22 jul. 69, *Ent.* 18; Ducrest 85. Supuestamente, escribía sobre el colchón o boca abajo en cubierta, lo que hizo exclamar a Honorine, al menos según la imaginativa Marguerite, «¡Cómo puedes escribir cosas tan bonitas, mi pobre muchacho, si sólo miras al cielo con el culo!». (ADF 127; ADF 116, citando a Wallut).

después[415]. Verne llevó al joven Jules Hetzel a un viaje de dos o tres días, y más tarde a una excursión mucho más larga[416]. El novelista marino probablemente remontó el Loira hasta Chantenay en enero de 1869[417].

Las Islas Británicas eran el destino obvio después de agotar la costa francesa, y Verne iba allí al menos dos veces al año, quizá como sustituto de su pariente transatlántica, ya que «Inglaterra... es un poco como una América europea» (22 ago. 52 a Pierre). Especiales viajes incluyeron Dover en junio de 1868; Gravesend y Londres dos meses después, probablemente con su hermano; la costa sur de Inglaterra a mediados de junio de 1869; y Londres de nuevo en agosto[418].

Desde 1867 hasta 1870, Verne llevó una triple existencia. Además de oscilar entre París y Le Crotoy[419], durante gran parte del tiempo escapaba en su barco del escondite junto al mar.

En 1866, la residencia de los Verne en París se había trasladado a la Place de la Croix Rouge en el Sexto distrito, presumiblemente a la misma en Carrefour de la Croix Rouge[420]. En febrero de 1867 se había mudado de nuevo a 2 Rue de Sèvres, donde permaneció hasta abril de 1869, en «Alquiler a 2.000 F»[421]. La Rue de Sèvres se encuentra en una zona impregnada por dos mil años de historia. Proporcionaba una combinación idílica de paz y actividad, un retorno a los primeros días de Verne en Ancienne Comédie; no tan elegante como Auteuil, donde es horrorosamente chic fingir un acento inglés, pero mucho más agradable. El piso daba a la Rue du Four, con el Boulevard Saint-Germain a la distancia. Curiosamente, las direcciones de residencia en la década de 1860 no se han regis-

---

415 [¿ago.? 68] a Pierre; [¿ago.? 68] a Pierre.

416 [16 ago. 68]; 23 jul. 68.

417 Visitó Calais y Boulogne otra vez en el mismo año; Le Havre de nuevo en julio, una ocasión con su esposa; Cherburgo probablemente en agosto; y Boulogne, Calais, Gravelines, y Dunkirk en julio 1870, a pesar de la amenaza de guerra ([¿31? may. 69]; [14 jul. 69]; [¿28? jul. 70 en *BSJV* 144: 10]).

418 ADF 124; [19 ago. 68], [¿ago.? 68] a Pierre; [¿11? jun. 69]; [14 jul. 69].

419 Por ejemplo, Verne visitó la capital del 6 al 10 de agosto; o viajó «adonde el abuelo de mi hija en Doullens, y de allí a París a llevar a Valentine y Suzanne de regreso a su convento» [3 oct. 67]. Los Verne también se quedaron en Amiens gran parte de noviembre y diciembre 1869, y dos veces de nuevo a principios de 1870.

420 *BSJV* 136: 23; JJV 46.

421 [¿Feb.? 67]; [¿ago.? 68] a Pierre.

trado en la literatura. Sin embargo, fue en estos tres últimos sitios donde la familia Verne mantuvo su mobiliario, tuvo su residencia oficial y pasó gran parte de estos años. También fueron el lugar donde se escribieron muchos de los libros más famosos del siglo XIX.

En cambio, se ha hablado mucho de la pertenencia de Verne a un club gastronómico llamado los Once sin mujeres («Les Onze sans femmes»), generalmente datado en la década de 1850. Conociendo la lista de invitados, en su mayoría músicos, los comentaristas han atribuido a menudo al club grandes juergas de jóvenes que luchan por la fama y la fortuna, casi todos, por una suerte asombrosa, destinados a unirse a los grandes y a los buenos. Sin embargo, esa datación es errónea, lo que obliga a revisar las actividades, los miembros e, incluso hasta, el significado del nombre[422]. En realidad, el club se creó hacia 1868 y no está claro si Verne fue uno de los fundadores; más aún, es dudosa su asistencia a las dos reuniones conocidas.

Además de navegar, Verne realizó muchos viajes por tierra. En octubre de 1868, otra excursión con Hetzel de tres o cuatro días, cuando visitaron las «montañas y bosques» del Gran Ducado de Baden. Afirmó, con cierto sentimiento de culpabilidad, que sólo lo hizo para complacer al editor: «Hetzel insistió tanto que decidí ir con él» (30 sep. 68 a Pierre). Jules también iba a visitar a sus padres[423] con una frecuencia algo menor, probablemente porque esperaba, en vano, que vinieran a verlo a Le Crotoy. En el verano de 1867, Verne también pasó una breve estancia con su madre en un balneario de Bretaña, y escribió malhumorado sobre la ausencia de su padre: «He pasado todo el tiempo que he podido con mi madre. Desafortunadamente, has decidido no venir» [¿ago.? 67].

La larga visita a Nantes a principios de 1869 pudo deberse a que la tía Châteaubourg se estaba muriendo (17 feb. 69). Verne se alojó en casa de su hermano Paul, y las cuatro casas vecinas hacían complicados arreglos

[422] Véase mi «La Date des dîners des "Onze sans femmes": Une rectification», *Verniana*, vol. 10, 2017-2018, p. 147-153. El club fue organizado por el ingenioso parisino Philippe Gille, antiguo asiduo de la columnata, que había expuesto en el Salón en 1851-1852 y durante un tiempo fue editor literario del *Figaro*. Se reunía en el célebre restaurante Brébant, en Boulevard Poissonnière, o en una *guinguette* llamada La Belle Gabrielle, en Suresnes.

[423] En particular, en agosto de 1864 y 1866; en noviembre de 1867; a mediados de diciembre 1868 hasta febrero de 1869; y, durante la primera semana de septiembre de 1870.

para reunirse cada noche, a menudo gritándose desde el otro lado de la calle o enviando a uno de los jóvenes sobrinos (RD 65). Como antes, hubo piezas teatrales cortas, juegos de palabras, charadas, improvisaciones y recitales de piano. Jules recitaba canciones y poemas, a menudo un poco salaces, para educar a los niños, según decía. Se esmeraba con sus sobrinos, haciéndoles preguntas y explicándoles las cosas en términos sencillos. Sin embargo, a los niños no se les permitía interrumpir en la mesa y debían mostrar modales apropiados. El tío Jules actuaba como maestro de disciplina cerrando a medias el ojo izquierdo o pronunciando una frase cáustica, que divertía a los abuelos pero avergonzaba al maleducado (RD 69).

La tía Châteaubourg, a quien Jules había escrito su primera carta, aguantó más tiempo. Pero murió después de que Verne regresara a París (el 2 de abril de 1869).

78. El «Onze sans femmes», comedor musical de Verne en 1868, con Verne en el centro derecha.

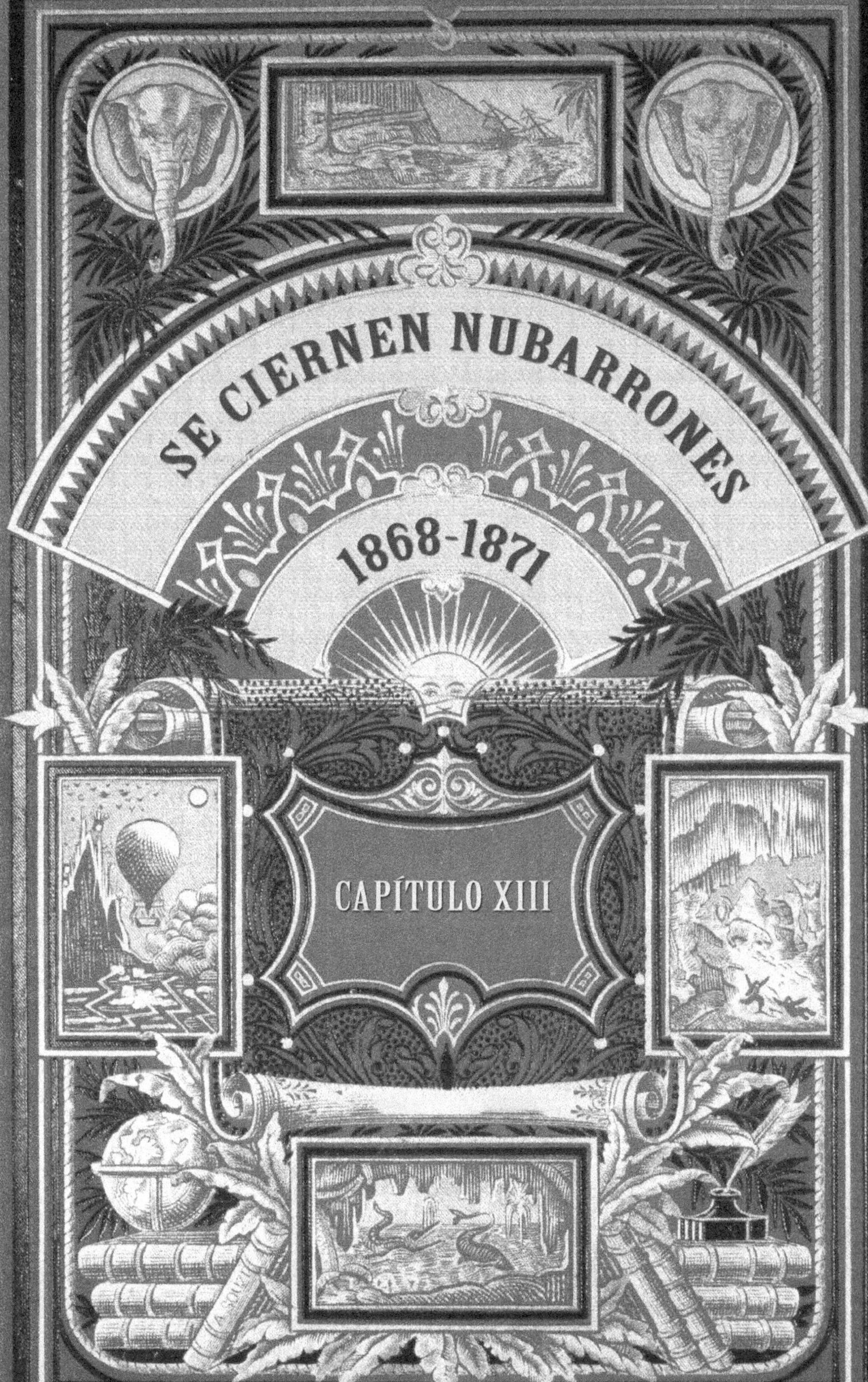
SE CIERNEN NUBARRONES
1868-1871
CAPÍTULO XIII

79. *Aventuras del capitán Hatteras*, 1864 (Édouard Riou)

Jules Verne se deslizaba por la bahía del Somme[424]. Por suerte, era el cambio de marea que todavía no drenaba las playas tan rápido como un caballo al galope. Cuando el diminuto *St. Michel* se adentró en el Canal de la Mancha y se enfrentó a las olas, viró a babor; siempre prefería las costas desiertas. Respiró jubiloso el aire salado. Soplaba una tormenta primaveral, provocándole escalofríos de excitación. Se abotonó el abrigo azul de marino y se encajó el sueste. ¿Por qué, en nombre del cielo, no había comprado un barco una década atrás?

La razón fue París. ¡Cómo había cambiado su vida en seis años! Antes de eso, había trabajado duro por el éxito de una o dos de sus obras teatrales pero nunca había logrado tanto, ahora podía admitirlo. Había necesitado encontrar un trabajo de oficina para mantener a Honorine y a su familia ya constituida. Dumas le había ayudado a hacer nuevos amigos; y aquellos mágicos viajes a Edimburgo, a las gloriosas Tierras altas de Escocia y a Noruega le abrieron los ojos, cambiándole para siempre.

¡Y entonces conoció a Hetzel! ¡*Sit lux* en el firmamento! Su fantástico éxito, superando sus sueños más descabellados, llegó cuando se preguntaba por enésima vez por qué estaba desperdiciando su vida en cosas que nadie quería. Desde entonces había escrito una docena de volúmenes, un millón de palabras, cada sílaba reflexionada y pulida, hasta que dejó de brillar ¿De dónde habían salido todas esas ideas? ¿Y sería capaz de volver a hacerlo?

424 Esta sección no proviene de un escáner contemporáneo del cerebro, pero intenta reunir las ideas atribuibles a Verne en esta época, incluidas las que figuran en documentos inéditos.

Sin embargo, no todo había sido coser y cantar. Para *París en el siglo XX* había soñado un mar interior lamiendo las murallas de la capital. Ahora que se había recuperado más o menos de la respuesta de Hetzel, debía acordarse de guardar el manuscrito en un lugar seguro, lejos de los hábitos destructores de Michel. Todavía no podía entender por qué el editor se había ensañado con él de forma tan devastadora, ¿eran sus ideas sobre la sociedad las que lo molestaban?

En aquellos días, cuando sólo soñaba ser un escritor de verdad, solía fantasear con ese estilo de vida. Sin jefe, sin horarios, sin colegas chismosos, ¡sin límites! Saber que tus pensamientos podrían cambiar a los seres humanos tanto como los de cualquier otro. Tener la posibilidad, por pequeña que fuera, de resonar a lo largo de los siglos. Y decirle a todo el mundo «soy escritor», especialmente a todas esas morenas de ojos saltones...

Entonces, ¿por qué no había resultado así? Su timidez no ayudaba. Además, no le agradaba mucho la compañía de las mujeres, sería el primero en decirlo. Tan cambiantes, tan afectadas por sus temperamentos, tan poco realistas, tan habladoras. No apreciaban la música, los viajes, el mar; simplemente seguían a la muchedumbre. Quizás las mujeres podían ver en sus ojos que él no jugaba sus juegos, razón por la cual unas veinte mujeres no se arrodillaron ante él. Aun así, no lo había hecho tan mal después de un comienzo lento. Había una chica en el distrito de los teatros que lo perturbaba...

Además, su éxito no era tan amplio como esperaba, y se sintió molesto al no encontrar sus libros en Nueva York o Londres. Ni traducciones, ni adaptaciones teatrales, ni operetas. Incluso en Francia fue condenado al ostracismo. No hubo publicaciones por entregas en los semanarios de moda. Ningún reconocimiento de las universidades. Ninguna mención en las historias de la literatura. Algunos de sus sobrinos ni siquiera sabían que escribía libros, quizá porque sus padres hacían chistes sobre sus «invenciones», como las llamaban medio en burla.

Al menos había salido de la pobreza. Al menos ahora vivía de su pluma; ¿cuántas personas podían decir eso? Aunque las herencias algo habían ayudado. Apenas se las había arreglado con sus esfuerzos como intermediario de bolsa. Ahora estaba un peldaño por encima de los maestros de escuela, aunque todavía por debajo de los médicos. No había lugar para lujos ni extravagancias, aunque Honorine se las arreglaba bastante bien. No podían ahorrar nada, y en cuanto a tener propiedades...

Irrumpió el zigzag de un relámpago púrpura y un trueno ensordecedor. ¡Quizás había afectado al pesquero y podría por fin observar un rayo en bola o el fuego de San Telmo! Pero al ver las rocas espumosas más cerca de lo que pensaba, decidió a regañadientes correr la tormenta con todas las velas recogidas. Quién sabe, ¡tal vez Londres para la cena!

Su mente volvió a divagar. Ya había empezado a planear un nuevo libro. Su primera idea involucraba a las clases altas inglesas, ¡tan engreídas! Había estado allí, por supuesto, pero la mayoría de las ideas provenían de Wey, una verdadera tabla de salvación. Podría ambientar parte de ello en los lugares de Londres que conocía. Es curioso cómo funciona tu mente, tu propia experiencia mezclada con las de Dickens y Nadar y caricaturas de Cham. Eso podría servir para el escenario. Necesitaría un héroe y su héroe necesitaría un nombre. Londres, niebla densa... sí, lo tengo, ¡Fog! Edad, 40 años, una buena edad. Profesión, miembro del Parlamento. Entorno, en casa. Personaje esnob pero franco, muy sexuado, sí, el tipo de hombre que bromearía sobre lo que «su órgano» estaba diciendo hoy. Eso serviría, siempre es mejor no forzar las cosas, dejar que la mente divague por donde quiera. Los ingleses, ¿cómo funcionan sus mentes? ¡Ajá, no lo hacen, esa es la cuestión! Fog permanece felizmente ignorante de sus propios pensamientos, su comportamiento lo sorprenderá incluso a él mismo, dos personas dentro de su cabeza. Todo un buen material, que debe concretarse pronto.

Ningún título todavía. ¡Cómo los odiaba! Pero había algo en la palabra «Viaje» que le daba una sensación cálida, bueno... entre los muslos. Aunque Hetzel siempre parecía detestar sus ideas y resultaba con banalidades absolutas, de alguna manera él siempre se salía con la suya.

Pero entonces los pensamientos de Verne se extendieron. ¿Por qué no sentía la misma alegría ante pequeños incidentes como aquel noviembre nevado, hace tantos años, cuando había sido un hombre libre en París? ¿Y qué le esperaba? Más de lo mismo. Hasta hace un año o dos, había sido joven; bueno, aceptablemente joven. Pero ahora, ya canoso y con entradas y las mejillas arrugadas, había entrado en una incómoda mediana edad. Su vida estaba ordenada a la perfección, sus vestidos meticulosamente clasificados, su entorno regularizado, su rutina bien aceitada. Bueno, eso podría servirle para su nuevo héroe, el rígido y priápico inglés, acostumbrado a sus comodidades domésticas. Debía plasmarlo en el papel, todo lo que necesitaba era bajar a la cabaña del pequeño barco. A menudo deslizaba cosas en sus libros, lugares visitados, nombres de amigos, amantes, insinuaciones engañosas sobre la virtud de su esposa, pero nadie parecía darse cuenta. ¿Dónde estaba? Ah sí, en el futuro. Necesitaba salir más, eso era seguro. Las chicas eran ruidosas, pero nada comparadas con Michel, completamente fuera de control ¡a la edad de siete años! ¿Por qué no podía ser más como su primo Gastón, tan trabajador y serio? ¿Los niños se contagiaban sólo de los malos hábitos de sus padres? Pero en la realidad, necesitaba continuar con sus libros. Dos más para terminar en doce meses. Lo que hacía que valiera la pena era que las cosas cobrarían de repente vida propia. Estarías soñando vagamente por ahí cuando los pensamientos se precipitaran desde lo ignoto, más rápido de lo que podrías anotarlos. Cada nueva revelación generaba otras, los vellos de los muslos y el cuello te hormigueaban ligeramente, y sólo tendrías que esforzarte con determinación y firmeza hasta cuando las pulsaciones se detuvieran y la abundancia dejara de fluir. Así le sucedió con Nemo y el entierro bajo el agua y las ruinas de la Atlántida, y la bandera pirata en el Polo Sur, y las hordas de calamares gigantes, y el aterrador Maelstrom. Qué lástima que Hetzel se ensañe con la más mínima alusión política ¿Su amante le incitaba a ello?

Cuando tuviera tiempo, quería trabajar más en el libro más cercano a su corazón: la historia de la isla desierta con la que soñaba desde su primer naufragio. Se remontaba a *La familia Robinson suiza*, pero se burlaba de Defoe que carecía de sentido común. Una sola huella en la arena, pregunto: ¿voló hasta allí? Todo el planeta estaba explorado, bien podrías dirigirte hacia el Pacífico Sur y fundar una colonia, todo lo demás era...

Ahora que dejamos a Verne en la mitad de su vida y rumiando felizmente las obras maestras que vendrán, podemos hacer un balance. Si él hubiera tenido una bola de cristal para visualizar el futuro –el suyo, ya que las ideas científicas le aburrían en extremo–, habría podido intuir la inutilidad de sus mejores planes, las decepciones y las tragedias que acechaban a la vuelta de la esquina.

Su editor rechazaría acerbamente su libro sobre la isla desierta. Su vida cotidiana se volvería imposible cuando los franceses atacaran a los prusianos y fueran rápidamente aplastados en una derrota humillante, lo que llevaría a una invasión trágica, la ocupación y la guerra civil. Se alistaría en el ejército, su primo moriría en la hambruna general de París y Hetzel cesaría su actividad. Las finanzas de Verne se verían afectadas hasta el punto de la quiebra. Se trasladaría a Amiens, perdiendo tanto el estímulo de París como el acceso a su barco. Su padre moriría, algo tal vez previsible, pero una sacudida de todos modos. Lo demandarían por plagio, y sería plagiado por Offenbach. Su historia de la isla desierta, reescrita desde cero, sería destrozada una vez más, y Hetzel suprimiría el núcleo conceptual e ideológico de la novela e impondría a la trama sus ideas absurdas. Su hijo se volvería medio loco y sería encerrado. Honorine caería enferma en grado crítico y los médicos se darían por vencidos. Habría rumores de dos nietos ilegítimos. Su querido sobrino Gaston intentaría asesinarle, tulléndolo de por vida. Su salud fallaría, haciendo que se sintiera mal casi todo el tiempo. Y sus libros colapsarían, con los últimos 30 vendiéndose mal.

Los años 1868-1869 representaron, por lo tanto, una cima. Esos últimos momentos en el Canal de la Mancha, con paz, salud, seguridad financiera y obras maestras derramadas a raudales, en retrospectiva parecerían el paraíso. Las vorágines y tsunamis a punto de desatarse hacen que sus actuales olas parezcan, en comparación, apenas ondulaciones. Los siguientes capítulos cubrirán los pocos consuelos que tuvo Verne, pero sobre todo sus repetidos cataclismos, algunos que reptan insidiosamente pero otros que irrumpen con mucha pompa y majestuosidad.

El cuarto contrato, del 8 de mayo de 1868, comenzaba recapitulando las condiciones para los cuatro primeros libros, es decir, nada sobre las ediciones ilustradas anteriores, jamás. De paso, Hetzel amplió el concepto de compra de los libros futuros. El salario subió a «833,33 francos al mes», pero ahora estaba condicionado a la entrega de tres volúmenes al año; en otras palabras, los volúmenes eran comprados a 3.300 F cada uno. Dicho de otro modo, Verne se comprometió a escribir dos millones de palabras en los diez años siguientes. Desde 1873 hasta 1878, es cierto que tendría «la mitad de los beneficios» después de que se agotara cualquier impresión no ilustrada de las primeras obras. Pero, por otra parte, la *Geografía* fue –erróneamente– condenada a quedar incluida entre las compras previas. En resumen, el editor se forraba en dinero mientras pagaba a Verne apenas lo suficiente para mantener la familia.

Lo sorprendente es que Verne supiera que la editorial estaba recaudando «por lo menos cien mil francos al año»: lo sabía porque, con el contrato ya firmado, el editor le pidió que invirtiera en la empresa [¿jun.? 68 a Pierre]. En 1875, Hetzel se jactaba de que su editorial era rica[425]; lo que no es de extrañar, ya que obtenía tan grandes beneficios a costa de Verne a quien empezaba a dolerle la espalda bajo la pesada carga.

Se puede observar una visión de los beneficios de Hetzel en su contabilidad de finales de 1870[426]. Este importante documento, no disponible para el autor, detalla la venta al por menor de los dos formatos de las cinco primeras novelas y de las ediciones de tapa blanda de las dos siguientes[427]. Las ventas en tapa blanda ascendieron a 45.000, frente a 106.000 ejemplares ilustrados. El beneficio neto (no los ingresos) del editor por las siete primeras novelas ascendió a 182.788 F, y el del autor, a 25.666[428]. En otras palabras, Hetzel había depositado en el banco siete veces más que Verne[429].

---

425 *BSJV* 144: 12.

426 Citada y sabiamente comentada en Martin, *Jules Verne*, 319-321; desde entonces he encontrado un rotundo silencio en la mayoría de los comentaristas.

427 Como sigue (redondeando a miles, promediados entre los volúmenes uno, dos o tres de cada novela): *Cinco Semanas*: 15 (pequeño formato), 22 (gran formato); *Hatteras:* 7, 28; *Viaje al centro de la Tierra*: 9, 22; *De la Tierra a la Luna*: 8, 15; *Grant*: 6, 19; *Veinte mil leguas*: 4, n/d; *Alrededor de la Luna*: 4, n/d. Confirmación de que la tendencia continuó viene suministrada por un documento de 1906 (véase en la Bibliografía) que indica que las ventas totales en formato pequeño de las 17 novelas menos vendidas fue de 101.000 y las de formato grande de 229.000, una proporción de casi 2,3.

428 El beneficio para el editor de las siete primeras novelas en pequeño formato fue de 64.429 F, y para el autor, de 7.666 F. En cuanto a las cinco ediciones de gran formato, las cifras fueron respectivamente de 118.358 y 18.000 sospechosamente redondeados.

429 En cuanto a derechos extranjeros, todos o la mayor parte de los ingresos provinieron de las ilustraciones y no del texto; aparentemente, Hetzel se quedó con toda la ganancia.

Como si las 200.000-400.000 palabras contratadas por año no fueran suficientes, Hetzel descargó el trabajo pesado, que consumía mucho tiempo, en su escritor más creativo. Un ejemplo es un resumen de *Los tres viejos marineros* de James Greenwood, que Hetzel ya había publicado una vez. Después de que Verne trabajó mucho en condensarlo [¿31? may. 69], simplemente se archivó en Rue Jacob. Es posible que Verne no haya recibido ni un céntimo por esa labor.

A lo largo de la década de 1860, los problemas de salud de Verne iban y venían tanto como antes. Escapar de París, decía, era la mejor cura: «Mi blusa de marinero, mis chanclos, el aire marino, el barco y Le Crotoy me mantienen con buena salud» [4 may. 70].

Además de los ataques de gripe, que lo dejaban sin fuerzas durante un mes, haciéndolo «toser como un ahorcado» (10 mar. 68), el reumatismo le invadió los brazos y la espalda [mar. 68]. Los «mareos y zumbidos, más fuertes que nunca» [¿nov.? 69], se debían seguramente al malestar tanto físico como emocional en su cerebro. Resurgieron dolencias ya conocidas como la parálisis facial y las «tripas», así como otras no mencionadas antes: «Tengo estomatitis, inflamación general en la boca, úlceras bucales, etc. Todo el Polo Norte está afectado, ¡e incluso *mi Sur*!» [30 jun. 69]. La metáfora es esclarecedora, ya que vincula la existencia y el trabajo de Verne, nociones espaciales y corporales, contrastando las nobles regiones superiores, frías y tranquilas, con la vorágine hirviente «allá abajo», lugar innombrable de espasmos incontrolables.

Es tentador buscar los primeros signos de la diabetes de tipo 2 que acabaría abrumando a Verne: el más obvio es su bulimia, la preocupación por localizar la próxima comida, la compulsión por engullir alimentos, por llenar el vacío de su interior con escasa atención al sabor. Los críticos se han divertido catalogando en las obras de Verne la obsesiva variedad de alimentos del mundo que ingieren sus viajeros, desde babosas de mar hasta cerebros humanos como si quisieran tragarse todo el planeta. Pero sería un intrépido erudito el que intentara nadar corriente arriba desde tan rica cosecha oceánica para engendrar una descendencia con material tanto de la vida como de las obras, pues tendría que superar los diques no localizados de lo que Verne comía en su vida cotidiana.

Verne leía en forma voraz pero selectiva, prefiriendo leer escritores clásicos y contemporáneos, en especial los de lengua inglesa y libros para jóvenes. Estudiaba con regularidad las revistas geográficas y los periódicos científicos, principalmente *Le Tour du monde*, fuente importante de sus obras, como hemos visto en algunos manuscritos que contienen referencias a esta. Su periódico era el conservador *Figaro*, así como el efímero y ferozmente antigobiernista *Lanterne* (1868-1869)[430].

Verne mantenía las obras completas de Dickens en su alcoba, devorándolas repetidamente, pero especialmente *Mr. Pickwick*, *Martin Chuzzlewit*, *Almacén de antigüedades*, *Nicholas Nickleby*, *David Copperfield* y *El grillo del hogar* (*Ent.* 106). «El maestro de todos ellos» poseía «patetismo, humor, ocurrencia y trama... empequeñeciendo a todos los demás con [su] asombroso poder y facilidad de expresión»[431]. Quizás planeó en algún momento completar la novela policíaca inacabada de Dickens, *El misterio de Edwin Drood*[432].

Otras lecturas incluían a Shakespeare, por supuesto; *Un viaje sentimental*, de Sterne, y *Tristram Shandy*; las *Fábulas* de Lafontaine, ilustradas por Doré; Stendhal, Chateaubriand, Hugo y Hoffmann; además, a Zola, a quien leía y releía: «asqueroso, maloliente... repugnante, estomagante y... prodigioso»[433].

Las obras de Cooper en 30 volúmenes influyeron mucho en Verne, que lo citó para reforzar su afirmación de que las novelas no necesitan tener héroes (*Ent.* 206). Su predicción de que el estadounidense «sería recordado mucho después de los llamados gigantes literarios de épocas posteriores», mostró su antipatía por muchos otros aclamados por el público, posiblemente Jules Sandeau o Louis Veuillot, dados sus comentarios despectivos sobre la «novela psicológica» tradicional (*Ent.* 105).

Pero la influencia más importante puede ser *Cuentos de lo grotesco y arabesco* (1848) y *La narración de Arthur Gordon Pym* (1838) de Poe, que Verne glosó exhaustivamente. Baudelaire tradujo los cerca de 40 cuentos de Poe en publicaciones periódicas populares durante el periodo 1852-1860, con compilaciones en 1856, 1857 y 1864. En la tradición francesa, sus

430 23 jul. 68; 30 sep. 68 a Pierre.
431 *Ent.* 106; 218-219.
432 Compère, *La Vie amiénoise*, 59
433 7 may. 67 a Pierre; [9 o 16 feb. 77].

versiones fueron más recreaciones que transcripciones, prevaleciendo la expresión poética sobre la fidelidad y con muchos errores, incluyendo tal vez el de la famosa «figura humana» al final de *Pym*, traducida como «rostro». El ejemplar del Poe reinventado por Baudelaire que Verne poseía estaba fechado en 1862; y, de hecho, en 1864 publicó el único estudio literario de su carrera, «Edgar Allan Poe y sus obras». Este ensayo, en su mayor parte resumen de las tramas, se centra en *Pym*, «La verdad sobre el caso del señor Valdemar», «El escarabajo de oro», «La carta robada», «La semana de los tres domingos» y los dos relatos sobre globos. Lo que fascinaba a Verne era la pseudociencia de Baudelaire-Poe, por ejemplo, el hipnotismo como medio para suspender la muerte, al tiempo que desaprobaba la falta de verosimilitud, los «medios físicos inadecuados» (9 ago. 67).

La mayoría de las influencias importantes en Verne fueron, por tanto, ajenas a la novela convencional, entonces considerada como historias que transmitían los pensamientos más íntimos de un pequeño grupo de personajes, utilizando la omnisciencia del autor. El principal empeño de la ficción de Verne era superar esta inverosimilitud fundamental ciñéndose, en la medida de lo posible, a lo perceptible, mientras hacía incursiones irónicas en la psicología tal y como se la concebía tradicionalmente. Esta técnica innovadora –destinada a revolucionar el enfoque narrativo y el punto de vista de la novela europea– ha sido investigada escasamente hasta la fecha.

Otra característica evidente pero sorprendente de los favoritos de Verne es que eran extranjeros. (Es difícil pensar en cualquier otro escritor importante del siglo XIX que rechazara sus raíces hasta el punto de intentar pensar en otra cultura; ¿tal vez Stendhal?). Incluso dentro de la literatura inglesa, Cooper y Poe se mantuvieron en la parte baja de la jerarquía. Para empezar, procedían de Estados Unidos, que aún luchaba por establecer una identidad lingüística y literaria. Y, para mayor desventaja, escribían meras historias de aventuras y misterio. El establishment literario prefería las novelas que trataban temas más seguros como el amor y la sociedad, obras que a menudo se han hundido sin dejar rastro. Los modelos de Verne, en suma, estaban a cien millas del reconocimiento oficial; pero también lo estaba el propio escritor.

En un comienzo, Verne había previsto una única novela lunar en dos partes –a diferencia del editor que separó a los gemelos siameses, como en el caso de *Hatteras* que apareció por primera vez como dos obras sucesivas con títulos separados–, lo que significó que los lectores tuvieran que esperar cuatro años para el viaje propiamente dicho en *Alrededor de la Luna* (1869). Aunque el subtítulo de «De la Tierra a la Luna» era «Sin escalas en 97 horas y 20 minutos», la historia se detuvo de forma frustrante tras el lanzamiento de los astronautas al espacio.

Como siempre, Verne se entregó en cuerpo y alma a su nueva composición «viviendo en el proyectil» [¿18? ene. 69]. Para las partes algebraicas, volvió a reclutar a «mi primo el matemático» [8 jun. 69]. Se encontraron soluciones relativamente precisas a los problemas de la falta de aire, de la ingravidez (que universalmente se creía que sólo se producía en los puntos de equilibrio entre la Tierra y la Luna) y de la maniobra del proyectil (por expulsión de gases calientes). Sin embargo, el libro estuvo lastrado por un exceso de detalles técnicos y contiene muchas menos referencias políticas y sociales que el primero; su humor es también bastante deprimente.

Los dos manuscritos de *Alrededor de la Luna* están casi totalmente sin investigar, a pesar de la maraña de tachaduras y los márgenes rebosados del primer borrador, el sueño húmedo de un exégeta. Aquí solo mencionaré dos detalles. Un pasaje en el que se comparan los mares lunares con las sucesivas fases de la vida de una mujer sufrirá repetidas intervenciones hetzelianas, siempre recortando las observaciones sociales y psicológicas del novelista.

En un momento dado, las palabras «no volver» aparecen en el margen. Además de su incapacidad general para terminar los libros, Verne se enfrenta aquí al bloqueo cósmico de que, tras haber lanzado a sus protagonistas al espacio, no puede, si quiere respetar las leyes de la física, traerlos de vuelta con seguridad. Esto no hubiera sido un problema insuperable –pues el viaje a lo desconocido es de lo que trata la novela–, aparte de la implacable insistencia de Hetzel en un regreso seguro a casa. El novelista tendrá que improvisar algún tipo de aterrizaje, pero su corazón ya no está en ello. Desde luego, tampoco está de humor para el gran banquete que el editor incluye en el libro.

80. Nellie Bly (1864-1922)

El 20 de marzo de 1869, después de más de 20 años, Verne cambió de opinión sobre dónde estaba su corazón. Finalmente dejó «ese París horrible», con «su clima pesado y atmósfera amoniacal», renunciando al arrendamiento en la Rue de Sèvres[434]. La familia trasladó sus muebles a Le Crotoy, y Honorine y los niños se quedaron unos días con su hermano en Amiens. Desde principios de abril, ocuparon una mansión con vistas al puerto, construida en 1860 en la Rue Jeanne-d'Arc, sobre las ruinas del castillo (PV 81). Jules adquirió «*muñeca de cerrajero* [por causa del] exceso de mudanzas, obreros, albañiles y carpinteros entrando y saliendo, martilleo, baúles que vaciar, libros para ordenar, etc.» [30 mar. 69]. Sin embargo, pronto se apresuró a regresar a París, dando la impresión de que intentaba sacar a su esposa de la capital para hacer más gratificantes sus propias estancias allí, como veremos en breve.

La vida social de Honorine siguió concentrada en el área de Amiens, incluyendo a la familia y los amigos de su primer marido. Sin embargo, en 1870 se produjo una serie de desastres: una epidemia de viruela azotó Francia y mató a unas 70.000 u 80.000 personas en un año.

434 [17 jul. 67]; *VIE* ii.

Comenzó con la muerte a los 48 años de su hermano Ferdinand, el amigo corredor de bolsa que de mala gana convirtió a Verne en intermediario bursátil, y que a raíz de la boda de la hermana de Honorine, apresuró la de este. Honorine, a su vez, enfermó, al parecer temiendo haberse contagiado también. Sus padres también se enfermaron gravemente; pero Jules se sintió incapaz de decírselo a su esposa por temor a que empeorarla [30 may. 70]. Luego, la hermana de su primer marido se contagió en Amiens y murió [9 jun. 70]. Verne informó «Honorine está realmente muy afectada» [¿jul.? 70 a Pierre], mientras ella empeoraba de nuevo; sin embargo, sus problemas pueden haber tenido algo que ver con los amoríos de él.

Al parecer, Verne habría tenido al menos una amante, aunque casi todas las pruebas siguen siendo circunstanciales, basadas en historias familiares o en la lectura atenta de las obras. Como a la mayoría del siglo, sus gustos se inclinaban hacia la abundancia: se apiadó de la bien torneada periodista Nellie Bly, exclamando: «¡Dios mío, qué lástima ver a una mujer tan inteligente tratada tan mal por la naturaleza... tan delgada como un rastrillo, sin trasero ni pechos!» (*Ent.* 34).

Marguerite deja caer fuertes insinuaciones sobre una única «sirena» de Verne a lo largo de varios años, una damisela literata y viuda próspera con una villa suburbana, al tiempo que ruega a Hetzel hijo, aún vivo en 1927, información sobre una «viuda con la que Jules Verne se topó en Le Crotoy hacia 1870»[435]. Posiblemente para contrarrestar versiones sobre homosexualidad del escritor, el nieto biógrafo menciona presumiblemente la misma viuda rica, una «Mme. Duchesne» (un nombre de Nantes), de Asnières, cerca de París, con la que se supone que Verne mantuvo debates literarios (JJV 96-97, 264). Es más, «casi todas las semanas», a lo largo de varios años, el novelista se quedaba «tres o cuatro días» en París, a menudo con un personaje secreto, muy probablemente femenino (JJV 157). Sólo 20 años después, Honorine descubrió la existencia de la amiga, pero simplemente se rio (JJV 97); la amiga murió alrededor de 1885, lo que llevó a Verne a escribir *El castillo de los Cárpatos* (1889), centrada en la cantante muerta La Stilla (JJV 177). Otro biógrafo nombra a «Estelle

435 ADF 186; Volker Dehs, «Les Belles soirées de Claudius B.», *BSJV* 140: 64.

Hénin, Mme. Duchesnes [*sic*]», que «murió a los 29 años... en 1865», y sostiene que el nombre de La Stilla proviene de Estelle[436]. Se armó un alboroto sobre la afirmación infundada de Norbert Percereau de que Verne y Estelle tenían una hija, Marie, nacida el 25 de julio de 1865[437].

Se ha sugerido otro nombre: el de Luise o Louise Teutsch (nacida en 1845), de Homorod, distrito de Brasov, Transilvania, que llegó a Amiens en 1878 y ese mismo año se casó con el chef suizo Gustav Müller, su tercer marido. Müller estaba emparentado con Louise Berton, amiga de Valentine y sobre todo de Suzanne, que ahora trabajaba como maestra de primaria, al igual que Luise[438]. El matrimonio Müller regresó a Bucarest en 1881, donde poco después Luise tuvo un bebé con un nombre extrañamente francés: Eugénie Jeannette Marie-Rose. Eugénie Müller viajó a Amiens hacia 1896, para formarse a su vez como maestra de escuela primaria, y vivió allí durante dos o tres años, reuniéndose a menudo con la pareja Verne. Sus descendientes directos afirman que era hija de Verne[439]. Es de suponer que una prueba de ADN resolvería la cuestión, en un sentido u otro.

La información anterior permanece sin corroborar y, por lo tanto, no es concluyente. Pero en otro caso, documentos de diferentes fuentes apuntan en una particular dirección.

En mayo de 1870, el autor decidió remontar el Sena hasta París. Honorine lo desaprobó, argumentando que con la sequía actual estaba destinado a encallar, lo que le hubiera venido muy bien (ADF 125). En su primer intento, Verne no llegó más allá de El Havre, antes de enterarse de la muerte de Ferdinand de Viane en Amiens, por lo que tuvo que apresurarse para asistir al funeral [27 may. 70]. En consecuencia, envió el *St. Michel* por delante, y luego se reunió con este en París, permaneciendo atracado durante diez días en el Barrio Latino, «un poco más arriba del Puente de las Artes» [30 may. 70].

---

436 Charles-Noël Martin, «Recherches sur les maîtresses de Jules Verne», *BSJV* 56: 292; en contraste, Marguerite, cree que Verne conoció a Mme. Duchesne en Le Crotoy cerca de 1870.

437 *BSJV* 159: 9-20. Se dice que Estelle murió el 13 de diciembre de 1865 (1885 según Marguerite); Claire Marie Duchesne, en 1942.

438 Ion Hobana, citado por Martin, «Recherches», 295.

439 Hobana, citado por Martin 295

Según sus propias palabras, Verne estaba «enamorado locamente» de una amante; lo que queda claro en una cuidadosa planificación en connivencia con Hetzel, a pesar de lo fragmentada que es la información:

> A mi mujer le molesta la idea de que quiera retenerme quince días [en París]. Ya lo arreglaremos cuando llegue allá.
>
> Cuando usted responda a esta carta, hágame entender que mi presencia es necesaria a finales de mes... lo cual es cierto en todo caso.
>
> No puedo pensar en otra cosa [que en mi Robinsonada]. Excepto en París, donde siempre llego *furens amore*, ¡y vuelvo en el mismo estado! ¡Oh, naturaleza![440]

Honorine estaba tan afectada por el comportamiento de Jules que escribió una carta secreta a Hetzel, pidiendo ansiosamente noticias de sus andanzas y concluyendo: «Excúseme y compadézcame, mi marido se me escapa de las manos, ayúdeme a aferrarme a él»[441].

La correspondencia con el editor no contiene ninguna pista sobre la identidad de la mujer en cuestión; a menos que el propio silencio implique que el editor ya la conocía. Afortunadamente, uno de los manuscritos de Verne contiene una aclaración.

Al parecer, *El tío Robinson* empezó a escribirse a principios de 1870[442]; este libro, que se menciona por primera vez en la carta «*furens amore*», acabaría dando lugar, tras varias transmutaciones, a lo que algunos consideran la última obra maestra de Verne, *La isla misteriosa* (1875). Sin embargo, cuando el editor leyó el segundo manuscrito, encontró los personajes planos, la ciencia ausente, la cueva banal, la obra entera carente de interés. Está claro que no examinó a fondo el borrador, que muestra la huella duradera de una angustia profunda.

La primera entrada relevante del manuscrito consiste en una sola palabra: «colchón». En todo el relato no se menciona una cama, y mucho

---

440 [1 may. 68]; [4 may. 70]; [¿17? feb. 70]; cf. su comparación, en la primavera de 1868, de su barco con una amante [28 mar. 68], citada anteriormente.

441 [¿15? ago. 70], en CNM 182.

442 En la portada del primer manuscrito se lee «22 [Juil] 1870». A menudo se ha asumido que las fechas de las portadas de algunos manuscritos de Verne corresponden al inicio de la escritura. Sin embargo, a veces la portada se escribió después del resto de la obra; y en este caso «julio» sería probablemente la fecha de finalización.

menos un colchón; y, en cualquier caso resultaría extraño referirse a un artículo de este tipo al llegar a una isla desierta, antes de satisfacer las necesidades básicas.

Luego, frente a un pasaje en el que la figura avuncular del título busca una caja de fósforos, aparecen unas líneas dramáticas: «es verdad / emociones La carta lo dice todo / ¡qué! enfermedad. / Cartas releídas. Colchón». Después de la palabra «emociones», se añade la frase «[él/ella/uno] se apiadaría».

Ambas notas conciernen evidentemente a la vida privada de Verne. Las cartas en cuestión son íntimas: «emociones... piedad... enfermedad», y explícitas: uno «lo dice todo». La misiva más reciente parece confirmar («es verdad») una información ya comunicada en otras anteriores.

La carta a Hetzel citada anteriormente continúa: «Algunos problemas en París, pero nada serio hasta ahora» [¿17? feb. 70]: la primera noticia sobre la enfermedad, a la que seguiría la confirmación, ¿sería el motivo de la necesidad de permanecer en París?

Entonces, ¿qué significa «colchón»? ¿El escondite de las cartas?[443] ¿O donde aparecieron los rastros de la enfermedad? En cuanto a la naturaleza del problema, solo se puede conjeturar. Mi propia corazonada, basada en poco más que el sexo probable de la persona en cuestión, la idea de que una opinión preliminar debe ser confirmada, y la fuerza de la reacción de Verne, es que se trata de un embarazo no planeado, en un lenguaje debidamente codificado. Por otro lado, la posibilidad de una ETS no puede excluirse totalmente, dada la carta de Verne a su padre sobre el ungüento, la carta obscena a Genevois, la especialidad médica de la primera persona que visitó en Suecia y, como veremos más adelante, un comentario lascivo en *Las tribulaciones de un chino en China.*

Una última anotación, más arriba en la misma hoja, aparentemente dice: «M». La identidad de «M» seguramente provocará polémicas e insultos en el estrecho mundo de Estudios Vernianos Continentales[444].

---

443 Mi idea personal, ciertamente especulativa, es que se trata de un juego palabras: «matelas» da «ma-t-hélas»: «ma» se analiza a continuación, «t» a veces se agrega para evitar dos vocales sucesivas; y «hélas» significa «¡ay!».

444 En otras partes de los manuscritos se refiere probablemente a Michel Verne, de ocho años a principios de 1870.

«M» –homófono en francés de la inflexión verbal «amo»– podría ser aquí la inicial de una mujer, aunque sólo sea porque las palabras «emociones» y quizás incluso «enfermedad» se asociaban en ese momento a menudo con «el sexo débil». Dada la emoción exhibida por el propio Verne y su aparente deseo de ocultar pruebas, podría ser la inicial de alguien amado.

Algunas entradas en el borrador de *Veinte mil leguas* son similares: «M», «Mas no», «xxx[ia]», y el anagramático: «m non jamais // ma mais si» (m no jamás // ma mas sí). «Ma» corresponde a «mas» (pero) en español e italiano y a madre en la mayoría de los idiomas; la suma de *ma* y *si* produce *mais* (mas), parte de *jamais* (jamás), siendo el residuo *ja* (sí)[445].

Un nombre ya ha aparecido frecuentemente en la literatura biográfica: una «mujer rusa», con «hermosos ojos gris ahumado», María o Marie Markovich (1834-1907)[446]. Una hermosa ucraniana-rusa casada que también publicó en francés, tradujo varios libros de Verne, escribió *Marussia*, que Hetzel publicó, acreditándola a sí mismo; y se cree que fue la amante de Hetzel y Turgenev en París en 1864-1867[447].

María M. vivió en la región de París desde 1860 a febrero de 1867, en Neuilly desde 1865; Verne vivió de 1863 a 1866 en este mismo suburbio cercano[448]. María permaneció en París desde la segunda semana de abril hasta el 13 o 14 de mayo de 1870; Verne, al menos durante los primeros días de mayo, lo que significa que las estancias se solaparon[449]. En una sorprendente coincidencia, ambos escritores se alojaban habitualmente en el Hôtel du Louvre[450]. Por último, los dos nombres de María, al igual que el de su libro más conocido, empiezan por «Ma»...

La correspondencia, los manuscritos y la información sobre las residencias y los movimientos de Verne y María implican, por tanto, una re-

---

445 Además, hay una entrada misteriosa en el primer manuscrito de *Veinte mil leguas* («mer (mar, pero también homónimo de mère: madre) / ¿méritables? »)), y en *La vuelta al mundo*: «Mi[a] 30 000 [F]».

446 Lottman 146; Hobana, citado por Martin 292; Jean-Michel Margot, «Jules Verne et le Portugal», *BSJV* 61: 176.

447 Hobana citado por Martin 292.

448 Cécile Compère, «À propos du séjour de Jules Verne en Suisse», *BSJV* 65-66: 56-61; Martin 295.

449 Compère, p. 56-61; Jean-Paul Gourévitch, *Hetzel*, Mónaco, Le Serpent à plumes, 2005, p. 231, fuente citada por Compère. Verne estuvo en París al menos el 2 o 3 de mayo (Margot, p. 91).

450 En 166-168 Rue de Rivoli. Compère, hablando tanto de 1870 como de modo más general; Jules Hoche, «Jules Verne» (1883), en Jean-Michel Margot, ed., *Jules Verne vu par ses contemporains francophones* (Amiens: Encrage, 2004), p. 159-163.

lación entre ambos que se extiende hasta el verano de 1870, no exenta de complicaciones de salud.

Una clave final, si bien enigmática, es una novela de 229 páginas publicada confidencialmente por H. Georg en Ginebra en 1877, titulada *Un roman à Montreux*. El prefacio comienza con las palabras «Mi querido Verne»; está firmado «M...»; y la autora es una lacónica y seudónima «Mme [Emma] Witz». M. escribe notablemente: «Este es uno de esas remembranzas que deseo recordarle; usted sabe, al igual que yo, a qué acontecimientos me refiero». La historia se desarrolla en Baden (visitada por Verne y Hetzel a finales de 1868), donde la heroína, infelizmente casada, vive una peligrosa pasión por un joven abogado cínico de origen muy distinto. En francés, «Emma» suena como el decididamente multipropósito «m.a.»; «Witz» no sólo significa «bon mot» («frase ingeniosa y apropiada») en alemán, sino que se pronuncia «... vich».

Hacia febrero de 1870, Hetzel solicitó la Legión de Honor para su autor[451]. La aprobación había sido dada cuando el 19 de julio estalló la guerra contra una coalición liderada por Prusia; el primer conflicto en suelo francés desde hacía dos generaciones. Tres días antes de dejar el cargo, el ministro hizo refrendar el decreto por la emperatriz.

Verne, esencialmente un pacifista, no comentó sobre la justificación o no de la guerra franco-prusiana, pero pensaba que Francia tenía buenas posibilidades de ganar, todavía en diciembre[452]. Criticó a los patrioteros, especialmente a su padre:

> Realmente tu última carta fue un poco chauvinista. No deseo tanto dar una buena paliza a los prusianos... No seamos estúpidos o jactanciosos, y admitamos que los prusianos son tan fuertes como los franceses, ahora que todos combaten con armas de largo alcance[453].

Mientras los franceses perdían batalla tras batalla, Verne salía a navegar [6 ago. 70]. Cuando se proclamó la Tercera República, dos días después de la rendición del emperador en Sedán (2 de septiembre), estaba en Nantes viendo a sus padres [6 sep. 70]. Tardó casi cuatro días en volver a

---

451 [14 ago. 70]; Lemire 127.

452 17 dic. *70* a Pierre.

453 [¿28? jul. 70] en *BSJV* 144: 10].

Le Crotoy, ya que los prusianos habían sitiado París y ocupado gran parte del norte y el este de Francia (21 sep. 70). Con 42 años, no fue llamado al servicio activo, pero compró «un fusil Chassepot y 150 cartuchos por si acaso» y sirvió en la Guardia Nacional local (*¿nov.?* 70 a Pierre). Verne envió a su familia a Amiens, creyendo que allí estarían más seguros, y abandonó su puesto cinco o seis veces para ir a verlos[454]. Hetzel envió a Verne dos cartas en globo desde París, posiblemente utilizando el servicio postal de Nadar[455]. Con el norte de Francia invadido, cuatro prusianos «amables y pacíficos» se alojaron en su residencia de Amiens: «Les damos arroz para que estén lo más estreñidos posible. Así es menos vergonzoso»[456].

Durante la Comuna de París (18 de marzo-28 de mayo de 1871) y sus secuelas inmediatas, Verne visitó la capital probablemente en tres ocasiones, en la última de ellas alojado en casa de Paul, en Rue Tronchet, en el Octavo Distrito[457]. El primo Henri, que había permanecido en su puesto en el *lycée*, había muerto a causa de las privaciones del asedio (ADF 133). Con Paul, Jules visitó las zonas devastadas de París (JJV 100).

Hetzel se había marchado de París en la primavera, supuestamente por razones de salud, y las ediciones se habían detenido pues la mayoría de los tipógrafos fueron llamados a filas primero y luego participaron en la Comuna (ADF 133). Aunque la paz se firmó en mayo, es posible que Hetzel no haya pagado nada a Verne durante gran parte de 1870-1871. Solo volvió a Paris en noviembre, pero no vio al novelista, que había dejado la ciudad llamado por malas noticias, y reanudó la publicación con dos volúmenes de Verne en la segunda mitad de 1871.

Antes, Verne había encontrado a su padre ya gotoso, reumático e incapaz de «pensar en nada excepto en su familia y su Dios» [26 dic. 68]. En agosto de 1870 parecía tener más de 71 años, y seguía encantado de ver a su hijo[458]. A mediados de 1871, Verne envió a su familia a Chantenay, ya

454 [¿nov.?] 70 a Pierre; 13 ene. *71*.
455 13 ene. *71*, JJV 108.
456 17 dic. *70* a Pierre.
457 JJV 99; ADF 134.
458 [6 ago. 70], [31 ago. 70].

sea para ahorrar dinero o para ayudar a cuidar a Pierre, que había sufrido mucho durante la guerra[459].

Tras tomar el tren nocturno el 2 de noviembre, Jules encontró a su padre paralizado y gravemente enfermo[460]. Pierre «murió a las tres [de esa] tarde, una muerte admirable y amable con todos sus hijos a su alrededor»[461]. Verne se conmovió hasta las lágrimas y escribió «era un verdadero santo» [4 nov. 71]. Una semana más tarde, Pierre Verne fue enterrado en la Saint-Nicolas que había ayudado a construir [7 nov. 71]. El discurso del funeral menciona que pocas semanas antes había dicho que se alegraba de que Jules se hubiera dedicado a la literatura (ADF 136).

---

459 [¿Jul.? 71] a Pierre, ADF 133, RD 97.
460 [4 nov. 71], ADF 135.
461 RD 97, [4 nov. 71].

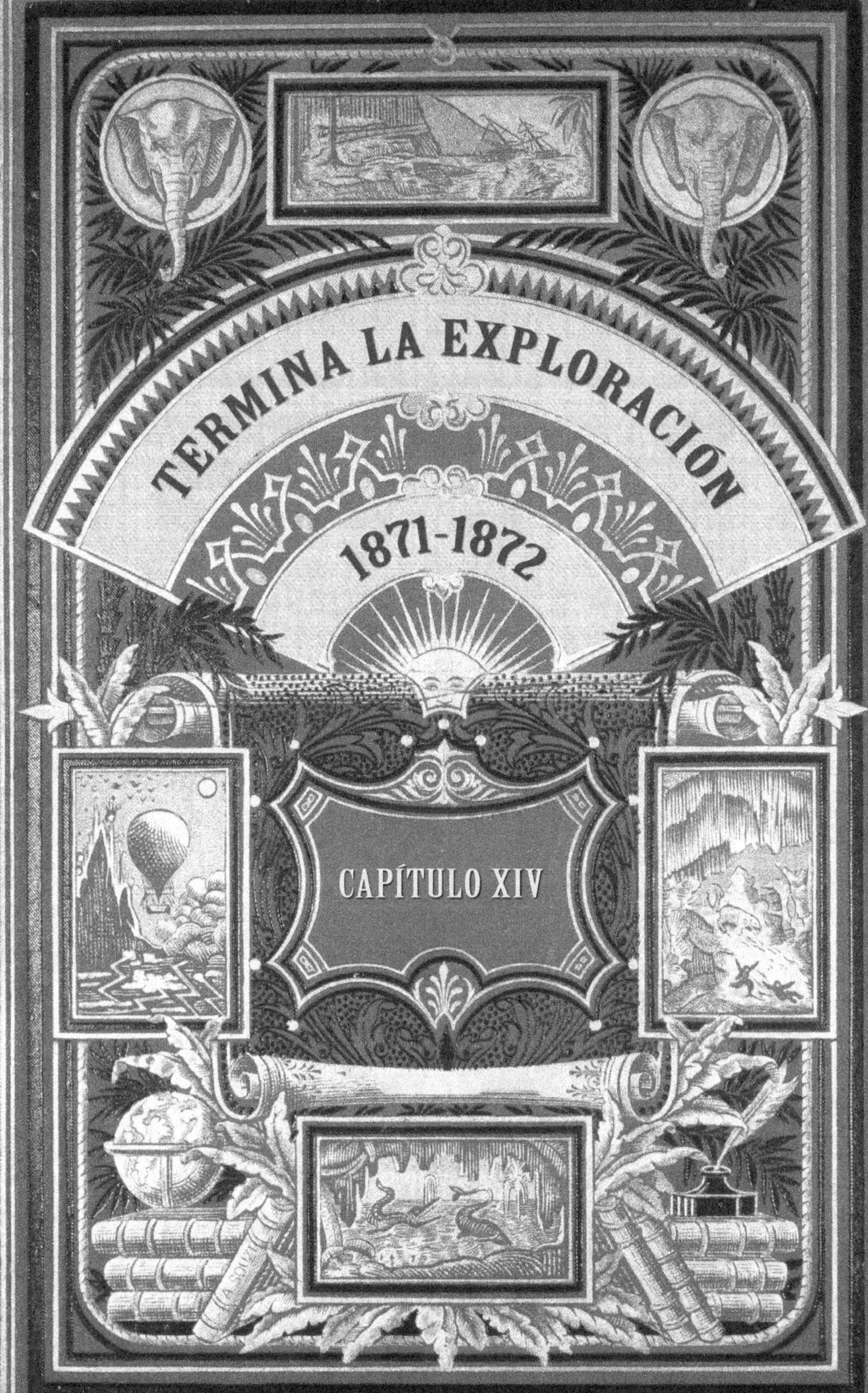
TERMINA LA EXPLORACIÓN
1871-1872
CAPÍTULO XIV

81. *La vuelta al mundo en ochenta días*, 1873 (AJN)

Al terminar la guerra, sin señales de que el editor regresara a París, Verne se encontraba en una situación financiera desesperada.

Parte de sus problemas económicos se debían a la ineficiencia de Hetzel. Al parecer el escritor utilizó la editorial como una especie de cuenta bancaria después de haber firmado un complejo acuerdo a tres bandas con el editor y un banquero para obtener un préstamo considerable con cargo a ganancias futuras (22 *abr.* 71). Pero Hetzel tardó meses en transferir las sumas, lo que provocó que Verne adeudara primero «700 F sólo por concepto de intereses», y luego «6.000 F, y 1.000 más por intereses de mora»[462].

En cuanto a los ingresos, Verne disponía de 10.000 F anuales procedentes de sus escritos, bastante para un hombre soltero, pero apenas suficiente para cubrir menos de la mitad del alquiler de París. Como se esperaba, Honorine había heredado del «tío rico» 67.000; menos de lo que Verne había calculado en un principio. Los 80.000 correspondientes a los acuerdos matrimoniales debían producir unos tres o cuatro mil al año, si se invertían adecuadamente. Vendrían otras ganancias inesperadas, como los 42.000 de la herencia de su padre[463], más 2.500 F de la Academia Francesa en junio de 1872.

El resultado neto de gastar más de lo que ingresa es, de acuerdo con el dickensiano Mr. Micawber, la infelicidad o, más bien, la desesperación. Verne había continuado trabajando como intermediario bursátil durante

462 22 *abr. 71*; [feb. 72].
463 *BSJV* 194: 29.

los dos o tres años siguientes a su primer éxito editorial, a pesar de detestar a la mayoría de su clientela (4 sep. 63). Pero durante 1866 «rara vez voy a la oficina de Eggly, y... nunca a la bolsa, gracias a Dios»[464]. Sin embargo, no cortó del todo el contacto sino que siguió ocupándose de las inversiones de su padre, conservando una participación financiera en Eggly en 1873, manteniendo una cuenta para depositar los ingresos por sus escritos y utilizando indefinidamente el papel con membrete[465].

A mediados de 1871 todo había llegado a un punto crítico y, a pesar de la volatilidad del mercado, Verne volvió a la intermediación confiado en escribir un volumen al año en lugar de los tres programados: «Aquí estoy de nuevo en la bolsa... Intento negociar sólo con los mejores bancos parisinos» [jul. 71]. Esta fue la última carta a su padre, que seguramente le hizo aproximarse más rápido a la tumba. De hecho, el trabajo fue sólo un paréntesis hasta principios de noviembre. La reanudación de los pagos de Hetzel, el fin del empleo de Verne, su salida definitiva de París y la muerte de Pierre se produjeron con pocos días de diferencia.

Incluso después de abandonar la capital, Verne siguió pasando allí una de cada cuatro semanas, en parte para mantenerse en contacto con el medio literario[466]. Sin embargo, él y Hetzel se escribían hasta tres cartas al día.

Desde el principio reinó una asimetría fundamental en los intercambios. Mucho de lo que el novelista sugería tenía poco efecto visible; mucho de lo que el editor quería, lo conseguía. En términos de estilo, la disparidad parecía igualmente grande con Verne invariablemente respetuoso y Hetzel oscilando entre lo desdeñosamente distante y lo decididamente despectivo. Tanto si se trataba de pruebas faltantes, de la nacionalidad de Nemo, de la guerra franco-prusiana o de los acuerdos financieros, Verne argumentaba el punto en forma paciente con razones convincentes mientras el editor parecía no entender muy bien los libros, admitía rara vez el más mínimo error y recurría a la fanfarronería o a la bravuconería cuando se le antojaba necesario. En ocasiones, Verne recibía invitaciones para colaborar en otras publicaciones; la respuesta habitual del editor era que no tenía derecho a ello[467].

---

464 29 ene. *66* a Pierre.

465 20 sep. 70 a Pierre, *JVEST* 45.

466 D'Ocagne 291.

467 *BSJV* 130: 31; p. ej.: [27 feb. 73].

82. El austero estudio de Verne en el número 2 de la calle Charles Dubois en Amiens. Fotografía tomada en 1894

Una razón por la que Verne tuvo que escatimar y ahorrar era que mantenía hogares en lugares diferentes, además de sus sucesivos barcos. A los pocos meses de abandonar su base parisina, volvió a sus antiguas rutinas, quizás una señal de otro tira y afloja con Honorine.

Su mujer siempre había echado de menos a Amiens, donde estaban sus raíces y vivía su familia. Verne podía escribir en cualquier lugar, la elección obvia era Nantes, el hogar de docenas de parientes. Si la ciudad en sí misma suscitaba recuerdos desagradables, cualquier pueblo de pescadores no alcanzado por el progreso le llamaba la atención; o incluso Le Crotoy podría haber sido preferible. Pero escogió a Amiens, al parecer para complacer a su esposa (Lemire 42).

En noviembre de 1869 alquiló un chalet en el n.° 3 del bulevar Saint-Charles, y a partir de febrero de 1870 en el 23 Bulevar Guyencourt. Guyencourt, al sur del centro de la ciudad, se extendía a lo largo de la vía ferroviaria. La casa quedaba frente a la de los padres de Honorine y el estudio de Verne tenía vista a las vías[468]. Sin embargo, durante gran parte de 1869-71, Verne vivió separado de su familia. Sus deberes de la Guardia Nacional y de intermediario de bolsa le mantenían alejado, pero la rutina había comenzado meses antes de que estallara la guerra, por lo que el matrimonio puede no haber sido una navegación en calma.

En realidad, Verne se adaptó rápidamente, llegando a gustarle los cielos grises y la responsabilidad cívica de Amiens después de la arrogancia y la rudeza parisienses. Muy pronto se sintió «un ciudadano local de pleno derecho. Es como si hubiera nacido aquí... Amiens está... lo suficientemente cerca de París como para recibir su influencia, pero sin el ruido y la intolerable agitación»[469].

Aunque parecía que fuera apenas ayer cuando las hijas eran unas niñas, pronto se comprometieron: Valentine con el capitán Henri de la Rue de Francy, un veterano herido en la guerra; y, Suzanne con Georges Lefebvre, un burgués local (JJV 104). Todavía en la adolescencia, se casaron en 1872 y 1873.

En 1873, los tres Verne restantes se trasladaron al 44 del Boulevard Longueville. Dos detalles muestran los problemas del hogar: cuando el novelista llevó a Michel a Chantenay, fue para que pudiera estar en una familia, «la familia que nunca ha conocido»; y, Hetzel pensaba que el matrimonio Verne debía hacer menos vida social para que los «errores de analfabeta» de Honorine no avergonzaran a su marido[470].

Al parecer, la compra de la casa, las recepciones y el alto nivel de vida que siguieron, se debieron a la ambición social de Honorine, ya que Verne desdeñaba el lujo (RD 100-101). De hecho, cuando tenían sus reuniones de los miércoles, Honorine debía rogarle que bajara, pues él decía que mataba la conversación, lo que probablemente era cierto; escuchaba cortésmente las ejecuciones musicales o literarias, pero desaparecía puntualmente a las diez[471].

---

468 Lottman 160.
469 *BSJV* 132: 45.
470 [16 jun. 77]; [16 o 17 abr. 77] a Hetzel hijo.
471 ADF 152; Compère, *La Vie amiénoise*, 34.

Sin excepción, Verne utilizaba su propio ambiente de trabajo, donde pasó la mayor parte de su existencia, para los contextos domésticos de sus héroes. Antes de dirigirse al centro de la Tierra, por ejemplo, vemos la encantadora Hamburgo medieval, con los brotes de primavera asomándose a los vitrales. Fogg dispone de innovaciones como electricidad, gas y un tubo acústico de intercomunicación para salvaguardar la puntualidad retentiva de su intestino. Nemo duerme en una celda espartana, pero escribe en una biblioteca magnífica que contiene todo lo mejor que ha escrito la humanidad, aunque sólo incluye dos novelistas franceses.

83. La casa de Verne en el Boulevard Longueville, Amiens.

Como Verne en sus barcos, los personajes tenían lo mejor de ambos mundos, pues se llevaban sus hogares con ellos. Una cesta sobre la sabana africana, un iglú en los desiertos polares, una cápsula acolchada en la órbita lunar, o un remolque indio a vapor que permitían observar a los nativos o a los monstruos desde una distancia segura. Los narradores en primera persona, sobre todo, evitaban involucrarse directamente, como hacía cada vez más el propio autor. Los esclavizantes tres volúmenes cada año, todos los años, habían empezado a agotar a Verne. Desde la Costa Azul, Hetzel consintió en reducir los tres volúmenes a dos por el mismo pago mensual. Verne se lo agradeció profusamente, pero argumentó que 10.000 al año seguían siendo insuficientes para mantener una familia. «Estoy muy confundido, muy perturbado, muy angustiado por todo esto, ya que los ingresos de mis libros son absolutamente inadecuados» (22 *abr.* 71).

El quinto contrato, de 25 de septiembre de 1871, estipuló formalmente los dos volúmenes al año. Sin embargo, se trató básicamente de lo mismo pues ampliaba tanto la duración del contrato como la licencia para vender ediciones no ilustradas sin pagarle más al autor[472].

Hetzel no tardó en romper los acuerdos. El sexto contrato, de 17 de mayo de 1875, elevó el salario básico a 1.000 F al mes, e incluso concedió un pequeño porcentaje sobre las ventas. Pero sin tener en cuenta la úlcera purulenta que significaba no recibir Verne beneficio alguno por las ediciones ilustradas anteriores (que seguiría supurando durante otros 30 años), el nuevo acuerdo pretendía curar la herida reiteradamente abierta por la amputación de las no ilustradas ¡agrandándola durante siete años más![473]

---

472 La esquiva participación por mitades en los beneficios por las obras más exitosas, las de los primeros años de la década de 1860, que debía entrar en vigor en 1873 no se haría efectiva sino tres años más tarde. Con esta maniobra, Hetzel evitó de nuevo la necesidad de dar sentido a la serie «no muy clara» de recapitulaciones y enmiendas parciales (la frase es suya, en una carta a su hijo [15 ene. 75]) que nunca indicaban del todo qué obras estaban contempladas.

473 Es verdad que en el caso de los libros nuevos Verne obtendría 50 céntimos por volumen no ilustrado y el 5% de los primeros 20.000 ejemplares ilustrados (el 10% a partir de entonces), además de, por fin, el 50% de los ingresos por traducción y ediciones seriadas. Pero esta cláusula es difícil de conciliar con los aproximadamente 2.500 F por volumen por los mencionados derechos de serialización. Además, estas diversas concesiones sólo entrarían en vigor dos años más tarde, siendo ese el tiempo que el editor necesitaba para poner sus cuentas en orden... (artículo 10). En una última vuelta de tuerca, los libros de las obras de teatro, enormemente rentables, sólo podían ser publicados por Hetzel, incluso cuando las obras eran de autoría compartida.

84. La casa orgánica de Lidenbrock, extraída de la visita de Verne a Hamburgo en 1861

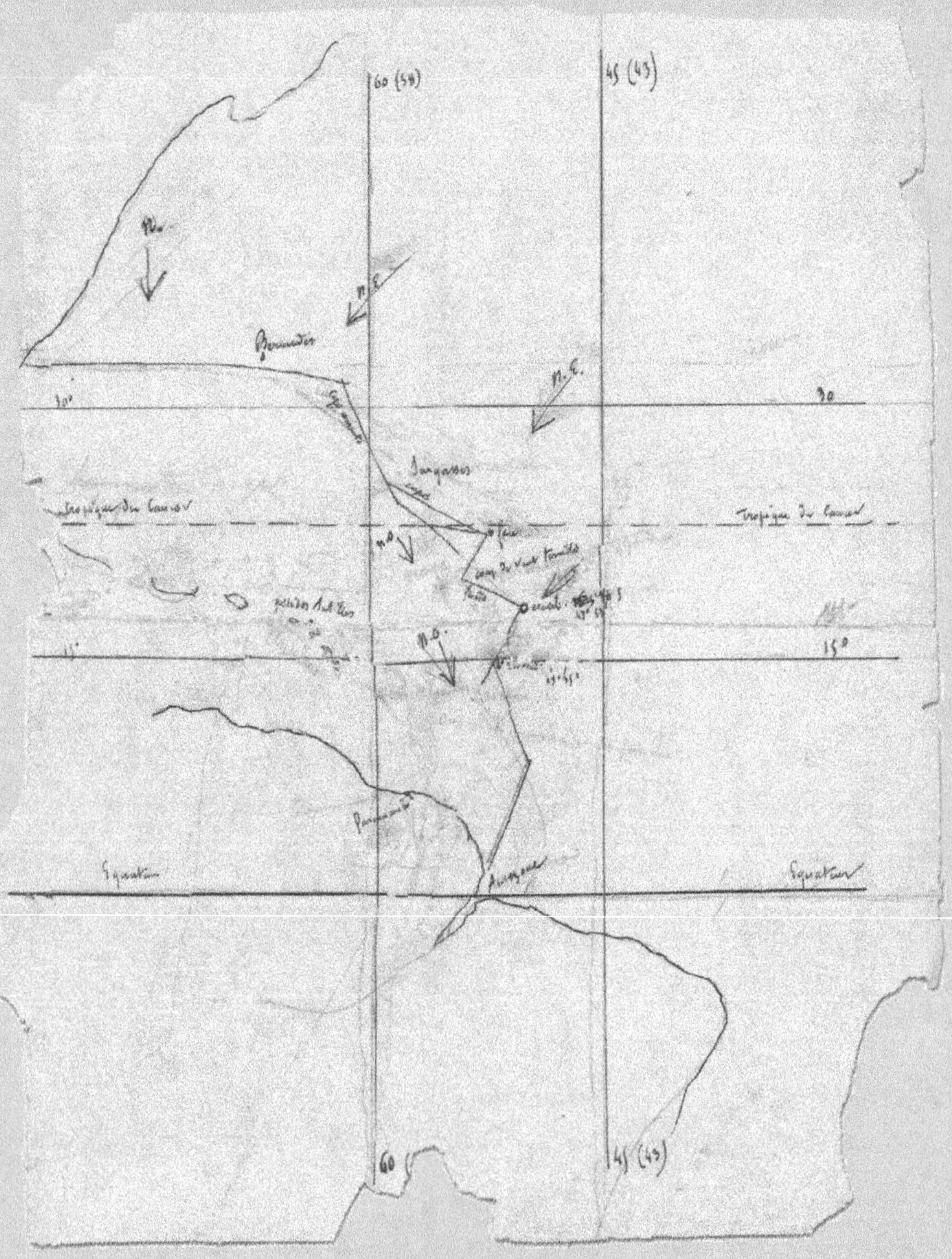

85. Mapa del Atlántico de Verne, donde los protagonistas se salvan gracias al agua dulce del Amazonas.

Cuando el novelista, al tiempo que expresaba su gratitud y se disculpaba por plantear la cuestión, se atrevió a preguntar si los volúmenes ilustrados podían subir del 5 al 15 por ciento, Hetzel respondió «sus observaciones [son] totalmente incorrectas», porque las ediciones ilustradas tenían que alcanzar una tirada de 20.000 ejemplares[474]. La información sorprendió a Verne, totalmente a oscuras sobre los ejemplares de sus obras en gran formato. Por casi única vez Hetzel llamó a Verne «amigo», le dijo «trabajemos juntos» y le juró que tenía la conciencia tranquila en el asunto. Sin embargo, tuvo el cuidado de no soltar información sobre las tiradas reales, los márgenes de beneficio o cualquier cosa que pudiera molestar a la bonita cabeza pequeña de su autor. Puede no ser una coincidencia que el primer manuscrito de *Veinte mil leguas* contenga el boceto de un pájaro en cuclillas sobre una quincena de grandes formas ovaladas, con el largo cuello estirado como para el sacrificio: ¿una gallina de los huevos de oro?[475]

Verne compuso la extraordinaria obra *El «Chancellor»* a partir de 1870. El tema del canibalismo, que había aparecido de manera obsesiva pero episódica en las novelas previas, recibió aquí un tratamiento completo y sistemático. El libro surgió a raíz de los espeluznantes sucesos ocurridos en la Balsa del *Medusa*, en los que murieron más de las tres cuartas partes de los que abandonaron el barco en aguas poco profundas cerca de la costa occidental de África.

Quizás también haciendo eco a la guerra franco-prusiana, la novela de Verne relata un viaje de Charleston a Liverpool que se convierte en tragedia cuando el cargamento de algodón húmedo comienza a arder espontáneamente. Tras un huracán, se decide abandonar el barco. En la balsa improvisada, los hambrientos tripulantes se comen un cadáver y luego echan a la suerte quién será sacrificado por el bien común, siendo la presa principal los torneados miembros de una joven. La novela acaba siendo una historia espantosa de la inhumanidad del hombre hacia el

---

474 [14 may. 75]; [15 may. 75].

475 Si se necesitaba alguna confirmación de la inequidad del contrato de 1875, ésta llegó después de la muerte de Verne. Sobre la base de unas ventas mucho más reducidas, Michel obtuvo el 10% del precio de cubierta en todas las ediciones, frente al promedio de menos del 2% recibido por su padre en todos los formatos.

hombre, con asesinatos y 57 modos de comer carne. No contiene nada de ciencia y evidencia muy poco optimismo. Sin embargo, constituye un hito en la literatura occidental ya que al parecer es la primera novela narrativa que se escribe en tiempo presente.

El manuscrito es aún más impactante, ya que el narrador en primera persona se regodea en las orgías caníbales. En una letanía de frases recortadas antes de su publicación, chapotea vigorosamente en el pantano antropofágico, o más bien sueña con hacerlo, tal vez detenido sólo por la dificultad de tomar notas y comer al mismo tiempo. Escribe sobre lo tentador de la carne cruda, sobre la necesidad de secar o salar algunas, sobre el hecho de que no se ofrezcan los bocados más selectos, mientras canturrea las palabras «sangre» y «carne»:

> Varios hombres están allí, inclinados sobre el cadáver despojado de sus ropas, ¡y uno de ellos lo sienta contra un travesaño de la plataforma!
>
> ¡Justo al lado, nuestros compañeros comen!... Ninguno de ellos, por cierto, nos ofrece un trozo de la carne bañada en sangre.
>
> ¿Mis compañeros, cuyas mandíbulas crujientes oigo, provocan en mí más ansia que horror?
>
> Calculo que quedarán unos 18 kilos de esta carne, apta para ser conservada.
>
> Algunos de mis compañeros ya están mirando ansiosamente su propia carne. Algunos hunden los dientes en sus propios brazos, ¡preparándose para roer su propia sustancia! ¡Y yo los entiendo! ¡¡La carne nos atrae!! ¿No es ese el caso de personas enterradas vivas que han comido su propia carne en sus ataúdes?

Como parte de una transubstanciación pervertida y sacrílega, uno de los náufragos aparece para ofrecer su carne viva en un acto, tan generoso y parecido al de Cristo, que se aproxima al egoísmo:

> Este pobre hombre con la garganta degollada, sus miembros espasmódicos compartidos por la gente hambrienta, sus huesos crujiendo entre sus dientes, su sangre brotando de sus bocas... Parece decirme ¡sí, esta es mi carne! ¡Bebe de mi sangre! ¡Adelante, escoge lo mejor de mí!

El editor expresó su disgusto y dijo que *El «Chancellor»* nunca debió escribirse. Reestructuró la novela, que perdió unas 12.000 palabras, y su publicación se pospuso durante varios años. Si tenemos en cuenta que el interés de la obra proviene de la demostración de la depravación humana en situaciones de vida o muerte, los repetidos esfuerzos de Hetzel por suavizarla quizá debilitaron el libro.

A finales de 1871 se publicó *Aventuras de tres rusos y tres ingleses* que describe la medición de un meridiano a lo largo del sur de África, con la labor geodésica extraída de las *Nuevas lecciones de cosmografía* del primo Garcet. Los nacionales del título colaboran armoniosamente hasta que estalla la guerra de Crimea y se vuelven enemigos. Animales peligrosos y catástrofes naturales los separan, sin embargo, se reunirán para rechazar a los nativos y se convertirán en los mejores amigos. Esta novela poco conocida carece de la emoción de las obras anteriores que penetraban en zonas vírgenes en busca de algún punto trascendental. Su lectura y *El «Chancellor»* seguramente preocuparon a Hetzel: tal vez los huevos de oro fueran menos de los esperados.

La vuelta al mundo en ochenta días (1872) describe el viaje emprendido a raíz de una apuesta por el excéntrico Phileas Fogg. El humor y el ritmo son trepidantes, pero también hay aspectos serios en la obra como el encogimiento del mundo provocado por el fin de la exploración.

Prácticamente nada se conoce sobre Fogg, salvo su autocontrol y su maníaca atención a los detalles. Tras nombrar a un nuevo criado, Passepartout, se dirige al Reform Club, donde la conversación gira en torno al tamaño del globo. Fogg afirma que ahora se puede circunnavegar en 80 días y, para demostrarlo, él y Passepartout parten vía Calais y Suez. Al atravesar la selva india, los viajeros se topan con los preparativos de un satí. Después de rescatar a la bella princesa Aouda, llegan a Hong Kong, donde el inspector Fix, pensando que Fogg es un ladrón de bancos, separa al francés de su patrón. Pero Fogg, la joven viuda y Passepartout se reencuentran, cruzan el Pacífico y toman un tren. Luego de un ataque de indios sioux, del que Fogg rescata a su criado, toman un trineo a vela por tierra hasta Omaha. Al perder una conexión en Nueva York, Fogg alquila un barco y, al quedarse sin combustible, lo quema hasta el casco. Sin embargo, llega a la meta con cinco minutos de retraso. Cae en la desesperación y piensa en el suicidio. Saltamos al Reform Club y Fogg entra tranquilamente para ganar su apuesta. El imperturbable caballero ha ganado un día viajando hacia el Este, tardando sólo 79 días, y el libro se cierra con Phileas y Aouda felizmente casados.

Aunque Hong Kong ocupa un lugar central en el viaje, como el punto más exótico desde donde se emprende el regreso a Londres, Verne lo describe como lo más parecido a... un suburbio londinense. La descripción es, de hecho, sorprendentemente pobre, a pesar de incluir barberos chinos, fumaderos de opio, palanquines, las buenas compras –¡ya desde entonces!–, los barcos que salen antes de lo previsto, y el cosmopolitismo.

El borrador es un libro muy diferente. Unos cuantos extractos empezarán a remediar el increíble descuido crítico de este documento, que son fundamentales en la trama y para comprender a Fogg.

Milagrosamente las líneas donde Verne ideó la novela han sobrevivido. Tras los garabatos, se despejan:

> - El Reform Club. Pall mall, 1838 [en el corazón del] Burgh
> - 60 clubes en Londres
> - El Reform Club. Alma mater de la tradición y las finanzas
> La galería, sostenida por sólidas columnas sienesas
> 1 de octubre de 1872, un hombre de 40 años,
> - El rostro no es el único órgano expresivo de las pasiones. Gr. 7
> - El pie de Fog nunca se mueve –de manera acorde, dado el artículo 29...
> La alcoba...
> Fog en casa.

Este fragmento muestra que el Reform Club y «Fog» son centrales desde el principio. La sorprendente frase «El rostro no es el único órgano expresivo de las pasiones», adoptando un supuesto proverbio inglés aplicable al singular estilo de Fogg, transforma la comprensión de la novela. Su descarada referencia sexual proclama que la composición de la mente no siempre la refleja el rostro, que la imperturbabilidad del caballero disfraza los más fuertes impulsos, que su destino puede estar determinado en última instancia por su libido.

Este manuscrito también contiene descripciones más completas de Fogg y Passepartout. Aouda, en particular, es descrita con detalles físicos exquisitos, incluyendo una «delineación de las ondulaciones de su cuerpo», como una «verdadera mujer, en todo el sentido europeo de la palabra». Otra sorpresa surge con la llegada a Hong Kong, en forma de tres capítulos y medio inéditos, constituyendo una especie de historia de amor.

En un tête-à-tête preliminar sin acompañante, la primera vez que el caballero habla con la belleza india a solas, muestra un atisbo de emoción:

> –Ahora, señora, voy a confirmar una cosa, a saber, que sus parientes no han olvidado a sus propios parientes. Les contaré toda su historia, y creo que...
>
> –Se lo aseguro, Señor Fogg, realmente no sé cómo reconocer todo lo que ha hecho por mí.
>
> –Solo no olvidándome del todo cuando los mares se interpongan entre nosotros.
>
> –¡Oh! Señor, sería muy ingrata, y... mis lágrimas vienen al pensar que en...
>
> –Sí, sí. Es muy posible.
>
> Y Fogg salió.

Por cuanto los parientes de Aouda en efecto han emigrado, Fogg, ligeramente conmovido por la noticia, sólo tiene dos posibilidades, como le dice su criado con crudeza: dejarla aquí o cargar con ella en el regreso a Europa. No tarda en subir a la habitación de Aouda. Le confiesa su situación, la consuela y se permite un primer contacto:

> Tras ser admitido por la joven, le pone al corriente, en particular de que está sola, sin familiares.
>
> Aouda no respondió, ¿qué podía decir? ¿Podía ver la pobre mujer que estaba entorpeciendo a este excéntrico personaje, enfrascado en su rápido viaje?
>
> –Buen señor –dijo ella–, trataré de encontrar un lugar aquí, eso es todo, y le pido que me recomiende.
>
> –No conozco a nadie. Soy tan extraño como usted en esta ciudad.
>
> Un momento de silencio.
>
> –Señor, no quiero ser una carga.
>
> –Señora, usted sabe que no tengo tiempo que perder. En consecuencia, no tengo tiempo para buscar una situación adecuada para usted aquí. Por otra parte, no puedo dejarla sola. Sólo hay una cosa que hacer. Tenga la bondad de acompañarme de regreso a Europa, y una vez terminado mi viaje, la llevaré de vuelta a Bombay.

–Regresemos, señor.
Fogg le tomó la mano.
–No llore; ¿por qué esas lágrimas de desaliento?
No eran de abatimiento, sino de gratitud, tal vez sincera porque la joven se había encariñado con este hombre a quien estaba tan agradecida, a quien le debía la vida.
–¿Está de acuerdo?
Quizás Aouda iba a responder más ampliamente de que lo que deseaba, cuando llamaron a la puerta. Un sirviente del hotel vino a decir que lo solicitaban en la oficina.
Fogg apretó la mano de Aouda y salió.

Esta inoportuna interrupción es la policía, que lo acusa de secuestrar a Aouda y le prohíbe salir de Hong Kong, lo que le da motivo para reflexionar:

Fogg subió a su habitación y se quedó pensando hasta la cena. Cuando llegó la hora, bajó al comedor con Aouda, no dijo nada importante, y se comportó como de costumbre.
Luego, terminada la cena, volvió a subir con Aouda y le dijo que tenía algo importante que decirle, que su viaje estaba en peligro, pero que tal vez había una manera de arreglar todo.
Durante una hora Fogg y la joven hablaron y seguramente coincidieron en un punto importante, porque a eso de las nueve Fogg salió, preguntó por Picaporte, y juntos atravesaron la ciudad y, después de muchas idas y venidas, fueron a una casa de la vecindad.
Allí fueron admitidos Picaporte y Fogg, y se produjo otra conferencia de una hora, que terminó con las siguientes palabras:
–A las nueve en punto todo estará listo.

A continuación, los dos amantes participan en una misteriosa ceremonia, que requiere dos testigos y que se concluye muy rápidamente fuera del escenario. Más tarde:

...volvieron a la casa del magistrado y solicitaron una audiencia.
Fueron admitidos.
–Señor, mi nombre es Ph. Fogg.
–Efectivamente.
–He venido a pedir algo.

–Sí.
–Esta es la señora Ph. Fogg.
El magistrado saludó a la joven.

Está claro que el soltero empedernido ha dado finalmente el paso crucial. Una nueva pista emerge en una explicación decididamente poco romántica: simplemente desea continuar su viaje alrededor del mundo: «Fogg escasamente tenía otra manera de arreglar las cosas distinta que hacer de la encantadora Aouda su esposa».

Sin poder consumar todavía su unión, la pareja comienza su luna de miel esa misma noche en el mar de China Meridional, en un barco alquilado con un solo camarote que, sin embargo, contiene una contrariedad sorpresiva: el detective Fix ya está instalado allí.

En resumen, los capítulos originales de Hong Kong parecen compendiar la actitud del escritor ante el amor y la sexualidad. Sin embargo, fracasan en el primer obstáculo hetzeliano y la boda se trasladará a la conclusión, alterando el motivo de la misma y la estructura de la novela. En la nueva versión, escrita a lápiz por el editor en el margen del segundo manuscrito, la propuesta procede de Aouda.

86. Hoja del final del manuscrito de *La vuelta al mundo en 80 días*, donde la princesa Aouda le propone matrimonio a Fogg.

La idea de la circunnavegación tenía un claro origen en la apertura del Canal de Suez y en los ferrocarriles a través de América y de la India (1869-1870). Verne se basó en sus propios viajes, especialmente en los de Londres, Liverpool, el cruce del Atlántico, y Nueva York. La idea parece haber surgido principalmente de una media docena de fuentes escritas que incluye a Thomas Cook, Poe, artículos de revistas y libros de un tal W. P. Fogg y un G. F. Train. Pero circunvalar el globo se le había convertido ya en un tópico, como indican los propios subtítulos de *Los hijos del capitán Grant*: *Un viaje alrededor del mundo* y de *Veinte mil leguas bajo los mares*: *Un viaje submarino alrededor del mundo*.

De hecho, la novela tiene su origen en una obra de teatro. No parece sorprender, por lo tanto, que tenga como héroe a un protagonista enigmático y a un antiguo acróbata como compañero, carentes ambos del desarrollo convencional de los personajes. Sin embargo, adelantándose a Zola o Maupassant, Verne introduce nuevas concepciones psicológicas en lugar de las ideas introspectivas de moda en la época con su subjetividad y arbitrariedad, pues las actividades del alma son invisibles. Con su imaginación escéptica y romántica a la vez, Verne busca signos tangibles del funcionamiento de la mente; nada nuevo, podríamos decir. Pero a partir de la terminología pseudocientífica de la electricidad y la ingeniería, genera un nuevo vocabulario para las motivaciones ocultas: «hipnotizado», «secretamente», «instintivamente», «mecánicamente», «automáticamente», «involuntariamente», y sobre todo «el día inconscientemente ganado». Phileas Fogg es, pues, el primer personaje cuyo subconsciente y cuyo órgano son sometidos al escrutinio, mucho antes de hacerlo Freud ¿A quién mejor que a ese dechado de racionalidad, todo superego y, por tanto, más vulnerable a las sorpresas procedentes de las profundidades de su cerebro y de sus partes bajas?

Es posible que Verne leyera la novela a su hija Valentine y a su reciente marido en noviembre de 1872 (ADF 140)[476]. Luego, al publicarse en el diario *Le Temps*, la tirada se disparó y supuestamente los corresponsales

---

476 Se ha afirmado, sin pruebas, que Verne estaba escribiendo la novela tan temprano como el 23 de agosto de 1871 (*BSJV* 203, 2021, p. 33).

en París de los diarios estadounidenses enviaban por cable extractos del recorrido (aunque nadie ha aportado la más mínima evidencia)[477].

Las críticas fueron halagadoras, por ejemplo, «[sus] maravillas superan a las de Simbad el Marino» y un «*tour de force*»[478]. Sin embargo, un miembro del Reform Club en la vida real se quejó pues el *Daily Telegraph* tenía vetada la entrada allí; y Verne suprimió la mención en una edición posterior[479].

Tras la traducción al inglés de Towle y d'Anvers (1873), cientos de buscadores de publicidad, entre ellos Nellie Bly y Jean Cocteau, quisieron mejorar el tiempo de Fogg. Incluso hoy en día, periodistas sin una buena edición de la obra utilizan a veces la idea de Verne. Michael Palin hizo una exitosa serie de televisión convencional –y una adaptación– que usurpaba el título de Verne, aunque al parecer sin haber leído el libro.

La inevitable versión de Hollywood se estrenó en 1956, con David Niven, Cantinflas, Noël Coward, John Gielgud, Marlene Dietrich, Frank Sinatra y otros 70.000 extras. Tal vez pensada como una parodia, menguó la brillante idea del buque transatlántico que se consumía a sí mismo e inventó un trayecto en globo. Sin embargo, Verne tenía la última palabra pues había comentado sarcásticamente que una travesía en globo «habría sido peligrosa, e imposible de todos modos» (xxxii).

---

477 Según este informe de la muy imaginativa biógrafa, algunos lectores creyeron que el viaje se estaba llevando a cabo realmente, se hicieron apuestas y las compañías internacionales de navegación y ferroviarias hicieron ofertas lucrativas para que se les permitiera traer a Fogg de regreso a Europa. (ADF 140, cf. *Ent.* 148).

478 *Le Moniteur*, 27 dic. 1873; *Le Constitutionnel*, 20 dic. 1873.

479 *JVEST* 43-44.

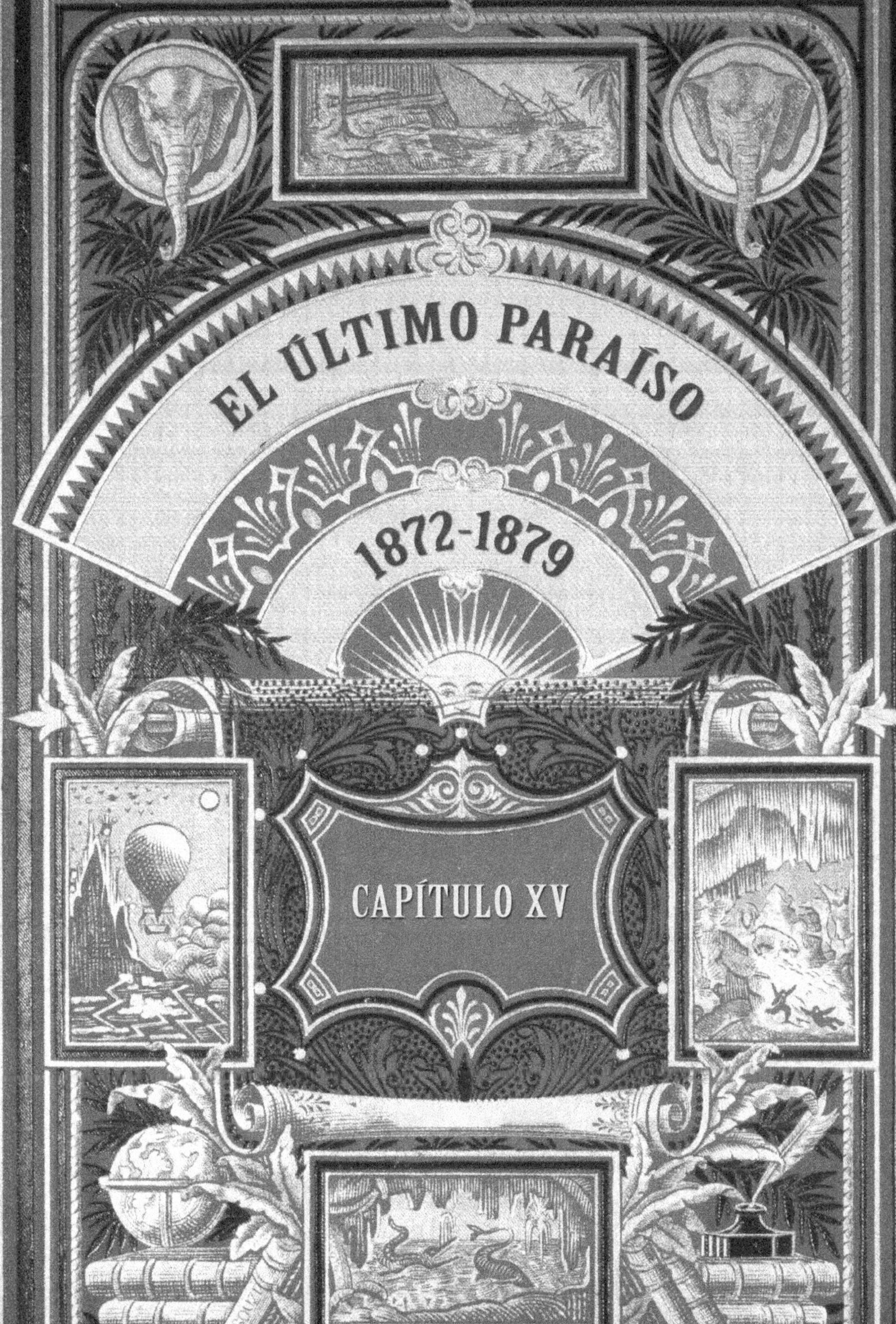
EL ÚLTIMO PARAÍSO
1872-1879
CAPÍTULO XV

L'ILLUSTRATION

JOURNAL UNIVERSEL

PRIX DU NUMÉRO : 75 CENTIMES
Collection mensuelle : 3 fr. — Volume semestriel : 18 fr.
Les demandes d'abonnement doivent être affranchies et accompagnées d'un mandat-poste ou d'une valeur à vue sur Paris au nom du Directeur-Gérant.

40e ANNÉE. — VOL. LXXX. — N° 2075.
SAMEDI 2 DÉCEMBRE 1882
BUREAUX : 13, RUE ST-GEORGES, PARIS

PRIX D'ABONNEMENT
PARIS & DÉPARTEMENTS : 3 mois, 9 fr. ; 6 mois, 18 fr. ; un an, 36 fr.
ÉTRANGER : Pour tous les pays faisant partie de l'Union postale : 3 mois, 11 francs ; 6 mois, 22 francs ; un an, 44 francs

THÉATRE DE LA PORTE-SAINT-MARTIN : LE *Voyage à Travers l'Impossible*, PIÈCE FÉERIE EN TROIS ACTES ET VINGT-CINQ TABLEAUX PAR MM. D'ENNERY ET JULES VERNE

1. Le docteur Ox sur le *Nautilus*. — 2. Le mauvais génie terrassé par le bon génie. — 3. Le canon La Colombiade. — 4. Médaillon central : la famille de Georges Hatteras au château d'Andernak. — 5. Le bon génie sous les traits du docteur Lidenbrok, Waldemar et le professeur Tartelet. — 6. Un habitant du centre de la terre et un indigène de la planète Altor.

87. Cartel del Teatro de la Porte Saint-Martin

En realidad, Verne no escribió *La vuelta al mundo* sin apoyo; dentro de la lógica, en la portada debiera aparecer «con la ayuda de Édouard Cadol» bajo el título.

Después de la guerra, Verne había tenido la idea de hacer una adaptación teatral de *Hatteras*, escribiendo con entusiasmo sobre «auroras boreales, ballenas, tormentas, naufragios... Reemplazaría al estadounidense... por un francés para desplegar la tricolor en el polo» [feb. 72]. En su guion, un perro ocupaba el centro del trágico clímax[480]. Verne discutió la idea con su vecino Henri Larochelle (1827-1884), director de varios teatros, quien reaccionó con entusiasmo [feb. 72]. Sin embargo, nunca llegó a representarse.

Probablemente al mismo tiempo, el dramaturgo Cadol comenzó a trabajar en una obra llamada *La vuelta al mundo en 80 días*. Tras una sinopsis a principios de 1872, en la que Verne esbozaba algunos personajes, el recorrido y un par de escenas, todo ello resumido en una página, Cadol escribió un guion de 150 páginas, ayudado por numerosas conversaciones con el novelista. El 29 de marzo[481], Verne estaba trabajando en una novela con el mismo nombre, importando diálogos de la obra de teatro. A partir de junio, el dramaturgo presentó la obra a varios directores, pero no pudo ponerla en escena, y se comprometió a realizar una versión ligeramente condensada. Incluso después de que Verne terminara la novela y

480 *BSJV* 57: 37.

481 El primer manuscrito de la novela tiene esa fecha en la cubierta, y podría ser la fecha de inicio o de terminación. Recientemente se ha afirmado, sin sustentarse, que la novela se estaba escribiendo en 1871 –lo que debilitaría la posición de Cadol.

la publicara (noviembre y diciembre), la obra revisada seguía sin encontrar un hogar. Así que Verne reclutó al prolífico dramaturgo Adolphe d'Ennery (1811-1899) y juntos escribieron un nuevo guion. Para terminar la obra, en 1874 permanecieron quince días en la estación termal de Uriage-les-Bains, cerca de Grenoble, famosa por sus cualidades laxantes (31 ago. 92).

88. Édouard Cadol, coautor de *La vuelta al mundo*.
(ca. 1880)

Cadol, comprensiblemente, explotó. En primer lugar, la novela que Verne firmó compartía material con la primera obra, en la que el dramaturgo hizo la mayor parte del trabajo. Y en segundo lugar, la nueva colaboración de Verne anulaba el trabajo de Cadol, realizado de buena fe. El dramaturgo escribió dos cartas de protesta al *Figaro*; y planteó el derecho a la mitad de los ingresos de Verne por la obra de d'Ennery. Sin embargo, el libro siguió considerándose enteramente de Verne, incluidos los derechos de autor, o al menos las migajas que le dejaba Hetzel[482].

El 7 de noviembre de 1874, el asiduo a la columnata Félix Duquesnel puso en escena la segunda obra en el Teatro de la Porte Saint-Martin, en una producción sin escatimar gastos que incluía un elefante enviado desde Londres.

El espectáculo recibió críticas efusivas del periodista Albert Wolff y *The Times*, que lo elogió como una de las mejores obras del año en París[483]. El público se volvió completamente loco. La obra se representó durante 414 noches seguidas sólo en la primera producción recaudando cerca de 3 millones de francos, de los cuales Verne obtuvo el 2 o el 2,5%, alrededor de 60.000. Se dice que incluso Victor Hugo mendigó las entradas. En 1879, el Teatro Châtelet reestrenó el espectáculo con 11 elefantes y varias cestas de serpientes vivas, y lo mantuvo de forma intermitente durante los 50 años siguientes. Verne obtuvo probablemente 300.000 o 400.000 F de los diez millones totales: una fortuna; más de lo que había recibido hasta entonces por sus tres millones de palabras para Hetzel. Al no haber contenido los contratos la previsión de cubrir los derechos no relacionados con el libro, el editor, espero, no obtuvo nada por la obra teatral.

El novelista Zola codició el éxito de su colega unos años mayor, describiendo tardíamente la obra como «una procesión ininterrumpida de banalidades... [en un] género idiota... casi toda la trama es extraordinariamente trillada»[484]. Verne debe haberse reído todo el camino al banco.

¿Navegaba Verne para alejarse de sus problemas? Lo cierto es que la frecuencia y el ámbito aumentaron con el tiempo.

A principios de junio de 1872 volvió a Londres, visitó Woolwich con su esposa y su hermano y se hospedó en un hotel en la Strand (8 jun. 72)[485]. Lo más probable es que en septiembre de ese año el escritor volviera a las Islas del Canal, con una remota posibilidad de que fuera a ver

[482] *BSJV* 125: 15.

[483] *BSJV* 130: 31; 12 nov. 74.

[484] *Le Bien public*, 29 oct. 1877. Sin embargo, la opinión de Zola sobre el uso de la ciencia por parte de Verne y sus émulos era notablemente acertada: «los autores se burlan perfectamente de la ciencia, porque sólo la utilizan como truco, y no se preocupan ni por un momento de poner una historia verdadera en un marco real» (*Nos auteurs dramatiques*, 1881, p. 345-346).

[485] Ese verano navegó a Saint-Malo, tomó el tren a Nantes para ver a su madre durante una semana, y luego se llevó a Michel a un viaje por mar cuatro o cinco días ([¿2? jul. 72]; [17 ago. 72]).

a Hugo, de vuelta en Guernsey durante parte del mes[486]. Al año siguiente, Hetzel también le invitó a Jersey, Guernsey y Sark en un barco a vapor, entre el 14 y el 24 de agosto[487].

Para coescribir el segundo guion de *La vuelta al mundo*, Verne había pasado gran parte del invierno de 1873-1874 en la Riviera, hospedado por d'Ennery en Chênes Verts. Esta magnífica villa, construida con los ingresos de anteriores adaptaciones escénicas, se asentaba a horcajadas en el verdeante istmo de Cap d'Antibes, «el lugar más hermoso del mundo»[488]. Tenía un lago justo al lado de la casa y vistas al mar de 270°: al este, la mirada se extendía tentadoramente más allá de Mónaco hasta la amada Bordighera, con los Alpes nevados elevándose detrás. La habitación de Verne, orientada hacia el oeste, daba a una vista impresionante al Mediterráneo y a la costa exuberante de Golfe Juan [24 nov.73]. La mansión de cuatro pisos, más bien un museo cubierto de rosas, tenía amplias entradas en lados opuestos, además de balcones, terrazas y verandas con numerosas arcadas.

Cuando Honorine bajó a Antibes (más tarde, ya que ella y Verne acababan de ser abuelos), la pareja se dirigió a Mónaco para ver a Hetzel[489]. En una segunda visita en enero de 1875, Verne y señora se sintieron menos alegres. No sólo d'Ennery vivía con su novia, una «zorra excitada» según Hetzel, sino que además «[el director de teatro Louis] Cantin viene por unos días con su amante, una verdadera mujerzuela. Es extremadamente embarazoso para mi esposa, y realmente muy desagradable»[490]. Las cosas fueron de mal en peor: «esto es terrible», «me voy en cuanto termine las escenas»[491]; y por último se convirtieron en un auténtico «infierno», ya que d'Ennery estaba completamente agotado y el novelista tuvo que hacer y rehacer sin ayuda el guion diez veces[492]. Como venganza, Verne destruyó la «vil» villa en un cataclismo en *Héctor Servadac* (1877).

---

486 *JVEST* 43, *BSJV* 130: 36. Según una indicación indirecta (*BSJV* 174: 35), es probable que haya estado allí también en junio de 1872.

487 28 jul. 73; 3 sep. 73.

488 *Héctor Servadac* I xvi.

489 [26 feb. 74], [1 mar. 74]. Verne regresó a Amiens a principios de abril, probablemente haciendo una parada en Marsella (*BSJV* 147: 13).

490 15 sep. 77; [26 jun. 75].

491 [3 feb. 75]; [10 feb. 75].

492 16 feb. *75* en *BSJV* 140: 59.

89. La casa de d'Ennery en Cap d'Antibes

La isla misteriosa (1874) representó la culminación, y el callejón sin salida, de muchas ideas vernianas largamente germinadas. Enfocada en el sueño de la isla desierta, estrechamente asociada en la mente del novelista con la comunidad ideal, al tiempo se burlaba de la fácil manipulación de la trama en *Robinson Crusoe*.

En 1865, una violenta tormenta arrastra un globo y cinco unionistas prisioneros de guerra a través del Pacífico hasta una isla. Tras satisfacer las necesidades básicas, el ingeniero Cyrus Smith, el reportero Spilett, el marinero Pencroff, el adolescente Harbert y el Negro Neb encuentran una única cerilla y un grano de trigo, y proceden a reconstruir gran parte de la civilización moderna. También construyen un barco, navegan hasta la vecina isla de Tabor y rescatan a Ayrton, abandonado allí en *Grant* y ahora en un estado de irracionalidad. Sin embargo, una serie de hallazgos desconcertantes convencen a los colonos de que no están solos, entre ellos un perdigón de plomo, un perro catapultado desde una laguna y un baúl varado en la playa. Finalmente se dan cuenta de que el capitán Nemo, escapado de *Veinte mil leguas*, les ha estado ayudando todo el tiempo. Nemo revela que su verdadero nombre es Príncipe Dakkar, luego muere y es sepultado en su *Nautilus*. Tras una erupción volcánica, la isla se desintegra quedando sólo una pequeña roca de la que los colonos son rescatados milagrosamente por uno de los hijos del capitán Grant.

Esta novela representa el mejor intento de Verne de describir a los estadounidenses de forma individual. Smith es inteligente, analítico, enciclopédico y pedante: deslumbrante pero carente de chispa. Se parece al francés Aronnax, que tiene una buena mente lógica pero muy poco más, lo que seguramente refleja una faceta del propio carácter de Verne. Pencroff debió estar inspirado en los marineros que conoció el novelista, tal vez incluyendo los de su tripulación en los sucesivos barcos. Como hombre con los pies en la tierra y franco, Pencroff está lejos de las cuestiones intelectuales; pero su filosofía práctica supera con creces y sin esforzarse la de sus superiores en la sociedad, así como su capacidad de comunicación, toda humor epigramático y jugoso buen sentido.

Lo que no pasa por alto es el racismo sistemático de la novela. Los prejuicios de Verne y los colonos siguen siendo ciegos e implacables, compartidos con la mayoría de sus contemporáneos. Aunque simpáticos, el aspecto físico y el comportamiento del negro Neb se describen en términos inaceptables (cercanos a los animales, falta de inteligencia y perseverancia, etc.). Y lo que es peor, todos en forma persistente lo comparan desfavorablemente con el perro Top y con Jup el orangután domesticado.

Si el editor destrozó *Veinte mil leguas*, *La isla misteriosa* sufrió un destino más funesto durante una década y cuatro manuscritos. Desde cuando conoció a Hetzel, Verne había estado «soñando con un magnífico Robinson» [18 sep. 65]. Pero el editor detestó lo que surgió, alegando que la «arcilla» era demasiado blanda y gris y los personajes «no son... interesantes... tu gente sale de manera peor de las situaciones que los Robinsones más simples del pasado» (21 jul. 70). Sus comentarios garabateados dejaron a Verne devastado, haciéndole suspender la escritura [15 feb. 71]. A pesar de la valiente resistencia del autor, el tercero y el cuarto manuscritos conocidos sufrieron más recortes, añadidos y alteraciones horrorosos.

En las maravillosas páginas manuscritas sobre la curación de la irracionalidad de Ayrton, Verne presenta las oscuras fuerzas que atan al hombre a la tierra, escribiendo incluso escenas que implican al subconsciente. La primera explora la locura de Ayrton, que conduce a su vez al inicio de la curación, al parecer gracias a aparente hipnosis por Cyrus Smith:

> Finalmente, un día, el 15 de diciembre, el ingeniero vio a Herbert corriendo, gritando:
>
> –¡Sr. Cyrus, Sr. Cyrus!
>
> –¡Qué pasa!
>
> –Nuestro nuevo compañero...
>
> –Bueno, ¿habló?
>
> –¡No, está fumando!
>
> Y era cierto. El salvaje, tras encontrar una pipa en una de las habitaciones de Granite House, la había llenado de tabaco, y estaba dando caladas... Incluso parecía que la inhalación del tabaco le producía un verdadero trastorno. Iba y venía, incapaz de permanecer en un lugar; sus ojos estaban enrojecidos. Su ceño, fruncido. Parecía estar haciendo un esfuerzo violento por romper alguna atadura interior.
>
> No sólo Cyrus Smith, sino todos sus compañeros pronto se reunieron estrechamente a su alrededor en silencio.
>
> Evidentemente, la pobre criatura estaba sufriendo cruelmente. Parecía que intentaba reunir ideas –sin conseguirlo– y articular palabras, pero tales tareas le resultaban imposibles. Todos se unieron en esta lucha, condoliéndose con extrema emoción a la desdichada criatura que ni siquiera los veía.
>
> –¡Entiéndeme! –dijo Cyrus Smith finalmente. Retenía las dos manos del salvaje. Las apretaba con firmeza. Parecía como si estuviera transfundiéndole su alma, su inteligencia, porque el ser ahora lo miraba, ahora lo escuchaba, quería comprenderlo. Sus labios se movían, trataban de balbucear...

–¡Habla, habla! –gritó Cyrus Smith.

Pasaron los minutos. Los labios del salvaje fueron recuperando poco a poco la facultad de articular los sonidos desacostumbrados, y finalmente estallaron estas palabras:

–¡Tabor!, ¡Tabor!

¡Sus primeras palabras habían sido para aquella isla desierta donde había vivido, sus primeras miradas, puede decirse, fueron para buscar la tierra donde había perdido la razón! Se precipitó a la ventana de Granite House, miró el mar, y luego, repitiendo las palabras «¡Tabor, Tabor!», corrió hacia la puerta; y allí, agarrando la cuerda del ascensor, se deslizó hasta el suelo con la agilidad de un mono.

Los colonos se lanzaron tras él. Temían que el salvaje tuviera la idea de escapar de ellos. Llegaron a la orilla unos pocos momentos después.

Pero el desgraciado no había querido huir. Se paseaba con extrema agitación. ¡Evidentemente intentaba reconocer lugares, y dentro de su memoria, volviendo poco a poco a él, ya no pudo encontrar los lugares de la isla Tabor, ni el bosque que lo había cobijado durante tanto tiempo, ni la casa en la que, no tenía duda, había pasado sus primeros años de exilio!

Finalmente se detuvo. Sus compañeros se reunieron alrededor sin decir una palabra. Pareció verlos por primera vez. Por primera vez, sus ojos percibían seres humanos.

El interés de la escena radica en la búsqueda de la esencia de la naturaleza humana. Una de las fuentes es quizá la propia experiencia del autor, ya que su extensa familia sufrió varios episodios de locura. El estilo del pasaje es el clásico de Verne: breve, palabras sencillas, relatando sobre todo cosas observables.

Ayrton empieza a salir de la irracionalidad gracias a una creciente introspección,… y al tabaco. La siguiente etapa de la curación involucra vínculos con la tierra. Al igual que Hatteras, Ayrton sabe instintivamente en qué dirección se encuentra su isla. En resumen, Verne vuelve a explorar el subconsciente, un ámbito en el que, unas décadas más tarde, Freud destacará la importancia de los acontecimientos pasados para dilucidar el comportamiento que evade al raciocinio.

La supresión perentoria de este potente episodio, que permaneció desconocido durante siglo y medio, elimina un elemento esencial de la novela.

En una sección posterior del manuscrito, en simetría con la enfermedad mental de Ayrton, el joven Herbert sufre una misteriosa dolencia física, en la que su brazo se hincha durante mucho tiempo y luego empeora repentinamente. Tras examinar al muchacho, Cyrus Smith decide aplicarle «compresas de harina», sin buscar el motivo de la hinchazón. Llega a la conclusión de que «no hay nada que temer», pero al mismo tiempo plantea la posibilidad de una amputación (!):

> Ese día la piel de la parte superior del brazo de Herbert se distendió como si estuviera a punto de reventar. Puede imaginarse lo que estaba sufriendo el pobre niño. Mordía las sábanas para no gritar.
>
> Gideon Spilett volvió a examinarle el brazo, parte del cual estaba hinchado como una vejiga.
>
> –Cyrus –dijo–, este tumor quiere reventar. La naturaleza actuando. Bueno, ¡yo ayudaré a la naturaleza! ¿Confías en mí, Herbert?
>
> –Sí, Sr. Spilett.
>
> –¡Ten valor, hijo mío!
>
> Y Gideon Spilett, pálido pero resuelto, tomó su cuchillo, de hoja muy afilada, y con mano firme hizo una incisión en forma de cruz en el brazo enormemente hinchado.
>
> Herbert no lanzó un solo grito, pero un pesado objeto cayó enseguida al suelo...
>
> –¡Una bala! –gritó el reportero–. ¡Ah, un verdadero médico se habría dado cuenta de que estaba ahí hace tiempo!

Tras unas 140 palabras de discusión llega la moraleja:

> De este modo, después de tantas ocupaciones diversas en la isla de Lincoln, la necesidad había transformado a los colonos en médicos y cirujanos. En esta ocasión, habían procedido mediante el razonamiento, habían apelado a ese proceso metódico, ¡a ese sentido común lógico que les había servido tantas veces!...
>
> Pero, ¿no llegaría el momento en que se encontraran ante un hecho cruel en el que la naturaleza lo puede todo y la inteligencia humana nada?

El libro publicado no contiene ninguno de estos pasajes, con su elemento de humor, básico, sin embargo, para la supervivencia en una isla desierta. Para los colonos, improvisar operaciones quirúrgicas es una necesidad fundamental; confiar sólo en los esfuerzos propios revela aquí sus límites, pero también su grandeza. La filosofía escéptica e irreverente de Verne deconstruye la medicina y su prestigioso pináculo, la cirugía, que se basa en acciones accesibles a todos pero que se esconde tras una jerga oscura. La moraleja subraya la impotencia de la «inteligencia humana» en ciertas situaciones, una obviedad que garantiza la exasperación de Hetzel, con su inclinación al optimismo ciego.

Hetzel propone, en cambio, crear efectos interesantes reforzando el papel de (¿su?) orangután; dotando la isla con un ferrocarril, nada menos; y lanzando un mensaje en una botella, aunque estén a miles de kilómetros de la tierra más cercana. Tales ideas, ridiculizadas abiertamente por Verne, implican que los episodios de humor forzado, las tecnologías llamativas que resultan peor que inútiles y los grandes gestos fútiles deben ser en gran parte obra de Hetzel. Donde el novelista busca la seriedad y la verosimilitud –la dolorosa experiencia de la vida–, el editor busca lo fácil y lo frívolo. El conflicto es entre una visión literaria y un enfoque comercial, entre arte y entretenimiento.

La presencia de «Nemo» en esta novela –revelada por primera vez por Hetzel en el margen del manuscrito, quien por añadidura también sugiere un agujero triangular en el globo[493]– es problemática en casi todos los sentidos. Su nacionalidad –de nuevo, idea del editor–, su religión, su ideología, su personalidad y sus fechas han cambiado de manera irreconocible. El último Nemo da explicaciones sobre su anterior yo que son incoherentes, imposibles, opuestas a las previas y, en algunos casos, idénticas a las ya propuestas por Hetzel y rechazadas por Verne. El misterio central: las acciones de Nemo para ayudar a los colonos, es tan absurdo que ha perturbado a generaciones de lectores. Algunos fenómenos, como el perro lanzado por los aires, resultan incomprensibles. Incluso el baúl providencialmente atascado en la arena (con un Nuevo Testamento arrojado dentro por Hetzel), la bala y todas las demás pistas y coincidencias estratégicamente esparcidas parecen destinadas a que sea imposible ocultarlas en el panorama, a viciar deliberadamente el experimento en el núcleo mismo de la robinsonada, a sustituir sinceridad por auto publicidad, para promocionar a un titiritero. La cuestión

493 ¿Causado por el *Nautilus* cuando el globo cayó en el mar?

de la supervivencia de los indigentes en una isla desierta, con su ironía dirigida a Crusoe, a la Familia Suiza y a todos los cuestionables Robinsones, es ahora incontestable, subvertida por un *deus ex machina* omnipotente y exhibicionista. El interrogante perceptible y metafísico que ronda en los Viajes Extraordinarios queda definitivamente saboteado.

Las explicaciones absurdas, las creencias contrarias, las hernias del espíritu verniano, alcanzan su clímax en los capítulos finales. Donde el verdadero autor señala que «Nemo» no es un criminal y que Smith no tiene derecho a juzgarlo, el autor *fracasado* se complace maliciosamente en hacerle decir lo contrario. Únicamente en la versión publicada sí leemos remordimiento de Nemo en el lecho de muerte y la evaluación presuntuosa de Smith de su vida como un «error». Las últimas palabras del capitán en el libro publicado, el absurdo «¡Dios y patria!», en lugar de «¡Independencia!» de Verne, fueron escritas a lápiz por Hetzel directamente en el manuscrito[494]. En la idea original, la destrucción de la isla utópica marcaba el final de la novela; en la versión revisada –laboriosa, prolija, hetzeliana–, los colonos tienen que comenzar dolorosamente de nuevo en Iowa, de todos los lugares, un destino irrisorio para la última sociedad libre.

Detrás de cada episodio de *La isla misteriosa* está al acecho una fila de imitaciones más oscuras, como los fantasmas recónditos de Macbeth, que se remontan a la correspondencia con Hetzel y a los cuatro manuscritos, e incluso a *Veinte mil leguas* y *sus* múltiples manuscritos y prolongada correspondencia. A la ambivalencia e ironía que comienzan a apoderarse de las obras de Verne en la década de 1870, debemos añadir nuestro propio escepticismo respecto a todos los sentimientos y actos, especialmente a los piadosos o nobles.

La novela es un fracaso si se juzga como una secuela, pues contradice y socava las magníficas conclusiones del trabajo previo, su heroico desafío a la sociedad humana y su mágica exploración de las maravillas naturales. Sin embargo, como obra independiente, y a condición de que se lea fuera de contexto, *La isla misteriosa* se erige como un éxito rotundo.

---

[494] Olivier Dumas fue el primero en notar ese cambio («Hetzel censeur de Verne», *Un Éditeur et son siècle*, ed. Christian Robin (Saint-Sébastien: ACL Édition, 1988), 127-136); sin embargo, limitó su análisis únicamente a uno de los manuscritos, y no se dio cuenta de la inserción a lápiz de Hetzel.

En 1876 Verne era el escritor de mayor éxito en Francia y estaba en camino de convertirse en el novelista más popular del siglo en cualquier idioma, incluso sin mencionar sus triunfos en el teatro[495]. Sus éxitos le habían convertido en un nombre familiar desde Gibraltar hasta Cochinchina, desde Alaska hasta Patagonia. Pero sus obras seguían siendo rechazadas por el establishment literario. Tal vez influidos por el éxito de las obras de teatro, finalmente se publicaron algunos tímidos artículos sobre sus novelas[496], aunque con mucho resumen de la trama y poco análisis real. El nombre de Verne siguió ausente de las enciclopedias. Además, no logró colocar muchas de sus relatos cortos y obras de teatro. Una lista completa de ellos aparece en la Bibliografía; aquí se han podido estudiar solo unas pocas obras fundamentales.

En 1873, mientras trabajaba en *La isla misteriosa*, Verne realizó su primer viaje en globo. La excursión, desde la plaza Longueville de Amiens, justo al lado de su residencia, la realizó con el aeronauta Eugène Godard, un amigo de Nadar que se había distinguido en el Sitio de París de 1870. Fue descrita por Verne en primera persona en «Ascenso del *Météore*», traducido apenas en 2002[497].

En 1874, Hetzel finalmente accedió a publicar una colección de las piezas más cortas de Verne, bajo el título *El experimento del Dr. Ox y otras historias*. «Un drama en los aires», «Maese Zacarías» y «Una invernada en los hielos» habían sido publicadas en la década de 1850, pero Hetzel las censuró ahora, cortando muchas de las partes más interesantes. En la única historia nueva, «El doctor Ox», un científico loco radicaliza y sexualiza en secreto una adormecida ciudad flamenca oxigenando el aire. Al igual que «Zacarías», la comedia explora el problema mente-cuerpo y el reduccionismo, con los esfuerzos más elevados de la humanidad controlados por factores corporales básicos. También se incluyó en la colección «La cuadragésima ascensión francesa al Mont Blanc», de Paul Verne, cuya monotonía sólo es igualada por su título.

495 *BSJV* 154: 10.

496 *BSJV* 147:31.

497 En el *Journal d'Amiens*, 29-30 sep. 1873; la traducción está disponible en http://www.ibiblio.org/julesverne/articles/24m.htm.

90. Verne fotografiado por Étienne Carjat hacia 1884.

En el fascinante cuento hoffmannesco, «El doctor Trifulgas» (1884), que explora la paradoja del cretense mentiroso, un médico egocéntrico, que se niega a tratar a quien no pueda pagar, se está muriendo, y descubre *in extremis* que él es su propio paciente. Se ha desdoblado en dos personas, paciente y médico, pagador y beneficiario, pero entra en una especie de endomórfico rizo del tiempo y al final se autodestruye.

Un cuento alegórico, «Las aventuras de la familia Ratón» (1891), presenta a una «rata gotosa» solitaria con un bastón, ya no tentada por la aventura sino filosófica y tranquila, un autorretrato idealizado tras los catastróficos acontecimientos de 1886, pero también un eco de la tienda de dulces de la infancia del autor, La rata gotosa, cerca de la iglesia de la Santa Cruz.

A menudo traducida como *La ciudad subterránea*, *Las Indias Negras* (1877) –una referencia al otro Imperio de Inglaterra, bajo el suelo escocés– sigue en gran medida el itinerario de Verne de 1859, con mucho material copiado de *Viaje a Inglaterra y Escocia.*

Una carta de su antiguo supervisor informa al ingeniero James Starr el descubrimiento de una nueva veta en la mina de carbón de Aberfoyle, en el centro de Escocia, dada por agotada hace mucho tiempo. Ignorando algunos extraños sucesos, Starr irrumpe en una caverna inmensa, encontrando interminables depósitos de carbón. Al reanudarse la explotación minera, una comunidad se instala en el subsuelo. Sin embargo, tras un misterioso sabotaje, el hijo del supervisor, Harry, descubre a una hermosa joven yaciendo inconsciente, que nunca ha estado en la superficie y que sólo habla gaélico. Instruyéndose con Harry, Nell se maravilla con su primer amanecer desde Arthur's Seat. Los preparativos de la boda están en marcha cuando aparece una figura oscura y malévola que acecha en los túneles. Es el bisabuelo de Nell, que tiempo atrás había sido despedido de la mina; y todo termina bien.

El libro era originalmente muy diferente. En el manuscrito, Verne sueña con una nueva nación subterránea, un mundo paralelo industrializado, apropiadamente llamado «Underland», con una «Ciudad del Carbón» sorprendentemente diferente de la «villa flamenca» de la versión hetzelizada, destinado a rivalizar con la Gran Bretaña de la superficie. Verne muestra una metrópolis bulliciosa y redes complejas de ferrocarriles, tranvías, barcos de vapor y telégrafos, y una vida comercial próspera con descripciones muy detalladas de marcas e instituciones administrativas:

> La ciudad subterránea tenía sus barrios y sus calles, trazadas siguiendo el plano de la mina. Los tranvías transitaban por las calles; por los lagos y canales navegaban barcos de vapor, previstos para unir directamente los pueblos que un día se construirían en Underland. Ya existía un ferrocarril subterráneo de Irvine a Stirling, que pasaba por debajo de Glasgow y rivalizaba con las vías de la superficie. Se construyó a gran escala, reproduciendo los ferrocarriles metropolitanos de Londres, y se pensaba que en el futuro esas vías se extenderían a través de las partes del subsuelo británico que aún no habían sido explotadas, y por tanto llegarían a las cuencas de Newcastle y Gales. Las profundidades del Reino Unido serían surcadas, se crearían ciudades en la propia corteza terrestre y una segunda Gran Bretaña se extendería bajo la primera.
>
> Y nada faltaba en esas calles continuamente surcadas por tranvías, ni tiendas con avisos gigantescos, ni carteles multicolores cubriendo las paredes, ni policías cuyos pasos medidos resonaban en el asfalto de las aceras. Panaderos, carniceros y tenderos hacían un buen negocio. En las losas de mármol de las pescaderías había pescado de los lagos interiores y del estuario del Clyde. Restaurantes, comedores, bares, todos los establecimientos de venta de cerveza y licores, tan numerosos en las ciudades del Reino Unido, llamaban con sus seductores letreros.
>
> Muchas familias, atraídas por las ventajas higiénicas de este clima invariable, se habían instalado aquí, resguardadas del frío durante los inviernos más rigurosos y del calor durante los veranos cálidos. Se habían descubierto fuentes termales en algunos puntos de Underland. Así que los enfermos, tanto reales como imaginarios, se trasladaban durante la temporada a cabañas en Loch Malcolm o a otros centros turísticos. En resumen, como toda nueva creación, Coal City se puso de moda. Se esperaba que los precios de los terrenos aumentaran a corto plazo.

En ninguna otra parte de sus 200 obras Verne demuestra un conocimiento tan profundo de su país favorito. De hecho, este ejemplo único de sociedad alterna extensa apenas parece ligeramente utópico. Si los habitantes de las cuevas disfrutan de una autosuficiencia perfecta, las clases sociales y la sociedad de consumo que las acompaña reproducen las de la superficie, menos, es cierto, la superestructura aristocrática. Aquí no hay rebelión jacobita ni movimiento independentista.

La primera reacción de Hetzel al leer los capítulos progresistas, fundamentales en la trama, es relegarlos a «apéndices» y ponerlos en boca de un charlatán (¿venganza por todas sus brillantes ideas puestas en boca de simplones?). Tras la resistencia pasiva del autor, el editor recurre a la *force majeure*. Al amputar esta cabeza modernizada de un futuro imperio, este duplicado perfecto de Edimburgo, este territorio insular subyacente, Hetzel rebana el alma de Verne. La capital amada, ya cercenada una vez al comienzo de la alianza, seguirá siendo una rareza evanescente en las obras de la colección.

Como tema adicional, Verne quiere estudiar el mal en la persona del bisabuelo de Nell, que destruye gran parte del mundo subterráneo. Después de que el editor había impuesto su opinión, la explosión es un fracaso, y con ella los últimos intentos –escribe apesadumbrado Verne– de construir una novela coherente. *Las Indias Negras* publicada es un batiburrillo de romance, exploración, diario de viaje y tecnología minera, pero sin un núcleo. De las ruinas emerge un volumen empalagoso, tristemente alegre, que rezuma un sentimentalismo meloso y un cliché trillado, con interminables páginas sobre la pálida y anónima Nell, escritas en su mayoría por el editor.

A pesar de la edad y la presión del trabajo, las amistades de Verne crecieron, tanto las antiguas como las nuevas. Algunos de sus amigos se habían quedado en el camino: Béchenec había enloquecido y había muerto por los acontecimientos de la guerra franco-prusiana; Adolphe Bonamy, el hermano del premiado *Externo* y estudiante de Derecho, llegó a mendigar 50 F, vestido con harapos y sin hogar, convenciéndose Verne de que acabaría como un ladrón vulgar[498]. El autor se mantuvo en contacto con Wallut, Gille, Dumas y Nadar durante décadas, e incluso vio ocasionalmente a Caroline, quizás porque ella había enviudado en el mismo año de su matrimonio con Honorine. Muchos de sus amigos más recientes eran colegas del mundo editorial, incluidos sus ilustradores, pero casi nunca autores colegas. Aunque Hetzel a veces le trataba con frialdad, su hijo, que asumía cada vez más responsabilidades en la empresa, le visitaba.

---

498 Lemire 11; 24 abr. 66 a Pierre.

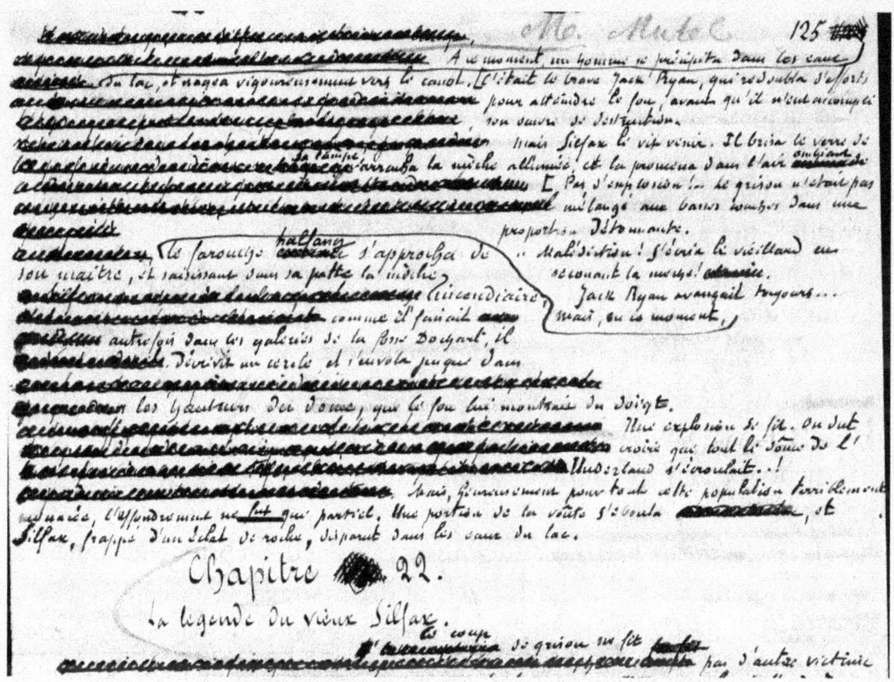

91. Hoja del manuscrito de *Las Indias negras*, que muestra el gran número de modificaciones introducidas en el texto.

Verne también entabló amistad con hombres importantes en Amiens: el fabricante Édouard Gand, fundador de la Sociedad Industrial; Albert Badoureau, especialista en matemática aplicada; y Albert Deberly, abogado y diputado local[499]. El amigo más fiel de los Verne, Robert Godefroy, pariente de Honorine por su primer marido, era un abogado exitoso y funcionario público, más tarde vicealcalde de Amiens y prefecto del Doubs. Otro fue Paul Poiré (n. 1832), colega en la Sociedad Industrial y, como Godefroy, habitual en el yate de Verne.

Aproximadamente desde 1878, Verne se codeó con la realeza. Al atracar en Le Tréport, se topó con Philippe d'Orléans, conde de París, pretendiente al trono francés y gran lector de sus obras; y él y la condesa lo invitaron a su casa (RD 108). A través de Philippe hizo amistad con su

499 ADF 138, CNM 196.

primo Gastón, conde de Eu, en línea para el trono imperial de Brasil (ADF 161).

A la manera inglesa, gran parte de la vida social de Verne giraba en torno a sus clubes y sociedades. Tras su breve interés casual en la década de 1860, nunca volvió a formar parte de una sociedad científica, pero a partir de 1864 asistió a sesiones de la Sociedad de Geografía, donde dió conferencias el 3 de mayo de 1867 y el 20 de marzo de 1868[500].

A menudo soñaba con ser elegido miembro de la prestigiosa Academia Francesa que anteriormente había premiado al *Magasin*, y de paso dos novelas y media de Verne (1867) y luego todas las publicadas hasta agosto de 1872, con un nuevo premio en 1874[501].

El sueño de Verne continuó durante muchos años. Para las vacantes de 1877 a 1885 discutió las posibilidades con su editor, apoyado por Dumas, Jules Sandeau y Ernest Legouvé, calculando febrilmente quiénes, entre sus contactos y los de Hetzel, podrían sumar su respaldo. Hacia 1880, Hetzel también pensó en postularse y Verne fue más alentador de lo que su editor había sido con él. Pero la Academia, al tiempo que nombraba a varias decenas de mediocres, nunca estuvo cerca de considerar al francés que quizás más contribuyó a las actividades culturales de la segunda mitad del siglo.

Como para compensar la frialdad parisiense, Verne ingresó en la Academia de Ciencias, Letras y Artes de Amiens (1872). Asistía a casi todas las sesiones, mostrándose invariablemente como un buen oyente y cortés en los debates. Leía extractos de sus próximas obras y fue elegido director en dos ocasiones (1875 y 1881)[502].

También se afilió a un número impresionante de instituciones locales: la Sociedad Industrial, la Sociedad de Horticultura, donde presidió la Asamblea General y pronunció discursos, la Caisse d'Épargne, la Alliance Française, la Sociedad Artística y Literaria de Picardía, la Sociedad Dickens de Amiens y una sucesión de clubes con bibliotecas bien dotadas (OD 188).

---

500 *Ent.* 43; 28 mar. 68.

501 22 jun. *72*; JD 275.

502 Lemire 117.

La gente seguía emitiendo apreciaciones divergentes sobre el carácter de Verne. Su barco y su éxito lo habían hecho más seguro de su encanto, incluso cuando su barba como la de Demóstenes encaneció, su cabello mermó y su cintura engrosó[503]. Con un metro sesenta, la media de la época, a la que él atribuía unos cinco centímetros más, presentaba «una figura poderosa, casi morena»: «un fino tipo de marinero, económico en palabras, un hombre acostumbrado a mandar»[504]. Por su «expresión franca y sus modales afables, pero de una timidez casi femenina con los extraños», algunos interpretaron su modestia y su sencillez como una cualidad del alma, como clara señal de «hombre bueno», «el mejor de todos nosotros»[505]. Su franqueza escandalizaba a algunos (RD 103), pero otros detectaban refinamiento y sensibilidad, disimulados por la rapidez con la que lo hacía todo: «una dulzura burlona que contrasta con cierta brusquedad de movimientos. Labios un poco gruesos, relativamente sensuales, pero tan francos... fosas nasales dilatadas, la nariz de un sabueso»[506]. Destacan dos juicios sucintos: «un bretón, un católico y un marinero»; y «el tío Jules sólo tenía tres pasiones: la libertad, la música y el mar»[507]. Dos términos de los pronunciamientos difieren, y sólo uno es convergente.

Indudablemente, el hombre sorprendió a quienes sólo conocían algunas de sus facetas. El amor de Verne a la música se remonta a su infancia, pero aflora en su habilidad para componer y en el navío de Nemo los «acordes lejanos del órgano, la armonía triste de una melodía indefinible, la queja genuina de un alma que desea romper toda atadura terrenal»[508]. Otros inesperados rasgos de su carácter incluían su talento como artista, adornando cuadernos y manuscritos con encantadores bocetos; y su linaje patricio, aunque parece que nunca se refirió a su (remoto) abolengo aristocrático ni al título (y escudo de armas) hereda-

503 *Ent.* 18; *Ent.* 26.

504 *Ent.* 42; apuntes inéditos conservados en Amiens; ADF 100; *Le Figaro*, 8 nov. 74, citados por ADF 141.

505 *Ent.* 18; Hector Malot, citado por Lemire 29; *BSJV* 184: 73.

506 *BSJV* 130: 40.

507 *JVEST* 46; Maurice Verne, citado por ADF 122.

508 En 1858 Jules compuso la música para una canción escrita por Pierre (*Annales* 18). Pero su afición también tenía una veta utilitaria, pues diez de los doce músicos citados en *Veinte mil leguas* eran compositores de óperas puestas en escena en el Teatro Lírico, la mayoría por él mismo (*BSJV* 125: 22).

do de su padre. Las paradojas, de hecho, abundaban: inteligente, escéptico, ingenuo, internacionalista, ecologista, poco amigo de los niños, catastrófico con las mujeres, tímido, desinteresado por el deporte, amante de la naturaleza, conciso pero elocuente, poco aficionado a los clubes pero devoto de sus sociedades.

Verne hacía honor al ascetismo bebiendo vino sólo ocasionalmente, fumando esporádicamente y escribiendo en un cubículo. Muchos de sus rasgos procedían de su actividad profesional –o las había producido esta–, como la independencia de mente, la atención al detalle, la curiosidad intelectual, el bajo umbral de aburrimiento, la capacidad de concentrarse y olvidar después: «En cuanto termino una obra me siento triste y pienso en la siguiente; no hacer nada es una tortura» (Lemire 91).

En la vida práctica, Verne carecía de destrezas, tanto del encanto sutil para ganar amigos e influir en la gente, como de la habilidad de luchador callejero para combatir contra los agentes inmobiliarios embaucadores, los bancos rapaces, los editores codiciosos y los abogados de dos caras. Los lugares en los que vivía, los tratos que conseguía en sus barcos, la extensión en que lograba los destinos de navegación previstos, los problemas generados por su hijo, todo demostraba que tenía poco control de su vida, que carecía de la energía y la firmeza de propósito de sus mejores héroes. En cambio, su organización profesional era impecable, con una comunicación clara con el editor, un esquema de archivo eficiente, un uso acertado de los sistemas de información disponibles y la entrega puntual de un número imposible de libros de calidad. Vivió para escribir y escribió para vivir.

Otro rasgo era su capacidad de cambiar. De provinciano a parisino y luego de nuevo a provinciano; los primeros 30 años firmemente arraigado en suelo francés, luego un par de décadas pasando el mayor tiempo posible en el extranjero, y a continuación dos décadas de aislamiento doméstico; haciendo campaña contra el matrimonio y devorando con la mirada cualquier cosa con falda, enseguida buscando desesperadamente la felicidad conyugal, y luego renunciando a ambas cosas; viviendo en, por y para su familia de Nantes, y después no viéndola durante años; no educando bien a Michel, y discutiendo interminablemente con él, y más tarde haciéndolo su albacea literario; amar el dinamismo, la apertura y el estoicismo de los anglosajones, luego atacar el colonialismo británico y el capitalismo americano admirando el imperialismo francés, y posteriormente abrirse a los periodistas casi exclusivamente anglófonos; colegial del seminario, apologista del Papa y creyente de que los católicos tenían prioridad para el cielo, luego no asistir a la iglesia durante 50 años, y después devoto papista y confeso en el lecho de muerte; y activista político, luego ideológicamente agnóstico, y a continuación político de partido.

Sería infructuoso acudir a los libros, ya que graves contradicciones han hecho quedar como tontos a quienes buscan filosofías coherentes en ellos. Los socialistas han encontrado a menudo que Verne es de izquierda; los nacionalistas, pro-francés; los americanos, ingenuo, optimista y orientado a la ciencia; los canadienses, de identidad confusa; los suizos, nada interesante; y los británicos, poco intelectual y aburridamente convencional. Sólo los estudiosos más sagaces han llegado a la conclusión de su incoherencia esencial. En resumen, sería temerario buscar tendencias generales de la personalidad de Verne en sus libros, en parte porque las obras que escribió nunca se han leído en su forma original, pero principalmente porque los puntos de vista expresados allí son tan inconsistentes.

LIBERTAD, MÚSICA Y MAR

1876-1880

CAPÍTULO XVI

92. *Las Indias negras*, 1877 (Jules Férat)

En abril de 1876, Honorine cayó gravemente enferma con hemorragia uterina y una anemia total. Recibió la extremaunción antes de una transfusión de sangre de su yerno, «un acontecimiento único en la historia de la humanidad», según se dice que Verne señaló con ironía (RD 103). Sin embargo, empeoró más aún. «Los médicos... la han desahuciado, dándole 48 horas de vida» (23 abr. 76). Sin embargo, por algún milagro, salió adelante y luchó por recuperar la salud durante los meses siguientes.

Para que Honorine y las hijas fueran recibidas más a menudo en sociedad, la familia planeó un magnífico baile de máscaras que duraría toda la noche, el primero en la ciudad en 35 años. Costó 4.000 F que Verne hubiera preferido gastar en viajes [13 abr. 77]. Cuando los 350 invitados llegaron a los Salones Saint-Denis, la mayoría disfrazados de personajes de Verne, incluido Nadar como él mismo, Honorine no estuvo allí para recibirlos. El problema ginecológico había vuelto (4 abr. 77), perdiéndose en gran parte el sentido de la fiesta. Hetzel tampoco acudió, lo que provocó que Verne escribiera irritado: «si lo hubieras hecho, habrías venido disfrazado de *imbecile*, y nadie te habría reconocido» [11 mar. 77].

Dos primaveras más tarde, Honorine volvió a recaer tan gravemente, con peritonitis, que los médicos volvieron a desahuciarla [1 mar. 79], y durante la mayor parte del verano permaneció muy enferma con neumonía, sometida a eméticos frecuentes [23 ago. 79].

El 1° de mayo de 1876, Verne recibió un nuevo yate construido en Le Havre. El *St. Michel II*, de 12 metros, 19 toneladas y un costo de 13.000

F, contaba con una cámara para la tripulación, un comedor, un camarote y toilet[509].

El novelista lo probó en dos viajes a través de su querido Canal: en junio llevó al marido de Suzanne a Boulogne y Dover, declinando la invitación del Royal Yacht Club y del Príncipe de Gales a una recepción de regata[510]. En julio navegó hasta Cherburgo, recogió un piloto y se dirigió a Southampton, donde le robaron el bote salvavidas. Tras visitar Cowes, desembarcó en la isla de Wight y tomó el ferry a Portsmouth para admirar los buques de guerra (PV 104). Posiblemente en esta ocasión también viajó a Londres y a Brighton (*Ent.* 216).

En agosto, Verne llevó a Michel de Saint-Valéry-sur-Somme a Dieppe, probablemente el lugar donde su hijo dejó que el yate quedara a la deriva. Al parecer, un enfurecido Jules quiso arrojar a Michel al mar, pero su patrón y la tripulación se lo impidieron; en vez de ello, golpeó al joven de 15 años (PV 106). Desde allí, padre e hijo volvieron a Le Tréport para encontrarse con Honorine, que estaba convaleciente; a partir de entonces, la pareja Verne se alojaría a veces en el Hôtel de la Plage local, o alquilaría una villa de vacaciones (PV 106).

Ese mismo año, Hetzel, por una vez, consintió en pasar las vacaciones en terreno de Verne. Bebiendo y comiendo mucho en Le Tréport, parece haber pasado razonablemente bien aunque lo disgustó el histrionismo de Honorine (19 sep. 76). En noviembre, Verne disfrutó visitando la cercana hullería de Anzin con Hetzel hijo, investigando para *Las Indias Negras* [11 nov. 76].

Los años siguientes fueron un desconcertante cúmulo de viajes por tierra y por mar, mientras Verne hacía malabares con las exigencias de su hijo, su madre, su coautor teatral, y su esposa. En mayo de 1877 viajó a París para trabajar con d'Ennery; el 5 de junio subió de nuevo, y luego a Mettray, cerca de Tours, para decidir el futuro de Michel; luego con él a Chantenay durante un par de días; y de vuelta a Amiens; e inmediatamente a cuatro o cinco días de navegación[511]. El 23 de julio zarpó de Le

---

509 13.000 fue también la suma que Verne pidió cuando lo puso en venta, pero la rebajó a 8.000 (12 oct. 76 a Abel Le Marchand en PV 113); PV 113.

510 [27 jun. 76]; PV 103.

511 17 *abr. 77*; [4 jun. 77]; [18 jun. 77]; [18 jun. 77].

Havre con Michel, sacrificando casi tres semanas de trabajo para recalar en Caen, Courseulles-sur-Mer –donde Michel abandonó el barco–, Cherburgo, Guernsey, Brest y Le Croisic, antes de tomar un carruaje para ir a casa de su madre[512]. Se decepcionó mucho ante la negativa de la tripulación a llevar el barco a Nantes[513].

Durante esa estadía, Paul y él fueron a ver un extravagante yate en el astillero del Quai de la Fosse: inicialmente costaba 100.000 F, pero ahora estaba a la venta por 55.000. Ofreció 40.000, pero se dejó llevar hasta los 55.000 de nuevo (1 nov. 77). El *St. Michel III*, de 30 metros, 38 toneladas y 100 caballos de fuerza, tenía chimenea y mástiles, todos inclinados elegantemente hacia atrás. A proa estaba el dormitorio individual de Verne, en roble claro; a popa, una sala de estar, en caoba, con dos sofá-camas, un dormitorio con dos literas, comedor, habitación del capitán, cocina, y cámara de la tripulación. Demasiado grande para entrar en el puerto de Le Crotoy, el barco necesitaba una tripulación de diez miembros. Era capitaneado por el veterano Charles-Frédéric Ollive (n. 1825), de Trentemoult, cerca de Chantenay (JJV 122); su hijo era el primer oficial, con dos marineros, un criado, un grumete, un cocinero, el maquinista Joly y dos fogoneros (18 may. 78). Sin embargo, Joly murió por la explosión de una caldera poco después de darse de baja del *St. Michel* en Nantes (7 nov. 78).

Paul estuvo en los cuatro grandes cruceros, los dos hermanos con atuendo marinero, ayudando alegremente con los aparejos. Otros asiduos eran Hetzel hijo, su amigo Edgar Raoul-Duval (1832-1887), los cuñados de Verne, y varios sobrinos. Jules disfrutaba descansando en la cubierta por las tardes, charlando con sus acompañantes. Si hubiera podido elegir, habría vivido permanentemente en el yate[514]; y cuando Honorine le acusó de querer escapar de su entorno familiar y Hetzel lo desaprobó por alguna razón, replicó que trabajaba mejor a bordo utilizando su escritorio portátil.

Verne permaneció en París durante la primera quincena de abril de 1878, tal vez para trabajar con Duquesnel, y luego recogió su nuevo barco en el puerto de invierno de Nantes. Se dirigió a Brest, y a una semana

---

512 *St M*, 5 ago. 77.
513 5 oct. 77 a Abel Le Marchand en PV 111.
514 RD 107-109, cf. CNM 218.

de pruebas por Bretaña con Paul y sus sobrinos Gaston y Maurice, aunque su mujer llevaba meses en cama por recurrencia del problema hemorrágico[515]. A continuación, Paul y él se embarcaron en una gran travesía que, según planeaban, tocaría una docena de países en tres continentes.

El 25 de mayo, con Hetzel hijo y Raoul-Duval, bajaron por el Loira, subieron por la costa hasta Carnac y luego se dirigieron hacia el sur a La Coruña y a Vigo, España (1-4 de junio), llegando al mismo tiempo que un buque de guerra francés. Después de almorzar con su capitán, Hetzel pidió prestado un traje de buzo para explorar las profundidades de la espectacular bahía de Vigo, donde Nemo había rescatado oro inca; a los 50 años, Verne era demasiado viejo para acompañarlo[516]. La visita, el punto cumbre de todo el viaje, se destacó por las conversaciones de Raoul-Duval con corteses oficiales españoles, un viaje al interior, un baile, fuegos artificiales, una gran procesión con velas encendidas, y cañonazos para celebrar la visita del gobernador y la independencia, en 1809, de Francia.

A continuación, Lisboa, donde Verne destacó su percepción de la identidad distintiva de Portugal; Cádiz (8 de junio); pernoctada en Sevilla, la hermosa punta meridional de España; Tánger y Ceuta, incluyendo una gran cacería de jabalíes; las Columnas de Hércules, Gibraltar; corridas de toros en Málaga; Tetuán (Marruecos), y Orán. A pesar de las inclemencias del tiempo, escribió Paul, la visita a las costas de España y del norte de África fue encantadora[517].

En Argel, el grupo fue agasajado por el capitán del ejército Georges Allotte, primo de Verne, con suntuosas cenas y recepciones cada noche (PV 126). Pero los sueños de Verne de llegar a Roma y Constantinopla se vieron frustrados; Paul tomó un vapor de regreso a Francia y el *St. Michel* fue enviado de vuelta a Nantes; los otros tres, finalmente tomaron un barco a Marsella, llegando a casa alrededor del 6 de julio (PV 126).

Poco tiempo después, con Honorine, Suzanne, su marido y un amigo, Verne navegó desde Rouen bajando el Sena hasta Cherburgo y las Islas del Canal, estuvo en la casa de Hugo en Marine Terrace, y luego volvió a

515 *St. M*, [12 abr. 78]; [25 abr. 78]; [12 abr. 78].
516 28 sep. 01 a Hetzel hijo en *BSJV* 58: 54.
517 *BSJV* 58: 60; Paul Verne, «De Rotterdam â Copenhague ...» (1881).

Nantes, con un tiempo terrible (entre el 12 y el 25 de agosto); e hizo un viaje más por mar[518]. Casi enseguida, él y Honorine viajaron a París y se alojaron dos días en casa de Hetzel en la calle Jacob, mientras el editor estaba de viaje; y, a partir del 17 de septiembre, su espíritu inquieto permaneció quince días en Le Tréport[519].

Durante las décadas 1870 y 80, Verne volvió a Chantenay para breves visitas de verano, la mayoría de las veces sin su familia (RD 99). En una ocasión, durante un picnic, divirtió a los nietos de Caroline cambiando, con rostro inexpresivo, la torta que tenía en el plato, por un enorme estiércol de vaca, que luego cortó en rodajas para todos los presentes. Asimismo, si la hermosa hija de Caroline estaba ausente cuando él llegaba, dejaba un orinal (en francés, un «*jules*») en la mesa del comedor, a modo de «tarjeta de visita»[520].

El tío Châteaubourg, decano de la tribu, murió en 1878. Jules y Honorine asistieron al funeral; las distintas ramas de la familia heredaron la mayor parte de su considerable fortuna, y Jules, el varón de más edad, recibió 50.000 F (*BSJV* 194: 29). Aunque el testamento velaba por los intereses de todos, se celebraron largas discusiones en el piso de Sophie para repartir los objetos personales y los documentos; Raymond Ducrest, hijo de Anna, la hermana mayor de Jules, los echó a suertes (RD 105).

Más de una docena de obras que la Biblioteca Británica todavía cataloga totalmente como de Jules Verne, tal vez un millón de palabras, no lo son. Verne se apropió de partes considerables de obras de otros para las suyas, y fue demandado por violación de derechos de autor y por difamación, solo escapando a la condena retorciendo la verdad.

En el siglo XIX las actitudes y el comportamiento respecto a la propiedad intelectual eran diferentes: los principios básicos seguían siendo los mismos pero las dificultades para aplicarlos hacían que en la práctica hubiera un considerable margen de maniobra. Sin embargo, se publicaban muchas menos obras, lo que aumentaba la probabilidad de detección.

---

518 *BSJV* 58: 53; PV 128; [24 ago. 78]; 8 sep. 78.
519 11 sep. 78; *BSJV* 58: 53, 13 oct. 78.
520 Guillon 136.

La vuelta al mundo, donde casi todos los implicados, incluidos los comentaristas modernos, trataron mal al dramaturgo original, debería enseñarnos que los ganadores escriben la historia: Verne sin duda pisoteó los derechos de muchos otros contemporáneos, en ocasiones arrastrado a ello por el mercantilismo de Hetzel.

Es posible identificar cuatro subcategorías principales: préstamos «menores», en los que Verne parafraseó múltiples fuentes publicadas; secciones en las que Hetzel también le metió el hombro al asunto (véase el siguiente capítulo); casos en los que Verne firmó obras que no había creado; y las obras publicadas bajo su nombre después de su muerte.

Del primer tipo, como vimos, son las páginas de *Hatteras* copiadas a la letra de un texto previamente publicado, y *Viaje al centro de la Tierra* que siguió de cerca a Figuier. Los apartes londinenses de *La vuelta al mundo en ochenta días* fueron tomados prestados de Francis Wey, aunque es posible que Verne no cayera en la cuenta, porque estaba reutilizando pasajes de su propio *Viaje a Inglaterra y Escocia*.

Para la *Geografía*, admitió libremente que dependió de trabajos anteriores, siendo su principal aporte haberlos concordado entre sí. Su otro medio millón de palabras de no ficción –como las de tantos escritores toda la vida– contenía sólo un puñado de notas de pie de página, aunque se basaba en gran medida en fuentes escritas. En menor medida, pero aun así considerable, usó sus novelas como libros de referencia, leyó exhaustivamente, tomó copiosas notas e insertó mini-ensayos en los capítulos iniciales: a menudo una reseña sucinta e informativa de los conocimientos contemporáneos sobre el tema.

Con frecuencia Verne copia tan textualmente que Google lleva directamente a su fuente; es cierto que a veces cita incorrectamente o cita el nombre de su fuente más cercana, y no hay constancia de que los autores infringidos hayan protestado. Pero, por otra parte, la información procede a su vez en gran medida de otras fuentes no reconocidas. En resumen, este comportamiento puede hacer que uno sea impopular en el mundo académico moderno, pero escasamente un infractor de la ley.

Este tipo de pecadillos palidecen en importancia al lado de la categoría de escritura fantasma, en la que continuar publicando las obras cuestionadas, bajo el único nombre de Verne, infringe las leyes modernas sobre publicidad engañosa, derechos morales, piratería y posiblemente otras. Los primeros casos documentados ocurrieron en 1879, cuando el autor suscribió *Los quinientos millones de la Begún*, escrita originalmente por el periodista André Laurie (1844-1909), ex-Comunero y fugado de Nueva Caledonia, y «Los amotinados de la *Bounty*», compuesta por Gabriel Marcel y luego revisada por Verne. *La estrella del sur* (1884), firmada únicamente por Verne, fue escrita por Laurie como *El diamante azul*, con una contribución mínima de Verne. *El naufragio del «Cynthia»* (1885) llevaba los nombres de Verne y Laurie en la portada, aunque el primero se limitó a revisarlo en la fase de pruebas. Los primeros capítulos de la *Geografía* de Verne y casi todos los de *Los grandes navegantes del siglo XVIII* (1879) y *Los Viajeros del siglo XIX* (1880) deben poco al novelista.

En la mayoría de los casos, la iniciativa provino del editor. En unos pocos, Verne puso en el texto lo suficiente de su propia imaginación para que tuviera al menos un sabor de autenticidad. En algunas ocasiones el público no cayó en el engaño y protestó porque los textos diferían de otros anteriores; pero en muchos casos los críticos se dejaron engañar, produciendo extensos comentarios sobre lo que ahora se conoce que son obras falsamente etiquetadas.

A partir de 1889, en la última categoría Verne firmó con su nombre el relato de ciencia-ficción de Michel, «En el año 2889», y luego le proporcionó una idea para que escribiera una novela a partir de cero (12 oct. 95 a Paul), probablemente *La agencia de viajes Thompson* «suya» (1907)[521]. Toda la producción de los años 1905-1914 (véase el Epílogo) fue de Michel en diversos grados.

Inevitablemente, la tortilla se dio la vuelta. Verne fue demandado por plagio por un tal Léon Delmas. Bajo el seudónimo de René de Pont-Jest, había publicado un cuento corto titulado «La Tête de Mimers» en la *Revue contemporaine* de septiembre de 1863. El protagonista es alemán; encuentra en un libro antiguo el documento que conduce al viaje; está es-

[521] 29 ene. 89; Dumas 225, a raíz de: «Michel acaba de pasar una semana aquí después de trabajar en la novela para la que le di la idea y que será una extensión de las mías. Indudablemente tiene una notable aptitud para escribir» (12 oct. 95 a Paul).

crito en caracteres rúnicos; una sombra indica dónde buscar; y el viaje se desarrolla bajo tierra: todo como en *Viaje al centro de la Tierra.* El asunto se prolongó durante más de una década hasta llegar a los tribunales en 1877, donde Verne ganó; aunque las similitudes no son excesivas, quizás sí leyó el relato, pero lo negó categóricamente.

Desde la otra orilla, el robo más descarado de textos de Verne fue realizado por Offenbach, o más bien por los tres libretistas de la ópera en cuatro actos *Viaje a la Luna* (1875), para la que el compositor hizo la música. La obertura está tomada de *De la Tierra a la Luna*; el *finale*, de *Viaje al centro de la Tierra* [3 *nov.* 75]. El autor se sintió molesto con toda razón, tanto por principio como porque ello le impidió intentar una adaptación similar, e incluso el editor estuvo de acuerdo con que era un plagio (3 nov. 75). Pero Hetzel no hizo nada –a no ser que llegara a un acuerdo secreto–, pues Offenbach pronto compuso la música para una ópera del «Dr. Ox» (1877), con el amigo de Verne Philippe Gille como libretista, esta vez con la aprobación, e incluso con la participación clandestina del novelista, que de los 120.000 F recaudados, obtuvo el 2%, es decir, 2.400 F.

Un afectuoso homenaje y una parodia de Verne, *Los viajes más extraordinarios de Saturnin Farandoul*, de Albert Robida, apareció en 1879. De nuevo, el novelista quedó atónito, citando correctamente el principio legal de que no se podían tomar prestados personajes famosos sin más. Pero de nuevo, nada se hizo al respecto.

Mientras su padre se dedicaba a escribir y navegar, Michel había pasado de ser un niño turbulento a un adolescente tumultuoso. Constantemente, Verne se manifestaba escandalizado por su actitud y su comportamiento: «infinitamente arrogante», «totalmente carente de respeto», «intratable», «este niño, que tiene 16 años y se comporta como de 25, tiene una perversidad precoz», «malvado por naturaleza, fanfarrón vicioso», los «médicos coinciden en que no tiene el menor grado de responsabilidad en sus actos»[522]. Tan agresivo se volvió Michel que puso a toda la familia patas arriba: «varias veces» se «dispuso a atacar» a alguien con autoridad[523]. Ducrest relata que se comportaba de forma violenta con sus primas; más

522 [Mediados de ago. 77]; [13 may. 77]; 5 ago. 77; [Mediados de ago. 77]; 31 *ago.* 77; 11 ene. 78.
523 24 ene. 79 al capitán Eymery.

tarde, las hermanastras de Michel se negarían a verle; y uno de sus libros describe gráficamente la agresión y el intento de violación a una media hermana[524]. En otras palabras, parte de la violencia puede haber llevado implícito haber intentado violar a un familiar cercano.

Llegando al colmo de su paciencia, Verne hizo confinar a Michel durante ocho meses en el centro de detención de Mettray, cerca de Tours, bajo la supervisión del famoso psiquiatra Dr. Émile Blanche. Al fracasar la dureza, y temiendo seriamente «la locura o el suicidio», el novelista intentó medios más suaves, que no hicieron más que empeorar las cosas: «¡Acabo de recibir de Michel la carta más horrible que jamás haya recibido un padre!»[525]. Como consecuencia de su angustia, se derrumbó: «el pobre Verne está sufriendo terriblemente. Se ha tirado en mi sofá sollozando»[526].

El padre probó llevar a Michel a Chantenay para que tuviera un ambiente hogareño estable [16 jun. 77]. Dado el éxito inicial del experimento, en agosto de 1877 tomó la decisión radical de trasladar su hogar a Nantes y enviar a Michel, posiblemente tras un corto período en St. Stanislas, al Collège Royal, actual Lycée de Nantes[527]. La familia Verne se instaló en un piso del n.° 1 de la calle Suffren, en la esquina de Jean-Jacques Rousseau, justo enfrente del n.° 13 de Paul[528]. Según informes, Honorine, aún convaleciente, tuvo que viajar sola a Nantes (JJV 128).

Sin embargo, Michel cayó en malas compañías e incurrió en deudas. Desesperado, Verne hizo que compareciera ante un juez y lo encarcelaron de nuevo (20 ene. 78). El muchacho fue entonces llevado a la fuerza a Burdeos, confiado a un capitán mercante conocido de Paul, bajo la mirada angustiada de Verne, y el 4 de febrero fue embarcado hacia las Indias Orientales durante 15 meses. Su comportamiento continuó igual a bordo, pues levantó el puño contra un superior[529].

Hacia mayo de 1878, los Verne se mudaron de nuevo a Amiens. Cuando Michel regresó, su padre le llevó en casi todos sus viajes en barco, in-

---

524 *La Misión Barsac* (1914) II xi-xii.

525 [13 may. 77]; [2 jun. 77].

526 6 jun. 77 a Hetzel hijo en *BSJV* 137: 44.

527 [18 jun. 77]; RD 104.

528 1 nov. 77. Dos biógrafos afirman que Verne había alquilado el piso desde 1873/1874 (CNM 194, JJV 128).

529 24 ene. 79 al capitán Eymery.

cluida la epopeya escocesa. Michel, todavía muy menor de edad, pronto se enamoró de una actriz cuatro años mayor que él, Thérèse Tâton. Sin embargo, en general se comportaba tan mal como siempre, «hasta el punto de que su familia temía dejarle a solas con sus primos de ambos sexos» (RD 104). Verne enumeró «disipaciones, deudas disparatadas, teorías espeluznantes... deseo de apoderarse de dinero por todos los medios posibles, amenazas, etc.»; el médico de Michel dictaminó «una pequeña dosis indiscutible de locura y una perversidad aterradora» (4 oct. 79). Ese mismo otoño, Michel solicitó sin éxito permiso para casarse con Thérèse.

Las cosas finalmente llegaron a tal punto que Verne echó a su hijo: «Tiene su propia habitación en la ciudad, come en posadas y no hace nada» (9 dic. 79). De hecho, Michel, ahora un «joven rubio, esbelto y elegante», estaba acumulando enormes pagarés, que Verne tuvo que explicar al jefe de policía y finalmente desembolsar 20.000 F (€ 96.000) tan sólo en 1880[530]. Posiblemente para alivio secreto de Verne, Michel se fugó entonces y cohabitó con Thérèse [6 abr. 80]. Aunque el hijo se casó con ella en 1884, Verne aún lo desaprobaba y no asistió a la boda. Poco después, Michel se fugó con Jeanne Reboul, de 17 años, sin decirle que estaba casado, y rápidamente tuvo con ella dos niños (4 jun. 85). La nueva abuela materna angustiada quiso demandarlo por corrupción de menores, pero Verne la recibió con frialdad [17 oct. 84]. A medida que el novelista se encariñaba con Thérèse, y la acogió (4 jun. 85), Michel se divorció de ella y se casó con Jeanne.

La exasperación de Verne quizá consistió entonces de partes iguales de ansiedad y celos.

[530] ADF 163; 31 dic. 79; *BSJV* 154: 42.

93. Ilustración de la ópera bufa de Jules Verne *El doctor Ox*, con textos de Philippe Gille y Arnold Mortier y música de Offenbach (Daniel Vierge, 1877).

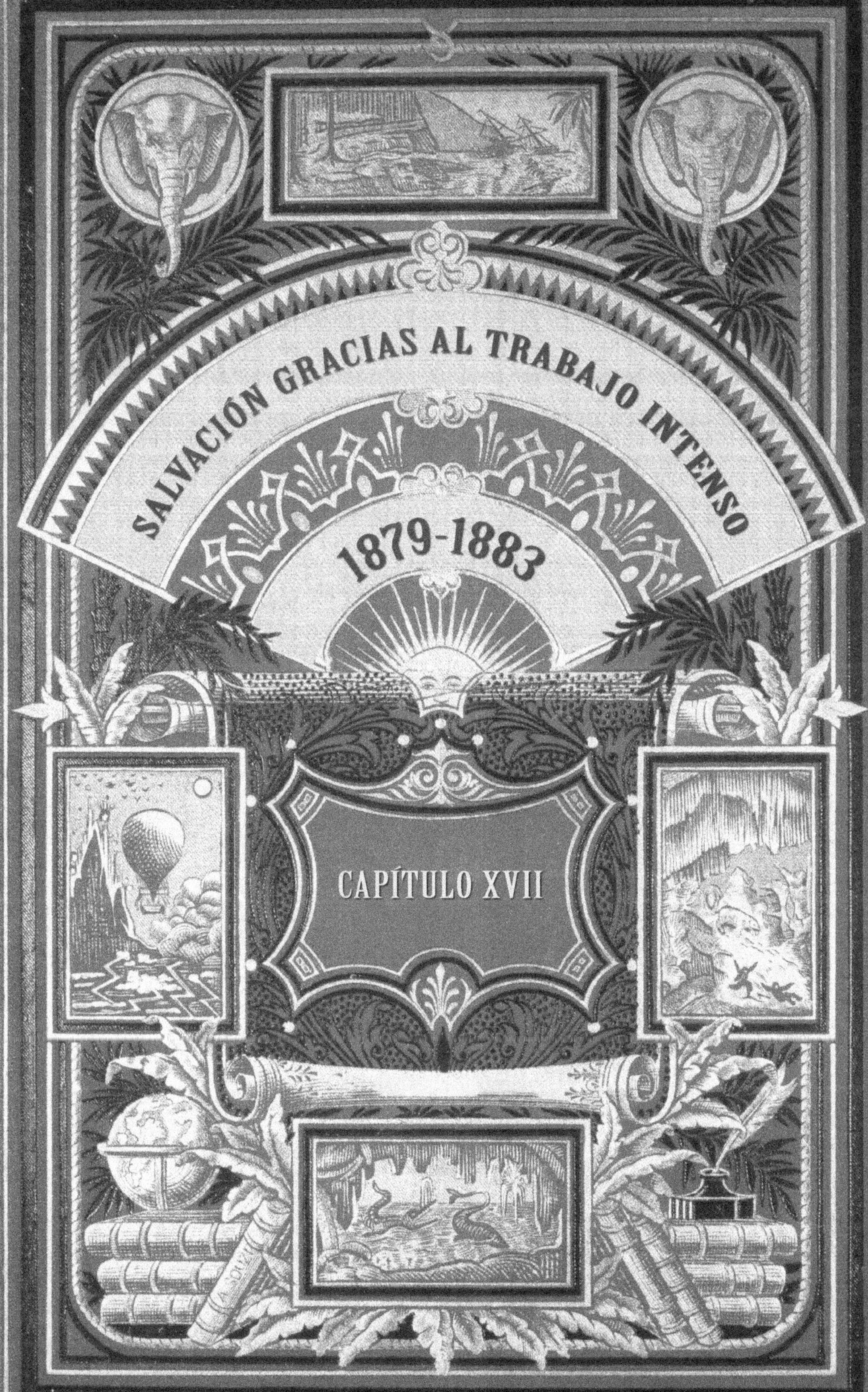
SALVACIÓN GRACIAS AL TRABAJO INTENSO
1879-1883
CAPÍTULO XVII

94. *El rayo verde*, 1882 (Léon Benett)

Verne realizó en vano la mayor parte de sus esfuerzos en la *Geografía*. Ni siquiera preparó la edición revisada de 1876, traspasada al geógrafo profesional Edmond-Yvon Dubail. Sin embargo, Hetzel debe haber sacado provecho, pues pidió al novelista que trabajara en otros proyectos enciclopédicos. La trilogía *El descubrimiento de la Tierra* (1870), *Los grandes navegantes del siglo XVIII* (1879) y *Los viajeros del siglo XIX* (1880) pretendía abarcar la historia de la exploración desde sus comienzos hasta la década de 1830. Al final, aunque firmó el producto terminado, Verne pagó a Gabriel Marcel para que hiciera los volúmenes 2 y 3 por él (CNM 183). El capítulo inicial, «Viajeros célebres antes de Homero: Moisés (1645 a.C.), Ulises (1270 a.C.), Jasón (1263 a.C.)», era uno de los que más invitaba a la reflexión, pues intentaba aplicar métodos críticos a la Biblia:

> Adán y el Edén - Caldea y la antigua Media - emigración de las razas - Moisés - la Biblia, primera obra de historia y geografía - ningún registro de las tradiciones fenicias - Ulises el rey viajero - el mapa en el escudo de Aquiles - de Grecia a Sicilia - la isla de Circe - el infierno en la mitología - la ninfa Calipso - Jasón - su viaje a la Cólquide - los Argonautas - Jasón desposa a Medea - su regreso - la historia de los Cimerios - las Columnas de Hércules - fin de la era homérica.
>
> El primer viajero, el primer explorador fue evidentemente el primer hombre. La primera exploración fue en torno a la zona de la antigua Media, donde el Génesis sitúa el delicioso jardín «plantado por Dios mismo», el paraíso terrenal, situado presumiblemente en las dos riberas del Schatt al-Arab en la parte de Caldea donde confluyen el Éufrates y el Tigris.

> ¿Cuáles habrán sido los sentimientos del primer hombre, su completo asombro, su total sorpresa, cuando se encontró en medio de aquella naturaleza magnífica que se ofrecía a sus ojos? La Biblia no los menciona. Pero seguramente sus sentidos quedaron cautivados cuando entró en comunicación directa con las maravillas de este mundo nuevo. Sus primeras horas deben haber sido de éxtasis; sus primeras palabras, un himno de admiración; las primeras manifestaciones de su espíritu, de adoración y gratitud al Creador. Según la tradición mosaica, el padre de la humanidad no fue creado como un niño. Fue un hombre adulto el que tomó posesión de nuestro globo. Este varón, en plena madurez, fue puesto ante una imponente naturaleza, y Dios lo estimuló aún más, pues trajo ante él «todos los animales y todas las aves del cielo, y Adán les dio nombre».
>
> En cuanto a este Edén, esta región, primera en ser hollada por pies humanos, no podemos describirla con precisión. La tradición guarda silencio sobre su tamaño, sus características geográficas, su producción particular. La imaginación concibe un lugar de delicias, y no podemos añadir nada a esta descripción. Sólo nos es posible conjeturar las circunstancias de la vida de Adán y su consorte en aquella época de inocencia. El relato bíblico es muy sucinto y pasa rápidamente sobre este período; en todo caso, la fábula y la historia se entremezclan confusamente para estos tiempos universales. ¿La fábula precedió a la historia o no? ¿La fábula es sólo historia que ha sido olvidada y, por tanto, deviene legendaria? Probablemente sí. Los primeros hombres evidentemente narraron lo que habían visto; sus relatos eran fieles, eso es seguro, pero no es menos cierto que la tradición se fue debilitando gradualmente mientras se transmitía a lo largo de las edades, pues la historia se convirtió finalmente en fábula, o leyenda.

Lo interesante de este texto radica en la tensión entre el conocimiento moderno, los textos clásicos y una lectura literal de la Biblia. Verne evita enredarse en los detalles de la transmisión de la «fábula»; no menciona a Eva por su nombre, se salta la manzana y la serpiente, y completa la narración con paráfrasis, descripciones y reconocimiento de ignorancia. Al señalar cómo se entrecruzan historia y mito, Verne deconstruye las pretensiones de los historiadores de tener un conocimiento completo. También anticipa uno de los temas centrales de «El eterno Adán» (véase el Epílogo más adelante), a saber, que las leyendas a menudo encarnan una verdad esencial, a veces sobreviviendo en nombres propios como Adán y Edén que, según la historia de 1910, son fonemas consonantes.

Sin embargo, este capítulo fue cercenado tal vez porque Verne sostenía que las Escrituras no siempre eran hechos históricos[531].

A medida que Hetzel envejecía, sus comentarios sobre las novelas de Verne se volvían más mordaces y su intromisión más pronunciada. En el caso de *Miguel Strogoff*, que describe la entrega heroica de un mensaje vital para el Zar, se preocupó enormemente por las ventas... en ruso. Aunque el cuarto contrato había repartido los derechos de traducción al 50%, el quinto volvió a dejarlos en el limbo, y, lógicamente por tanto, al 100% para Verne. Pero eso no impidió que el editor se apoderara de parte de los ingresos (*Ent.* 86).

En *Strogoff*, como de costumbre, Hetzel se empeña en cambiar la personalidad de la heroína, su papel en la novela y su relación con el héroe. Su obstinación se manifiesta en un pasaje que, no satisfecho con las correcciones anteriores, reescribe continuamente, lo que permite al exégeta seguir su intervención a lo largo de seis borradores sucesivos.

Cuando Strogoff, a punto de ser torturado, devora con la mirada la danza voluptuosa de una gitana escasamente vestida, la canción de intenso amor que reproduce sus contoneos sólo se encuentra en el manuscrito: «El coral brilla en tu piel morena... ¡Tengo el fantástico deseo / de enamorarme esta noche!... ¡Oh, canta nuestros amores!». El desenlace de esta oda es que «sus damas, apasionadas hasta el punto del éxtasis, caen exhaustas al suelo». Estos versos se asemejan al poema centrado en los generosos encantos de Aouda, con la misma combinación de exotismo, fetichismo y lirismo. En ambos casos, el novelista cita un texto francés publicado, que a su vez traduce una versión extranjera. Sin embargo, Verne subraya en vano su carácter poético, importado y de segunda mano: los pasajes serán diluidos para no excitar a los lectores jóvenes.

Si la defensa de la dignidad y la integridad del gran imperio euroasiático es el tema central de la novela, Hetzel cierra todo debate sobre la cuestión mediante una purga en la fase de manuscrito. Sin embargo, una nueva avalancha de supresiones se desencadenará cuando muestre las prue-

---

531 *BSJV* 142: 56.

bas a tres «patriotas» rusos[532]. Por un azar providencial, todos piensan exactamente como él; tal como los doctores y científicos consultados que anteriormente habían conspirado para hetzelizar unánimemente las manifestaciones más creativas de Verne. Aunque Verne protestó repetidamente, tiene que renunciar a cualquier referencia restante al Zar de todas las Rusias e incluso al padre de este, a cualquier mención de los métodos de control a la población, a cualquier insinuación de que las regiones periféricas podrían no recibir la ocupación rusa con los brazos abiertos[533]. Para coronar las humillaciones, el título de Verne, *El correo del Zar*, es suprimido en el último momento por el embajador ruso. Hetzel prologa la primera edición del libro subrayando, por encima de la firma de Verne, que la obra es mera ficción y que, por lo tanto, no es necesariamente exacta: una auto-destitución forzada, estilo Revolución Cultural, una negación a lo Galileo de la verdad esencial de su creación.

Una novela francesa publicada en París es así censurada –la palabra es de Verne–, por representantes de una nación sin tradiciones democráticas. En todo caso, la censura fue en vano ya que la traducción rusa fue prohibida[534], lo que demuestra que el editor tenía razón al preocuparse, pero se equivocó al no hacer todos los cortes.

Verne nunca renunció a su creencia de que podría triunfar como dramaturgo. El éxito arrollador de *La vuelta al mundo* lo reivindicó después de tres décadas de intentarlo, y durante los años siguientes dedicó una energía considerable a una variedad de proyectos.

Su *Sobrino de América*, escrito con Wallut una docena de años antes, se estrenó en abril de 1873 con un modesto éxito, elogiado especialmente por Zola (OD 56). Dado que una parte del dinero volvió a ser para Cadol, es posible que éste haya participado en la revisión.

Tal vez para compensar el fracaso de una producción teatral de *Hatteras*, Verne planeó una obra en 1875 que «resumiría los Viajes Extraordinarios» y «embarcaría a todos nuestros muchachos –Fergusson, Aronnax,

---

532 El novelista Turgenev, el embajador Príncipe Nicolás Orlov, y un misterioso «Conde de ***» ([16 sep. 75], 26 sep. 75).

533 23 nov. 75; 26 nov. 75.

534 *Michel Strogoff*, edición crítica por Louis Bilodeau (Exeter: Exeter UP, 1994), xxi. La obra de teatro también fue prohibida.

Fogg, Clawbonny, etc.– y... los transportaría a lo largo del planeta en un vehículo "más pesado que el aire"» [4 ago. 75]. Parecía una «locura», como cortésmente escribió Hetzel hijo[535], un intento de un escritor anticuado para exprimir una última gota a sus envejecidos héroes, capitalizando al mismo tiempo su (falsa) reputación de profeta de la ciencia.

Con d'Ennery, el hábil artífice del triunfo anterior, había resultado difícil trabajar, por lo que en las siguientes obras la colaboración fue a menudo a distancia. Aunque Hetzel presionó a Verne para que volviera a viajar a Cap d'Antibes para trabajar en *Los hijos del capitán Grant*, se mostró reacio a hacerlo diciendo que la obra le aburría y aduciendo la enfermedad de Honorine; sin embargo, de alguna manera, él y d'Ennery llegaron a un *modus operandi* para completar una obra bastante insípida que poco tenía que ver con la novela (1878)[536], y que la mayoría de los críticos desaprobó (JD 328).

La idea de una obra teatral de *Strogoff* puede haber antecedido a la novela[537]. En cualquier caso, Verne mencionó la idea a Duquesnel, que pidió la exclusividad para la puesta en escena[538]. En consecuencia, en febrero de 1880, y a pesar de su negativa anterior, Verne pasó unas semanas en Cap d'Antibes trabajando tanto en *Strogoff*, quizás siguiendo un escenario de Duquesnel, como en su loca idea de 1875, bajo el título de *Viaje a través de lo imposible*[539].

Strogoff se estrenó en el Teatro Châtelet en noviembre de ese mismo año con 30 caballos en vivo. Fue un éxito enorme. Las representaciones se prolongaron durante varias décadas y la recaudación sólo en Francia superó los 7 millones de francos (*Ent.* 78). En 1881 se realizaron cuatro producciones teatrales en Nueva York[540]. Verne ganó quizá unos cien mil francos con ellas.

La fantasía teatral *Viaje a través de lo imposible* (1882) sí resultó catastrófica. Los cuatro grandes héroes iniciales que vuelven a la vida lo hacen de

---

535 [11 feb. 80] a su padre.
536 27 mar. 76; 23 oct. 76.
537 *BSJV* 130: 46; *JVEST* 155.
538 Lemire 136.
539 Lemire 136; 9 feb. 80.
540 Bilodeau xliii.

manera irreconocible (Nemo ya había muerto una vez en *La isla misteriosa*). La crítica arremetió contra ella.

Cuarenta años después de haber escrito «el instinto para el teatro me impulsa», Verne seguía sintiéndose en el fondo un dramaturgo: «Adoro el escenario y todo lo relacionado con él, y el trabajo que más he disfrutado ha sido el de escribir para el teatro»[541]. Sin embargo, los fantásticos éxitos de *La vuelta al mundo* y *Strogoff* serían los últimos, a pesar de otros intentos con *Kerabán el testarudo* (1883), *Matías Sandorf* (1887)[542] y *Tribulaciones de un chino en China* (1888-1890). *Kerabán*, en particular, recibió críticas atroces: el héroe era «un cretino increíble», «insoportable», y su creador igual de «obstinado»[543].

Debido a la mayor atención de los medios de comunicación, los mitos sobre Verne comenzaron a brotar en esta época. Con presentaciones inapropiadas por parte de su editor y sin el respaldo del establishment literario, se vio obligado a asumir el papel de fanático de la tecnología. Pero en ningún caso se podía considerar a Verne un escritor de ciencia ficción. Una buena razón era que sólo una pequeña minoría de los Viajes Extraordinarios involucraba algo de ciencia; y otra, que los acontecimientos casi siempre ocurrían justo antes del presente, en un espacio y tiempo identificables. Un número importante de las obras dependía del transporte, ya fuera subterráneo, submarino o aéreo. Pero Verne prefirió la baja tecnología: sus cuatro primeros vehículos fueron el globo, la balsa, el barco de vela y el trineo de perros. En *La vuelta al mundo* se esforzó por evitar cualquier extrapolación tecnológica, recurriendo a los elefantes o al trineo de vela cada vez que fallaba el ferrocarril. La ciencia ficción, sobre todo, fue una etiqueta absurda, ya que... el término no se inventaría sino 60 años después.

La verdadera motivación de las obras de Verne, su *raison d'être*, fue la exploración. De ser realmente necesaria una clasificación por géneros, él encuadra en el de viajes o aventuras. Todos los Viajes Extraordinarios en los mundos conocidos y desconocidos (como los bautizó Hetzel en

---

541 22 ago. 52 a Pierre; *Ent.* 90.

542 Con William Busnach amigo, aficionado asiduo a la columnata y experimentado arreglista, y Georges Maurens (*BSJV* 130: 3).

543 *Le XIXe siècle*, 11 sep. 1883; *Le Soleil*, 10 sep. 1883; *La Presse*, 10 sep. 1883.

1866) trataban de un «otro lugar». Incluso *Viaje a Inglaterra y Escocia* había sido un viaje de descubrimiento en el que Verne describió su emoción ante la idea de una Caledonia cargada de mitos, con cada colina y cada calle impregnada de reminiscencias: una emoción específicamente histórica y literaria.

Aunque algunos de los libros de Verne pasados sus 50 años de edad trataban temas históricos o geográficos convencionales, de vez en cuando producía una joya sorprendente, aparentemente sacada de la nada, tal vez de su propia vida. En *Tribulaciones de un chino en China* (1879), la visión de Verne fue rica y detallada. A diferencia de la mayoría de los escritores europeos de la época, era activamente sinocéntrico, con un héroe chino, o tal vez antihéroe, viviendo una vida chinesca en China. Las perspectivas culturales, históricas, políticas, sociológicas y lingüísticas de Verne fueron el telón de fondo de una novela humorística de viaje y aventura.

La novela se centra en Kin-Fo, joven, occidentalizado y aburrido de la vida, a pesar de los buenos consejos de Wang, su anciano profesor de filosofía y antiguo taiping. Kin-Fo ha anunciado su matrimonio con la joven viuda Lé-Ou, pero cuando la bolsa se desploma, toma un cuantioso seguro y decide acabar con su vida. Wang promete matarlo antes de que se venza la póliza. Sin embargo, Kin-Fo no tarda en descubrir que su fortuna no está perdida después de todo: huye pero recibe una carta de Wang en la que le explica que ha trasferido la nota de suicidio a un despiadado colega taiping. Kin-Fo se dispone inmediatamente a comprar al matón, que en cambio lo captura. Embalado en una caja para un viaje interminable, experimenta todos los tormentos de un hombre a punto de morir. Con los ojos vendados pide con valentía que le saquen de su miseria, solo para sorprenderse de estar en su casa rodeado de sus amigos. Wang ideó toda la increíble trama para añadir emoción a la vida de Kin-Fo. Curado de su letargo, y con la encantadora Lé-Ou a su lado, afronta una nueva vida.

El novelista destacó sus extensas lecturas sobre China, escribiendo a Hetzel obscenamente: «Me he sumergido en el Imperio Celeste hasta la punta de mi rabo. Ha crecido nueve marcas o botones como a un mandarín de primera clase» (13 oct. 78). Ya en 1863 había publicado «Una canción china», en la que aparecía una joven tankadera, inspirada en un grabado de

Doré, *Una Tankadère* (mujer barquera china)». Tanto en *La vuelta al mundo* como en *Las tribulaciones*, Verne introduce «barcos-flores» chinos. Aunque estas embarcaciones también servían como restaurantes y lugares de entretenimiento, a menudo eran burdeles flotantes; el autor parece disfrutar incluyendo subrepticiamente el concepto burlando a su editor.

Fue el escritor Théophile Gautier quien, casi en solitario, introdujo a los intelectuales franceses en la lengua y la cultura chinas. Dado que Gautier conocía a Verne al menos desde 1853, había escrito la primera reseña completa de una de sus obras y había salido a navegar con Hetzel, puede haber sido una fuente del interés de Verne en el Reino Central.

«El asesinado voluntario», como Verne tituló el libro, estaba ambientado originalmente en Estados Unidos, con personajes americanos (12 abr. 78). Hetzel rechazó tajantemente el título: «suicida, asesinado, son sólo etiquetas, títulos que no deben conservarse» (11 sep. 78). El final, en el que Kin-Fo vuelve a casa sin darse cuenta y regresa a las bendiciones del matrimonio y al trabajo duro, fue escrito por Hetzel. El editor omitió decir a Verne que las ideas provenían de su hijo Louis-Jules.

Como en la otra gran novela asiática, todo lo que se refiere al imperio, «uno e indivisible», fue censurado por el editor. Pero, a pesar de la conclusión moralizante, su intervención fue quizás positiva en conjunto porque por una vez consiguió afianzar el final.

La sexualidad de Verne constituyó uno de los grandes enigmas de su vida. Desde su adolescencia, cuando encontraba atractivas a todas las chicas que conocía, pasando por los repetidos desaires de las jóvenes bien educadas, hasta el ardiente afán de casarse «con los ojos cerrados», el deseo heterosexual gobernó claramente gran parte de su vida. Lo confirman las visitas a madamas complacientes, el romance relámpago con Honorine y la fuerte evidencia de al menos una amante.

Pero, al mismo tiempo, surge un trasfondo con una serie de pistas, ninguna concluyente en sí misma, pero significativas cuando se concatenan. La excesiva severidad de su padre, los internados exclusivamente masculinos y su relación con el probable homosexual Aristide Hignard en la escuela, en los dos grandes viajes al extranjero y durante la colaboración en siete obras; Paul como «mademoiselle» (15 jul. 59 a Pierre), los tíos afectuosos sin hijos como «maridos solteros», la mezcla de jóvenes frescos y adultos maduros en el Club de Externos y en la columnata, la afeminada parodia de la diva del Lyric, el parecido con su hermana «bonita, bonita, bonita», la idea de amamantar al príncipe imperial, los Once sin mujeres, los anhelos –«¡Cómo me hubiera gustado ser mujer!»[544]–, la mezcla de «Mlle.» y «M. de Viane», o los poemas románticos dedicados a miembros del mismo sexo; las insinuaciones a Hetzel, la falta de deseo por las mujeres y, de hecho, la de mujeres atractivas en los Viajes Extraordinarios publicados, pero mucho lenguaje salaz entre hombres y la probabilidad de que Verne procreara un solo hijo, en conjunto pueden tener una connotación bisexual.

En cartas de Verne palpitan las insinuaciones y campea la homosexualidad: la «manguera que se estira», y similares; «aprieto tu trasero»; «nos electrizaremos mutuamente»; «a fin de mes caeré en tus brazos y charlaremos»; «siento un deseo ardiente de abrazarte, mi querido Hetzel, hace años que no frotamos nuestras pieles y me da comezón»[545]. En una ocasión, Verne se marchó con la corbata de su editor: «¡Es casi tan divertido como si me hubiera ido con tus calzoncillos!» (23 abr. 69). Hetzel generó símiles de «matrimonio» al encontrar «la más rica de las parejas».

¿Canalizó el escritor la sensualidad en sus escritos? El deseo parece ciertamente formar parte de una pansexualidad generalizada y latente. Una tercera tendencia, entonces, que subsume y trasciende las dos primeras; es un deseo localizado en ninguna o en todas partes, ligado incongruentemente a madres-tierras palpitantes, pianos antiguos o tías decrépitas.

Se han dedicado tres *bestsellers* a un Verne homosexual, aunque sin una pizca de evidencia. Un biógrafo desesperado fantaseó una aventura de una noche con una deslumbrante judía española en la que Verne al mismo tiempo perdió su virginidad y demostró ser su mejor amante[546]. La controversia, en cuanto al epicentro de sus anhelos, se ha desatado enardecidamente entre los vernianos: de Carolina a Herminie y de nuevo a Carolina. ¿Tendrá la prima Marie también asegurado su cuarto de hora pronto?

---

544 Citado por Compère, *La Vie amiénoise*, 58.
545 *BSJV* 100: 7; *22* jul. 69; [¿25? feb. 70]; [3 oct. 67].
546 Costello 41.

95. Cueva de Fingal, Escocia (Lechard, ca. 1838)

Las obras sí proporcionan, es cierto, un tesoro de insinuaciones taimadas, desde «el buen chico... ejercita el cuarto dedo» mientras «se compromete una de sus estudiantes más encantadoras»[547], hasta el clímax de *El rayo verde*, donde se simulan las etapas sucesivas del sexo. Sorprendentemente, Chevalier y Hetzel dejaron colar alusiones abiertas, como los coyotes que se aparean con mujeres o el hombre que «sintió una especie de picor en su mano derecha. / Instintivamente, sus dedos se cerraron y se apoderaron de un cuerpo cilíndrico ligeramente nudoso de tamaño razonable, que sin duda tenían la costumbre de manipular»[548]. El *Viaje al centro de la tierra* implica la penetración de los orificios de una tierra femenina, y abunda en puñales, pilares, géiseres, erupciones ardientes, etc., mezclados con mucha imaginería digestiva y excretora. Lo que la prometida hace con el joven héroe de la novela publicada es explícito. También el elefante de *La vuelta al mundo* está en *musth*, un paroxismo incontrolable de sexualidad, que le provoca Passepartout.

547 «Diez horas de caza» x.

548 «Los primeros navíos de la Marina mexicana»; *Tribulaciones de un Chino en China* iv.

Verne, en resumen, disfrutaba del coqueteo ambiguamente bisexual; y su libido, al parecer, no era completamente heterosexual, desviada aquí, allá, en todas direcciones. El Verne aséptico y desexualizado del Papa, Marguerite y Disney es inexacto. Pero sería un biógrafo temerario el que nadara a contracorriente desde los libros a la realidad: aunque Verne expresó fuertes impulsos, la naturaleza exacta de ellos sigue sin estar clara. Por muy fuerte que sea el impulso, no podemos observar con una lente inclinada a conveniencia lo que ocurría en sus dormitorios.

Dada la emoción del viaje de Verne a Escocia en 1859, parecía inevitable que volviera de nuevo. En otro importante recorrido en 1879, Verne se dirigió a los lugares casi sagrados para el movimiento romántico. Tras zarpar con Godefroy, Gastón y Michel el 1° de julio, el *St. Michel III* huyó de una tormenta frente a Boulogne (1-6 de julio). La expedición recaló en Great Yarmouth antes de llegar a Leith el 13 de julio. El barco tuvo dificultades para entrar en puerto con tres pulgadas de lluvia en un día y ríos desbordados. Hetzel hijo se les unió entonces durante quince días. Aunque esta vez omitieron visitar la cumbre de Arthur's Seat, los cinco hombres comenzaron siguiendo un circuito por los mismos lugares mágicos de la visita de 1859: Callander, los Trossachs, Loch Katrine, Stronachlachar, Inversnaid, Loch Lomond, Balloch y Luss.

Pasando sólo media noche en Glasgow, emprendieron la «Ruta Real» de Victoria en 1847. Con un tiempo perfecto, el *Columba* navegó por el Clyde, e hizo escala en Greenock y Dunoon [26 feb. 82]; se supone que evitaron las áreas de cubierta, repletas de veraneantes urbanos bulliciosos. Para pasar a lo largo del canal de Crinan, de 15 esclusas, atestado de barcas de pesca, cambiaron al barco de sirga *Linnet*, con capacidad para 270 pasajeros, que ofrecía una vista alrededor de las montañas desoladas y sin árboles. Probablemente tomaron el *Chevalier* desde Bellanoch, y Verne y sus compañeros se quedaron boquiabiertos ante el remolino de Corryvrekan, frente a Jura, el segundo más grande del mundo, con un rugido audible a 10 kilómetros y olas de hasta 5 metros, escenario de un naufragio famoso. En el pueblo de Oban se alojaron en el Caledonian Hotel, lujoso edificio georgiano situado en el frente del puerto y se maravillaron con el cadencioso y élfico gaélico[549]. Es probable que hayan visitado la isla Seil para admirar la puesta de sol.

Desde Oban navegaron, en el vapor *Pioneer*, hasta «la olvidada por el mundo Iona» (*Ent.* 105). Luego a Staffa, donde visitaron la cueva cercana de Clamshell Bay, con la cima del Ben More elevándose más de 1.000 metros. Pero el punto culminante fue un viaje en bote a la Cueva de Fingal, famoso imán para los artistas, incluido Mendelssohn: «Esta vasta caverna, con sus sombras misteriosas, sus cámaras oscuras cubiertas de algas y sus maravillosos pilares basálticos, me produjo la más grande impresión» (*Ent.* 216). Después de Mull, el grupo volvió a descender por su estrecho, disfrutando de las aguas de repente tranquilas bajo el sol dorado y el firmamento azul celeste.

Para el regreso, tomaron un carruaje a lo largo de las Altas Tierras occidentales hasta Dalmally, pasando por las cataratas de Cruachan; luego en el nuevo tren hasta Callander y Stirling, y de vuelta a Edimburgo (20-23 de julio). Pero el mar estaba tan movido que tuvieron que volver a puerto dos veces, antes de lograr bajar a Dover, Le Tréport y finalmente Le Havre[550]. A pesar del impresionante escenario, entre los menos hollados de Europa, todo el viaje a Escocia –confesó Verne– le creó «una serie de preocupaciones y problemas» [7 ago. 79]. Su angustia puede haberse derivado de Gaston y Michel, el barco o el clima atroz de la costa este.

El 29 de julio, al parecer sin molestarse en volver a casa, Verne y Michel zarparon de nuevo hacia Brest, donde perdieron el cañón pero disfrutaron de las maniobras navales, y de ahí a Chantenay (*St. M.*). Diez días más tarde, el escritor llevó a su madre y a un montón de parientes jóvenes a navegar (PV 132); dos días después, él, Paul y Michel embarcaron de nuevo, vieron a su amigo de viajes Lorois en Brest y llegaron a Lorient para la botadura del *Dévastation*, el acorazado más formidable de Francia[551]. El 26 de agosto, Verne volvió a zarpar de casa de su madre, llevando a su antiguo amor Caroline. El *St. Michel* fue embestido en el puerto de Saint-Nazaire, lo que provocó que Verne y sus pasajeros se

549 Ian Thompson, en correspondencia privada, ha confirmado la similitud del viaje de Verne y el descrito en *El rayo verde* (donde el barco tomado en Glasgow está escrito *Columbia*).
550 PV 131; 29 jul. 79.
551 [23 ago. 79], *St. M.*

precipitaran a la cubierta en camisón: el buque de 100 toneladas había perdido el bauprés, la proa y las anclas, y tuvo que orzar peligrosamente por el puerto toda la noche[552]. Saint-Nazaire estaba irreconocible de aquel pueblo de pescadores donde Jules había probado el sabor salobre del mar 39 años antes[553].

Tras dos últimos viajes por mar, Verne y Honorine se hospedaron en un balneario cerca de Le Tréport durante la primera semana de octubre; luego viajaron a París hacia el día 10 y se alojaron en casa de Hetzel como en otras ocasiones[554].

En 1881 Verne se embarcó hacia Saint-Malo. Pero el acontecimiento principal fue otro gran crucero con los habituales Paul, Gaston y Godofredo, esta vez a Inglaterra, Bélgica, Holanda, Alemania, Dinamarca y Suecia. Visitaron Deal, donde Verne bebió una curiosa combinación de cerveza, jerez y whisky, y Great Yarmouth de nuevo, donde tomó un tranvía a Gorleston (PV 130). Después de una estadía en Rotterdam (5-9 de junio), la navegación alrededor de Dinamarca pareció demasiado arriesgada, así que «quitaron el bauprés, para cruzar Holstein por el canal», apretados en las esclusas (18 *jun. 81*). Los cuatro navegaron sucesivamente a Hamburgo, Kiel (ahora alemana) y Copenhague, donde vieron un destello verde e hicieron una excursión de un día a Helsingborg. Habían anhelado llegar a Estocolmo y Cristianía, pero ahora solo se dirigieron a Amberes, Dover, Brighton, Deal, Ryde –cerca de donde el *St. Michel* raspó su casco ligeramente–, Portland, Cherburgo (4 de julio) y, tras una semana en París, a Les Casquets (Guernsey) y Saint-Malo (17 de julio)[555].

A finales de ese mes, por primera vez Hetzel consintió en unirse y se dirigieron a lo largo de la costa de Normandía. Es posible que durante ese viaje el *May Fly* embistiera al *St. Michel*, arrancándolo de sus anclas. Ese mismo año, incluso Honorine concertó un viaje a Ramsgate y Dover con un gran número de amigos (PV 143).

---

552 2 sep. *79*; PV 132.

553 En ese lapso, había mencionado el puerto en el capítulo inicial de *Veinte mil Leguas*, pero había sido eliminado por el editor.

554 26 *sep. 79*; [2 may. 80].

555 PV 142. Mientras el diario de a bordo de Verne dice «Lunes 4 [julio]», *St. M* dice «17 de julio».

En 1883-1885, Verne fue a París al menos cinco veces, en parte para ver a Dumas y perseguir su sueño de ingresar a la Academia Francesa, y en parte para estar atento a una reposición de *La vuelta al mundo*. Se alojó en el Hôtel d'Angleterre, en la misma calle de la imprenta, la librería y la casa de Hetzel, cenando a menudo con el músico Massé o el director de teatro Larochelle[556]. Escabulléndose del hotel temprano para evitar acompañantes parásitos, subiría al piso superior de un autobús para ir a los ensayos o a la Librairie Nouvelle[557]. Verne pidió repetidamente a su editor escribirle que su presencia en París era «absolutamente necesaria», pero sin enviarle las cartas a Amiens (una señal más de su irritación contra la correa tirante de Honorine)[558]. Dado que Hetzel ahora pasaba mucho tiempo en la Riviera, es posible que las visitas tuvieran otra vez un motivo secreto. Mientras tanto, el infatigable autor siguió produciendo los dos volúmenes contractuales por año; sin embargo, en la década de 1880 comenzó a atrasarse.

Unas pocas obras escritas entonces, o al menos comenzadas, no han sido localizadas hasta ahora. En 1873 Verne había estado «preparando *Las maravillas de la ciencia*, un "gran mecanismo"... con una puesta en escena ayudada no sólo por pinturas, terciopelo, seda y ballet, sino por elementos activos de física, química y mecánica» (*JVEST* 46). Se dice que a mediados de los años 1890 habría publicado una breve obra sobre el campesinado de Picardía, llena de colorido local y religión, titulada *Confitebor*, «corregida» por un editor de Amiens a «Confiteor» («Confieso»)[559], que nunca ha sido rastreada.

En *El rayo verde* (1882), que sigue la «Ruta Real» de Verne en 1879 y está ambientada en parte en las Hébridas, los hermanos Melvil, virtualmente gemelos siameses, son solteros «sin remordimientos», con toques homosexuales como llamarse entre sí «Papa Sam y Mama Sib»[560], y sus personalidades están influenciadas por Ossian. Para complementar los recuerdos de aquel viaje, Verne encargó fotografías[561].

556 Georges Bastard: «Célébrité contemporaine: Jules Verne en 1883», *Gazette illustrée,* 8 sep. 1883.
557 Bastard 350.
558 26 *sep. 79*; 30 dic. 84.
559 Lemire 145.
560 *El rayo verde* i.
561 6 mar. *82*; [26 feb. 82].

El escritor había empezado como un ardiente anglófilo y admirador de Escocia. Su primera novela publicada comienza en Londres, la segunda apareció inicialmente como *Los ingleses en el Polo Norte*, y una veintena de otras tenían héroes británicos. Los críticos postcoloniales han extractado alegremente los reparos posteriores de Verne a la política colonial británica, pero rara vez han llegado al final de la lógica de ellas. Los ataques de Verne al expansionismo estadounidense y al turismo extranjero lucen igualmente mordaces. Dos ejemplos de libros que involucran al nefasto capital estadounidense fueron *La isla a hélice*, donde una pseudocolonia navega por el Pacífico Sur, y *El secreto de Maston*, donde financieros codiciosos intentan descongelar el Polo Norte. Además, la evolución de la actitud de Verne se enfocó en la política nacional británica. Escocia siguió estando exenta de críticas, con descripciones invariablemente simpatizantes tanto del país como de sus gentes[562]. Si bien es cierto que Verne señaló los efectos negativos del colonialismo de finales del siglo XIX, también atribuyó beneficios a la presencia francesa, británica y estadounidense en el extranjero. En muy pocas ocasiones sugirió la independencia de una colonia. Sus ataques burlones a los individuos prepotentes o ridículos abarcaron todas las nacionalidades[563].

Con el paso de los años, Verne siguió produciendo novelas con una regularidad ejemplar. *El archipiélago en llamas* (1884), sobre la lucha de Grecia por la independencia, tenía originalmente un final muy diferente al publicado[564]. *Matías Sandorf* (1885), ambientada en gran parte en el Adriático, describe un dramático conato de naufragio frente a Malta, basándose en la propia experiencia de Verne[565].

Robur el conquistador (1886) se centra en la lucha aún vigente entre los «más ligeros que el aire» y los «más pesados que el aire». Desde al menos 1862, Verne creía que las aeronaves a motor se impondrían, y en tres de sus obras adoptó los globos como tecnología probada y fiable. Pero aquí va más allá, en una de sus primeras novelas ambientadas en el futuro, al

---

562 Boia, *Jules Verne*, 238.

563 *El secreto de Maston* ii.

564 Comunicación privada de Masataka Ishibashi.

565 El nombre del protagonista fue tomado de la obra de Jules Claretie *Príncipe Zilah,* húngaro cuyo nombre completo era «Zilah Sandor» (2 mar. 85 en Lemire 96).

hacer que una máquina de hélice combata contra un globo (en el manuscrito), en la versión hetzeliana tiene que salvarlo (4 de junio de 85). Su nave sigue siendo memorable por sus características de barco y sus 37 hélices montadas en mástiles, que no despeinan los tocados tardovictorianos de los pasajeros. Robur es un rebelde, un descendiente espiritual de Nemo, un hombre cuyas ideas aeronáuticas resultan al final demasiado innovadoras para su propio bien. La esperanza final de que la posteridad reivindique sus sueños fallidos fue, sin embargo, escrita por Hetzel[566].

Al acercarse Jules Verne a los 60 años, su vida parecía estar en control del crucero. Sus ingresos se dispararon hacia el cielo, sobre todo gracias a las producciones escénicas de *La vuelta al mundo* y *Strogoff*. Incluso sus ingresos provenientes de Hetzel se habían triplicado, alcanzando 40.000 F anuales[567]. Su producción literaria se mantenía en un nivel envidiable, con novelas que seguirían imprimiéndose para siempre. Sin embargo, sentía la tensión:

> Obviamente, seguiré ciñéndome en lo posible a lo geográfico y científico, ya que ése es el objetivo de las obras completas... Daré el máximo de sustancia a las novelas que me quedan por hacer, utilizando todo lo que mi imaginación me proporcione, dentro del medio bastante restringido en el que me veo obligado a llevar mi existencia [2 dic. 83].

Más aún, y tal como sus reportes escolares pudieron haber finalizado, a su vida personal le quedaba mucho margen para mejorar.

566 29 may. 85 a Verne.
567 Martin, *Jules Verne*, 321.

96. El *Saint-Michel II* en el año 1878 frente a la población portuaria de Tréport (Alta Normandía, Francia)

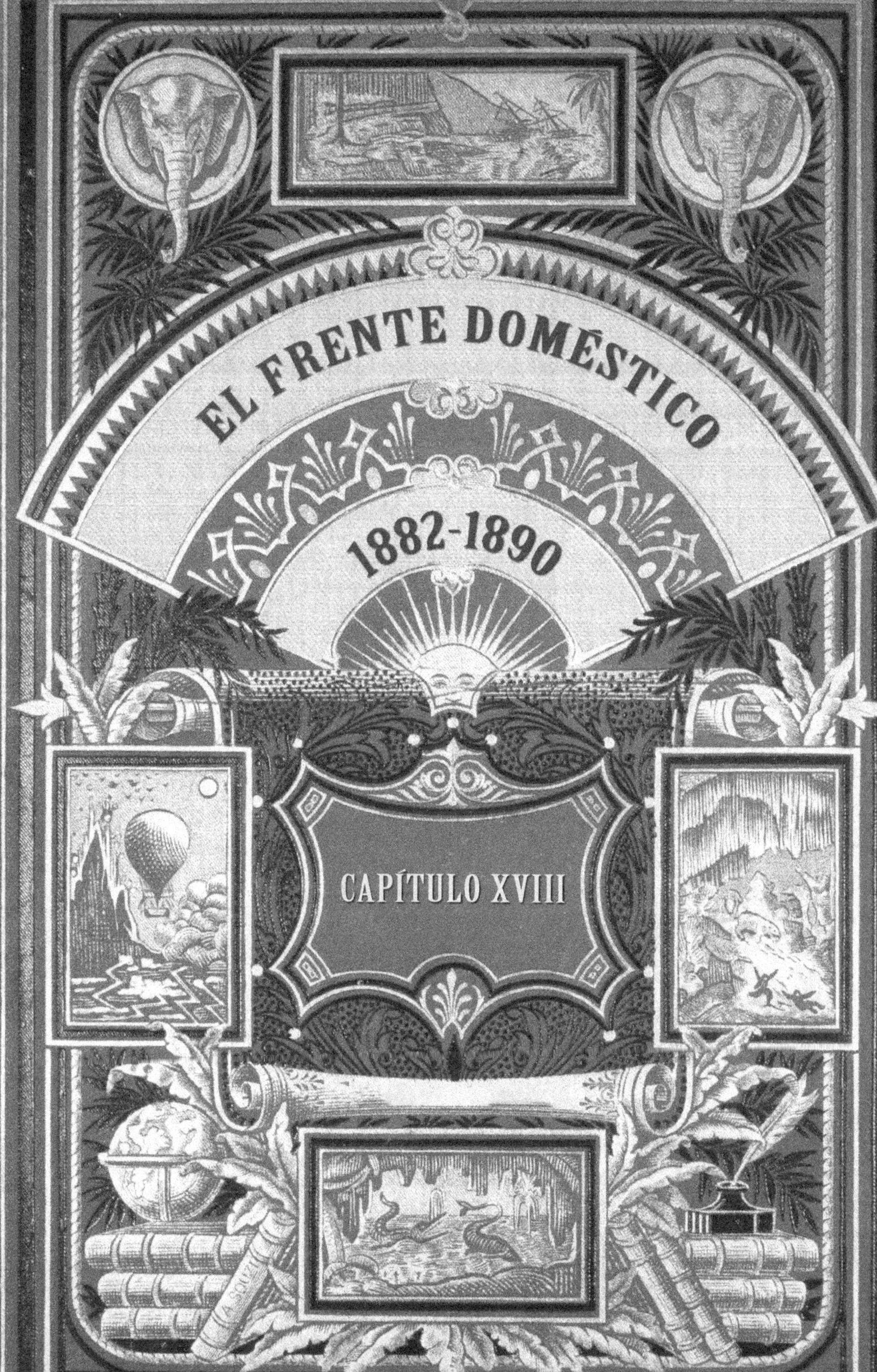
EL FRENTE DOMÉSTICO
1882-1890
CAPÍTULO XVIII

97. Verne y Honorine posando en su casa de la 2 rue Charles Dubois, Amiens

En octubre de 1882 Jules y Honorine alquilaron el n.° 2 de la calle Charles Dubois, en la intersección con el bulevar Longueville y una manzana más arriba de la vía del tren. Sin embargo, el escritor siguió recibiendo su correo en Longueville y Hetzel se refirió a un regalo de Año Nuevo para «la nueva casa de Mme. Verne»[568]. A partir de esta escasa evidencia se ha afirmado que Jules pudo haber vivido separado de Honorine durante los años 1880-1890.

En verdad, sabemos poco sobre la dinámica de la pareja. Aunque una carta sobreviviente parece relativamente cálida, pues termina «adiós, te beso tanto como te amo», está firmada con un frío «H. Verne»[569]. De hecho, los dos habían pasado por considerables tribulaciones, incluyendo todo lo relacionado con Michel, la muerte de su nieto Tony de cuatro años, y la pérdida de muchos sobrinos[570]. Sin duda, podían reírse de asuntos menores como los artículos de prensa que aparecieron a partir de 1875 que hacían de Jules Verne un judío polaco nacionalizado como Julius de Verne, sin caer en la cuenta de que la leyenda se extendería durante 60 años, casi tan inerradicable como el virus de Wuhan.

Ciertamente sus personalidades contrastaban: el marido controlado y retraído; la esposa llevando las cosas al extremo, gastando de manera extravagante, no ocultando sus sentimientos, incluso rompiendo a menudo en llanto[571]. Jules había confesado que «la vida en París con mi mujer, tal como la conoces, era imposible» (4 abr. 77); y, Jean Jules-Verne revelado que:

---

568 *BSJV* 155: 59; 24 dic. 82.
569 [ene. 79] en *BSJV* 103: 20; por otro lado, una carta de Jules a Honorine próxima al verano de 1892 parece afectuosa (*BSJV* 194: 33).
570 [14 mar. 78]; RD 114.
571 *BSJV* 194: 33; 19 sep. 76.

98. Verne en la casa de Amiens, con su querido perro *Follet*

> Mi abuela era un dolor en el culo. No soportaba verlo inmóvil y silencioso en un sillón... Cuando él se refugiaba en el segundo piso, siempre encontraba un pretexto para subir y acosarlo... / [Si él hubiera] cerrado la puerta con llave, ella habría golpeado hasta que le abriera. Si no lo hubiera hecho, habría llamado a los bomberos[572].

Honorine mostraba comprender poco sus objetivos literarios, incurriendo en metidas de pata en las cada vez más numerosas entrevistas con periodistas, por ejemplo describiéndolo como un profeta de maravillas tecnológicas o hablar de ausencia de mujeres en sus obras. Aunque no se ha conservado la opinión de Honorine sobre la situación, Verne concluyó más tarde que su matrimonio constituyó «una locura inmensa e irreparable» que había arruinado su vida entera[573].

La nueva casa era una espaciosa combinación de elegancia y confort en un entorno campestre. Protegido por un muro cubierto de musgo, un patio de arena conducía a un césped a la izquierda, a la cocina central y a las dependencias de dos plantas de la servidumbre en medio; y a la derecha, a la casa de cuatro plantas, de unos 200 metros cuadrados. Mediante unos escalones curvos que conducían a un corredor encristalado lleno de palmeras y arbustos en flor, se entraba a la sala y al comedor, raramente

---

572 *BSJV* 162: 34.
573 14 ago. 93 a Paul.

utilizados ya que la mayoría de las comidas se hacían en las dependencias de la servidumbre (JJV ix). La sala, alfombrada opulentamente, en la esquina de Dubois y Longueville, ostentaba una chimenea de leña, lámparas de araña, grandes relojes y espejos, óleos de Jules y Honorine y un jarrón chino (JJV ix). A la derecha había una sala de billar, una de fumadores y un despacho. Una escalera, iluminada a gas, se curvaba hacia arriba en una torre, pasando por los dominios de Honorine en el primer piso, hasta llegar a la biblioteca del segundo piso que se extendía a lo largo de Dubois. En medio de retratos de exploradores y una gran mesa repleta de publicaciones periódicas, los libros cubrían las tres paredes hasta el techo (*Ent.* 45). Allí se alojaban también los casilleros que contenían más de 20.000 fichas extraídas de las lecturas de Verne, además de las publicaciones periódicas a las que estaba suscrito, «todos los documentos... acumulados desde su juventud», incluida la información enviada por Paul y otros familiares[574]. En un gran armario empotrado fuera de la biblioteca estaba el lavabo de Verne (*Ent.* 249).

Además de Poe, Cooper, Scott, Dickens y otros favoritos, la biblioteca concedía lugar privilegiado a Homero, Virgilio y Montaigne, a los 17 volúmenes de Arago, dos libros de Garcet, dos o tres obras del periodista científico Figuier, atlas, la *Geografía Universal* de Malte-Brun, una serie completa del *Tour du monde* y del *Bulletin de la Société de Géographie*, y a todas las obras del geógrafo Élisée Reclus, así como a un libro dedicado a Verne por Maupassant, «el más grande psicólogo que el mundo ha conocido»[575]. El escritor se deleitaba con Stendhal, releyendo *La Cartuja de Parma* «por vigésima vez», así como con los cuentos de Maupassant, «¡pero no dejes que los lea tu mujer!» (14 ago. 84).

Desde la habitación en la parte superior de la torre, una escalera conducía al mirador del techo. Verne intentó trabajar allí en un cobertizo con vista a todo Amiens, pero lo encontró demasiado caluroso[576]. En contraste con la biblioteca, el estudio contiguo era pequeño y monacal. Una única ventana de dos batientes, cortinas de encaje y contraventanas

---

574 Bastard 352; RD 83-84.
575 *BSJV* 114: 49-55 y 118: 44-45; *Ent.* 172.
576 *BSJV* 65-66: 53.

exteriores, daba al norte sobre Longueville y a los árboles adultos del jardín público, a la principal vía férrea París-Londres y a la lejana aguja de la catedral. Sobre la chimenea, pequeños bustos de Molière y Shakespeare vigilaban, junto con una luz a gas, un barómetro y una brújula bastante usada, paisajes marinos, más retratos de exploradores y un deslumbrante cuadro azul del *St. Michel III* en la bahía de Nápoles. La alfombrada habitación trapezoidal estaba maniáticamente ordenada, con solo un sillón, una amplia cama baja de metal y más tarde habría una lámpara eléctrica en una mesa auxiliar. El escritorio doble, dispuesto en forma de L, hecho de madera de pino y, a veces, cubierto con bayeta verde, contenía solo el tintero de Verne, el portalápices y el manuscrito y la documentación en curso[577]. Dado que el meridiano de París pasaba por Amiens, el autor sostenía, medio en serio, que atravesaba su casa e incluso su escritorio[578]. Verne leía y a veces dormía en esta cabina de 15 metros cuadrados, sin apenas espacio para empujar la silla hacia atrás, y no tan bueno como su piso de 1851 en la séptima planta. A decir verdad, se sentía perdido en el resto de la casa (JJV 199).

En las noches largas y completamente silenciosas ¿soñaba Verne con su despreocupada existencia de la década de 1850? Su vida monástica y mecánicamente rutinaria ciertamente contrastaba con las redes sociales superpuestas de su juventud: los *Externos* y los asiduos a la columnata, Dumas, Arago y Nadar, músicos, escritores y artistas, bretones, reaccionarios, y bohemios. De alguna manera, el alegre estudiante se había convertido en un recluso cansado.

Esto lleva a su vez a la cuestión de la ciudad hogareña de Verne. Amiens y Nantes han proclamado durante mucho tiempo al novelista como suyo, con el resultado paradójico de que las décadas parisienses de Verne han sido ignoradas. Sin embargo, la capital era el corazón palpitante del Viejo Continente, el lugar del famoso desafío de Rastignac, «*¡À nous deux!*», el foco literario y científico de los intelectuales de todas las naciones. Allí Verne fue estudiante, en dos ocasiones intermediario de bolsa, casi un abogado, un dramaturgo y luego un novelista prolífico.

577 *Ent.* 104, *Ent.* 116, Lemire 31, *Ent.* 43-45.

578 Maurice Garet, «Jules Verne, amiénois», *BSJV* (primera serie), vol. 1, n.° 3 (mayo 1936), 115-135.

Quizás perdió su virginidad en la ciudad de corazón insensible, se casó, tuvo su único hijo y escribió algunas de sus más grandes obras maestras. El París de Verne; la frase suena incongruente, hasta presuntuosa. La ciudad pertenece a Balzac, Baudelaire, incluso a Beckett. Más aún, el *París del siglo XX* nunca deja la ciudad, y el autor fue convincentemente descrito como «parisino hasta la punta de los dedos» (*Ent.* 95). Los libros de mayor éxito publicados hasta entonces en la capital fueron *Veinte mil leguas* y *La vuelta al mundo*. Verne escribió poco sobre Nantes o Amiens; para mí, él siempre será un parisino en el fondo, a pesar de su relación de amor-odio y del desprecio desdeñoso de la ciudad hacia su hijo más célebre.

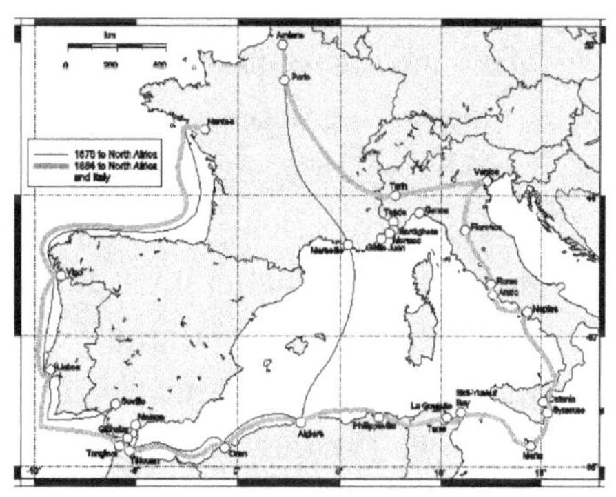

99. El Mediterráneo

El viaje de 1884 al Mediterráneo fue el canto de cisne de Verne. Si bien había visitado muchos de sus lugares en 1878, por fin ahora pisó Italia, un país especial para él desde su(s) primera(s) visita(s). Tenía debilidad por Roma y el Vaticano, foco de «El asedio de Roma» y *Alejandro VI*, y destino favorito de sus parientes piadosos. Solo en este viaje vino su esposa, olvidándose de su acostumbrado mareo. Y solo esta vez Verne «salió a la palestra», exponiéndose a todo el esplendor de la publicidad y explotación por parte de la maquinaria diplomática.

Verne había comprado su enorme yate para visitar «Constantinopla, San Petersburgo, Noruega e Islandia» (1 nov. 77), pero no llegó a ninguno de ellos. El Mediterráneo representaba una concesión burguesa: «un pequeño lago perezoso» que casi se podía ver el otro lado, no podía competir con «el mar del Norte» (*Ent.* 19). A decir verdad, la navegación a vapor le parecía demasiado fácil y costosa. La idea del *St. Michel III*, concluyó finalmente, había sido un error y, de hecho, planeó reemplazarlo pronto por un velero. Solo en una pequeña embarcación podía dar rienda suelta a su pasión por las tormentas y el peligro, y vivir en estrecho contacto con la tripulación[579].

Partiendo de Nantes el 13 de mayo, Jules, Maurice y Paul se quedaron de nuevo en Vigo durante tres días durante una tormenta, admirando las magníficas montañas circundantes y reparando los motores; aunque la ciudad fue considerada sucia y aburrida por uno de los asistentes, el cónsul francés y sus encantadoras hijas organizaron una cena bailable. En Lisboa, Jules cenó con el ministro de Marina (23 de mayo). En Gibraltar, Verne observó a los monos: en una historia despiadada publicada en 1887, encontró que la guarnición era indiferenciable de ellos.

Luego Marruecos y Orán en Argelia, donde recogieron a Honorine que visitaba a Mme. Auguste Lelarge, su hermana viuda, y la Sociedad Geográfica local celebró una sesión en honor de Verne[580]. En Argel, además de recoger a Michel y Godefroy, visitaron a su hija Valentine, a su marido y a los primos Maurice y Georges Allotte. Tras una semana, en su mayor parte desperdiciada en visitas oficiales, el grupo navegó hasta Philippeville (Skikda), donde, en medio de un mar tormentoso, pasaron junto al naufragio del *Immaculée Conception*, hundido apenas una hora antes[581]. Asustada, y dadas las dificultades del *St. Michel* debidas a escasez de carbón, Honorine insistió en viajar por tierra a Túnez. En consecuencia, mientras el capitán Ollive llevaba el barco hacia La Goulette, el grupo visitó Bône (Annaba), nada interesante, y Souk Ahras, donde terminaba la vía férrea. El grupo alquiló un carruaje antiguo a lo largo de caminos rocosos hasta Oued-Mougras, lo que provocó una rabieta poco común, al estilo de Fogg, de Jules en «vil *terra firma*» y de Honorine por rechazar la comodidad del *St. Michel* (JJV 124). Después de dar tumbos en mulas y vadear ríos, tomaron un tren a lo largo de una línea que aún no se había inaugurado oficialmente y terminaron en Ghardimaou, Túnez, donde el hospedaje lleno de pulgas enfermó a Verne (PV 150). Afortunadamente, temprano al día siguiente, el Bey de Túnez puso a su disposición su vagón Pullman personal colmado de flores. Así pudieron llegar a la capital

579 *BSJV* 145: 14.

580 Ducrest afirma que el grupo visitó las Islas Baleares antes que a Orán (RD 110), pero no parece plausible.

581 *BSJV* 145: 24.

para almorzar y ser recibidos con protocolo real y bailarinas exóticas y, a continuación, con un suntuoso banquete[582].

Luego de una recepción en Cartago, zarparon hacia Malta, pero el mar estaba tan agitado que tuvieron que refugiarse en una bahía detrás del cabo Bon (18 de junio). Un Verne embelesado contempló las áridas dunas, imaginó un naufragio y bailó, desnudo según Maurice, alrededor de un tótem imaginario. Michel disparó un arma para llamar la atención y tomar posesión de esta nueva tierra.

Al día siguiente, el *St. Michel* intentó atracar en Malta. En primer lugar, Paul y Maurice fueron puestos en tierra en la costa oeste para ir a buscar a un piloto; sin embargo, por no tener de licencia de sanidad, se les detuvo[583]. Luego se desató una fuerte tormenta que rodeó el barco con descargas eléctricas. Ollive lanzó una señal de socorro frente a Gozo, pero estaba tan oscuro que los pilotos se negaron a salir a ayudar (ADF 168). En tanto el vendaval y la deriva del barco hacia las rocas lo mantuvieron en riesgo de destrucción durante horas, Verne invocaba a San Miguel, santo patrono de los navegantes. Pero finalmente apareció un piloto y pronto estuvieron descansando en el puesto naval de La Valetta[584].

Una vez rescatado, el Gobernador General mostró a Verne los alrededores. Ahora tenían que decidir su ruta. Jules anhelaba visitar Grecia o el Adriático, pero Honorine se opuso (JJV 125). Así que, después de visitar Sicilia, navegaron rumbo a Capri y la bahía de Nápoles, la viva imagen de la bahía de Cristianía de 1861[585]. Tras un rápido viaje en tren a Pompeya, el grupo ascendió el Vesubio a caballo y en palanquín (PV 153). En Anzio (3 de julio), la tropa decidió encaminarse a Roma.

A su llegada al Hôtel d'Angleterre, el novelista no tenía ropa limpia, ya que su equipaje aún estaba en la aduana de Anzio, por lo que un funcionario local le ofreció la suya[586]. Por añadidura, a Verne le robaron 500 F[587].

---

582 *BSJV* 145: 23, JJV 124.

583 Ian Thompson, «New Light on the Visit to Malta by Jules Verne in June 1884», *Extraordinary Voyages*, vol. 12, n.° 2 (dic. 2005), 10-12.

584 ADF 168, *BSJV* 145: 23, PV 150.

585 *El billete de lotería* xvii.

586 *BSJV* 145: 25.

587 *BSJV* 141: 29.

Siguieron visitas y recepciones, y sorprendentemente el novelista le contó al prefecto de Roma cosas que este no sabía sobre el trazado de la ciudad.

Por medio del cardenal francés Jean-Baptiste Pitra, Verne solicitó una audiencia privada con el Papa León XIII (1810-1903), un líder conservador pero enérgico. La cita de la mañana se canceló y la de la tarde se retrasó, pero finalmente, a las 5:00 de la tarde del 7 de julio, el escritor, junto con Honorine, Paul y Michel, pasaron unos cincuenta minutos encerrados con el Santo Padre[588]. Ambos charlaron sobre «el divorcio en Francia, la masonería, y la familia Verne»; el Pontífice arremetió contra el gobierno italiano por permitir que se instalara una escuela protestante a escasa distancia de sus muros[589]. El novelista recibió estímulos para seguir escribiendo y una bendición por los valores morales de sus obras, lo que significa que posiblemente el Papa no las había leído todas[590]. Según Marguerite, el escritor salió «en lágrimas»; según el propio Verne, León era «un anciano corpulento y pálido con los ojos cerrados»[591].

Jules quería volver a casa, pero Honorine ansiaba ver el norte de Italia (RD 111). Él prefería navegar hasta Génova, pero ella se sentía más segura en un tren, así que Ollive llevó el yate de vuelta a Nantes[592]. El intento de Jules de compensar el no haber visto Génova con Hetzel le había producido de nuevo una decepción.

El grupo se las arregló para permanecer de incógnito en Florencia, donde Verne quedó sin habla en los Uffizi pero no le gustó el Arno; en Venecia, después de un paseo en góndola y comer algo en la Plaza de San Marcos, Verne se retiró temprano. El 15 de julio, el grupo estaba de nuevo en casa.

Para una pareja en mitad de sus cincuentas, navegar parecía una forma ideal de combinar baños calientes y comida casera con viajes ambiciosos. Honorine debió haber estado feliz de acompañar a su ilustre marido. Pero las vacaciones son un momento notoriamente estresante, y este crucero

---

588 Volker Dehs, *Jules Verne* (Dusseldorf: Artemis and Winkler, 2005), JD 350; Dehs, *Jules Verne*, citando a Ange Galdemar, «Un Après-midi chez M. Jules Verne», *Le Gaulois*, 28 oct. 1895; PV 154.

589 Christian Robin, «Verne tous azimuts», *Cahiers de l'Académie de Bretagne et des Pays de la Loire*, vol. 25 (1998), 139-150; Dehs, *Jules Verne*, citando a Ange Galdemar.

590 JJV 125, Lemire 48, RD 110.

591 ADF 169; JD 350, citando el diario de a bordo de Verne.

592 ADF 169; *BSJV* 145: 25.

culminó en una ruptura catastrófica en la vida de Verne ya que fue en Anzio donde puso los pies en su magnífico barco de vapor por última vez.

En 1880 y 1882 Verne no había navegado, por tener que trabajar con d'Ennery, ni tampoco en 1883, bien por ahorrar dinero o porque no estuviera seguro de las aptitudes de Ollive y tuviera que pasar las noches en cubierta[593] ¡Cuánto debe haber echado de menos el sencillo pesquero que podía dejar en las marismas y el agujereado monomástil que se hundió frente a Mabon en 1840! Las primeras grietas en el sueño de navegar a vela y vapor pueden haber comenzado ya en el otoño de 1879, cuando el novelista estuvo a segundos de hundirse hasta el fondo del puerto de Saint-Nazaire.

Quizás Verne simplemente había viajado lo suficiente para toda su vida: había recorrido las Islas Británicas una destacable veintena de veces. Sus sueños marineros terminaron entonces, probablemente debido a una combinación de miedo por su escape por un pelo, un deseo de cambio, la hostilidad de su esposa, la complejidad de navegar con una tripulación de diez miembros y las dificultades financieras causadas por las enormes deudas de Michel.

Es difícil establecer la verdad sobre las finanzas de Verne, ya que sus gastos siguen siendo un misterio. Cuánto pagó por su casa, si firmó una hipoteca y la cuantía de las deudas de Michel son sólo algunas de las preguntas sin respuesta. Lo que sí sabemos es que, incluso en la década de 1870, después de toda una sucesión de éxitos de ventas, las finanzas de Verne le preocupaban mucho a juzgar por los numerosos cálculos en los márgenes de los borradores de los manuscritos.

Del lado de los ingresos, se dispone de más información. En julio de 1885, el *St. Michel III* fue vendido, probablemente con un manuscrito de Verne incluido gratis, al príncipe Nikola I de Montenegro por 55.000 F (PV 156). Los ingresos de toda su vida, sólo por sus escritos, probablemente ascendieron a más de dos millones de francos[594]. Aunque esta cifra era inferior a la de muchos contemporáneos –Dumas *père* había ganado «300.000 al año... Scribe es cuatro veces millonario» (mar. 51)–, la mayoría

593 *St. M.*, [7 ago. 79].

594 Martin, *Jules Verne*, 321; Dehs, *Jules Verne* (2005), Appendix 2.

de la gente podría haber vivido con ello durante media docena de vidas. Si la razón por la que Verne no podía arreglárselas con dos millones de francos eran realmente las deudas de Michel, el hijo debió haber timado al banco de Montecarlo o mantener varias decenas de amantes.

En 1885, la pareja organizó un segundo baile, en su casa esta vez, como «La posada de *La vuelta al mundo*». Verne se vistió de jefe de camareros, su mujer de chef removiendo una inmensa olla y sus dos nietas de lecheras[595]. Aunque al principio vaciló ante la idea, una vez en marcha, se divirtió[596].

Un martes de invierno de 1886, a las cinco y cuarto de la tarde, un Verne triste y deprimido se dirigía a su casa. Como vimos con detalle en el Prólogo, cuando giró a la derecha en Dubois y se acercó a la entrada tranquilizadoramente sólida de su casa, su sobrino Gastón intentó asesinarle apuntándole a la región genital y al abdomen; un disparo falló, pero otro se alojó en su tobillo. La operación, aparentemente sencilla para extraer la bala que solo había perforado la tibia, empeoró la situación[597]. La herida supuró y sangró durante muchos años y Verne se llevó la bala a la tumba[598]. No sabemos más que estos hechos escuetos.

No cabe duda de que Gaston no estaba en sus cabales y de que su familia había sufrido su drama, tanto antes como después; pero la forma en que todo el asunto fue silenciado conduce inevitablemente a la especulación sobre el motivo. De hecho, Verne y toda la familia se confabularon para mentir descaradamente sobre el orden de los acontecimientos, insistiendo en que la renuncia del novelista a navegar y, de hecho, a viajar, se debía a su cojera. En verdad, había tomado la decisión de vender el yate ya en 1882[599].

El papel de Gaston sigue siendo enigmático. Aunque fue acusado de intento de asesinato[600], nunca fue a juicio sino internado en un sanatorio privado escogido por Verne. Después de 1897, incluso viajó en ocasio-

---

595 Lemire 54, CNM 227.

596 RD 111; ADF 172.

597 24 ago. 86 a Dumas hijo.

598 JD 356, *Ent.* 56. Es de presumir que la bala aún esté bajo tierra en Amiens, posiblemente localizable por investigadores entusiastas con detectores de metales.

599 17 mar. 82 a Michel.

600 Norbert Percereau, «Les Disparus d'Yverdon-les-Bains ou le tragique destin de Marcel Verne», *BSJV* 151: 21.

nes a Amiens con su hermano Maurice y visitó tranquilamente al novelista (JJV 160).

Y eso es lo más lejos a que uno puede llegar razonablemente, hasta cuando los descendientes divulguen los archivos familiares. Mi propia conjetura, basada en el principio Sherlock-Freud de buscar los eslabones faltantes, es que el padre de Gaston, Paul, o Michel, con sus propios entretejidos de tensiones y pasiones, habrían sido testigos a interrogar. De hecho, las pruebas circunstanciales dejan entrever todo un nexo de celos y resentimientos en ebullición, especialmente en torno a Michel, foco de tantas pesadillas. Es probable que hubiera dinero o sexo de por medio a juzgar por la parte del cuerpo a la que se apuntó y por el patrón de la mayoría de los intentos domésticos de asesinato.

Durante los años que siguieron, Verne se vio afectado gravemente por el ataque, seguido de la muerte de Hetzel solo una semana después. Se volvió «menos parisino» (*JVEST* 186), y no podía dormir a pesar de la morfina recetada. En sus fiebres, volvió a los hábitos de su juventud y escribió un soneto sobre la droga 80 años antes que Marianne Faithfull. También se supone que compuso miles de crucigramas y juegos de palabras[601]. El novelista, de hecho, permaneció inmovilizado durante varios meses, con «solo una pierna, como una garza», luego probó una silla de ruedas y rondaba por el jardín sobre su trasero[602]. Había «entrado en la serie negra de mi vida... si no pudiera refugiarme en mi obstinación de trabajar duro... sería muy digno de lástima»[603].

La madre de Jules tuvo que ser informada del ataque; y ella también murió en 1887, sin que su hijo mayor asistiera a su lecho de muerte o a su funeral. En cierto modo le debía a Sophie una última visita, ya que ella había sido quizás la mayor influencia en su personalidad al transmitirle su imaginación. Ella había coordinado discretamente a toda la extensa familia durante la mayor parte del siglo, incluyendo a sus hermanas Châteaubourg y Tronson y a sus 97 descendientes (*Ent.* 87). Había actuado como empresaria entre bastidores del gran espectáculo de las delicias na-

601 Lemire 56, JJV 200.

602 Dusseau 356; *20* abr. *86* a Hetzel hijo; [principios de junio 86] a Hetzel hijo.

603 21 dic. 86 a Hetzel hijo.

turales y pecadillos pastorales de Chantenay. Había apoyado a Jules durante las décadas difíciles, probablemente enviándole en secreto dinero en efectivo y frutas secas del jardín inferior. Había hecho todo lo posible para conectarlo con toda una serie de señoritas. Durante una década en París él había reservado para ella sus pensamientos escritos más íntimos. Ella había conservado sus comparaciones vulgares como reliquias de santo siempre creyendo, como todas las madres, en un destino excepcional para el fruto de su vientre.

Según Ducrest, aunque no confirmado por otras fuentes, Jules se animó lo suficiente como para viajar a arreglar sus asuntos (RD 113), y tal vez para dar un último vistazo a Chantenay. Heredó la suma de 50.000 F[604]. El óleo de Châteaubourg de Pierre como un acucioso notario apegado a un escritorio, que había quedado en manos de Anna, se supone que en un arrebato de generosa mezquindad ella se lo prestó... mientras Jules viviera (ADF 175).

El Chantenay de 1887 era irreconocible respecto al paraíso rural de la década de 1840. Para empezar, Pierre había construido feos anexos de tres plantas, arruinando el equilibrio rústico de la casa del antiguo dueño. Pero lo más desastroso es que la industrialización y el progreso habían alcanzado a la isla prematuramente. El humo oscuro sustituía los aromas de los árboles cuando un ferrocarril tiznado pasaba bajo el jardín trasero: cada vez que pasaba un monstruo de lento traqueteo, el *hoi polloi* se quedaba mirando las actividades en el jardín. Las carreteras cubrían la vía donde Carolina se había despojado lascivamente de una media y el camino de sirga donde había exhibido unos tobillos torneados y un abultado corpiño; las fábricas sustituían a las acogedoras posadas, los obreros mugrientos a la servicial y respetuosa gente del campo, las aguas negras a los peces saltarines. La casa donde Jules había crecido, soñado con el mar, obtenido sus resultados finales escolares, estudiado Derecho y escrito gran parte de *Hatteras* y *De la Tierra a la Luna* fue vendida sin vacilaciones (RD 113).

Con la energía que constituía la virtud cardinal de sus héroes, Verne intentó sobreponerse a los apabullantes golpes del cruel infortunio. En no-

604 *BSJV* 194: 29.

viembre de 1887 realizó una gira de conferencias de 11 días por Bruselas, Amberes, Lieja y Amsterdam, y probablemente conoció al rey Leopoldo II[605]. Sin embargo, leyó sin inspiración su cuento corto «Las aventuras de la familia Ratón» ante un público criado en Nemo y Fogg. Aunque fingió no darse cuenta, muchos se marcharon, los críticos quedaron descontentos y él no volvió a salir al extranjero.

De forma inesperada, Verne decidió presentarse como concejal de Amiens en una lista republicana, lo que al parecer sorprendió a Honorine hasta la médula[606]. Dado que sus puntos de vista políticos tendían entonces a lo reaccionario, aunque con una vena anarquista sobreviviente, la elección del boleto electoral puede haber sido oportunista pues sus numerosas intervenciones siguieron siendo apolíticas. Como concejal, se esforzó por asistir a los debates, formar parte de los comités y mantenerse al día sobre educación de las bellas artes, beneficencia y el teatro (Lemire 61). Entre sus esfuerzos figuró el intento de impedir que ese nuevo y atrevido invento, la bicicleta, transitara por las calles de un solo sentido[607]. Trabajó incansablemente durante décadas, promoviendo causas tanto progresistas como tradicionales: por la creación de una Escuela de Medicina, la construcción de una torre central fálica en una iglesia, la exposición pública de las obras de arte de la ciudad, la asignación de nombres de clérigos o arcángeles a las calles, la asignación de un espacio extra en caso de que hubiera que ampliar el teatro, el apoyo a una acción policial firme; pero en contra de la construcción de barracas, de la inclusión de las mujeres en la votación sobre cuestiones artísticas, de permitir que el humo de las locomotoras contaminara la ciudad, o de consentir los tendidos aéreos de trolebuses en las plazas públicas[608]. Verne finalmente fue ascendido a oficial de la Legión de Honor no por haber contribuido a formar las mentes de los jóvenes Tolkien, Proust o Sartre sino, ironía

---

605 Garmt de Vries y Kees Waij, «Les Deux Voyages faits par Jules Verne en Belgique et aux Pays Bas», *Revue Jules Verne*, n.° 19-20, 138-147.

606 11 may. 88 a «Charles», probablemente Wallut, en ADF 181.

607 *BSJV* 131: 47.

608 Compère, *La Vie amiénoise*, 67-71.

de ironías, por su composición de informes largos y tediosos y su rutinaria y asidua asistencia a las comisiones[609].

La única constante en las opiniones políticas de Verne seguía siendo la oposición a todas las revoluciones e insurrecciones anteriores a 1851; odiaba visceralmente la Comuna de París («Espero de verdad... que fusilen a los socialistas como a perros»), y vivía con el temor a la revolución, que, «aunque derrotada esta vez, un día nos devorará»[610].

Pero al mismo tiempo se oponía al capitalismo, temiendo tanto las presiones industriales sobre el medio ambiente como la comercialización y la disneyficación de la vida cultural a lo Barnum. Su vena anarquista apareció como una larga diatriba contra la propiedad privada en «Diez horas de caza» (1882), pero era menos política que social; anhelaba un ideal utópico y agrario lo más alejado posible de la civilización moderna.

Aunque entre sus amigos expresaba simpatía por los monarcas destronados, detestaba a Napoleón III y consideraba que «la República... es el único gobierno justo y legítimo», al tiempo que añoraba la monarquía representativa de 1830[611]. Nunca fue particularmente entusiasta de la democracia y fue anti-dreyfusiano en el *Affair* de 1896; se había convertido en un reaccionario y fue conservador en su madurez[612]. Más tarde fue miembro fundador de la nacionalista Liga de la Patria Francesa[613]. Se han escrito libros enteros que hacen de Verne un radical encubierto, un revolucionario clandestino, un anticolonialista; pero por cada crítica al Imperio de la India o a la subyugación de los nativos en sus últimos libros, uno puede encontrar apoyos a estas mismas ideas en los anteriores.

---

609 Cualquiera que haya leído tanto a *Hatteras* como *El Señor de los anillos* no puede dejar de sorprenderse por la similitud de los dos propósitos de arrojar a un volcán la propia esencia. Verne fue honrado (1892) solo por insistencia de Frédéric Petit, alcalde de Amiens; su patrocinador fue Robert Godefroy (Lemire 127).

610 [6 dic. 51] a Pierre; *¿nov.*? 70 a Pierre; carta de 1871 a Pierre.

611 En una carta de diciembre de 1867 a su padre, disponible en http: //www.boisgirard-antonini.com/html/fiche.jsp?id=7913960&np=&lng=fr&npp=150&ordre=&aff=&r=, le dice: «¡Una terrible ley militar que nos devuelve a los tiempos bárbaros de los hunos y los visigodos! ¡Toda Francia subyugada por los caprichos de un solo hombre!... ¡Una caída generalizada de la moral! Francia menos influyente en el extranjero de lo que nunca ha sido. Fusiles Chassepot como único razonamiento, una guerra en el horizonte»; *¿nov.*? 70 a Pierre; *BSJV* 184: 73.

612 Lemire 61; 30 oct. 98 a Turiello; Compère, *La Vie amiénoise*, 62.

613 *BSJV* 31-32: 189.

Como su política, la religión de Verne se mostró constante pero sin una declaración clara sobre la cuestión. Oponiéndose al extremismo y al dogmatismo desde sus primeros días en los seminarios, con un ojo agudo para la hipocresía y el engaño, nunca se aproximó a sugerir que Dios pudiera no existir. «Más católico que Voltaire», como decía burlonamente; un deísta[614] pero no realmente un cristiano, apenas intentó poner en práctica los preceptos de Jesús; y, de hecho, Cristo se destaca por su ausencia tanto en sus obras como en su vida. En las décadas de 1850 y 1860, debatió los principios del catolicismo ortodoxo, cuestionando la infalibilidad del Papa, pero aceptando el dogma del pecado original y la existencia del limbo (27 dic. 69). A su padre, de mentalidad estrecha, le dijo que la vida después de la muerte era una tontería y que, aunque existiera, no debería hacer ninguna diferencia respecto al comportamiento de cada uno; pero a su editor le dijo que por el tubo acústico de la puerta celestial los católicos serían llamados al principio de la fila[615]. «Creyente, pero difícilmente un practicante», de hecho «bastante indeciso», imbuido sólo de «una especie de mentalidad católica», su ambivalencia llegó a su punto álgido en una cuestión clave: la medida en que Dios actuaba en el mundo[616]. Por un lado, atacó invariablemente el «positivismo», es decir, el cientificismo y las explicaciones en términos reduccionistas, su mayor crítica a Poe, tomando en cambio partido por el catolicismo: «la ciencia y el positivismo van de la mano contra la religión y es una mala cosa»[617]. Cuando un persistente rumor lo convirtió en un judío naturalizado de Polonia, replicó: «Soy... cristiano y católico romano»[618]. Pero, por otro lado, se burlaba de la idea de que Dios interviniera alguna vez de forma perceptible en el mundo. La ironía se condensaba en su palabra de uso frecuente: Providencia, ya que implicaba un diseño inteligente en los acontecimientos humanos, pero siempre unida al azar, con el resultado neto de ser una fuerza con un travieso sentido del humor y una sincroni-

614 [9? jul. 56] a Pierre; JJV 63.

615 *7* abr. *51*; 6 nov. 67.

616 RD 82; Nadar en *BSJV* 131: 48; Duquesnel (1909), 45.

617 *BSJV* 153: 36-38.

618 28 oct. 75, a Mme. Antoine Mangin. También, al envejecer más, se volvió notoriamente más religioso, como evidencian varios apuntes conservados en la Biblioteca de Amiens.

zación exquisita, que desempeñaba a la vez un papel divino y se reducía a causas naturales. Así pues, Verne se oponía tanto al ateísmo como a la religión para explicar los asuntos humanos, permaneciendo un escéptico como en otras materias.

En 1868, Monseñor Dupanloup, un importante pedagogo, criticó al *Magasin* por ser insuficientemente cristiano; en un ataque doble, el influyente periodista Louis Veuillot se quejó de la ausencia de Dios en las obras de Verne[619]. Lo que estaba más allá de la comprensión de los dos oscurantistas era la paradoja de que Verne, vagamente católico, se viera obligado por Hetzel a escribir sentimientos piadosos para vender más ejemplares, pero que las inserciones solicitadas bullían con sutil ironía. Si se hubieran molestado en abrir Verne, los dos líderes habrían descubierto que las enseñanzas, en verdad bastante revolucionarias del Nuevo Testamento, estaban sustituidas por antisemitismo y racismo, así como por la burla a la institución de la Iglesia, pero que la palabra «Dios» estaba presente a menudo.

619 «Yo no he leído todavía los Viajes extraordinarios de M. Verne. Nuestro amigo [Léon] Aubineau me dice que son encantadores, excepto por una ausencia... que deja las maravillas del mundo en un enigma. Todo es hermoso pero inanimado. Se echa de menos algo» (en OD 214).

100. El *Saint MIchael III* fondeado en el puerto de Sète en la Provenza francesa

RUMBO AL CENTENAR

1890-1905

CAPÍTULO XIX

101. *Claudius Bombarnac*, 1892 (Léon Benett)

Las novelas de Verne después de 1887 evidenciaron un descenso en la calidad, debido quizás a falta de inspiración. Las ventas cayeron por debajo de 30.000, pero nunca se acercaron a un punto en el que la publicación estuviera en duda. La mayoría de los libros sí tenían algún interés, ya fuera por su original trama o por ser una nueva reflexión sobre un tema conocido.

Norte contra Sur (1887), ambientada en la Florida de 1862, trata el tema de la esclavitud y de una acusación injusta por una confusión de gemelos idénticos, con un final trágico. *El secreto de Maston* (1889), formalmente una secuela de los volúmenes sobre la Luna, muestra a un científico eminentemente falible y satiriza a «los americanos que, en aras de la especulación, intentan cambiar el eje de la Tierra y convertir así las regiones polares en un jardín fértil» (*Ent.* 51). *El castillo de los Cárpatos* (1892) se centra en la obsesión de un noble por el holograma audiovisual de una diva muerta. En *Claudio Bombarnac* (1892), el periodista homónimo viaja a lo largo del recién inaugurado, pero ficticio, ferrocarril de París a Pekín. *La Isla a hélice* (1895) presenta un «*Great Eastern* ampliado 10.000 veces» (*Ent.* 108), construido para millonarios estadounidenses, que recorre los Mares del Sur pero que al final se destruye debido a las tensiones entre facciones rivales.

En *Ante la bandera* (1896), Verne presenta a un científico de unos cuarenta años y su invento «autopropulsado», capaz de lanzar cargas explosivas fenomenales. Su idea es rechazada por todas las naciones, y él termina en un manicomio, de donde es secuestrado para intentar sonsacarle la fórmula. Verne mencionó al inventor de la vida real, Eugène Turpin, en dos ocasiones en la novela, e incluso la llamó «la Turpin» en una carta a Paul (26 ago. 94). El tirador en Chantenay, Paul Perret, la reseñó fervientemente como «una historia maravillosa», pero el científico cuarentón Turpin, que también había escrito sobre un dispositivo «autopropulsor», se consideró difamado[620]. En el proceso judicial que sobrevino, Verne fue defendido por Raymond Poincaré, futuro presidente de Francia y admirador de sus obras. Tuvo que ir a París para el caso en noviembre de 1896 y para la apelación en febrero y marzo de 1897.

Vio a pocas personas, sólo a Hetzel hijo, a su hermano o a uno o dos viejos amigos (RD 118). Tal vez gracias a la elocuencia de su abogado, ganó en ambos tribunales. Pero el hecho de que Verne no reconociera ningún agravio no debe ocultar la probable difamación, incluso para los laxos estándares de la época.

El Soberbio Orinoco (1898), sobre la búsqueda del nacimiento del río, simplemente reescribía un relato real de la exploración de Jean Chaffanjon. *El testamento de un excéntrico* (1899) consistió en un Juego de la Oca a través de los Estados Unidos detrás de una herencia.

El desorden en la vida práctica de Verne constituía una imagen especular de su escritura, planeada en cada etapa como una operación militar. (En la primera década vinculado a Hetzel, sus libros se planificaban y producían de manera distinta ya que estaba bajo una considerable presión de tiempo. Los manuscritos que estaban destinados a ser penúltimos documentos, escritos con letra irregular y colmados de correcciones, algunas veces fueron directamente a la imprenta para su composición tipográfica.)

Después de una frase ingeniosa que a menudo compartía con Hetzel hijo, reunía material. Parte de este provenía de conversaciones o de su propia experiencia (*Ent.* 260): fue, por ejemplo, a una ejecución pública en 1872 y observó la caminata a las 2:30 a. m. de un joven de 22 años y la caída de la cuchilla [7 ago. 72]. Pero la observación le pareció «mucho menos precisa que lo que he visto en los libros»[621].

Luego una sinopsis –en una etapa tardía de su carrera, afirmó que nunca comenzaba sin saber cómo terminaría la historia–, «un plan de capítu-

---

620 *BSJV* 150: 5; *BSJV* 129: 16.

621 Citado por Duquesnel (1909), 45.

los»[622], y a menudo un resumen párrafo por párrafo o incluso línea por línea en forma de lista. Si la inspiración no le llegaba en este punto, desistía de la idea (*Ent.* 106). Luego leía toda la documentación concebible: afirmó haber hojeado «500 libros» para *Robur el Conquistador* (*Ent.* 232). En algún momento, sus 20.000 fichas entrarían en juego; después de utilizarlas destruía muchas de las notas relevantes para evitar repeticiones [finales de 96].

Cada nueva historia presentaba un país diferente, y últimamente planeaba cubrir todo el mundo en un centenar de volúmenes; Verne seguía el avance usando banderas sobre un mapa, pero se dio por vencido cuando no le quedó más espacio (*Ent.* 138).

A continuación, un «primer borrador a lápiz, dejando un margen de la mitad de la página para correcciones y adiciones; luego lo leo todo y repaso a tinta todo lo hecho» (Hetzel le dio una máquina de escribir pero nunca aprendió a usarla)[623]. Aunque no utilizó una secretaria, ocasionalmente su esposa copiaría sus manuscritos, especialmente en los primeros años. Al final del proceso de revisión, afirmó, más de dos tercios del primer borrador habían desaparecido, y gran parte del resto también se desvanecía en etapas posteriores (*Ent.* 63).

Luego pasaba a una marcha más avanzada: «Mi verdadero trabajo comienza con mi primer conjunto de pruebas de imprenta, ya que no solo corrijo algo en cada frase, sino que reescribo capítulos enteros. No me parece tener el control del tema hasta cuando veo mi trabajo impreso» (*Ent.* 106). «Era peor que Balzac. Jamás en 37 años de vida profesional he visto a un autor... depender de la revisión de tantas pruebas para completar sus novelas»[624]. Desde el principio, su objetivo principal fue tener un estilo lo más claro y fluido posible (*Ent.* 89).

Desde la década de 1890, una avalancha de periodistas visitó a Verne en casa, proporcionando un registro útil de su vida intelectual y su entorno doméstico. Incluso en la playa, a menudo vestía un traje gris oscuro holgado, camisa blanca, corbatín, zapatos de cuero negro y la diminuta

622 *Ent.* 222; Lemire 38.

623 *Ent.* 106; 61; 223.

624 Hetzel hijo en *BSJV* 104:4.

escarapela roja de los oficiales de la Legión de Honor. En la ciudad era un caballero de edad, con paraguas enrollado, bombín y vientre enchalecado; posteriormente usó una gorra de tela en casa a causa de su reumatismo. Con su cabello algo largo, blanco como la nieve, su barba grisácea –ambos un poco despeinados–, su buena complexión, sus ojos brillantes y modales vivaces, aún podía transmitir energía y entusiasmo; aunque algo inefable, o al menos esquivo, flotaba a su alrededor[625].

La mayoría de los entrevistadores coincidían en cuanto a sus combinaciones paradójicas, señalando su ingenio como parisino pero su imaginación como cosmopolita, un conversador alegre pero un inventor inagotable, un hombre de ciudad pero un solitario (*Ent.* 87). Otros lo encontraban corriente, como un «general retirado del ejército, un profesor de física o un funcionario público» (*Ent.* 112). Muchos expresaron su sorpresa por la diferencia entre el hombre afable y la pasión por los viajes de sus héroes de labios apretados. De hecho, detestaba hablar de sí mismo –«la historia de mi vida no sería interesante»–, y escribir era su única realidad: «Si no trabajo siento que no estoy viviendo»[626].

Cuando, inevitablemente, los entrevistadores lo acusaban de misoginia a veces aceptaba, a veces racionalizaba: «No soy un experto en personajes femeninos»; «hablarían todo el tiempo sin dejar terminar al otro», distraerían a los personajes masculinos[627]. Pero antes había sido más franco sobre las limitaciones de escribir para Hetzel: «¡Si tan solo pudiera deslizar algunos adulterios, cuánto más fácil sería!» (JJV 76).

Incluso respecto a sus obras permanecía poco comunicativo, constreñido por las barreras lingüísticas y culturales y por el hecho de que muchos de los entrevistadores no habían leído sus libros y no entendían sus propósitos literarios. Se limitaba a hablar en forma demasiado simplista de las «fuentes» de sus novelas, pues las ediciones críticas modernas han identificado muchos miles de referencias culturales en sus obras[628]. Para comunicarse con los jóvenes reporteros, que sólo conocían vagamente

---

625 *Ent.* 41; Dr. Fournier, citado por Lemire 24.

626 Turiello 1901; Amicis 702.

627 *Ent.* 68; 20; 225.

628 Las 2.000 notas en mis ediciones críticas de *Viaje al centro de la Tierra* (219-231), *La vuelta al mundo* (213-247), *Veinte mil leguas* (385-445), y *Hatteras* (367-402).

uno o dos títulos, a veces parodiaba el argot periodístico, describiendo su producción como de «por lo menos tres metros» (*Ent.* 200).

En entrevista tras entrevista, Verne explicaba pacientemente que, a pesar de lo que pensaban su esposa y la mayor parte de la humanidad (*Ent.* 199), él no era un escritor de «predicciones» o «anticipación» (el término decimonónico para la ciencia ficción). Repetía que sabía poco de ciencia y que le gustaba aún menos, que era algo anti innovador, que era solo un novelista, un mero narrador de historias. A veces intentaba la sutileza, a veces la remachaba:

> Antes de escribir *Veinte mil leguas...* existía el submarino; [Yo... tengo] poca simpatía por el automovilismo; [su principal efecto será que] los ricos ciertamente asumirán cada vez más la vida en el campo; no creo que alguna vez nos comuniquemos con Marte; no deben considerarme como... un ingeniero o un químico; [en verdad, no creo en el progreso, excepto en el de] los japoneses en la guerra[629].

Como el mensaje seguía sin calar, Verne intentó variaciones sobre el tema:

> Entiendan, sobre todo, que no pretendo ser un científico ni un inventor; no me permitiría hacer de profeta, ya que el tiempo de los profetas ha pasado; la naturaleza humana [es] la mayor ciencia de todas; quizás no siempre habrá científicos, pero siempre habrá poetas; no se sumerjan demasiado en la ciencia, ese vacío sublime... donde la humanidad se pierde a veces; mis principales temas de estudio son la geografía y la humanidad; soy un novelista; soy un artista; soy el más desconocido de los hombres[630].

Pero poca diferencia hizo. Los malentendidos sobre los libros y el hombre detrás de ellos persistieron. Para el público, en efecto, no tenía rasgos reales definibles: se negaba que el único escritor de renombre universal tuviera una personalidad o, incluso, que existiera (*Ent.* 112). Un entrevistador, poco creíble, afirmó no haber sido capaz de encontrarlo:

> Pregunté por el célebre autor Jules Verne; sin embargo, nadie en la estación parecía conocer a tal persona. El taxista me llevó a un M. Verne que

629 *Ent.* 205; 207; 224; 223; 203; 224.

630 *Ent.* 192; *BSJV* 125: 8; *Ent.* 188; Fergusson, en *BSJV* 154; *Ent.* 223; 203; 224; 192; 188; JD 401; *Ent.* 187; 263; 2 mar. 95 a Turiello.

vende los hebdomadarios de cómics, luego a M. Verne de una papelería y a un tercer M. Verne, empleado de la fábrica de papel. Al final se dio cuenta de su error: «debería haber preguntado por Verne el concejal»[631].

Después de su gira de conferencias por los Países Bajos, Verne viajó de nuevo al sur de Francia en diciembre de 1888, durante cinco o seis semanas, para trabajar con d'Ennery en una adaptación teatral de «Tribulaciones de un chino en China», porque el dramaturgo solo podía trabajar una hora al día[632].

Renunció a su sueño de volver a Estados Unidos para una gira de conferencias (*Ent.* 56); y no pudo ver la nueva Torre Eiffel en 1889. Durante un mes en 1890, se quedó una vez más en casa de d'Ennery, en esta ocasión en el centro turístico de Villers-sur-Mer, cerca de Deauville, todavía luchando con «Tribulaciones de un chino». En agosto pasó unas vacaciones con Michel y su familia en Petites Dalles, una pequeña aldea cerca de Fécamp, también en Normandía, junto a un acantilado impresionante pintado por Monet y Pissarro[633]. En 1893, la pareja Verne se quedó un mes en una villa alquilada por Michel y su familia cerca de Dinard, a pocos metros de una playa desierta (JJV 182). En septiembre llevó a Honorine a un viaje a Le Havre, Caen y Saint-Malo (JJV 183), presumiblemente tratando de no pensar en sus días de navegante. En 1899, volvieron a alojarse con Michel y su familia en Petites Dalles, esta vez en una casa contigua (JJV 199).

Verne no asistió al funeral de su hermano en 1897. Su familia le invitó a volver a Nantes y a Chantenay, a la botadura por sus sobrinos armadores de un yate llamado *Jules Verne*, a la boda de su sobrino Maxime, al consejo de familia tras la muerte de Paul; pero fue en vano[634].

Su rutina diaria variaba poco. Se levantaba antes del amanecer y escribía sin parar hasta las once, produciendo 400 palabras al día[635]. Después del almuerzo al mediodía, un paseo cojeando por Rue des Trois Cailloux y Rue des Corps Nuds sans Teste, utilizando un bastón que había reparado

---

[631] «Jules Verne's Hundredth» 5-8.
[632] Texto citado por Dehs, «Les Belles soirées», 60.
[633] 17 ago. 90 al Dr. Félix en *BSJV* 88: 15.
[634] 21 ago. 94 a Paul; 7 dic. 97 a Maurice Verne en *BSJV* 155: 60.
[635] *Ent.* 130; *Ent.* 61, dado el resultado de dos novelas al año.

y «descansando los ojos» en la sombreada plaza de Saint-Denis (*BSJV* 184: 72). Después de un viaje en tranvía para asuntos municipales en el Ayuntamiento, un pastel y un vaso de leche en la pastelería de Sibert; de allí a una sala de lectura, estrechar la mano silenciosamente a los lectores habituales y explorar ideas en periódicos y revistas. Luego al Ayuntamiento de nuevo, al conservador Círculo de la Unión, al Círculo Universitario, al Círculo Literario, o, después de 1889, a la Sociedad Industrial; y, por último, una caminata por los bulevares y a casa a las cinco o a las seis. Al menos dos veces por semana se dirigía a su palco en el teatro, a veces llevando a Honorine a cenar primero en el Hotel Continental, pero a menudo se marchaba mucho antes del acto final, ya que las obras y las operetas podían durar hasta ocho horas[636]. Y luego a la cama a las ocho.

Entre sus lecturas favoritas en este momento, o más bien relecturas, estaban el *Itinerario de París a Jerusalén* (1811) de Chateaubriand y la *Historia de un recluta en 1813* de los republicanos Erckmann y Chatrian (1864), *Waterloo* (1865) y *El bloqueo* (1879) (21 *mar.* 81). Las preferencias musicales se remontaron a las canciones populares de las décadas de 1840 y 1850, especialmente a aquellas que había conocido en el círculo de Talexy[637].

Con el paso de los años, la vida de Verne experimentó retrocesos y repliegues variados. Escribió un poema agresivo sobre el nuevo alcalde (OD 190). Cuando después de diez años su abrigo le pareció un poco gastado, lo hizo voltear (JJV 200). Si se sentía fatigado mientras estaba fuera, se sentaba en el escalón de la puerta más cercana (JJV 200). En lugar de ir a ver a Hetzel hijo, a menudo hizo que el editor viniera a él. Olvidó gran parte del contenido de sus primeras obras[638]. Por primera vez advirtió un ligero descenso en sus ingresos semestrales por publicaciones, de 25.000 ejemplares en 1889 a 24.000 en 1890[639]. Cuando los estadounidenses escribieron a «Jules Verne, France», no leyó más allá de la primera página, pero respondió a todos (JJV 200). Notó la traición de sus obras bajo la apariencia de traducciones, aunque no pudo hacer nada al respecto[640].

---

636 *Ent.* 96, Lemire 41, ADF 183, JJV 200.
637 *BSJV* 184: 75.
638 10 sep. 94 a Mario Turiello (*Europe*, mayo 1980, 106-138).
639 28 abr. 91 a Hetzel hijo.
640 5 nov. 97 a Turiello.

102. Foto actual de la fachada de la casa de Verne en la rue Charles Dubois, Amiens

Su inversión de 80.000 F en el negocio de estufas de Michel desapareció sin dejar rastro; en total, desperdició 200.000 en su hijo, sin contar la costosa educación de sus tres nietos[641]. Insistía en que Michel le firmara pagarés y le enviaba fuertes recordatorios cuando olvidaba pagar. Pero evitó que su nieto fuera castigado por llamar a su padre «¡Cerdo!»[642]. Michel y su «encantadora» esposa e hijos se quedaron un mes en Amiens, pero Suzanne persuadió a amigos de Verne para que los confinara bien lejos (JJV 181). En esta y otras ocasiones, aunque fuertemente subvencionada, Suzanne supuestamente mostró su antipatía por Verne porque no era su padre biológico, apoyada en esto por el esposo de Valentine (JJV 182). Ahora tenía poco contacto con sus parientes de Nantes, cuyos nombres ni siquiera conocían sus hijas[643]. Vio París en una última visita en 1898 para la Primera Comunión de su nieto[644]. El cariñoso gato blanco de Angora de Honorine murió (*Ent.* 41). Sus contemporáneos se fueron perdiendo uno a uno: Dumas hijo en 1895, a quien honró con un sueño; Hignard, su compañero de viaje, en 1898; la alegre criada de la familia, en 1900; la prima Caroline, su primer amor, en 1902. Al final era como si él «ya no fuera de este mundo»[645].

Renunció a la Sociedad de Geografía de París (1898) y no asistió a la Exposición Universal (1900), que incluyó la inauguración del primer Metro de la ciudad. Su último viaje fue a Rouen en septiembre de 1900 para la boda de una nieta. En octubre de 1900, él y su esposa se mudaron de la casa alquilada de la Rue Charles Dubois y regresaron a la oscura y estrecha en el n.° 44 Boulevard Longueville, más barata de calentar. Los muebles se amontonaron tristemente en el comedor y la sala, el diminuto jardín estaba invadido por gorriones y las reparaciones se demoraron una eternidad[646]. En el segundo piso, Verne recreó su ascético estudio: sólo «dos mesas, un sillón acolchado, una cama de campaña» y un porta-

641 13 feb. 91 a Hetzel hijo; 8 ago. 94.
642 Jean Jules-Verne, «Souvenir de mon grand-père», *L'Herne*, 112-116.
643 [23 mar. 05] de Marie Verne a un miembro de la familia, en CNM 250.
644 Compère, *La Vie amiénoise*, 44.
645 Notas inéditas en Amiens; 1 jun. 96 a Turiello.
646 JJV x; JJV 199.

pipas; todavía con el *St. Michel* ante el Vesubio, pero ahora acompañado por un Corot, que le había gustado al menos desde 1857[647].

En 1894 Hetzel lo llamó por teléfono al Círculo de la Unión, pero Verne no reconoció su voz ni entendió gran parte de lo que dijo (JD 401). Rompió relaciones con Michel nuevamente, por su apoyo a Dreyfus. En 1898, al menos según su biógrafa, quemó la mayoría de sus documentos personales, incluidos cientos de cartas, libros de cuentas e, incluso, manuscritos inéditos que hoy valdrían la fortuna de un nabab. Tal vez también regaló sus objetos personales tantos como fue posible, según conjetura paranoide de su pariente lejana: para impedir el trabajo de futuros investigadores (ADF 211). Michel vino de visita en un automóvil último modelo.

La salud del novelista se deterioró. A su estómago hinchado se sumaron calambres de escritor, bronquitis y reumatismo: «Vivo de leche y huevos y las piernas no me sirven»[648]. El mareo y el zumbido en sus oídos se volvieron tan severos que casi lo hicieron caer de su carruaje, lo que significó que ya no se atreviera a salir solo[649]. Con crecientes dolores causados por la diabetes, no podía esperar las comidas, sino que comía solo a las 12:00 en punto, sentado en un banquillo especialmente hecho para apresurarse (JJV x). Se dice que durante años había comido seis alcachofas enormes todos los días y un día una pierna entera de cordero sin dejarle nada a su familia[650]. A la catarata de su ojo izquierdo se agregó la del derecho. La cancelación en 1900 de la operación necesaria lo dejó «muy angustiado»: «Escasamente puedo ver lo que escribo»[651]. En marzo de 1901, una gripe lo mantuvo en su habitación durante dos meses «muy, muy enfermo» (*Ent*. 146). Al año siguiente, su salud general empeoró, las «palabras [se me] escapan y las ideas ya no [me] vienen», por lo que los periodistas se marchaban decepcionados. En 1903 consiguió anteojos pero perdió un oído, «corriendo el riesgo de escuchar sólo la mitad de las

---

647 JJV x; *Ent.* 222.

648 17 ago. 90 al Dr. Félix en *BSJV* 88: 15; 15 oct. 98.

649 JJV 178; JJV 193.

650 Jean Jules-Verne, «Souvenirs de mon grand-père», *L'Herne*, 112-115.

651 20 dic. 00 y 6 ene. 01 a Turiello, en *Europe*, 58 (mayo 1980), 128. Ese verano su vista no era mejor: «ya no puede leer, ya no puede escribir» (*Ent.* 156). En 1902, las cataratas se habían deteriorado tanto que no podía saber si la luz estaba encendida o no.

estupideces y engaños... un gran consuelo»; «únicamente salía para su corto paseo»[652]. Su diabetes se agravó repentinamente en el otoño de 1904, pero los médicos aún no pudieron reconocer la enfermedad; y en todo caso él hizo poco respecto a su salud, aparte de bromear con Hetzel hijo: «Si encuentras un nuevo estómago para reemplazar el mío... envíalo»[653].

Su presencia, refugiada en el silencio, «más envejecido que realmente viejo», aterrorizaba a su futura biógrafa, de nueve años, excepto cuando hablaba animadamente de sus libros con Michel (JJV x). Nació su segundo bisnieto y le envió a Michel otros 40.000 F (€ 200.000)[654]. Ese año llegaron noticias impactantes sobre el hermano de Gaston, Marcel Verne, quien había cumplido un pacto de suicidio con una amiga en un lago suizo, a menos que fuera solo una estafa al seguro[655].

Sin embargo, Verne siguió luchando en medio de la creciente penumbra. Apreciaba el Pontet-Canet, un vino tinto añejo (*Ent.* 67). Con sarcasmo, recomendaba el vino Mariani, a base de coca, que garantizaba curar tanto la gripe como la impotencia[656]. Se complacía maliciosamente en señalar las inverosimilitudes de Wells (*Ent.* 199). Honorine, que seguía amándole aunque con cierta incomprensión, mantenía su afectuosa atención. Había sido reelegido triunfalmente en las elecciones municipales de Amiens de 1900, aunque ahora dormitaba en las sesiones y hablaba cada vez menos. En 1902 todavía se levantaba a las cuatro (*JVEST* 243). En ocasiones aún podía aparecer «erguido, como el maestro que es... sus ojos [mostrando]... una singular vivacidad» (*Ent.* 146). Hacia 1904 se sintió alentado por una carta de la Casa Blanca, que afirmaba que el presidente Roosevelt –sin duda un buen políglota– había leído «todas» sus novelas con gran placer[657]. En su último año todavía acudía al Círculo Universitario, donde citaba a sus amigos el adagio latino de que «la Naturaleza llama al hombre a no temerle a la muerte»[658].

---

652 ADF 212; Jan Feith, «Le Globe-trotter chez lui», *BSJV* 145: 10.
653 ADF 212; 15 oct. 04.
654 O. Dumas, «Quand Michel Verne fait flèche de tout bois», *BSJV* 154: 42.
655 Percereau, «Les Disparus», 19.
656 *L'Album Mariani*, vol. 3 (Henry Floury, 1897), 76.
657 Lemire 133.
658 *BSJV* 184: 77.

103. Jules y Honorine Verne hacia 1900
(autor desconocido)

Y aun así, los libros seguían brotando: el relato anti isla desierta, *Segunda patria* (1900); *Becas de viaje* (1903), sobre una gira turística por las Indias Occidentales; *Un drama en Livonia* (1904), que presenta la rivalidad entre germanos y eslavos; *Dueño del mundo* (1904), donde un ahora megalómano Robur el Conquistador regresa en un automóvil que es también sumergible y volador; *La invasión del mar* (1905), sobre la inundación del Sahara.

Las Historias de Jean-Marie Cabidoulin (1901) proporcionaron un vívido retrato del marino de ese nombre, un posadero cuyos relatos posiblemente habían deleitado al Jules escapado a los once años. De hecho, la novela, sobre una cacería de monstruos marinos, presentaba una amplia gama de nombres del pasado remoto de Verne: Bourcard y Coquebert, cuyas familias conocimos por última vez en la década de 1830, un teniente Allotte, un contramaestre Ollive y un arponero llamado Ducrest.

En *El pueblo aéreo* (1901), «Estoy tratando de reconstituir la raza intermedia entre el más perfecto de los monos y el más imperfecto de los hombres»; Verne era antievolucionista: «¿Tuvo el hombre monos por antepasados? No... no está probado»[659]. En *Los hermanos Kip* (1902), sobre un error judicial, quizás en honor a Paul, Verne atacó tanto la inteligencia de los tasmanios, «estúpidos, negros salvajes situados en el peldaño más bajo de la humanidad», como su desaparición y la de otros aborígenes «bajo el puño de Gran Bretaña».

Y todavía compuso más libros que se acumulaban a la reserva de pedidos, pues solo salían uno o dos cada año: *El piloto del Danubio* (escrito en 1896-1897), navegando por Europa central; *Magallania* (1896-1899), donde el protagonista que busca la soledad se ve obligado a gobernar náufragos; *El volcán de oro* (1899-1900), sobre la fiebre del oro del Klondike, incluyendo indios traicioneros; *El secreto de Wilhelm Storitz* (1901), que se centra en un hombre invisible; *La caza del meteoro* (1901), sobre un asteroide portador de oro; y cuatro capítulos y medio de «Viaje de estudios» (1903-1904), ambientado en el África colonial francesa.

---

659 *Ent.* 148; *El pueblo aéreo* viii.

En total, Verne había escrito varios millones de palabras para Hetzel y millones para otros[660]. Por 60 años de trabajo había obtenido quizás 800.000 F por sus obras teatrales y 1,35 millones del editor[661], un poco más de 20 céntimos (€ 1) por palabra.

Entre esos relatos a veces lentos, hay una joya que brilla con luz propia, que demuestra que Verne todavía podía escribir buenas historias de acción. *El faro del fin del mundo* (1905), aunque no fue enviado por el novelista a pruebas de imprenta, tiene una sorprendente fuerza narrativa. En 1859 la balandra *Santa Fe* deja a Vásquez, Felipe y Moriz en la antártica Isla de los Estados reclamada por Argentina, para atender el nuevo faro de la bahía de Elgor. Pero una banda de náufragos, liderada por el diabólico Kongre, varada allí durante mucho tiempo, enciende en lo alto una luz falsa para atraer a una goleta a los arrecifes, y dan muerte a todos los tripulantes. Luego asesinan a los confiados Felipe y Moriz, lo que obliga a Vásquez a huir; los piratas atraen un barco americano, y también matan a todos a bordo excepto al primer oficial John Davis. Vásquez y Davis, jurando vengarse, retrasan la salida de la goleta reparada utilizando un cañón recuperado. Los piratas se están marchando por fin, cuando el *Santa Fe* vuelve a aparecer. Los saboteadores se repliegan a tierra e intentan asaltar el faro. En el dramático clímax mueren, y Kongre se arroja orgullosamente por un acantilado.

Con una fría perseverancia y un gran ingenio por parte de ambos bandos, *El faro* se asemeja a una partida de ajedrez tridimensional jugada por hombres de negocios de Asia oriental, calculando sin cesar lo que el adversario podría saber y realizando análisis probabilísticos de múltiples variables sobre los laberínticos cursos de acción posibles. En este thriller de suspense intercalado en una novela marina, frente a toda la oscuridad, la muerte y la desesperación, el faro apenas brilla con una débil luz: la acción positiva en un mundo caído puede, en el mejor de los casos, contrarrestar las fuerzas oscuras. El faro constituye así una posible conclusión de la carrera del escritor. La grandeza de Jules Verne, maestro sin parangón del relato de aventuras, irradia desde su obra más sencilla.

---

660 Martin, PhD, 232, estima en total 20 millones.

661 Martin, *Jules Verne*, 321; Dehs, *Jules Verne* (2005), Apéndice 2.

104. Cortejo fúnebre de Verne, con un Michel barbudo en la segunda fila (foto de autor desconocido tomada el 1 de abril de 1905)

El jueves 16 de marzo de 1905, el único francés global sufrió un grave ataque de diabetes. Dejó su estudio del segundo piso y se mudó a la cama de su esposa en el primero. El domingo, la parálisis se propagó por su lado derecho. El martes por la mañana, su hermana Marie vino durante unas horas, justo a tiempo para escuchar a Jules decir: «Estoy muy feliz de verte, hiciste bien en venir», sus últimas palabras claras[662]. Llegaron Michel, Valentine y Suzanne, junto con la esposa de Michel y sus tres hijos; las hermanas Mathilde y Anna estaban demasiado ancianas para viajar. El miércoles, Verne paulatinamente perdió la voz; esa noche llamó a Honorine y a Michel y los abrazó, entonces se volvió hacia la pared (JJV ix). El jueves por la mañana llegó Hetzel, pero no lo reconoció. A partir de las diez de la noche, Verne padeció durante varias horas terribles sufrimientos, tratando de mover su brazo, cada vez más rígido; hacia las dos de la madrugada cayó en coma y recibió la extremaunción; los estertores comenzaron a las once. Hacia las tres de la tarde del viernes 24 de marzo todo había terminado[663].

---

[662] 23 mar. [05] de Marie Verne a Mathilde, en CNM 250 y *BSJV* 194: 40-44.
[663] *BSJV* 154: 7.

Mientras los periódicos de todo el mundo informaban de su muerte, abundaron homenajes de políticos, exploradores, científicos y escritores; pero ninguno de un solo académico (ADF 219).

En el funeral del 28 de marzo estuvieron presentes las hermanas, la esposa, el hijo, los nietos, las hijas, las nietas y cuatro sobrinos, excepto Gastón. También asistieron Hetzel, un profesor de primaria, un representante de la Sociedad de Geografía y 5.000 personas. No vino nadie del gobierno ni de la Academia.

Jules Verne dejó unos 1,2 millones de francos, la mayoría en acciones, reducidos por los gastos a tres cuartos de millón; nada para Michel debido a sus deudas, y muy poco para sus hijas[664].

Honorine quemó los pagarés y otros documentos[665]. La ciudad de Amiens tardó varios años en reunir los fondos para construir una estatua. Se dice que después de que una tormenta y la caída de un árbol decapitaran el monumento, la cabeza cortada de Verne permaneció en la hierba crecida durante un año (ADF 220).

---

[664] *BSJV* 195: 19-21; Suzanne heredó su colección de más de 3.000 sellos postales (*BSJV* 194: 48).

[665] Elisabeth Léger de Viane, «L'Entourage familial de Jules Verne», en *Visions nouvelles sur Jules Verne* (Amiens: Centre de documentation Jules Verne, 1978), 20-27.

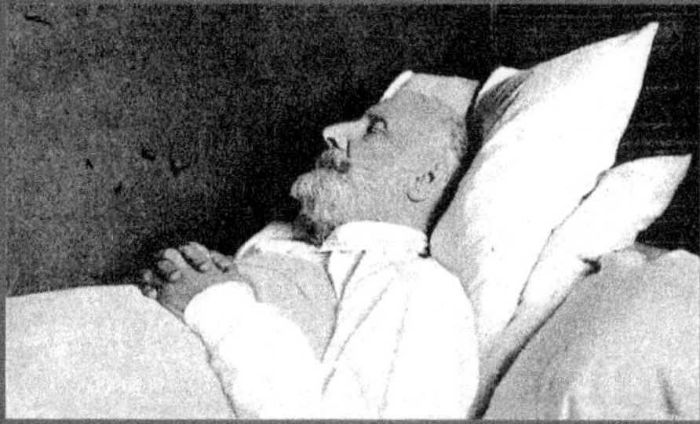

105.Verne en su lecho de muerte (fotografía de Douard)

Arriba, fotografía original en blanco y negro.
Abajo, versión coloreada.

(En el siglo XIX era relativamente frecuente hacer fotografías post-mortem, de ahí la existencia de esta foto tan difundida del autor).

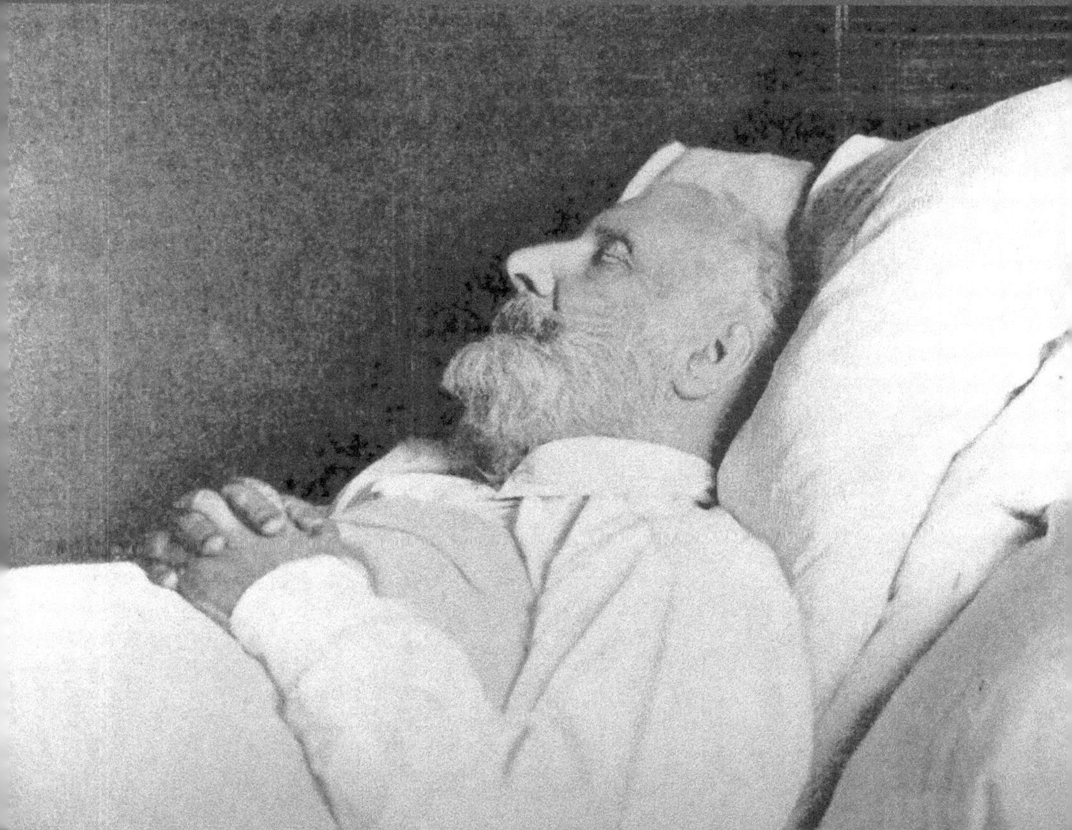

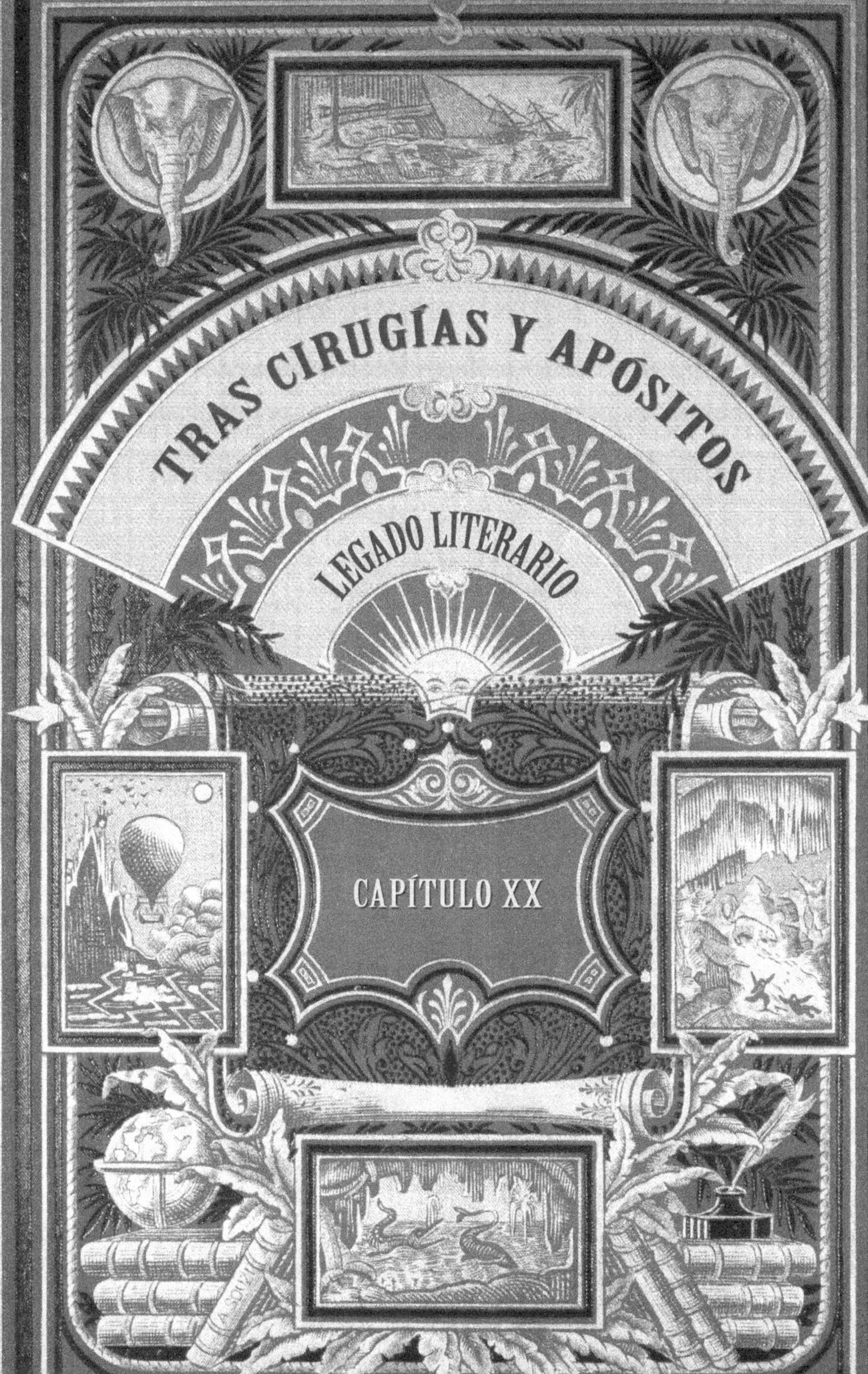
TRAS CIRUGÍAS Y APÓSITOS
LEGADO LITERARIO
CAPÍTULO XX

106. Portada de la edición original de *La isla misteriosa* en la colección Hetzel, 1874 (Jules Férat)

Hay un problema existencial a la hora de valorar el legado literario de Verne: los defectuosos textos publicados. Sin siquiera mencio nar las traducciones distorsionadas en los Estados Unidos y en el Reino Unido, los originales en francés y, de hecho, todas las reimpresiones contienen diversos errores manifiestos. Pero más gravemente, y sorprendente en su propia esencia, las novelas publicadas traicionaron a Verne: el editor había impuesto cambios inaceptables en ellas, alterándoles su espíritu mismo.

Hasta la fecha nadie ha leído los manuscritos de las obras más conocidas de Francia. Las versiones manuscritas de *Viaje al centro de la Tierra* y *Veinte mil leguas*, en particular, han sido ignoradas universalmente, lo que –respecto al estatus de Verne en el mundo académico– significa que los estudios continúan construyéndose sobre las arenas movedizas de los textos «hetzelizados»[666].

Sin espacio para dar completa cuenta aquí de los numerosos cambios sustanciales, casi todos iniciados por el editor, me limitaré a resumir las principales tendencias.

En muchos casos, como hemos visto en media docena de novelas, Hetzel reestructuró las tramas y la ideología y suprimió la política, la violencia, el sexo y el comentario social. El desarrollo de los personajes y la visión personal, literaria y filosófica fueron atenuados, adulterados o simplemente cortados. En algunos casos, las partes faltantes tienen tanto interés como las publicadas. En ocasiones, representan la cúspide de la escritura de Verne. Sin excepción, son fundamentales para entender las novelas que han

666 Las excepciones somos Marcel Destombes, «Le manuscrit de *Vingt mille lieues sous les mers* de la Société de géographie de Paris» (*BSJV* 35-36: 59-70) y mis propias publicaciones.

cautivado a las generaciones. En opinión del propio escritor, algunas de las novelas habrían estado mejor sin la intervención del editor.

Entre los temas recurrentes, desaparecen las referencias a creencias no cristianas o incluso al protestantismo. Donde el autor ve la mano del azar, en el mejor de los casos «providencial», el editor inserta habitualmente una Presencia Divina.

Los inocentes comentarios de Verne sobre su país de origen rara vez sobreviven al escrutinio del editor[667]. Sorprendentemente, los libros no visitan Francia, lo que crea una considerable torsión cuando se va de Alemania a Italia (*Viaje al centro de la Tierra*), de Italia a los Países Bajos (*Veinte mil leguas*) o de Gran Bretaña a Suiza (*La vuelta al mundo*)[668]. Hasta «El camino de Francia» (1887) se detiene en la frontera. Es casi como si Dickens hubiera rodeado Inglaterra, o Scott sobrevolado Escocia.

Es evidente, en términos generales, que el Verne publicado evita describir o comentar la sociedad francesa y *a fortiori* la política. Los Napoleones o las diversas revoluciones, guerras, reyes y primeros ministros están ausentes de su obra; y para saber que no escribe bajo una república hay que desenterrar una oscura alusión a un navío imperial.

Ante la evacuación sistemática, el sujeto debe ser lo primordial, como diría Freud. El autor comenzó su carrera comentando el estado psicosociológico y tecnológico de Francia; pero al mismo tiempo un sueño de horizontes más amplios impregna su escritura a partir de «Alegres Miserias». Fue solo esta última tendencia la que Hetzel fomentó, causando que Verne siempre pareciera extrañamente poco francés.

Y sin embargo, los manuscritos y las obras publicadas después de su muerte abundan en escenas ambientadas en Francia, así como en referencias a la cultura contemporánea. Una primera clave del misterio se encuentra en el rechazo de Hetzel a *París del siglo XX* y *Viaje a Inglaterra y Escocia*, donde más de una cuarta parte está ambientada en Francia. Verne deduce que el editor no aprecia su visión de la nación, en verdad algo irónica.

---

667 Butcher, «Introduction», *Twenty Thousand Leagues*.

668 Entre las pocas excepciones se encuentran algunos de los cuentos, *Clovis Dardentor*, con un embarque en Sète, y *Robur el Conquistador*, donde el héroe sobrevuela París, pero sin detenerse.

Cuando se publica *Hatteras*, también desaparece un comentario inocente sobre la exploración polar francesa. En *Veinte mil leguas* se elimina igualmente la burla a la frivolidad del teatro galo y al conformismo de la prensa. En las novelas posteriores, se producen más obliteraciones. Verne quiere lanzar una porción autónoma de Francia al espacio, probablemente la Bretaña, pero en lugar de ello tiene que enviar un pequeño rincón de Argelia. Sus comparaciones, aunque equilibradas, de los estilos de vida transatlánticos o del periodismo del otro lado del Canal de la Mancha, corren el mismo destino[669]. Disimula en alusiones literarias francesas –a Stendhal, Dumas hijo, Michelet u Offenbach–, pero es en vano. Incluso sus notas a pie de página que reconocen fuentes francesas están expurgadas, en un caso convirtiendo en plagio la copia extensa de un texto.

Esa ausencia se aplica incluso a la producción artística. *Salón de 1857* y *París* comparten con el borrador de *Veinte mil leguas* un enfoque de la pintura francesa. Las obras en el salón original de Nemo representan así un doble préstamo a sí mismo, un recuerdo agridulce de las carreras perdidas como crítico de arte y autor futurista. Pero los tres intentos se hundirán en el olvido secular, reemplazados en el caso del capitán por un sinfín de científicos y artistas religiosos, en su mayoría muertos o extranjeros.

Nunca se había sospechado el lado artístico de Verne, el carácter visual de su imaginación, la naturaleza pictórica de sus fuentes. Sus escenas están construidas, lo sabemos ahora, desde el ojo de su mente. Los personajes, barcos, máquinas o panoramas que pueblan sus escritos mezclan a la perfección lo artístico y lo técnico, lo personal y lo documental, lo autobiográfico y lo ficticio, lo doméstico y lo extranjero.

Esta asociación entre arte pictórico y literario, en efecto impregna toda la obra de Verne. Después de *El Salón de 1857*, muchas de las referencias en los márgenes de los borradores de sus manuscritos no son a fuentes textuales, sino a las ilustraciones que los acompañan. Con nuevas técnicas de impresión, educación primaria universal y un público lector menos instruido, la cantidad de imágenes en libros y revistas aumentó dramáticamente desde la década de 1860. Verne derivó muchas de sus asombro-

---

[669] Al mismo tiempo, Hetzel reduce el número y el alcance de los logros británicos, y aumenta los franceses, ya sea en la exploración, la tecnología o la industria.

samente precisas descripciones de países extranjeros a partir de estas ilustraciones, a menudo producidas *in situ.*

Un último vínculo entre los dos géneros se encuentra en los talentosos bocetos del propio Verne, conservados en los importantísimos manuscritos. Durante su carrera con Hetzel, dibuja –o más bien traza– docenas de mapas para mostrar el paso de sus héroes. En sus viajes por el norte, dibuja un castillo, una casa de campo, una costa salvaje y cascadas. Adorna sus primeros manuscritos con imágenes de lugres, un rostro florentino, una caricatura de nariz enorme y autorretratos. Mientras imagina los primeros esbozos de *La vuelta al mundo*, su espíritu vagabundo garabatea figuras humanas y un perro bastante felino. Para el díptico lunar, su diagrama de la órbita del sol, la tierra y una luna de cabello largo forma una figura humana pesadamente embarazada.

El amor y la sexualidad son otros temas en los que el editor se siente cómodo mostrando su pericia y empuñando su escalpelo. Es cierto que al comienzo de la carrera de Verne las críticas de Hetzel hacen que el escritor pierda la confianza en su capacidad para escribir escenas de amor, y por ello invita al editor a que le ayude a escribirlas: desgraciadamente, sus concepciones estereotipadas son opuestas a las de Verne. Tanto en sus obras como en su vida privada, el novelista detesta las manifestaciones emotivas de todo tipo y es generalmente antirromántico: a menudo el amor es menos puro y etéreo que impulsado por un motivo ulterior. Desdeñando la tradicional ubicación del amor en el alma, prefiere considerar a las mujeres en términos utilitarios, como ayuda útil, objetos sexuales o ricas presas.

Solo en el manuscrito de *Héctor Servadac*, en el que un cometa habitado viaja alrededor del Sistema Solar, es una mujer motivo del duelo que inicia la novela. En *Viaje al centro de la Tierra*, las escenas de alcoba tendrán que dar paso a los gestos codificados de la compañía galante y a una declaración impúdica de Graüben; a Hetzel le gusta colocar propuestas de matrimonio fuera de lugar, acompañadas de lecciones morales, en boca de Mary Grant o de la heroína de *Los quinientos millones de la Begún.* Del mismo modo, aunque el editor no entiende en absoluto a la recatada señorita china de Verne, la obliga a plegarse a su voluntad.

Es posible preferir algunas de las primeras composiciones del novelista con su enfoque coherente, su sinceridad, su ocasional sexualidad flagrante –las actividades reproductivas de los monstruos antediluvianos o el miembro expresivo de Fogg–, incluso su reducción del papel de la mujer y su desconfianza al matrimonio. Las concepciones autóctonas de Verne encajan mejor con la novela de aventuras que las revelaciones publicadas de sentimientos ocultos, los suspiros, las miradas furtivas, los corazones palpitantes, el decoro «femenino», la caballerosidad, los discursos pomposos y las recepciones de sociedad[670].

Repetidamente, donde Verne cree que los niños debieran conocer su lugar, Hetzel, pensando en modelos a seguir para sus lectores, refuerza sus roles, enfatiza el tema de la iniciación, los convierte en adultos en miniatura. Le gusta agregar personajes secundarios cómicos, a menudo negros, británicos, feos o acompañados por un perro. La pluma editorial rara vez aporta una mentalidad o una voz distintas o crea conflictos o sorpresas; agrega positivismo, devoción y vanidad. Al erradicar el pasado de Lidenbrock, Grant, Nemo, Fogg o Passepartout, la hetzelización reduce los personajes al mínimo denominador. Sus reglas de juego comerciales decretan que «no vale la pena pagarse un negro si no se va a disfrutársele un poco más», o que no hay que matar al héroe por si vuelve a necesitarse más tarde[671]. Piénsese en lo que habrían sido Shakespeare o Dickens bajo ese régimen.

El editor finge no entender los aforismos sociales de Verne, incluso los más benignos. Si el autor observa desencantado que la vida tiende a premiar a los ricos y poderosos, que el motivo del matrimonio puede ser impuro, que la amistad masculina puede parecer equívoca, que el canibalismo puede ser racional, que la guerra a veces se justifica, que los periódicos no siempre dicen la verdad, o que el progreso no siempre es bueno, todo su realismo debe ceder inevitablemente a sentimientos piadosos, al conformismo general, a evadir el problema.

---

670 Es cierto que al principio, al haber perdido la confianza en su propia capacidad y al no gustarle los sentimentalismos, Verne invitó a Hetzel a añadir toques de ese tipo. Pero es posible que se haya tomado demasiado en serio las críticas mordaces y aceptado con demasiada facilidad la supuesta habilidad del editor para escribir mejor que él.

671 [May. 73]; 14 may. 76.

O. R.

1ère partie.

107. La cubierta del manuscrito *El tío Robinson*, con las cuentas de Verne.

Las reservas de Verne en cuanto a los beneficios de la tecnología saltan a la vista en los manuscritos, pero son menos evidentes en los libros. Hetzel a veces exige más ciencia, a veces menos. Rechaza la anticipación, juzga *París en el siglo XX* como algo completamente sin mérito, reemplaza Underland por una historia de amor banal y elimina tanto la mecánica celestial en *Héctor Servadac* como los capítulos quirúrgicos y psiquiátricos en *La isla misteriosa.* El autor juzga el conocimiento científico en términos filosóficos o socio-psicológicos, aportando casualidad, metáforas domésticas o significancia personal: lo hace conforme a las necesidades de la historia. Pero el editor prefiere afirmaciones que suenen científicas: la cita de autores abstrusos o incluso simple terminología. La buena ciencia, preferiblemente la respaldada por el establishment, se presta a la moralización de los jóvenes. La mala ciencia busca una visión de conjunto, implica prueba y error, efectos colaterales y subjetividad y ego de los científicos. La posteridad muestra que la firme intuición del novelista merece el raciocinio *a posteriori* de todo un congreso de académicos enmohecidos.

Verne no se considera a sí mismo un escritor científico. Es Hetzel quien, en la publicidad y en sus prólogos, pero sólo después de las primeras obras maestras, incluye invariablemente el término «ciencia» al menos una vez, con o sin el menor motivo. Cuando el novelista escribe secciones «científicas», seguramente es, en parte, para cumplir con el deseo del editor de que sea notorio que la obra educa a los jóvenes.

Verne considera que sus obras en conjunto forman un todo que presenta una visión coherente de la posición de la humanidad en el universo. Hetzel se concentra en los aspectos comerciales y juveniles. Por lo tanto, no sorprende que la «intertextualidad» visible en los manuscritos resulta atenuada bajo su ruda tutela. Por ejemplo, dos párrafos suprimidos del manuscrito de *Viaje al centro de la Tierra*, que describen el movimiento de enormes porciones del globo, anticipan *Las Indias Negras* y *Héctor Servadac.* Así mismo, en los márgenes de dos pasajes de la(s) novela(s) sobre la luna se hace referencia a *Hatteras* como fuente de información científica. El proceso de auto-intertextualidad puede incluso ser parodiado. El «verdadero» apellido original de Nemo, «Anardill», se usó por primera vez en la primera obra de teatro de *La vuelta al mundo*, co-firmada por Verne pero alejada de su pluma y espíritu. Este cuerpo imperfectamente integrado flotará así por un breve momento en *La Isla Misteriosa* antes de hundirse de nuevo en el olvido.

Un particular vínculo intertextual es complejo pero crucial. En el margen de *Veinte mil leguas* Verne escribe un recordatorio sobre examinar una fotografía con una lupa, sin duda para determinar la nacionalidad del buque de guerra que acosa a Nemo. El anteojo está tomado del resumen argumental de la primera historia de la isla desierta utilizado para detectar la presencia de nativos en las dos partes de la novela que nunca fueron escritas. Además de mostrar la asociación estrecha de las dos novelas, el apunte descartado revela que los náufragos anteriores tienen una cámara que se agrega a una misteriosa esferita de plomo descubierta al final de la primera parte. Para cuando aparezca *La isla misteriosa*, escrita de las cenizas hetzelizadas de *El tío Robinson*, estas presencias extrañas en la isla se transfigurarán en un capitán Nemo entrometido que acecha entre los intersticios de la isla, con múltiples incoherencias. Los hechos publicados son tan no vernianos, tan artificiales y melodramáticos, comparados con el realismo y la autenticidad de la idea original, como para sugerir que todo el falso enigma de Anardill/Dakar/Nemo se debe a un intruso que merodea entre las grietas de la novela, visible sobre todo en los márgenes de los manuscritos.

El proyectil de plomo mismo, descubierto en la única parte sobreviviente del *Tío Robinson*, permanece igualmente sin explicación, pero se importa a *La isla misteriosa*, donde es triplemente incongruente, ya que Nemo nunca come carne, se niega a poner un pie en tierra y, en cualquier caso, tiene un rifle eléctrico. Aquel objeto extraño, tan difícil de absorber en la sustancia de la novela, ¿no podría haber venido de la misma fuente externa? Ello ayudaría a comprender por qué Verne queda permanentemente estancado en este punto. Su universo de ficción, que recrea una infancia feliz transcurrida en contacto con la naturaleza, alejada de lo malo de la humanidad, se quebrará irreparablemente con la deformación del argumento de la(s) novela(s) de la isla desierta. Los libros que seguirán estarán marcados por un casi sonambulismo, una pérdida de confianza, un centro que no puede sostenerse.

124

Quant aux Espagnols, la générosité du comte les avait mis à l'abri du besoin.

Ben-Zouf, lui, ne quitta plus son capitaine; il le suivit à Paris. Il l'emmena même à Montmartre, et le fit monter sur sa butte.

« Ah! mon capitaine! s'écria-t-il, en voilà une qui aurait résisté au choc de la comète!

— Oui, Ben-Zouf, répondit Hector Servadac, surtout si elle eût été en Gascogne! »

Reste à parler de Palmyrin Rosette. Revenu à la terre, il devint très célèbre, mais il resta toujours très atrabilaire. On avait conservé à la comète ce nom de Gallia qu'il lui avait donné. Que lui manquait-il donc pour être complètement satisfait ici-bas?

Il lui manquait d'être encore à courir le monde solaire sur sa comète, ou tout au moins sur le morceau qui lui avait été enlevé.

Or, ce morceau, la lunette des astronomes le retrouva un jour dans l'espace. Il avait été capté par la Lune!.. Il était devenu satellite d'un satellite!

« Sont-ils heureux, ces Anglais! » s'écria Palmyrin Rosette, en contemplant l'infime astéroïde.

Heureux! Peut-être le seront-ils un jour. L'Angleterre n'a pas l'habitude d'oublier ses nationaux. Les ingénieurs du Royaume-Uni s'occupent donc d'imaginer quelque moyen de ramener Gibraltar, Ceuta, leurs compatriotes et le morceau de Gallia à la terre!..

Tout porte à croire qu'ils y parviendront.

non

Fin de la deuxième et dernière partie.

108. Hoja del manuscrito *Héctor Servadac*, con la dura crítica de Hetzel

Como las de un estudiante apresurado, las lecturas de Hetzel se enfocan en las áreas de mayor impacto, como el número de volúmenes, el título o el principio y el final. Al editor le gusta que las novelas comiencen con un diálogo, un enfoque estándar adoptado por Verne de mala gana en *La isla misteriosa* y *Strogoff*, pero que rechazó en *Una ciudad flotante* y *Matías Sandorf*.

El título *De la Tierra a la Luna* es engañoso, ya que el primer volumen de lo que Verne vio como un díptico unificado apenas sale de nuestro planeta. El editor sugiere tardíamente agregar un volumen adicional a *Veinte mil leguas*, una operación simple, sostiene. Esta sugerencia evidencia una ignorancia de la naturaleza de la creatividad, que es fácilmente perturbada, como le dice Verne a propósito de *La isla misteriosa*.

Los títulos de Verne contienen a menudo la palabra «Viaje», y sus novelas pretenden, al menos en la presentación jactanciosa de Hetzel, describir el mundo entero. En cambio, el editor prefiere títulos que exalten el nombre del protagonista, como Hatteras, Grant o Strogoff. Si bien sus títulos a veces suenan mejor, en estos tres casos las formulaciones originales reflejan mejor los contenidos; además, nunca se llega al centro de la tierra, la cifra de 20.000 leguas puede ser un invento, los astronautas nunca salen del proyectil y Fogg viaja durante 81 días.

En su mayor parte, tras haber llegado al África más oscura, a la fuente del Nilo y a los polos, al inframundo y a Underland, a la Atlántida y al lado oscuro de la Luna, Verne desea abandonar sus audaces exploradores a sus gloriosos destinos. La idea de un suicidio final, implícita en *Hatteras*, *Veinte mil leguas*, *La vuelta al mundo*, *Las Indias Negras* y *El faro del fin del mundo*, resuelve el problema logístico de mantener la tensión narrativa, de regresar a casa, de evitar banquetes y bailes. Las novelas están construidas para proporcionar, como dice Verne con ironía, un clímax adecuadamente explosivo; en consecuencia, las conclusiones moderadas originales son concisas y modestas.

Sin embargo, dentro de la mejor tradición mercantil, Hetzel quiere terminar con un acorde mayor. Como si el peso de Hollywood ya se pudiera sentir, los duelos a muerte, la muerte misma y los desastres tienen que dar paso a finales felices, con bodas y empleos normales, además de largas explicaciones. Para el novelista, realizarse rima con comprometerse, incluso con sepultarse; para el Verne hetzelizado, significa mejoramiento social.

En consecuencia, no es de extrañar que el autor sufra cada vez más ante la exigencia de encontrar una conclusión constructiva cuando su instinto lo empuja hacia una demostración de la realidad y a una destrucción de lo extraordinario. Al igual que el obsoleto «príncipe Nemo» exhibido ante los estadounidenses emprendedores y de iniciativa, Verne no se adapta bien a un *fin de siècle* positivista que busca ganancias. De todos modos, tras sus debacles polares y lunares, comienza a anticipar el inevitable lápiz azul; y sus conclusiones comienzan a desbordarse de pedagogía torpe, sentimientos edificantes y altruismo lacrimoso. *El «Chancellor»* es emblemático en este sentido: originalmente un suicidio fallido cambia a la salvación de los náufragos; pero incluso esta elegante concesión será reemplazada por declaraciones de amistad eterna y amor de todos los hombres.

Estos lamentos ante una grandeza perdida, estas reflexiones amargas sobre el destino de un Verne liberado de los grilletes mortíferos de Hetzel, se aplican igualmente en el ámbito del estilo. Expresiones populares o vívidas –regionalismos, neologismos u observaciones personales del narrador– serán suprimidas. El efecto es que se reduce la fluidez, se rompe la percusión rítmica; a veces por razones comprensibles pero rara vez con un resultado en general positivo.

El más rápido examen revela otra intervención editorial de sorprendente audacia y alcance. Pasajes de *Las Indias Negras*, *Strogoff* y *Los quinientos millones de la Begún* fueron escritos por el propio Hetzel: un total de seis mil palabras, y quizás mucho más. El estilo del editor carece de distinción, como se puede ver en los siguientes extractos:

> Entre los prisioneros había una anciana cuya misma taciturnidad parecía diferenciarla de los que compartían su destino. Ninguna queja salió de sus labios. Parecía una estatua del sufrimiento. Esta mujer era, sin embargo, la más custodiada y supervisada, aunque ella no parecía darse cuenta.

«Él no hablar porque no trabajar», dijo un negro celoso de un orangután domesticado que su amo alimentaba para que no hiciera nada [*sic*][672].

Sin un estilo vivo, ni una visión amplia, ni siquiera mucho dominio técnico, débil en verosimilitud y física, los pasajes y capítulos que el editor añade de su propia cosecha, como sus breves añadidos en los márgenes de los manuscritos de Verne, rebosan de endiosamiento, heroínas que se desmayan y retórica vacía. Los agregados del editor, mal adaptados a la novela geográfica o de aventuras, son, en el mejor de los casos, reincorporados ingeniosamente en la trama. En el peor de los casos, introducidos sin referencia al texto, resultan engañosos o repetitivos, y el cambio de tono y perspectiva delata su origen ajeno; parecen extraños incluso para lectores desprevenidos.

Donde el novelista a menudo escribe económica, inteligente o elegantemente con un punto de vista personal, político, incluso literario y filosófico distintivo, el editor se desborda en nacionalismo, racismo, clichés y sentimentalismo. En los libros largamente olvidados publicados bajo su propio nombre abundan similares complacencia, pomposidad y moralización. Los gestos son grandilocuentes, los sentimientos proclamados a toda voz. Los niños deben entablar una comunicación social con las niñas; comentar sobre los ancianos es impropio; los libros son solo ficción, no para ser imitados en la vida real. Tal deseo de ornamentar, de introducir el melodrama y de jugar con la psicología juvenil choca con la voz natural del novelista, masculina, enérgica, sin florituras ni concesiones.

La franqueza, el realismo, la poesía y la lucidez del primer Verne terminarán dando paso a un registro positivista y didáctico, al tiempo elevado y a nivel juvenil, en tecnicolor y enfoque suavizado, audaz pero no controversial; como si Hetzel estuviera cada vez más involucrado.

Lo que nunca se ha reconocido en la considerable literatura crítica sobre Verne son las ediciones defectuosas de Hetzel. La ortografía se degrada en las etapas de impresión, algunos de los nombres propios en particular se vuelven incomprensibles. Incluso los intentos del autor por corregir las sucesivas ediciones ayudan poco. Para mencionar solo una obra: en *Veinte mil leguas*, «Atlántida», «Birmania» o «Tierra de Adelaida»

672 *Strogoff* II ii; manuscrito de *Grant* II xvi.

aparecen invariablemente como «Atlántico», «Burnach» o «Tierra de Amelia», falsificando el conocimiento geográfico de generaciones de lectores. La gramática no es mucho mejor con errores de género en palabras comunes como «murmullo», «abismo» o «tentáculo», y conjugaciones verbales y concordancias de participios pasados defectuosas. Los traductores llevan décadas refiriéndose a tales problemas, pero sin efecto visible en las ediciones francesas modernas.

Es evidente que los editores franceses nunca han examinado los textos del siglo XIX para encontrar los que contienen la menor cantidad de errores. De nuevo en el caso de *Veinte mil leguas*: todas las ediciones recientes se basan en la primera publicación de tapa dura, quizás debido a sus finos grabados. Sin embargo, la modesta edición, que se distribuyó antes, es a menudo superior[673]. Así mismo, la edición no ilustrada de tapa blanda contiene menos errores que la de tapa dura en la que publicaciones modernas y, por lo tanto traducciones, se basan invariablemente.

Desde el principio, Verne hizo todo lo posible para garantizar la coherencia de los relatos, la estricta interconexión de los capítulos, la exactitud del más mínimo detalle. Procura ser un artesano avezado: fechas, distancias, tiempo y dinero tienen, a su juicio, una importancia enorme. Los márgenes de los borradores están cubiertos de números, comprobando cada detalle, pero sobre todo calculando la longitud del volumen: el autor cuenta todas y cada una de las líneas de texto, realiza sumas complejas, multiplicaciones y divisiones del resultado, y ajusta constantemente su producción para cumplir con las exigencias contractuales. En estos mismos márgenes anota escrupulosamente sus fuentes documentales en forma de muchas decenas de referencias completas con número de las páginas, una bendición para los investigadores emprendedores[674].

Sin embargo, el edificio comienza a desmoronarse en cuanto el editor inicia su revisión, difícil de resistir cuando el autor ya no es el amo a bor-

---

673 Por ejemplo, la deuda nacional de «doce mil millones» de francos es más real en la edición de 1869, que los «10 mil millones» en la de 1871.

674 Entre los citados: el *Dictionnaire français illustré et encyclopédie universelle* (1847) por Dupiney de Vorepierre **y** Jean-François-Marie de Marcoux, *De la physionomie et des mouvements d'expression* (1865) de Louis-Pierre Gratiolet, *Monde sous-marin* de Zurcher et Margollé, los *Bulletins* de la Sociedad Francesa de Geografía; la *Revue géographique*, y muchos autores populares de no ficción.

do. A veces, Hetzel reserva sus descargas hasta cuando los libros han empezado a aparecer, lo que hace que sea demasiado tarde para ajustar el comienzo y encajen. A veces, con refuerzos improvisados, Verne consigue evitar que la estructura se derrumbe. Si se hubiera dado cuenta desde el principio de que la piedra angular de la bóveda se derrumbaría, seguramente habría sustituido los elegantes arbotantes por robustos pilares anglosajones.

Los cálculos resultan en vano, porque los recortes editoriales pueden llegar al veinte por ciento. A menudo, como en los domesticados Axel, Hatteras, Nemo y Fogg, el novelista abandona la lucha, cediendo al poder *ex officio* de Hetzel, deseando simplemente salvar de los escombros los residuos de sentido común que –¿todavía?– no han sido atacados. El resultado de todas estas renuncias, le dice un Verne exasperado a Hetzel, es que hubiera sido mejor conservar las versiones manuscritas.

Al principio de la asociación, en el entusiasmo de los primeros libros, el autor tiene a Hetzel en alta estima, le pide consejo y admite sus dudas y debilidades, acepta todos los cambios, incluso los realizados de mala fe. Con el tiempo, la relación evoluciona. En el periodo de transición, el autor empieza a desconfiar de las intervenciones y a actuar al margen, ciertamente angosto, si quiere evitar un divorcio complicado. A partir de la década de 1870, el editor se apropia de los personajes, de la trama, del estilo, de los hechos, de la ideología: de todo, mientras se esfuerza cada vez menos por parecer coherente, razonable o siquiera cortés.

Algunos de los comentarios del editor sí parecen estar bien fundamentados. Las ideas de Hetzel a veces son útiles en cuanto a detalles de verosimilitud o expresión, si bien Verne habría podido arreglarlos él mismo en una fase posterior. Como el diablo está en los detalles estilísticos, el efecto beneficioso del trabajo conjunto de revisión no debe subestimarse. Algunas de las ideas del editor son, además, indirectamente útiles, al obligar al autor a inventar soluciones, a escribir creativamente contra su editor. Ciertamente, necesita un primer lector, alguien de quien buscar aprobación.

Incluso el texto aún no visto por el editor estaría, desde esta perspectiva, afectado por el conocimiento de sus intervenciones pasadas. Nunca podremos liberar los escritos de Verne de una influencia editorial general, con la excepción, por supuesto, de las obras anteriores a 1862.

Podemos preguntarnos entonces por qué, en el caso de las novelas de varios volúmenes, Verne presenta el primero antes de escribir los demás. En vista de la carnicería de *El tío Robinson*, ¿por qué el escritor no produce todos los volúmenes de una sola vez? La respuesta puede ser sencillamente que el editor presionaba al autor para que enviara material para los siguientes números del *Magasin*, lo que significaba que le faltara tiempo para escribir el libro completo. La otra posibilidad es que Verne pudo haber pensado que desde un comienzo la idea completa no tuviera posibilidades...

Otras estrategias son visibles. Excepcionalmente, Verne le dice a Hetzel que sus ideas son una locura, ya que contradicen las leyes de la física. Pero normalmente recurre a subterfugios: deforma los hechos y tergiversa, hace promesas que sabe que el editor pronto olvidará, y se declara contento con sus observaciones simulando adoptarlas todas. Las observaciones inconvenientes o críticas quedan así subrepticia o subliminalmente desplazadas del texto.

En pocas palabras, a pesar de la resistencia del autor, casi todos los manuscritos sufren una letanía asombrosa de modificaciones, capítulos enteros desaparecen de la faz de la tierra o se pierden en el vacío.

Al final el novelista, taoísta consumado, busca la solución dentro del problema, absorbe la arena que Hetzel vierte en sus bien engrasados engranajes. Forzado a adoptar ideas que chocan con el sentido común y no encajan en la historia, las pone en boca de sus personajes menos favorecidos intelectualmente. Rumia su venganza componiendo la cruda realidad de los hechos y acaba mostrando la ineptitud de las ideas.

Hetzel dejó múltiples rastros en la mayoría de las copias finales anteriores a 1876. Pero las partes modificadas que conocemos no son más que la punta del iceberg: cada concesión visible esconde muchas otras, detrás de cada pasaje defectuoso de la obra hay al menos otros tantos reemplazados. Por tanto, debemos ser escépticos ante cada sentimiento forzado, cada razonamiento engañoso, cada frase desbalanceada, cada episodio cojo o cada trama maltrecha.

193

Il y avait six mois au moins qu'elle était dans son coin sans se douter des tracas qu'elle causait.

Tout d'un coup, quelle fut ma stupéfaction profonde. Je poussai un cri. Mon oncle accourut.

— Qu'est-ce donc ? demanda-t-il.

— Mon oncle, cette boussole !...

— Eh bien ?

— Mais son aiguille indique le sud et non le nord !

— Que dis-tu ? s'écria le professeur.

— Voyez ! ses pôles sont changés !

— Changés !

Mon oncle regarda, compara, et fit trembler la maison par un bond superbe.

Quelle lumière éclairait à la fois son esprit et le mien !

— Oui, mon oncle !

— Notre erreur s'explique alors, mais quel phénomène a pu produire ce renversement des pôles.

— Rien de plus simple.

— Explique-toi, mon garçon.

— Pendant l'orage, sur la mer Lidenbrock, cette boule de feu qui aimantait le fer de notre radeau, avait tout bonnement désorienté notre boussole !

— Ah ! s'écria mon oncle, c'était donc un tour de l'électricité !

A partir de ce jour, mon oncle fut le plus heureux des savants, Marthe la plus heureuse des servantes, et moi le plus heureux des amants, car

— Ainsi donc, dit-il, dès qu'il retrouva la parole, après l'explosion au cap Saknussemm, cette damnée boussole nous marquait le sud au lieu du nord !

[...]ar ma jolie Virlandaise, pendant sa position de pupille dans la maison de König-strasse en la double qualité de nièce et d'épouse. Inutile d'ajouter que son oncle fut l'illustre professeur Otto Lidenbrock, membre correspondant de toutes les sociétés scientifiques, géographiques, et minéralogiques des cinq parties du monde.

fin.

109. El final de *Viaje al centro de la Tierra* en el manuscrito

Gracias a la supervivencia de muchos cientos de cartas entre los dos «socios», podemos entender la mecánica, aunque difícilmente el alcance, de las intervenciones del editor. Hetzel está en una posición de fuerza: las discusiones parten normalmente de sus propias correcciones, poniendo al autor a la defensiva, especialmente porque está en deuda con su empleador. Las pruebas, especialmente, aumentan las tensiones entre Verne y Hetzel. El autor no puede revisar la novela como un todo ya que es necesario devolver cada capítulo a vuelta de correo, en contraste con los lectores externos que disponen de meses para leer un juego completo de pruebas. Incluso el orden de lectura es problemático. En teoría, el autor tiene el derecho no sólo de revisar las pruebas antes que el editor, sino también a revisar las «correcciones» de Hetzel antes de su próxima propia revisión. En la práctica, sin embargo, presiones de todo tipo impiden la secuencia normal de eventos.

Que el editor trabaja de memoria, por lo que en la década de 1870 adolece de crecientes lagunas, parece evidente cuando sustenta sus argumentos apresurados con hechos específicos. A veces Verne mismo llega a confundirse; ante los cambios en todos los frentes, admite perder el hilo de sus propios libros.

El autor respeta a su interlocutor, asumiendo que cada nuevo cambio tiene en cuenta las discusiones, las sugerencias, las difíciles concesiones anteriores. Hetzel actúa como si viera el texto por primera vez, imponiendo su visión inicial, ya superada. El autor es demasiado cortés, o demasiado sujeto al contrato, para arriesgar más. Cede al menos la mitad del nuevo terreno: como en la paradoja de Zenón, con cada iteración el novelista termina más cerca de la posición de Hetzel.

A veces el editor se contradice, ya sea en una sola lectura o, más difícil de manejar, en lecturas sucesivas. En ocasiones, Verne tiene que decirle a Hetzel que ciertos elementos están presentes solo porque él los quiso. En otras palabras, después de la primera lectura, el autor tiene que «volverse más realista que el rey», defender las ideas que el editor ahora quiere cambiar.

A priori, podríamos atribuir únicamente al autor las diferencias entre los sucesivos estados de una obra dada, ya sea en los manuscritos, las pruebas o las publicaciones, actuando bajo una nueva inspiración. Sin embargo, los manuscritos originales son generalmente inmaculados en contraste con los revisados por el editor; y los cambios que hace Verne siguen a menudo de cerca los comentarios e inserciones hechos en el margen por Hetzel. Incluso donde las huellas de los garabatos del editor no son visibles, muchos de los cambios son tan similares a otros de los suyos que probablemente él sea el responsable, verbalmente tal vez, mientras bajo su dictado el autor los va escribiendo textualmente. En resumen, la lógica se invierte y debemos asumir que el editor tiene al menos alguna responsabilidad por todos los cambios entre el primer manuscrito y la edición final.

¿Es ese un problema serio, o simplemente un pasatiempo para exégetas anticuados? ¿No sería más fácil sencillamente aceptar el «progreso» en la forma de los textos admitidos universalmente?

Probablemente algunas novelas publicadas sí constituyen en general el mejor estado existente: *Cinco semanas*, *Viaje al centro de la Tierra* o *Las tribulaciones*. En otros casos –*Hatteras*, *Grant*, *Veinte mil leguas*, *La vuelta al mundo* o *La isla misteriosa*– la conclusión opuesta parece defendible: en términos generales, podría resultar más placentero leer una de las versiones manuscritas con todos sus defectos.

Pero, ¿qué se puede hacer? ¿Debemos seguir el ejemplo de las novelas póstumas cuyas versiones revisadas, y en ocasiones, mejoradas por Michel Verne son a menudo consideradas inaceptables (lo que no ha detenido a las editoriales en reeditarlas)?

Una primera observación concerniente a la autoría oficial de las novelas. Cualquier atribución solo a Verne ya no es del todo correcta. Sin embargo, dado que los editores no han digerido del todo, tras un lapso de cuarenta años, la inautenticidad de la docena de libros escritos para Verne por otros por encargo, y dada la dificultad de encontrar una fórmula que reconozca a un segundo autor menor, sobre todo cuando se trata del propio editor, lo mejor que se puede esperar es sin duda una nota editorial que reconozca la contribución de Hetzel.

Una segunda conclusión es la necesidad de establecer un texto francés fiel, libre de los errores tipográficos, ortográficos y gramaticales de las ediciones Hetzel. Parece urgente, en definitiva, crear una edición de referencia de las grandes novelas.

También es importante que el lector curioso tenga acceso a las variaciones significativas, especialmente a los pasajes y capítulos omitidos. Esto plantea la cuestión, tanto práctica como «metodológica», de la forma que deben adoptar tales ediciones. En el caso de otras obras literarias canónicas, los editores eruditos han estado eliminando durante mucho tiempo las adiciones superfluas, restaurando el texto perdido, restableciendo en la medida de lo posible las obras de acuerdo con la probable intención del autor. Dado el prestigio mundial que Verne ha adquirido en los últimos años, publicar los manuscritos más famosos debería ser obvio. Sería elección de los editores seleccionar un borrador anterior o posterior, equilibrando el grado de legibilidad con la creciente cantidad de intervención editorial.

Un segundo enfoque, menos adecuado al gran público, es el de una edición crítica exhaustiva, o «variorum», que presente todas las variantes en una sola publicación. Este método normalmente aumentaría el texto en unos cuantos cientos por ciento; y al incluir las variantes sin salida, impediría una lectura lineal, convirtiendo al lector en un analista que, incluso con la mayor de las perseverancias, podría perder fácilmente el hilo.

En tercer lugar, las llamadas «ediciones mixtas», en las que el editor elige las mejores variantes entre las disponibles, son habituales en libros no publicados en vida del autor, como la Biblia o Shakespeare; también se dieron con frecuencia en la Francia del siglo XIX. Tienen la ventaja de permitir la eliminación de muchos de los errores manifiestos y de las secciones que el autor declaró inaceptables. Sin embargo, es dudoso que estas ediciones sean consideradas admisibles por el establishment literario; aunque uno podría salirse con la suya en la traducción.

En resumen, en el caso general de las futuras ediciones, los problemas fundamentales siguen siendo espinosos. Una respuesta a la cuestión de la mejor versión de las novelas bien podría aparecer sólo después de la publicación de los manuscritos, permitiendo a los lectores juzgar por sí mismos sobre la base de la evidencia textual. La apertura de este debate sería ya un gran paso adelante.

Hetzel, por supuesto, tuvo la perspicacia de descubrir al autor en primer lugar. Pero restringió a Verne a un solo género, la novela geográfica para jóvenes, que es cierto que prácticamente había inventado, pero en la que lamentaba amargamente estar atrapado. En una palabra, los cambios editoriales ahogan la creatividad verniana.

Las versiones conocidas ya no deben ser consideradas automáticamente como las más coherentes y precisas, ni del todo auténticas, ya que corresponden, en diversos grados, a las concepciones de estilo, estructura e ideología de Hetzel. Cualquier biografía futura debe tener en cuenta las batallas editoriales que ciertamente contribuyeron a los sentimientos de desaliento y abatimiento del novelista desde la década de 1870.

La supervivencia de los manuscritos permite a Verne, con un retraso de unos 150 años, mostrar el valor de su visión original; incluso, si este milagro se ha visto oscurecido por la falta de interés de la crítica. Una vez descubiertos, los personajes «deshetzelizados» quedan grabados de forma indeleble en la mente. Ya no podemos ignorar las imágenes censuradas: los exploradores estadounidense y británico luchando por su vida en un témpano de hielo a punto de diluirse; un amado *Nautilus* frente a Normandía, con un Hombre de las Aguas libre suspendido armoniosamente sobre el arenoso fondo marino que separa Francia e Inglaterra; el nacimiento del antihéroe moderno, su miembro apasionado, su matrimonio urgente en Hong Kong; la recuperación milagrosa de Ayrton, los indecibles sufrimientos de Herbert; o las profundidades poéticas bajo Escocia.

Hatteras aún vive en su paraíso polar; Axel, en las agonías de una pasión juvenil; Fogg, maravillado por las ondulaciones de Aouda. Nemo, ambiguo, esquivo e inexpugnable sustituto de Verne, vive solo, olvidado por todos, en el fondo de un polvoriento cajón en París.

Un triste destino para un ímpetu y un espíritu incomparables.

110. Retrato de Verne realizado alrededor de 1902 por autor desconocido

EPÍLOGO
COMUNICACIONES
DESDE EL
MÁS ALLÁ

LES. VOYAGES EXTRAORDINAIRES

111. Portada de *La misión Barsac* realizada por George Roux para la edición póstuma de 1914.

Tras la muerte de Verne, se publicaron ocho novelas y tres relatos cortos en la serie de Viajes Extraordinarios, pero diferentes de los previos. *Los náufragos del «Jonathan»* (1909), por ejemplo, profundiza mucho más que antes en su análisis del anarquismo, el socialismo y el comunismo, y parece concluir que la soledad es la única solución social o política satisfactoria. *La Misión Barsac* (1914) presenta una distopía despótica en África profunda, que incluye robots y aviones que se reparan a sí mismos. Michel declaró públicamente que había preparado algunas de esas obras para su publicación, pero negó haber hecho más que eso; y las obras póstumas fueron generalmente admitidas como auténticas por generaciones de editores y lectores.

Tan solo en 1978 el conde Piero Gondolo della Riva demostró, después de bajarse de un polvoriento Alfa Romeo Spider, que muchas partes de las obras posteriores a 1905 no eran de Jules Verne sino de Michel. Este descubrimiento indiscutible lleva a algunas decisiones difíciles en cuanto a cuáles versiones de las obras considerar auténticas.

La participación del hijo en las obras completas estuvo lejos de ser un trabajo a la ligera y su contribución debe considerarse una *œuvre* literaria importante por derecho propio. Fue una excelente imitación del estilo de su padre; pero también proporcionó una importante explicación sobre los Viajes Extraordinarios en su conjunto, incluida la producción póstuma.

En su testamento Verne legó todos sus manuscritos y proyectos a su hijo (*Ent.* 248). Previamente había fomentado el talento literario de Michel y, como vimos, firmó algunas de las obras de su hijo. Considerada la cantidad de trabajo requerido en los manuscritos, y dada la entonces reputación de Verne como un mero entretenedor, la acción de Michel al adaptar las obras parece justificada según los estándares de la época. Después de todo, se enfrentaba a un montón de manuscritos inacabados y no corregidos, la mayoría de los cuales de otro modo no se habrían publicado.

Desde entonces, la situación ha evolucionado. Con el reconocimiento del valor literario de Jules Verne y la propensión moderna a buscar la autenticidad, incluso por encima de la coherencia, es necesario respetar los originales. En suma, desafortunadamente no podemos corregir los manuscritos que el novelista dejó en 1905 salvo en lo incidental; estamos sujetos a las imperfectas versiones previas. Es una paradoja frustrante que sólo se resuelve en parte con la posibilidad, por realizar, de ediciones académicas francesas en las que los lectores puedan por sí mismos comparar al menos los pasajes que varían.

Sin embargo, nada de lo anterior se aplica a una historia excepcional, una obra publicada póstumamente cuya brillantez eclipsa la escritura a menudo aburrida de los difuntos Jules y Michel. Tan formidable es la historia que por sí sola se nos impone como piedra angular de todos los Viajes Extraordinarios. Los puristas que han condenado la aportación literaria de Michel se abstienen de referirse a esta obra, pues les resultaría contradictorio incluirla en las obras debido a su autoría compartida.

El cuento en cuestión, «Edom», se publicó en la colección *Ayer y mañana* (1910, bajo el título «El eterno Adán»). Ambientada dentro de 20.000 años, se remonta a los comienzos de la existencia humana y pasa por el Diluvio, la Atlántida y la destrucción de la civilización moderna. La historia comienza con Sofr, un eminente erudito de la Tierra de los Cuatro Mares que cree firmemente en el progreso científico. Continúa convencido de que no ha existido ninguna humanidad avanzada antes de la suya, aunque las leyendas se remontan a la noche de los tiempos e incluso los nombres del primer hombre y la primera mujer son vagamente aludidos. Pero un día Sofr descubre bajo tierra un manuscrito enrollado. Finalmente descifra la escritura desconocida y lee un «relato de ultratumba», escrito por un francés del siglo XXI.

Una noche, el narrador está recibiendo a sus amigos y discutiendo la conquista de la naturaleza por parte de la humanidad y planes para la inmortalidad, cuando un terremoto formidable sacude la tierra, provocando que el océano invada e inunde todos los continentes. Solo después de varios meses a flote, el puñado de náufragos encuentra una nueva tierra, surgida de las olas donde una vez estuvo la Atlántida. Desembarcan y encuentran una colonia; al final de su vida, el francés decide escribir un diario y enterrarlo en una caja de cigarros para las generaciones venideras.

Atónito por su lectura, Sofr se da cuenta de que estos seres que luchan frenéticamente por sobrevivir son sus propios antepasados. Su ingenuo optimismo da paso a un doloroso reconocimiento de que todos los esfuerzos del hombre han sido fútiles.

Entre el manuscrito de «Edom» y la forma en que fue publicado, son visibles muchos cambios. Aunque en su mayoría estilísticos, su interés proviene de la luz que aportan al enigma de la autoría. Vale la pena citar esta primera versión de la conmovedora conclusión, en apariencia profundamente pesimista sobre el futuro de la humanidad, pero que, por su propia existencia, reaviva unos pocos rayos de esperanza:

> Cualesquiera que hubiesen sido los logros [los descubrimientos de los atlantes de civilizaciones perdidas antes de los suyos], nada quedó después del [reciente] cataclismo, y el hombre tuvo que empezar de nuevo desde el comienzo mismo de su ascenso hacia la luz.
>
> Quizás lo mismo sería cierto para el Andart' Iten Schu. Tal vez sucedería lo mismo después de ellos, hasta el día...
>
> Pero, ¿llegaría alguna vez el día en que el deseo insaciable del hombre sería satisfecho? ¿Llegaría el día en que el hombre, habiendo terminado de trepar por la ladera, pudiera descansar en la cumbre finalmente conquistada?
>
> Así soñaba Sofr, mientras leía detenidamente el arcaico manuscrito.
>
> A lo largo de esta historia de ultratumba, imaginó el terrible drama que se desarrollaba perpetuamente en el universo, y su corazón se llenó de lástima. Sangrando por los incontables males que afligían a todo lo que había vivido antes que él, doblegándose bajo el peso de esos esfuerzos infructuosos acumulados a lo largo de eras inconmensurables, Zartog Sofr Ai Sr fue adquiriendo, lenta y dolorosamente, la conciencia del eterno recomenzar de todas las cosas.

No hay ninguna referencia al deslumbrante cuento en la documentación contemporánea; como mucho, una referencia de Hetzel a una obra llamada «Dentro de dos mil años»[675].

He visto una fotocopia de parte del manuscrito de puño y letra de Michel. Las revisiones estilísticas del hijo son numerosas, y la conmovedora conclusión filosófica puede ser fácilmente suya. Parece probable, en suma, que la obra represente una colaboración espiritual entre Michel y Jules desde el más allá.

«Edom» constituye así una obra literaria fascinante y provocadora; pero también un comentario incomparable, un pastiche ocasional y un ápice brillante de toda la serie de 60 años.

---

675 La carta de Michel de abril de 1905 que menciona «seis cuentos, de los cuales dos son completamente inéditos», probablemente se refiera a «Pierre-Jean» y «El Humbug», aunque no se puede excluir a «Edom» (*BSJV* 142: 58). En el contexto de la nación subterránea en Escocia, tal como se describe en *Las Indias negras*, Hetzel escribió: «el placer de redescubrir tu hipótesis de "Dentro de dos mil años" te desorientó» (2 ene. 77).

112. Michel Verne hacia 1910 fotografiado por Paul Nadar

Apéndices

A: Direcciones residenciales

Fecha	Dirección
8 de febrero de 1828	Tercer piso, 4 Rue de Clisson, Nantes
Final de 1828	Segundo piso, 2 Quai Jean Bart
Octubre de 1834 o 1835	Pensión de Mme. Sambin, 5 Place du Bouffay
Alrededor de 1837	Place de l'Église, Chantenay
3 de octubre de 1837 u octubre de 1836	Colegio St. Stanislas
Alrededor de 1840	Segundo piso, 6 Rue Jean-Jacques Rousseau
Octubre de 1840	Seminario Menor St. Donatien
Octubre de 1844 o 1843	Collège Royal
11 de julio hasta 3 de agosto de 1848	Probablemente cerca del apartamento de Henri Garcet, Quinto Distrito, París
12 de noviembre de 1848	Posiblemente quinto piso, 24 Rue de l'Ancienne Comédie, Sexto Distrito
Marzo de 1849	Tercer piso, 24 Rue de l'Ancienne Comédie, Sexto Distrito
Probablemente, finales de 1850	Posiblemente primer piso, Rue Louis le Grand, Segundo Distrito
Alrededor de febrero de 1851	Habitación amoblada en un hotel
9 de abril de 1851	Séptimo piso, 18 Boulevard Bonne Nouvelle, Segundo Distrito
8 de marzo de 1855	Posiblemente en 47 Rue des Martyrs, Noveno Distrito, residencia de Paul Lacroix
15 de marzo de 1855	Quinto piso, 18 Boulevard Poissonnière, Segundo Distrito
Finales de abril de 1857	Rue Saint-Martin, Tercer Distrito
1858	54 Rue du Faubourg, Montmartre, Noveno Distrito
1858	Último piso, probablemente 18 Boulevard Montmartre, Noveno Distrito
Primer semestre de 1861	153 Boulevard de Magenta, Noveno Distrito
Después de agosto de 1861	45 Boulevard de Magenta
1862	18 Passage Saulnier, Noveno Distrito
Probablemente alrededor del 7 de septiembre de 1863	39 Rue La Fontaine, Decimosexto Distrito (Auteuil)
Primavera de 1866	Rue Lefèvre (actual 9 Rue Jules Verne), Le Crotoy

1866	Place de la Croix Rouge, Sexto Distrito (presumiblemente la misma que el Carrefour de la Croix Rouge, Sexto Distrito)
Febrero de 1867	2 Rue de Sèvres, Sexto Distrito
Abril de 1869	Rue Jeanne-d´Arc, Le Crotoy
Noviembre de 1869	3 Boulevard Saint-Charles, Amiens
Febrero de 1870	23 Boulevard Guyencourt
1873	44 Boulevard Longueville (actual Boulevard Jules Verne)
Agosto de 1877	1 Rue Suffren, Nantes
Cerca de mayo de 1878	44 Boulevard Longueville
Octubre de 1882	2 Rue Charles Dubois
Octubre de 1900	44 Boulevard Longueville

B: Viajes fuera de Francia

Fecha	Lugares	Acompañantes
Otoño de 1849	Presumiblemente Bélgica, Suiza o Alemania	Ninguno
28 de julio-6 de Septiembre de 1859	Burdeos, Liverpool, Edimburgo, Escocia, Londres	Hignard
2 de julio-8 de agosto de 1861	Bélgica, Alemania, Suecia, Noruega, Dinamarca, Alemania	Hignard, Lorois
1865 y 1866 o 1867	Mónaco, Tende y Bordighera, Italia	Hetzel
1866?	Islas del Canal (Anglonormandas)	
1867	Gran Bretaña, Estados Unidos, Canadá	Paul
Probablemente la segunda semana de enero de 1868	Costa de Italia, pero no más allá de Génova	Hetzel
Junio de 1868	Dover	
19 de agosto de 1868	Gravesend, Londres	Probablemente con Paul
Tres o cuatro días en octubre de 1868	Baden	Hetzel
Mediados de junio de 1869	Costa sur de Inglaterra	

Agosto de 1869	Londres, posiblemente también Ostende	
Cerca del 8-15 de junio de 1872	Londres, Woolwich	Honorine, Paul
1872, tal vez junio y septiembre	Islas del Canal (Anglonormandas)	
Cerca del 14-24 de agosto de 1873	Tal vez Jersey, Guernsey, Sark	Hetzel
2-3 de Marzo de 1874	Mónaco	Honorine
22-cerca del 26 de febrero de 1875	Mónaco	Honorine
Cerca del 21 de mayo-7 de junio de 1876	Dover	Esposo de Suzanne
18-23 de julio de 1876	Southampton, Isla de Wight, Portsmouth	
30 de julio de 1877	Guernsey	Michel, Louis Thuillier y M. Brasseur
25 de mayo-6 de julio de 1878	España, Portugal, Gibraltar, Marruecos, Argelia	Paul, Raoul-Duval, Hetzel hijo
Cerca del 20 de Agosto de 1878	Islas del Canal (Anglonormandas)	
1-29 de julio de 1879	Inglaterra, Edimburgo, Hébridas	Paul (hasta Boloña), Godefroy, Gaston, Michel y Hetzel hijo (Parte escocesa)
1 junio-cerca del 2 de julio de 1881	Inglaterra, Bélgica, Holanda, Alemania, Dinamarca	Paul, Gaston y Godefroy
12 de julio de 1881	Les Casquets (Guernsey)	Probablemente Paul, Gaston y Godefroy
6-9 de agosto de 1881	Ramsgate	Honorine y muchos amigos
13 de mayo-18 de julio de 1884	España, Portugal, Gibraltar, Marruecos, Argelia, Túnez, Malta, Italia, el Vaticano	Paul, Maurice, Honorine (desde Orán), Godefroy y Michel (desde Argelia)
21 de noviembre-1 de diciembre de 1887	Bélgica, Holanda	
Antes de 1878	Suiza	

C: Viajes en el St. Michel II y III

De un manuscrito sin título de Verne (en Paumier 23):

SEGUNDO *ST. MICHEL*

1877 23 de julio	[Le] Havre, Caen, Courseulles[-sur-mer], Cherburgo, Guernsey Perros[-Guirec], Brest, [Le] Croisic, Nantes Pornic, almuerzo en casa de [Jules-Arsène?] 16 de agosto en casa de los Arnaud.

TERCER *ST. MICHEL*

1878	Varios viajes, y navegación a Algiers. Paul, Duval, Hetzel, yo.
1879, 1 de julio	Paul, Godefroy, Gaston, Michel. Boulogne, Scotland, [Le] Havre regreso 29 de julio, Michel buscó piloto en el bote, recogido [Alfred Dubois de] Jancigny, ida a Brest, cañón perdido (1 ago.), y Michel se fue solo para Nantes. Nosotros llegamos allí el 3 de agosto.
1879, 16 de agosto	Salida desde Nantes, Paul, Michel, y yo –(Quiberon, navegando a vela) –fuimos donde Lorois en Brest. Lorient, lanzamiento de *Dévastation*.
1879, 26 de agosto	Salida desde Nantes, los Dezaunay [Caroline y sus niños mayores]. Colisión del St. Michel en el Puerto de [Saint-]Nazaire y rompimiento de la botavara. Regreso a Nantes.
1879, 16 de sept.	Michel y yo. Salida desde Nantes, Brest, recalada en la ensenada Bertheaume, remolcado bote de pesca –niebla.
20 [sept.]	Llegada a [Le] Tréport. Excursión por mar el 22. Enfermo[.] [Ernest] Obry, su hija. Honorine –alquiló una casa y envió el barco de regreso a Nantes.
1880	Ninguna navegación.
1881, 1 junio	Navegación al mar del Norte y al Báltico, Paul, Gaston, Godefroy, y yo, de vuelta el 17 de julio.
6 de agosto	Viaje a Ramsgate y pasajeros. De vuelta el 9 de agosto.
1882	Ninguna navegación.
1883	Ninguna navegación. Alquilado el barco a [Donatien] Levesque.
1884	Salida desde Nantes martes, 13 de mayo. Paul, yo, Maurice, Orán, luego Honorine– luego en Algiers Godefroy y Michel. 3 de julio, barco zarpa de Porto d'Anzio, y salida de vuelta a Nantes. En Roma, noche del 3 de julio.

D: El Salón de 1857

El ensayo de crítica de arte de Verne es su última obra sustancial en prosa publicada que permanece sin traducir. Como puede verse, el estilo es despierto y ligeramente autocrítico:

> Hace ya dos años, los artistas de todas las naciones fueron invitados a la Exposición Universal[676]. Después de aquella competición de los pintores y escultores franceses con el resto del mundo, el gobierno quiso concederles dos años de descanso; bien lo merecían, al haber salido victoriosos en la arena donde habían luchado Landseer, Rauch, Cornelius, Mulready, Leys, Eastlake y Tidemand.
>
> Esta exposición de 1857 tiene lugar, pues, en circunstancias particulares, después de una contienda universal tan grande. Es más modesta, pacífica y esperanzadora. Su único defecto es venir después de su alborotada y militante antecesora, que recurrió espléndidamente a obras maestras conocidas y desconocidas de artistas vivos. La sucesora, excesivamente francesa, no ofrecerá este ferviente interés, esa provocativa promiscuidad de países contendientes.
>
> ...
>
> ¿Existen en este Salón de 1857 numerosas abstenciones entre los maestros modernos? Es de temer, pues faltan muchos nombres ilustres y con ellos, muchas obras. Es un hecho desafortunado, y probablemente sucede con demasiada frecuencia, debido a un prejuicio. Es en realidad el deber de los líderes de las escuelas estar al frente de sus discípulos; pero quizás las escuelas artísticas tienden a desaparecer, convirtiéndose cada cual en su propio líder y pupilo, como Schaunard. Hay un resurgimiento sorprendente de la independencia y la personalidad artística, como se puede observar fácilmente en las actividades del Salón. Los críticos pueden verlo como un signo de decadencia o de vitalidad, ideas que no abordaremos aquí; pero lo que ciertamente no escapará a la atención de nadie es la influencia de los acontecimientos políticos de los últimos años en la imaginación de muchos de los artistas.
>
> La guerra de Crimea, por ejemplo, recibirá sin duda los honores del Salón. Sus acontecimientos principales se ensayan en todas las formas y estilos posibles; todos los episodios se representan aquí hasta la saciedad. Sebastopol es asaltada una y otra vez; Malakoff y el Bastión Central son devastados a cada momento de nuevo por las bombas y los proyectiles de los ejércitos aliados. Zuavos y escoceses fraternizan en los refugios no menos a menudo que en la refriega real. ¿No es acaso un abuso, y no hay que lamentar que muchos artistas de mérito se limiten a una especialización tan predominante?; este tema es independiente del

---

676 En estas transcripciones, se han hecho ligeros ajustes al texto para facilitar la lectura, incluidas interpolaciones ante palabras dudosas y faltantes.

talento, lo sé; pero ¿por qué no dejar a los maestros de este tipo de pintura oficial la responsabilidad de preservar la memoria de nuestras glorias militares?

Después de la guerra de Crimea, las crecidas del Loira y del Ródano proporcionaron su contingente de situaciones dramáticas; pero estas pinturas, que abarcan un gran número de escenas, son realmente demasiado complejas para permitir aplicar la debida fuerza y claridad al sentido de un episodio, la atracción de un solo evento al encanto de un detalle agradable. Repito, el tema es aquí el foco, no el nivel de talento de su tratamiento; además, estos lienzos son eminentemente patrióticos y encontrarán muchos admiradores. Pero acaso también, al connoisseur, al artista, al poeta, perdido en medio de estos enfrentamientos militares, encontrará difícil encontrar una gran obra que simbolice una gran idea. Tal vez busque en vano una *Orgía romana* por un Couture, un *Último día del condenado* de un Muller.

Los hechos de actualidad, o al menos eso creo, nunca han sido un factor de éxito en la pintura en sentido propio, como puede serlo en las producciones literarias imaginativas. Así, un Paul Delaroche, un Ingres o un Delacroix –aquellos maestros del arte moderno– no consideraron tales asuntos cuando firmaron sus *Jane Grey*, *Cromwell*, *Barca de Dante*, *Justicia de Trajano*, *San Sinforiano*, o *Apoteosis de Homero.*

Las presentes reflexiones son demasiado prematuras. Deben dejarse de lado hasta el día en que se haya pronunciado la opinión. Me complace informar con antelación sobre la identidad de los pintores que ofrecen su tributo a la exposición. Permítaseme traer especialmente algunas de sus obras a la atención del público, que fácilmente llegará a admirarlas.

En el gran salón central, en el lugar de honor, rodeado de retratos de los nuevos mariscales de Francia, cuelga un gran cuadro de Charles Muller que representa la *Recepción de la Reina de Inglaterra por el Emperador y la Emperatriz*. Citaré, sin ningún orden en particular y confiando en una memoria quizás traicionera, *El Congreso de París*, de Dubufe; *Las Batallas de Alma* y *La Captura de Sebastopol*, de Bellangé; un cuadro de Horace Vernet que representa al *Príncipe Napoleón en la batalla de Alma*; y un admirable *Desembarco de las tropas en Crimea*, de Pils. Hamon tiene cinco o seis cuadros llenos de ese encanto que le es propio, *Tienda de cuatro peniques*, *Enseñanza mutua* y *Mariposa encadenada.* Ziem nos ofrece una de esas Venecias mágicas, realizada en los colores más cálidos de su paleta; Hédouin, un fino lienzo de *Espigadoras sorprendidas* por una tormenta; Luminais, el pintor bretón *par excellence*, un *Peregrinaje* hermoso y conmovedor; Boulanger nos muestra hermosos árabes del desierto; Gérôme toma de Oriente el tema de sus diversos cuadros, y Tournemine trae de nuevo paisajes luminosos; Jeanron exhibe un magnífico par de piezas de su *Puerto abandonado de Ambleteuse*; Cabanel nos muestra su *Miguel Ángel* en su estudio, dando los últimos retoques a su Moisés; Protais exhibe pinturas enérgicas de acontecimientos de la Guerra de Crimea; Célestin Nanteuil, un *Don Quijote* acarreado en una jaula de madera; Édouard Frère, interiores encantadores; y Millet, espigadoras pobres esparcidas por los campos.

E: Resumen de las obras

Los Viajes Extraordinarios se caracterizan por su sencillez, sobre todo en su lenguaje, donde la claridad de pensamiento y un estilo fluido facilitan la comprensión. Sin embargo, al igual que las parábolas o las fábulas de Esopo, los estratos de significados implícitos a menudo actúan en contra del nivel superficial. También, el tema evita ostensiblemente lo que muchos han considerado el objetivo principal de la novela, es decir, un relato de procesos psicológicos, especialmente de relaciones entre hombres y mujeres. En las obras más conocidas, la descripción de la sociedad en general, en sus aspectos sociológicos, políticos e históricos, no es muy evidente. Tampoco lo es la transmisión de meras ideas. Las obras de Verne, al menos en su forma publicada, se ocupan de la existencia física y material o, más sencillamente, de la interacción entre las personas y las cosas. Prácticamente todas ellas se sitúan en un tiempo y lugar determinados, este último a menudo lejano, siendo el viaje un elemento central.

La imaginación del novelista trabaja con una sensibilidad poco común hacia el mundo físico, donde las dimensiones del espacio representan un interés constante (raramente el «espacio exterior», pero frecuentemente el «interior»). La crítica moderna ha encontrado en sus novelas una enorme variedad de técnicas literarias innovadoras. Al leer a Verne más de un siglo después de su muerte, la impresión perdurable es la de una voz distintiva y una visión personal: obras literarias que siguen siendo (¿o han llegado a ser?) sorprendentemente modernas.

En un curso cronológico de Literatura, las primeras novelas de Verne se sitúan entre *Rojo y Negro* de Stendhal y *La educación sentimental* de Flaubert, entre Melville y Mark Twain, y sin embargo parecen más cercanas a nuestra época que estas obras. En términos puramente literarios, Verne debe considerarse moderno por anticiparse a la utilización a todos los niveles de la conciencia de sí mismo o «autoconciencia»; esto es, la creación de estructuras autorreflexivas, mecanismos que se vuelven sobre sí mismos, símbolos que personifican su propia existencia, un texto que se expone él mismo para dejar al descubierto sus propias entrañas.

A pesar de la «objetividad» del estilo, la visión verniana del mundo es intensamente personal. Los temas políticos, históricos, científicos y geográficos actúan principalmente como vehículos de una profunda angustia. Nihilismo, o al menos escepticismo sistemático, es uno de los pocos hilos conductores que entretejen a los Viajes Extraordinarios.

Bibliografía selecta

Se han publicado muchos cientos de libros sobre Verne, de los cuales quizás la mitad contienen algunos elementos biográficos. Sin embargo, las biografías en todos los idiomas han sido invariablemente poco investigativas y derivadas de otras, y a menudo dedican un espacio considerable a describir los sucesos principales de su vida. Intento aquí enumerar libros biográficos escogidos en español, francés e inglés, pero falta espacio para señalar los centenares de artículos que existen sobre el tema. No existe una bibliografía específica de publicaciones biográficas, pero se puede extraer una de las siguientes bibliografías secundarias: la meticulosa *Bibliographie documentaire sur Jules Verne* de Jean-Michel Margot (Amiens: Centre de Documentation Jules Verne, 1989); y su continuación monumental, por Wim Thierens junto a Ariel Pérez Rodríguez, que enumeran más de 12.000 estudios sobre Verne. No se ha intentado traducir los manuscritos[677], las entrevistas o la correspondencia con la familia y el editor.

LIBROS BIOGRÁFICOS[678]

Allott, Kenneth. *Jules Verne.* Londres, Cresset Press [1940]. Útil para situar a Verne en el Romanticismo.

Allotte de la Fuÿe, M[arguerite]. *Jules Verne*, Simon Kra, 1928. Esta biografía hermosamente escrita por la nuera de un primo de Verne con acceso a mucho material no publicado, ha sido utilizada para la mayoría de subsiguientes estudios. Algunos de los hechos narrados son adulterados o inventados, pero continúa siendo la única fuente para muchos episodios de la vida de Verne.

Amorós Díaz E. *Julio Verne*, Barcelona, Pulga, [1950]. Biografía precursora.

Anderson, K. J. *Captain Nemo*, Nueva York, Pocket Books, 2002. Hace de Nemo una persona real, y muestra a un Verne celoso de la vida activa del capitán mientras trascribe sus aventuras. Aunque contiene muchas inexactitudes y no es convincente como biografía, su legibilidad y contexto histórico acercan la vida de Verne a un público más amplio.

Annales de Nantes et du Pays nantais, n.°s 187-188, 1978.

Anónimo. *Album Jules Verne.* Gallimard, 2012. Bellamente ilustrado y texto de fácil lectura pero modesto.

Avrane, Patrick. *Jules Verne.* Stock, 1997. Ilustraciones delicadas, pero carente de investigación y sin un enfoque claro.

Becker, Beril. *Jules Verne.* Nueva York, Putnam, 1966. Derivado de otros y dirigido a lectores jóvenes.

Benítez, J. J. *Yo, Julio Verne: confesiones del más incomprendido de los genios*, Barcelona, Planeta de Agostini. 1999. En primera persona, con delirantes alusiones a la astrología, la numerología, la grafología, y un simbolismo esotérico.

Boia, Lucian. *Jules Verne: Les paradoxes d'un mythe.* Belles Lettres, 2005. Carece de enfoque claro.

Born, Franz. *The Man who invented the Future: Jules Verne*, Nueva York, Prentice-Hall, 1963. Derivado.

Cabré, Jordi. *Me llamo Julio Verne.* Barcelona, Parramon, 2004. Escrito en primera persona para los escolares de enseñanza primaria.

---

[677] Una bibliografía completa sobre estudios de los manuscritos de los Viajes Extraordinarios aparece en *Jules Verne inédit*, pp. 479-483.

[678] Esta sección se nutre de *Guide*, 80-85 de Dehs, especialmente en cuanto a algunos de los comentarios sobre los libros.

Claretie, Jules. *Jules Verne*, A. Quantin, 1883. Obra útil con alguna información exclusiva.

Compère, Cécile (ed.). *Visions nouvelles sur Jules Verne*, Amiens, Centre de documentation Jules Verne, 1978.

Compère, Daniel y Jean-Michel Margot (eds.). *Entretiens avec Jules Verne*. Ginebra, Slatkine, 1998. En especial: Adrien Marx, «Jules Verne» (1873, 17-22); Charles Raymond, «Jules Verne» (1875, 23-29); Nellie Bly, capítulo 4 de *Around the World in 72 Days* (1890, 39-47); Robert H. Sherard, «Verne's Bravo» (1890, 65-72); Robert H. Sherard, «Jules Verne at Home» (1894, 83-97); Marie A. Belloc, «Jules Verne at Home» (1895, 99-109); Edmondo de Amicis, «Une Visite chez Jules Verne» (1896, 111-120); Adolphe Brisson, «Jules Verne» (1897, 133-139); Robert H. Sherard, «Jules Verne Revisited» (1903, 196-201); Gordon Jones, «Jules Verne at Home» (1904, 213-220).

Compère, Daniel. *La Vie amiénoise de Jules Verne*. Amiens, Annales du centre régional de recherche et de documentation pédagogiques d'Amiens, 1974.

Costello, Peter. *Jules Verne, Inventor of Science Fiction*. Londres, Hodder y Stoughton, 1978. Aunque esclarecedor en cuanto a las fuentes en Lengua inglesa y el contexto científico, lamentablemente se basa en la biografía inventada de Métral y otros apócrifos.

Dehs, Volker. *Jules Verne*. Dusseldorf, Artemis and Winkler, 2005. Completamente investigado y digno de confianza, pero de nuevo débil en los vitales primeros 30 años, así como insuficientemente centrado.

Dehs, Volker. Jules Verne. EDAF, Madrid. 2005. La traducción de la biografía de 1986.

Dehs, Volker. *Jules Verne*. Hamburgo, Rowohlt, 1986. Buena mini-biografía, que utiliza la correspondencia como fuente y trata sobre la génesis de las obras, pero menos informativa sobre la vida misma.

Dekiss, Jean-Paul (ed.). *Jules Verne: Le Poète de la science*. [París], Timée, 2005. Una colección bien ilustrada de unos 50 mini-ensayos sobre aspectos individuales de la vida de Verne, útiles pero insuficientemente críticos.

Dekiss, Jean-Paul. *Jules Verne l'enchanteur*. Kiron, Editions du Félin, 1999. Útil para situar los contextos filosófico, histórico y social, pero aporta pocas novedades y se extiende demasiado sobre una selección arbitraria de obras.

Dekiss, Jean-Paul. *Jules Verne: Le Rêve du progrès*. Gallimard, 1991. Biografía entretenida, aunque modesta, con algunos errores, pero buenas ilustraciones.

Ducrest de Villeneuve, Raymond. *Jules Verne, Souvenirs personnels*. Madrid, Ediciones Paganel, 2021. Texto establecido, presentado y comentado por William Butcher. Información crucial y exclusiva del sobrino de Verne sobre el entorno inicial, aunque en parte es errónea; con un apéndice que contiene tres textos por «Jules de Millon» que puede que hayan sido escritos por Verne.

Dumas, Olivier, Piero Gondolo della Riva, y Volker Dehs (eds). *Correspondance inédite de Jules Verne et de l'éditeur Pierre-Jules Hetzel*. Vols 1, 2, y 3. Ginebra, Slatkine, 1999-2002. A pesar del título desorientador, es una fuente importante de información sobre Verne, con unas 700 cartas anotadas (26 jun. 63-[19 mar. 86]), una útil cronología de las obras y apéndices.

Dumas, Olivier, Piero Gondolo della Riva, y Volker Dehs (eds). *Correspondance inédite de Jules et Michel Verne avec l'éditeur Louis-Jules Hetzel*. Vols. 1 y 2. Ginebra, Slatkine, 2004, 2006. Aproximadamente 700 cartas ([ene. 86]-1914).

Dumas, Olivier. *Jules Verne: Avec la publication de la correspondance inédite de Jules Verne à sa famille*. Lyon, La Manufacture, 1988. 191 cartas (1842-98) a Pierre, Sophie, Paul, Marie, y Maurice Verne, una fuente vital de información sobre la vida de Verne. Retirado de ventas tras un proceso judicial, un recurso y una apelación final.

Dumas, Olivier. *Voyage à travers Jules Verne*. Montreal, Stanké, 2000. Actualización del libro bloqueado en 1988, ahora sin la correspondencia familiar. Esta biografía ordenada temáticamente, con una cronología precisa de las obras, es una de las mejores, argumentada con pasión y conocimiento, aunque se excede en la interpretación de los nombres de Verne y es injusta con Michel.

Dusseau, Joëlle. *Jules Verne.* La Crèche (Deux Sèvres), La Geste, 2021. Un retroceso desafortunado respecto al volumen anterior, con algunos pasajes de fácil lectura pero varios errores básicos.

Dusseau, Joëlle. *Jules Verne.* Perrin, 2005. Aunque deriva en gran medida de documentos publicados, es precisa y completa.

Evans, I. O. *Jules Verne and His Work.* Nueva York, Twayne, 1966. Cubre el terreno, aunque con poca originalidad y muchos errores.

Frank, Bernard. *Jules Verne et ses voyages.* Flammarion, 1941. Sigue a Allotte de la Fuÿe e inventa otros episodios.

Freedman, Russell. *Jules Verne: Portrait of a Prophet.* Nueva York: Holiday House, 1965. Derivada y dirigida a lectores jóvenes.

Gómez Paz, Guillermo. *Las Claves de Julio Verne. La novela [de aventuras] de nueva forma.* Bogotá, eLibros, 2020. Un libro de fácil lectura que refuta algunos mitos persistentes y transmite el placer de leer a Verne.

Grandmaison, Henri de. *Jules Verne: De Nantes à Amiens.* Montreuil, CMD, 1999. Bien versado y finamente ilustrado.

Guérin, Rémi. *Jules Verne: Testament d'un excentrique.* Lafon, 2017. Muy bien ilustrado, pero el texto es simplemente una síntesis de obras anteriores.

Jules-Verne, Jean. *Jules Verne.* Hachette, 1973, 1978 (traducido y adaptado por Roger Greaves, *Jules Verne: A Biography.* Nueva York, Taplinger 1976). La biografía del nieto es invaluable, especialmente en cuanto a las relaciones entre el escritor y su hijo, pero cita incorrectamente la correspondencia, tiene resúmenes de tramas demasiado extensos y es selectiva; la traducción tiene material nuevo y se lee mejor, pero el autor la repudió. (Si bien los números de página aquí se refieren a la edición en inglés, las traducciones del texto francés a veces son mías.)

Lemire, Charles. *Jules Verne, 1828-1905: L'Homme, l'écrivain.* Berger-Levrault, 1908. Buen trabajo de este amigo de Verne de Amiens.

Lottman, Herbert R. *Jules Verne: An Exploratory Biography.* Nueva York, St Martin's Press, 1996. Cita eficazmente las investigaciones, pero no las sintetiza y produce evaluaciones poco convincentes de las novelas. Explora la tesis de un Verne y la homosexualidad. Poco reseñada.

Lottman, Herbert. *Jules Verne,* Anagrama, Barcelona, 1998. La traducción de la biografía de 1996.

Lynch, Lawrence. *Jules Verne.* Nueva York, Twayne, 1992. Pobre y poco crítica.

Margot, Jean-Michel (ed.). *Jules Verne en son temps.* Amiens, Encrage, 2004. Una importante colección de escritos y reseñas contemporáneos sobre Verne.

Martin, Charles-Noël. «Recherches sur la nature, les origines et le traitement de la science dans l'œuvre de Jules Verne» (Tesis doctoral, París, Sorbonne (Université Paris 7), 23 de junio 1980). Confuso y a veces especulativo, pero contiene investigación original importante.

Martin, Charles-Noël. *Jules Verne: Sa vie et son œuvre.* Lausanne, Rencontre, 1971. Inteligente y perspicaz; en su momento fue el único relato fiable y sigue siendo útil en la actualidad.

Martin, Charles-Noël. *La Vie et l'œuvre de Jules Verne.* Michel de l'Ormeraie, 1978. Contiene bastantes documentos inéditos, destacándose los de los primeros años y los contratos editoriales.

Maudhuy, Roger. *Jules Verne: La face cachée.* France Empire, 2005. Poco conocimiento de la correspondencia o de las fuentes inéditas, pero es un inteligente resumen fácil de leer, con uno o dos documentos vitales de la época.

Mayor Orgullés, David. *Julio Verne, una versión,* Arganda del Río, Edimat. 2005. Una biografía de tono divulgativo sin más añadidos que recrear las informaciones conocidas.

Métral, Maurice. *Sur les pas de Jules Verne.* Neuchâtel: Nouvelle Bibliothèque, 1963. En gran parte ficticia.

Moré, Marcel. *Le Très curieux Jules Verne.* Gallimard, 1960; y *Nouvelles explorations de Jules Verne.* Gallimard, 1963. De gran impacto en su momento, pero ahora de poca utilidad.

Oller Xaus, Joan. *Julio Verne, el mago de la fantasía,* Barcelona, Felipe González-Rojas Editores, 1944. Una de las primeras biografías en español, resume los conocimientos sobre el autor hasta la época haciendo uso de las biografías, incluyendo Allotte de la Fuÿe.

Parada Ramírez, José Gregorio: *La gran biografía de Jules Verne.* Amazon, Estados Unidos, 2022. Basada en fuentes primarias ya conocidas, no aporta nada de novedoso, y generalmente no toma en cuenta los estudios más actuales sobre el tema.

Paumier, Jean-Yves. *Jules Verne.* Grenoble, Glénat, 2005. Versada y bien ilustrada, pero aporta pocas novedades.

Peare, Catherine Owens. *Jules Verne: His Life.* Nueva York: Henry Holt, 1956. Paráfrasis del de Marguerite, para niños de 12 años.

Pérez Rodríguez, Ariel. *Viaje al centro del Verne desconocido*, La Habana, Instituto Cubano del Libro, Editorial Gente Nueva, 2009. Incluye un resumen de su vida, su entorno social, amigos; inserta varias entrevistas y hace énfasis en la relación del francés con Cuba.

Poivre d'Arvor, Olivier y Patrick Poivre d'Arvor. *Le Monde selon Jules Verne.* Mengès, 2005. Escrita en forma incoherente en primera persona.

Prouteau, Gilbert. *Le Grand roman de Jules Verne: Sa vie.* Stock, 1979. A pesar de su buen estilo, está viciado por la falta de diferenciación entre lo inventado y los nuevos documentos primarios que cita.

Reyes, Luis. *Julio Verne*, Madrid, Hernando. 1978. Contiene un breve vocabulario y un completo apéndice cronológico sobre Verne y su tiempo, que encuadra la vida y obra del autor en la época que le tocó vivir.

Rivière, François. *Jules Verne, images d'un mythe.* Henri Veyrier, 1978. Derivado pero con buenas fotografías.

Robien, Gilles de. *Jules Verne: Le rêveur incompris.* Neuilly-sur-Seine, Lafon, 2000. Un libro de fácil lectura que, según se dice, no fue escrito por el ministro de alto rango del gobierno de Chirac, pero que no aporta nada nuevo, concentrándose en la vida de Verne en Amiens.

Robin, Christian. *Un Monde connu et inconnu.* Nantes, Centre universitaire de recherches verniennes, 1978. Trabajo pionero con muy buenas ilustraciones, excelente en las secciones dedicadas a Nantes.

Salabert, Miguel. *Julio Verne, ese desconocido*, Madrid, Alianza Editorial. 1985. Un libro bien documentado para acercarse a Verne, un estudio minucioso, que hace un resumen de lo conocido hasta esa fecha sobre la vida y la obra del escritor francés.

Schoell, William. *Remarkable Journeys: The Story of Jules Verne.* Morgan Reynolds, 2002. Derivada y dirigida a un público juvenil.

Sordo, Enrique. *Julio Verne, su vida y su obra*, Barcelona, De Gassó Hermanos. 1962. Ahora de poca utilidad.

Soriano, Marc. *Jules Verne (le cas Verne).* Julliard, 1978. Escrita con fluidez e investigada adecuadamente, pero especulativa.

Streissguth, Thomas. *Science Fiction Pioneer: A Story about Jules Verne.* Nueva York, Carolrhoda, 2000. Derivada y escrita para lectores jóvenes.

Teeters, Peggy. *Jules Verne: The Man who invented Tomorrow.* Nueva York, Walker, 1992. Adecuado en su momento, pero derivado y para jóvenes.

Valetoux, Philippe. *Jules Verne: En mer et contre tous.* Magellan, 2005. Deja de lado las fuentes publicadas y es bastante general, salvo las invaluables descripciones de los viajes del *St. Michel*, seguramente extraídas de los libros de bitácora inéditos, y de otros documentos cruciales.

Waltz, George H. *Jules Verne: The Biography of an Imagination.* Nueva York, Henry Holt, 1943. Perspicaz y muy bien escrita, pero excluye las fuentes francesas.

Weissenberg, Eric. *Jules Verne: Un Univers fabuleux.* Lausanne, Favre, 2004. Disipa útilmente el mito de la ciencia ficción, contiene buenas ilustraciones y algunas afirmaciones nuevas, pero demasiado largo y general.

Novelas publicadas en vida de Verne

TÍTULO EN ESPAÑOL (TÍTULO ABREVIADO)	PRIMER TÍTULO DE VERNE (SI DISTINTO)	TÍTULO EN FRANCÉS	ESCRITO[679] PUBLICADO[680]	TIRADA (MILES)[681]
Cinco semanas en globo (*Cinco semanas*)	*Viaje en los aires*	*Cinq semaines en ballon*	1862 1863 (Hetzel)	76
Las aventuras del capitán Hatteras (*Hatteras*)	*Viaje al Polo Norte*	*Les Aventures du Capitaine Hatteras*	1863-1864 1864-1865	37
Viaje al centro de la Tierra		*Voyage au centre de la Terre*	1864? 1864 (Hetzel)	48
De la Tierra a la Luna	*Viaje a la Luna*	*De la Terre à la Lune*	1864-1865 1865 (*Journal des débats*)	37
Los hijos del capitán Grant (*Grant*)	*Viaje alrededor del mundo en busca del capitán Grant*	*Les Enfants du capitaine Grant*	1865-1866 1865-1867	38
Veinte mil leguas de viaje submarino (*Veinte mil leguas*)	*Viaje bajo las aguas*	*Vingt mille lieues sous les mers*	1868-1869 1869-1870	48
Alrededor de la Luna	*Regreso de la Luna*	*Autour de la Lune*	1868-1869 1869 (*Débats*)	31
Una ciudad flotante	*El* Great Eastern	*Une Ville flottante*	1869 1870 (*Débats*)	30
Aventuras de tres rusos y tres ingleses en el África austral	*Aventuras de media docena de sabios en el Sur de África*	*Aventures de trois Russes et de trois Anglais dans l'Afrique australe*	1870 1871-1872	36
El «Chancellor»	*El naufragio del «Chancellor»*	*Le Chancellor*	1870-1871 1875 (*Le Temps*)	27
La vuelta al mundo en ochenta días[682] (*La vuelta al mundo*)	*El viaje en 80 días*	*Le Tour du monde en quatre-vingts jours*	1872 1872 (*Le Temps*)	121
El país de las pieles	*Viaje al país de las pieles*	*Le Pays des fourrures*	1871-1872 1872-1873	25

679 Con mi agradecimiento a OD. Cuando se basa en un manuscrito ajeno, el año se refiere al trabajo de revisión por Verne, y no a la composición original.
680 Todas en el *Magasin* y en la serie de *Viajes extraordinarios*, excepto cuando se indica.
681 En las ediciones no ilustradas de Hetzel hasta el 31 de marzo de 1905. En el caso de las obras en varios volúmenes, se han promediado las cifras de ventas. La tirada total no seriada en Francia fue más de tres veces superior (Véase el capítulo 13).
682 Basada en un argumento coescrito con Cadol.

La isla misteriosa	*El tío Robinson*	*L'Île mystérieuse*	1873-1874 1874-1875	45
Miguel Strogoff (*Strogoff*)[683]	*El correo del Zar*	*Michel Strogoff*	1874-1875 1876	54
Héctor Servadac	*El cometa*	*Hector Servadac*	1874-1876 1877	17
Las Indias Negras[684]	*Un rincón de las Indias Negras*	*Les Indes noires*	1876-1877 1877	31
Un capitán de quince años	*Un héroe de quince años*	*Un Capitaine de quinze ans*	1877-1878 1878	31
Las tribulaciones de un chino en China (*Las tribulaciones*)	*El asesinado voluntario*	*Les Tribulations d'un Chinois en Chine*	1878 1879 (*Le Temps*)	28
Los quinientos millones de la Begún[685]	*La herencia de los Langevol*	*Les Cinq cents millions de la Bégum*	1878 1879	18
La casa de vapor	*La casa sobre ruedas*	*La Maison à vapeur*	1879 1880	17
La jangada	*El Amazonas*	*La Jangada*	1880 1881	14
Escuela de Robinsones	*El falso Robinson*	*L'École des Robinsons*	1881 1882	10
El rayo verde		*Le Rayon vert*	1881-1882 (*Le Temps*)	15
Kerabán el testarudo	*Alrededor del mar Negro*	*Kéraban-le-têtu*	1882 1883	13
El archipiélago de fuego		*L'Archipel en feu*	1883 1884	12
La estrella del Sur[686]	*La estrella del Norte*	*L'Étoile du Sud*	1883 1884	11
Matías Sandorf		*Mathias Sandorf*	1883-1884 1885	11
El naufragio del «Cynthia»[687]	*El Mediterráneo*	*L'Épave du «Cynthia»*	1884 1885[688]	6
Robur el Conquistador	*La conquista del aire*	*Robur-le-conquérant*	1885 1886 (*Débats*)	12
El billete de lotería	*El n.° 9672*	*Un Billet de loterie*	1885 1886	10

683 Algunas páginas fueron escritas por Hetzel.
684 Algunas páginas fueron escritas por Hetzel.
685 Basada en un manuscrito de Laurie, con algunas páginas escritas por los Hetzel.
686 Basada en un manuscrito de Laurie.
687 Basada en un manuscrito de Laurie, pero publicada bajo los nombres de «Jules Verne y André Laurie».
688 No publicada en los *Viajes extraordinarios*.

Norte contra Sur	*Los dos hermanos*	*Nord contre Sud*	1885-1886 1887	9
Dos años de vacaciones	*Un internado para Robinsones*	*Deux ans de vacances*	1886-1887 1888	8
Familia sin nombre	*Canadá*	*Famille-sans-nom*	1887-1888 1889	7
El secreto de Maston	*Enderezando el eje*	*Sans dessus dessous*	1888 1889 (Hetzel)	8
César Cascabel	*Viaje hacia atrás*	*César Cascabel*	1889 1890	9
El castillo de los Cárpatos		*Le Château des Carpathes*	1889 1892	9 20[689]
Mistress Branican		*Mistress Branican*	1890 1891	7
Claudio Bombarnac	*Notas de un reportero*	*Claudius Bombarnac*	1891 1892 (*Le Soleil*)	8 20
Aventuras de un niño irlandés		*P'tit-Bonhomme*	1891 1893	6 16
Las maravillosas aventuras de Antifer		*Mirifiques aventures de Maître Antifer*	1892 1894	6 14
La isla de hélice		*L'Île à hélice*	1893 1895	7 14
Un drama en Livonia		*Un Drame en Livonie*	1893 1904	5
Ante la bandera	*Ker Karraje*	*Face au drapeau*	1894 1896	12 17
El soberbio Orinoco[690]	*Orinoco*	*Le Superbe Orénoque*	1894 1898	5 12
Clovis Dardentor	*Dardentor*	*Clovis Dardentor*	1895 1896	6 16
La esfinge de los hielos	*La esfinge antártica*	*Le Sphinx des glaces*	1895 1897	5 14
El pueblo aéreo[691]	*El gran bosquet*	*Le Village aérien*	1896 1901	6 12
Segunda patria	*La Nueva Suiza*	*Seconde patrie*	1896 1900	4 11
El testamento de un excéntrico		*Le Testament d'un excentrique*	1897 1899	5 12

[689] Las ventas de gran formato inferiores a 20.000 se citan en la segunda línea. Cuando la segunda línea está en blanco, las ventas superan los 20.000 ejemplares (Dehs, «Les Tirages», 91).

[690] Basada en un manuscrito de Jean Chaffanjon.

[691] Otro título: *Los misterios de la jungla.*

Los hermanos Kip	*Los hermanos Norik*	*Les Frères Kip*	1898 1902	4 11
Las historias de Juan-María Cabidoulin	*Un monstruo marino*	*Les Histoires de Jean-Marie Cabidoulin*	1899 1901	5 12
Bolsas de viaje[692]		*Bourses de voyage*	1899 1903	4 10
La invasión del mar	*El mar del Sahara*	*L'Invasion de la mer*	1902 1905	4 9
Dueño del mundo	*Amo después de Dios*	*Maître du monde*	1902-1903 1904	5 9

Cuentos publicados

Cinco de los cuentos vernianos sufrieron cambios importantes al reeditarse como parte de los Viajes extraordinarios: «Los primeros navíos de la Marina mexicana», rebautizado «Un drama en México»; «Un viaje en globo», retitulado «Un drama en el aire»; «Martín Paz»; «Maese Zacarías»; y «Dr. Ox». «En el año 2889» (*The Forum*, febrero de 1889), fue firmado por Jules Verne, pero fue escrito por Michel.

TÍTULO EN ESPAÑOL[693]	TÍTULO EN FRANCÉS	AÑO (APROX.) EN QUE FUE ESCRITO	FECHA Y EDITOR
«Los primeros navíos de la Marina mexicana»	«Les Premiers navires de la Marine Mexicaine»	1850	1851, *Musée des familles*
«Un viaje en globo»	«Un Voyage en ballon»	1851	1851, *Musée*
«Martín Paz»	«Martin Paz»	1852	1852, *Musée*
«Maese Zacarías»	«Maître Zacharius»	1853	1854, *Musée*
«Una invernada en los hielos»	«Un Hivernage dans les glaces»	1853	1855, *Musée*
«El conde de Chanteleine»	«Le Comte de Chanteleine»	?	1864, *Musée*
«Los forzadores del bloqueo»	«Les Forceurs de blocus»	1865	1865, *Musée*
«Dr. Ox»	«Le Docteur Ox»	1871	1871, *Musée*
«Los amotinados del *Bounty*»[694]	«Les Révoltés de la *Bounty*»	1879	1879, Hetzel

692 Otro título: «Los piratas del *Halifax*».

693 De ahora en adelante, cuando un texto no ha sido publicado en español, en su lugar se proporciona aquí una traducción literal del título y se destaca el título entre corchetes [ ]. Se agradece a Ariel Pérez Rodríguez haber precisado esta información.

694 Basado en un manuscrito de Gabriel Marcel.

»Frritt-Flacc»	«Frritt-Flacc»	1884	1884, *Figaro illustré*
«Gil Braltar»	«Gil Braltar»	1886	1886, *Le Petit Journal*
«En el año 2889» (de Michel Verne)	n/d	1888	1889, *The Forum*
«Las aventuras de la familia Ratón»	«La Famille Raton»	1886	1891, *Figaro illustré*
«El Sr. Re Sostenido y la Srta. Mi Bemol»	«M. Ré-dièze et Mlle Mi-bémol»	1892	1893, *Figaro illustré*

Novelas y cuentos no publicados en vida de Verne

TÍTULO EN ESPAÑOL	TÍTULO EN FRANCÉS	ESCRITO EN	PUBLICADO EN
[*Un sacerdote en 1835*]	*Un Prêtre en 1835*	1846-1847	1992
«Jedediah Jamet»	«Jédédias Jamet»	1847	1993
«Pierre-Jean»	«Pierre-Jean»	ca. 1852	1988
«El matrimonio del Sr. Anselmo de los Tilos»	«Le Mariage de M. Anselme des Tilleuls»	ca. 1855	1991
«San Carlos»	«San Carlos»	ca. 1856	1993
«El sitio de Roma»	«Le Siège de Rome»	ca. 1859	1993
Viaje a Inglaterra y Escocia[695]	*Voyage en Angleterre et en Ecosse*	1859-1860	1989
París en el siglo XX	*Paris au XXe siècle*	1860, 1863	1994
«El Humbug»[696]	«Le Humbug»	ca. 1867?	1910
El tío Robinson[697]	*L'Oncle Robinson*	1870-1871	1991
[*El bello Danubio Amarillo*][698]	*Le Beau Danube jaune*	1896-1897	1988
Magallania[699]	*En Magellanie*	1896-1899	1987
El volcán de oro	*Le Volcan d'or*	1899-1900	1989
[*La caza del meteoro*]	*La Chasse au météore*	1901	1986
El secreto de Wilhelm Storitz	*Le Secret de Wilhelm Storitz*	1901	1985
El faro del fin del mundo[700]	*Le Phare du bout du monde*	1901	1905
«Viaje de estudios»[701]	«Voyage d'études»	1903-1904	1993
[«Edom»][702] (con Michel Verne)	«Édom»	?	1910

695 Publicado como *Viaje con retroceso a Inglaterra y Escocia.*
696 Publicado por Michel Verne.
697 Manuscrito original de *La isla misteriosa.*
698 Manuscrito original de *Le Pilote du Danube* (1908, *El piloto del Danubio*).
699 Manuscrito original de *Les Naufragés du «Jonathan»* (1909, *Los náufragos del «Jonathan»*)
700 Publicado en una versión editada por Michel Verne.
701 Manuscrito no acabado, agregado y publicado por Michel Verne como *L'Étonnante aventure de la mission Barsac* (1914, *La asombrosa aventura de la Misión Barsac*).

Obras de teatro y libretos

La mayoría de las obras se publicaron por primera vez en *Manuscrits nantais* (Nantes, Bibliothèque Municipale, 1991), impreso en un pequeño número de ejemplares. Y casi todas fueron reimpresas en Christian Robin (ed.), *Théâtre inédit* (Cherche Midi, 2005) (*TI* [703]).

·TULO EN ESPAÑOL ·TULO EN FRANCÉS	FORMA	ESCRITA EN	COLAB.	PRESENTACIONES 1851-1905	PUBLICADO
·ítulo desconocido]	Tragedia en verso			Rechazado por el Teatro de Marionetas Riquiqui (Nantes)	Texto perdido, se menciona solo en ADF 22
·ítulo desconocido]	Vodevil	1845			*TI* 999-1030 (solo se conserva el Acto 2)
.a conspiración de la ·ólvora] *·a Conspiration des poudres*	Tragedia en verso en cinco actos	1846			*TI* 17-110
·In drama bajo Luis XIV] *·n Drame sous Louis ·V*[704]	Tragedia en verso en cinco actos	1846			*TI* 205-288
·lejandro VI] *·lexandre VI*[705]	Drama en verso en cinco actos	1846 - 1847			*TI* 119-197
·l cuarto de hora de ·abelais] *· Quart d'heure de ·abelais*	Comedia en verso en un acto	1847			*TI* 309-333
·n paseo por el mar] *·ne Promenade en mer*	Vodevil en un acto	1847			*TI* 335-378
·Don Galaor»] ·Don Galaor»	Sinopsis de comedia en un acto	1847			*TI* 293-307
·as pajas rotas] *·s Pailles rompues*	Comedia en verso en un acto	1849	Dumas hijo	Teatro Histórico, 13-25 Junio 1850[706]	Beck, 1850; *Revue Jules Verne*, 11, 2001, 33-94

[702] Publicado como «L'Éternel Adam» («El eterno Adán»), extendido y revisado por Michel Verne.

[703] La tabla aparece, con mis agradecimientos a Jean-Michel Margot, en «Jules Verne: The Successful, Wealthy Playwright», *Extraordinary Voyages*, oct. 2005, 10-16. Además de las obras enumeradas, ha sobrevivido la sinopsis de una obra sobre las Nueve Musas (ca. 1877) junto con el segundo acto de *Las equivocaciones de Alcides* (1883), en colaboración.

[704] Otro título: *Un Drame sous la Régence* (*Un drama durante la Regencia*).

[705] Otro título: *Cesar Borgia.*

[706] Reestrenos: Teatro Histórico, 14 de julio 1850 (11 representaciones); Nantes, 7 de noviembre 1850; Théâtre du Gymnase, 1853 (45 representaciones); Théâtre du Gymnase, 1871 (43 representaciones).

[*El urogallo*] *Le Coq de bruyère*	Sinopsis	1849			*TI* 379-387
[*Abdala*] *Abd'allah*	Vodevil en dos actos	1849			*TI* 389-395
[*A veces necesitas a alguien más pequeño que tú*]. *On a souvent besoin d'un plus petit que soi*	Sinopsis	1849			*TI* 445-454
[*La noche mil dos*] *La Mille et deuxième nuit*	Obra en verso en un acto	1850	Música de Aristide Hignard		*TI* 457-492
[*Quien ríe, cena*] *Quiridine et Quiridinerit*	Comedia en verso en tres actos	1850			*TI* 495-566
[*La Guimard*] *La Guimard*	Comedia en dos actos	1850			*TI* 569-635
[«Los sabios»] «Les Savants»	Comedia en tres actos	1851, 1867			Texto perdido
[*De Caribdis a Escila*] *De Charybde en Scylla*	Comedia en verso en un acto	1851			*TI* 639-9
[*Mona Lisa*] *Monna Lisa* [*sic*]	Comedia en verso en un acto	1851 - 1855			Cahiers de l'Herne, L'Herne, 1974
[*Castillos de arena en California, o Piedra que rueda no crea musgo*] *Les Châteaux en Californie, ou Pierre qui roule n'amasse pas mousse*	Comedia en un acto	1851	Pierre Chevalier		*Musée des famille*, junio de 1852
[*La Torre de Montlhéry*] *La Tour de Montlhéry*	Drama en cinco actos	1852	Charles Wallut		*TI* 673-782
[*La gallinita ciega*] *Le Colin-Maillard*	Ópera cómica en un acto	1852	Michel Carré; música de Hignard	Teatro Lírico, 28 de abril 1853, 45 presentaciones	Levy, 1853; *BSJV* 120
[*Los Caballeros del narciso*] *Les Compagnons de la marjolaine*	Ópera cómica	1853	Carré; música de Hignard	Teatro Lírico, 6 de junio 1855, 24 presentaciones	Levy, 1855; *BSJV* 143
[*Los felices del día*] *Les Heureux du jour*	Comedia en verso en cinco actos	1853 - 1856			*TI* 793-882
[*Guerra a los tiranos*] *Guerre aux tyrans*	Comedia en verso en un acto	1854			*TI* 883-921
[*A orillas del Adour*] *Au bord de l'Adour*	Comedia en verso en un acto	1855			*TI* 923-952
[*Sr. Chimpancé*] *Monsieur de Chimpanzé*	Opereta en un acto	1857	Probablemente con Carré; música de Hignard	Bouffes-Parisiens, 17 febrero, 1858, varias present.	*BSJV* 57

La Posada de las Ardenas] *'Auberge des Ardennes*	Ópera cómica en un acto	1859	Carré; música de Hignard	Teatro Lírico, 1° de septiembre de 1860, 20 presentaciones	Levy, 1860
)nce días de asedio *)nze jours de siège*	Comedia en tres actos	1854-1860	Wallut	Teatro Vaudeville, 1° junio 1861	Levy, 1861
Jn hijo adoptivo *Jn Fils adoptif*	Comedia	1860	Wallut		*BSJV* 140
Jn sobrino americano o Los os Frontignac *Jn Neveu d'Amérique, ou es Deux Frontignac*	Comedia en tres actos	1861	Probablemente revisada por Édouard Cadol y Eugène Labiche	Teatro Cluny, 17 de abril de 1873, durante dos meses	Hetzel, 1873; publicada con *Clovis Dardentor*, Union générale d'Editions, 1979
«Las Sabinas»] Les Sabines»	Ópera u opereta en dos o tres actos	1867	Wallut		*TI* 963-990 (solo se conserva el primer acto)
«El Polo Norte»] Le Pôle Nord»	Sinopsis	1871			*TI* 993-997 (no se conserva la obra)
La vuelta al mundo 1 80 días *e Tour du monde 1 80 jours*	Obra en cuatro actos	1872	Cadol y Verne		*BSJV* 152: 5-80
La vuelta al mundo 1 80 días] *e Tour du monde 1 80 jours*	Obra en un prólogo y cinco actos	1873 - 1874	Adolphe d'Ennery; música de J.-J. Debillemont	Teatro Porte Saint-Martin, 7 noviembre 1874, 415 present. y miles de repeticiones	Hetzel, 1879
Los hijos del capitán Grant] *es Enfants du capitaine Grant*	Obra en un prólogo y cinco actos	1875	d'Ennery; música de Debillemont	Teatro Porte Saint-Martin, 26 de diciembre de 1878, 113 presentaciones	Hetzel, 1881
Dr. Ox] Le Docteur Ox»	Ópera cómica en tres actos	1877	Philippe Gille y Arnold Mortier; música Jacques Offenbach	Teatro Variétés, 42 presentaciones	Choudens, 1877
Miguel Strogoff] *Iichel Strogoff*	Obra en cinco actos	1878	d'Ennery	Teatro Châtelet, 17 noviembre 1880, 386 presentaciones	Hetzel, 1881
'iaje a través de lo imposible *'oyage à travers l'impossible*	Obra en tres actos	1882	d'Ennery; música Oscar de Lagoanère	Teatro Porte Saint-Martin, 25 noviembre 1882, 43 present.[707]	París, Pauvert, 1981

707 54 presentaciones en 1883.

[*Kerabán el testarudo*] *Kéraban-le-têtu*	Obra en cinco actos	1883		Teatro Gaîté Lyrique, 3 de septiembre de 1883, 49 performances	*BSJV* 85-6, 27-134
[*Matías Sandorf*] *Matías Sandorf*	Obra en cinco actos	1887	William Busnach y Georges Maurens	Teatro del Ambigú, 27 noviembre 1887, 85 presentaciones	París, Société Jules Verne, 1992
[«Tribula-ciones de un chino en China»] «Les Tribulations d'un Chinois en Chine»	Obra teatral	1888 - 1890			Texto perdido

Otras obras publicadas

No ficción

Título en español	Título en francés	Publicado
[«¿Existe una obligación moral para que Francia intervenga en los asuntos de Polonia?»]	«Y a-t-il obligation morale pour la France d'intervenir dans les affaires de la Pologne?»	*Cahiers Jules Verne,* 8: 1-16
[«Los álbumes líricos de 1855»] y otros 14 artículos de crítica sobre la ópera de París por «Marforio», posiblemente Verne	«Les albums lyriques de 1855»	*Revue des beaux-arts: Tribune des artiste* vol. 5-8, 15 de diciembre de 1854, p 383-384 - 1° de enero de 1857, p. 19-20
Tres artículos bajo el título general [«Subastas públicas»] de «Jules de Millon», que podría ser Verne	«Ventes publiques»	*Revue des beaux-arts: Tribune des artiste* vol. 8, 27° año, n.° 3, 1 de febrero de 1857, p. 45-46, n.° 5, 1 de marzo de 1857, p. 86-87, y n.° 7, 1 de abril de 1857, p. 136-137[708]
[«Retratos de Artistas: XVIII»]	«Portraits d'artistes: XVIII»	*Revue des beaux-arts: Tribune des artiste* vol. 8, 1857, p. 115-116
[*El Salón de 1857*]	*Le Salon de 1857*	*Revue des beaux-arts: Tribune des artiste* vol. 8, 1857[709]
Viaje a Inglaterra y Escocia	*Voyage en Angleterre et en Ecosse*	Cherche-Midi, 1989

[708] El trabajo fue publicado como siete artículos: «El Salón de 1857: Artículo introductorio» («Salon de 1857: Article préliminaire»), 231-234, «El Salón de 1857: Primer artículo» («Salon de 1857: Premier article»), 249-255; » El Salón de 1857: Segundo artículo» («Salon de 1857: Deuxième article»), 269-276; «El Salón de 1857: Tercer artículo» («Salon de 1857: Troisième article»), 285-292; «El Salón de 1857: Cuarto artículo» («Salon de 1857: Quatrième article»), 305-313; «El Salón de 1857: Quinto artículo» («Salon de 1857: Cinquième article», 325-330); y «El Salón de 1857: Sexto artículo» («Salon de 1857: Sixième article»), 345-349. Primera edición moderna: Acadien, 2008. Texto establecido, presentado y anotado por William Butcher.

legres miserias de tres viajeros n Escandinavia»	«Joyeuses misères de trois voyageurs en Scandinavie»	*Géo*, Edición especial [2003], xvii-xxii
cerca del *Géant*»	«À propos du *Géant*»	*Musée des familles,* diciembre de 1863
dgar Allan Poe y sus obras»	«Edgard Poë [*sic*] et ses œuvres»	*Musée,* abril de 1864
os meridianos y el calendario»	«Les Méridiens et le Calendrier»	*Journal d'Amiens*, 14-15 abril de 1873, 3
El ascenso del *Météore*»]	«Ascension du *Météore*»	*Journal d'Amiens*, 29-30 de septiembre de 1873
eografía ilustrada de Francia y s Colonias] *(Geografía)*[710]	*Géographie illustrée de la France et de ses colonies*	Hetzel, 1867
na ciudad ideal»	«Une Ville idéale»	*Mémoires de l'Académie des sciences, belles-lettres, et arts d'Amiens* (vol. XXII, 1874-1875)
l descubrimiento de la Tierra	*Découverte de la Terre*	Hetzel, 1878
os grandes navegantes del siglo VIII	*Les Grands Navigateurs du XVIIIe siècle*	Hetzel, 1879
os grandes viajeros del siglo XIX	*Les Voyageurs du XIXe siècle*	Hetzel, 1880
iez horas de caza»	«Dix heures de chasse»	Hetzel, 1882
ecuerdos de infancia y ventud» (RIJ)	«Souvenirs d'enfance et de jeunesse»	*The Youth's Companion* (9 de abril de 1891), como «The Story of My Boyhood»
El futuro del submarino»]		*Popular Mechanics,* 6 (junio de 1904)
La solución de problemas men-les por la imaginación»]		*Heart's International Cosmopolitan* (New York), vol. 85, n.° 508, octubre de 1928

Poemas y canciones

Ochenta y ocho poemas en *Poésies inédites*, Christian Robin (ed.), Cherche Midi, 1988 y *Textes oubliés*, Francis Lacassin (ed.) París, Union générale d´Éditions, 1979.

Cerca de otras 30 canciones y poemas (http://jv.gilead.org.il/bilio/poems.html); siete fueron publicados en Aristide Hignard, *Rimes et mélodies* (Heu, 1857), y tres en Aristide Hignard *Rimes et mélodies* (Heu, 1863).

Manuscritos y obras inéditas

Los manuscritos de casi 100 obras (aproximadamente 13.000 folios), incluida la inmensa mayoría de novelas, cuentos, y obras de teatro, se conservan en Nantes y se pueden consultar gratuitamente en línea.

---

710 Théophile Lavallée escribió la introducción y el primer borrador de los capítulos 1-13.

La Biblioteca Nacional de Francia (Departamento de Manuscritos, NAF 16932-7152 y vols. 67-80) alberga los manuscritos de *Veinte mil leguas de viaje submarino* y el segundo manuscrito de *La vuelta al mundo en ochenta días*, además de otra gran cantidad de material inédito de índole diversa. El manuscrito de *Viaje al centro de la Tierra* está en manos privadas en los Estados Unidos. El de «Edom» lo conservan los descendientes de Verne en Francia, y entre los especialistas circulan fotocopias de las primeras y últimas páginas.

La ciudad de Amiens alberga la legendaria colección Gondolo della Riva de 30.000 piezas, comprada por 5 millones de euros, que contiene la documentación siguiente: apuntes de los viajes a Escandinavia en 1867 y a Norteamérica en 1867; los libros de a bordo de los viajes de 1875-1884, que incluyen los viajes a Escocia en 1879 y al Mediterráneo en 1884; el itinerario de la visita a Escocia en 1859; el índice de más de 20.000 tarjetas sobre temas no utilizados, tanto datos reales como comentarios, que cubren principalmente las lecturas de Verne, pero también información biográfica[711], 29 volúmenes de recortes de periódicos (1862-1914), incluidas 600 páginas de obituarios de prensa; 300 cartas de Verne a Michel; pruebas de imprenta de *Veinte mil leguas*; y muchos otros documentos.

[711] Hay citados extractos en Piero Gondolo della Riva, «Un patrimoine à découvrir», *Revue Jules Verne*, n.° 16 (2003), 43-64.

Índice de ilustraciones

Índice alfabético

A

B

C

Ch

D

E

F

G

H

I

J

K

L

M

N

O

P

Q

R

S

T

U

V

W

Z

EL AUTOR

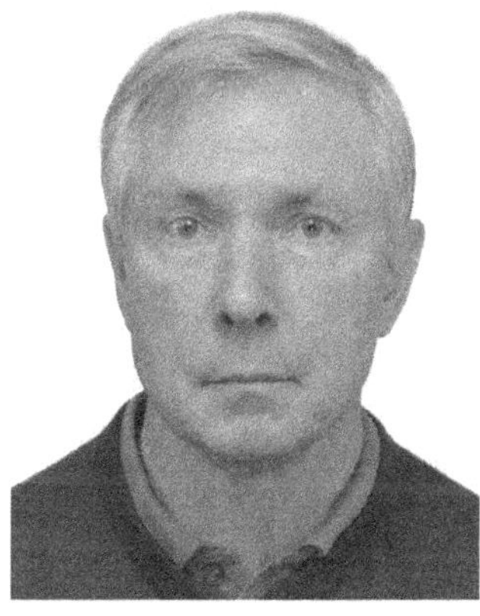

En ocasiones llamado «el padre de los estudios vernianos», William Butcher ha trabajado como promotor inmobiliario; y ha enseñado matemáticas, informática e idiomas en la École Nationale d'Administración, el Consejo Vocacional de Hong Kong y la Universidad de Hong Kong. Fue investigador en la Universidad de Oxford y la École Normale Supérieure (París), y actualmente es autor e investigador independiente.

Sus publicaciones desde 1980, en especial para St. Martin's Press, Oxford University Press, el Institut d'histoire du livre y Gallimard, incluyen *Verne's Journey to the Centre of the Self*, *Jules Verne inédit: Les manuscrits déchiffrés* (Jules Verne no censurado) y *Jules Verne: The Definitive Biography*. Recientemente ha publicado ediciones críticas de *La vuelta al mundo en ochenta días, Salón de 1857* y *Jules Verne: recuerdos personales*. Actualmente está trabajando en una traducción y edición de *Viaje a la Luna*.

Tras trabajar como traductor técnico inglés-francés para IBM y la Autoridad de Tránsito de París, sus numerosas ediciones/traducciones críticas al inglés incluyen, hasta la fecha, las de *Viaje al centro de la Tierra, Veinte mil leguas de viaje submarino, El faro del fin del mundo* y *Aventuras del capitán Hatteras*.

Nacido en Gran Bretaña y educado en Francia, ahora es ciudadano de Hong Kong y del mundo.

EL TRADUCTOR

Guillermo Gómez Paz es autor de *Las claves de Julio Verne. La novela [de aventuras] de nueva forma* (2020). Actualmente es miembro consultivo de la Junta Directiva de la Sociedad Hispánica Jules Verne. Artículos suyos y sus traducciones de artículos de William Butcher y de Philippe Mustière han sido publicados en la revista *Mundo Verne*.

ESTA EDICIÓN HA SIDO COMPUESTA POR *Legendaria Ediciones* EMPLEANDO LAS TIPOGRAFÍAS *Garamond, Birch STD* Y *Cinzel*. EL INTERIOR HA SIDO IMPRESO EN PAPEL *Munken Lynx* DE 90 g/m². LAS GUARDAS HAN SIDO IMPRESAS EN EL MISMO PAPEL DE 150 g/m² DECORADAS CON DOS ILUSTRACIONES DE *Édouard Riou*. ENCUADERNADO EN CUERO SINTÉTICO MARCADO POR PRESIÓN Y ESTAMPADO EN DORADO PARA REPRODUCIR LOS MARCOS DECORATIVOS Y LAS ILUSTRACIONES DE DIVERSOS ARTISTAS QUE PARTICIPARON EN ALGUNOS DE LOS TRABAJOS DE *Jules Verne* Y EN LAS EDICIONES ORIGINALES DE *Hetzel*. LOS BORDES DE LAS PÁGINAS HAN SIDO PULIDOS Y DORADOS CON ESMERO TRAS UN SUAVE PROCESO DE LIJADO.

Esta biografía de

JULES VERNE

realizada por

WILLIAM BUTCHER

se terminó de

componer en las colecciones de

L E G E N D A R I A

en el día

25 de noviembre de 2024,

160 años después

de la publicación de

Viaje al centro de la Tierra.

www.ingramcontent.com/pod-product-compliance
Lightning Source LLC
LaVergne TN
LVHW010426230826
846092LV00009BA/1072

* 9 7 8 8 4 1 0 0 3 7 2 6 7 *